ŒUVRES D'É. VERDET

PUBLIÉES PAR LES SOINS DE SES ÉLÈVES

TOME I

NOTES ET MÉMOIRES

PAR

É. VERDET

PRÉCÉDÉS D'UNE NOTICE PAR M. A. DE LA RIVE

PARIS
LIBRAIRIE DE G. MASSON
PLACE DE L'ÉCOLE-DE-MÉDECINE
1872

ŒUVRES

DE

É. VERDET

PUBLIÉES

PAR LES SOINS DE SES ÉLÈVES

TOME I

PARIS,

VICTOR MASSON ET FILS, ÉDITEURS,

PLACE DE L'ÉCOLE-DE-MÉDECINE.

EMILE VERDET

Imp. Ch. et A. Chardon Paris

NOTES
ET MÉMOIRES

PAR

É. VERDET

PRÉCÉDÉS D'UNE NOTICE PAR M. A. DE LA RIVE

PARIS

IMPRIMÉ PAR AUTORISATION DE M. LE GARDE DES SCEAUX

A L'IMPRIMERIE NATIONALE

M DCCC LXXII

NOTICE

SUR ÉMILE VERDET

PAR M. A. DE LA RIVE.

I.

Me trouvant à Paris au printemps de 1846, j'avais été entendre l'un de ces admirables concerts du Conservatoire qui sont la plus grande jouissance que puissent se procurer les vrais amis de la musique. Je me trouvai placé entre un jeune homme qui m'était inconnu et une personne plus âgée avec laquelle j'étais en relation. Le jeune homme était Émile Verdet; la personne plus âgée était M. Martin-Paschoud, qui, après avoir suivi Verdet dès ses premières études, était devenu et est toujours resté l'un de ses amis les plus dévoués. Grâce à M. Martin, la connaissance fut bientôt faite entre Verdet et moi; la musique fit tous les frais de notre premier entretien.

Mon étonnement fut grand quand, croyant avoir affaire à un musicien consommé, j'appris que mon interlocuteur, âgé à peine de vingt-deux ans, venait de sortir de l'École Normale avec les trois grades de licencié ès sciences (mathématiques, physiques et naturelles), qu'à la suite d'examens brillants au concours d'agrégration il avait été reçu agrégé *hors ligne*, et appelé immédiatement à suppléer M. Blanchet dans la chaire de physique au collége Henri IV.

Né à Nîmes le 13 mars 1824, Émile Verdet n'avait pas tardé, dès son entrée au collége Rollin de Paris, à montrer une capacité extraordinaire. Après avoir obtenu ses grades et le prix d'honneur des sciences au concours général, il avait passé, en 1842, à la fois les examens d'admission à l'École Normale et à l'École Polytechnique : il était reçu le sixième à cette dernière École et le premier à l'École Normale, pour laquelle il optait, et dont il sortait à vingt-deux ans de la manière la plus distinguée.

À partir de cette époque, les honneurs et les fonctions scientifiques ne firent pas défaut à Verdet. Successivement docteur ès sciences, maître de conférences à l'École Normale supérieure, examinateur à l'École Polytechnique, professeur à la même École, enfin professeur suppléant à la Sorbonne dans la chaire de physique mathématique, il fut également agrégé à plusieurs sociétés savantes.

Quand il mourut à Avignon, le 3 juin 1866, âgé seulement de quarante-deux ans, il n'était pas encore de l'Institut, où pourtant sa place était marquée. Jamais je ne l'ai entendu s'en plaindre, tandis qu'il voyait avec douleur que Foucault n'en fût pas. Plus heureux que lui, Foucault y est entré, mais il n'a fait qu'y passer, ne tardant pas à suivre son ami dans la tombe.

Si le nom de Foucault est venu sous ma plume en parlant de Verdet, c'est que l'un de mes plus doux souvenirs est celui des moments que j'ai passés à Paris dans la société de ces deux savants, aussi aimables que distingués, enlevés tous les deux, avant le temps, à la science pour laquelle ils avaient déjà beaucoup fait et auraient tant fait encore. Rien de plus intéressant que leurs relations : aussi différents dans leur manière de travailler que semblables par leur dévouement à la science, j'aimais à les voir aux prises sur ces questions délicates de la physique où la hardiesse des conceptions le dispute à la rigueur du raisonnement. Les légers dissentiments qu'amenait entre eux la différence dans la tournure de leurs esprits disparaissaient bien vite devant l'estime mutuelle qu'ils avaient l'un pour l'autre. Ces deux intelligences, d'une nature si dissemblable et pourtant si puissantes toutes les deux, s'éclairaient mutuellement, l'une en découvrant des horizons nouveaux, l'autre en déchirant les nuages qui pouvaient obscurcir ces horizons. Que d'idées, que d'aperçus ingénieux dans ces entretiens où l'on cherchait à entrevoir la physique de l'avenir!

Mais revenons à Verdet. J'ai dit que c'est au printemps de 1846 que je fis sa connaissance, sous les auspices de M. Martin-Paschoud. Je l'engageai alors à venir me voir en Suisse pendant l'été; il se rendit à mon invitation, et nous travaillâmes ensemble dans mon laboratoire.

Dès lors peu d'étés s'écoulèrent sans qu'il vînt passer quelques jours dans ma campagne, au milieu de mon cercle de famille, où il était toujours attendu avec impatience et reçu les bras ouverts. Esprit fin et délié, d'une humeur charmante et toujours égale, comprenant et aimant la plaisanterie tout en préférant les conversations sérieuses, il n'était étranger à rien de ce qui séduit l'imagination et charme l'intelligence. Philosophie, histoire, politique, littérature, beaux-arts, tout l'intéressait et pouvait fournir matière à des entretiens où il se montrait aussi profond érudit que brillant discoureur. Ces qualités, jointes à un caractère des plus aimables, lui avaient assigné une place distinguée dans la meilleure société de Paris, où il était accueilli de la manière la plus empressée par un monde qui savait l'apprécier.

Il était, de son côté, éminemment sociable, ce qui tenait en partie au besoin qu'il éprouvait de chercher la discussion, ne craignant pas d'aborder les questions les plus profondes de la métaphysique aussi bien que les problèmes les plus difficiles de la physique.

Armé de pied en cap et sans parti pris d'avance, il savait lutter avec autant de courtoisie que de vigueur. Bien souvent il osait s'aventurer dans le champ de l'hypothèse, mais sa droiture et sa haute intelligence l'empêchaient de s'abandonner, aussi bien en philosophie qu'en physique, à des théories dont le raisonnement et les faits venaient lui démontrer la faiblesse. J'ai rarement vu de conscience scientifique aussi délicate et aussi éclairée que la sienne; en analysant ses travaux, nous pourrons constater que plus d'une fois il a su renoncer, sans arrière-pensée, à des idées qui lui étaient chères, dès qu'il avait aperçu quelques faits qui leur étaient contraires, faits quelquefois si peu saillants, qu'ils auraient échappé à des esprits à la fois moins fins et moins consciencieux.

J'en ai dit assez, je crois, pour faire comprendre Verdet aux personnes qui ne l'ont pas connu; au reste, j'aurais pu me dispenser de ce soin en renvoyant ceux qui ont le désir de faire connaissance avec cette nature d'élite à l'excellente notice dans laquelle M. Caro a peint d'une manière si complète aussi bien l'homme que le savant. Je ne puis résister au plaisir d'en citer ici un fragment : c'est celui où M. Caro résume avec autant de vérité que de délicatesse les opinions philosophiques de l'homme dont il fait si bien ressortir la valeur morale et intellectuelle.

« Ni matérialiste, ni panthéiste, ni positiviste à aucun degré que ce soit, Verdet était tout simplement de cette grande école expérimentale qui représente, non pas un système sur l'origine des choses, mais la recherche sincère, l'esprit libre et vivant de la science. Voilà ce qu'il était en tant que savant; en tant qu'homme, c'était la même chose. Sa conscience lui appartenait tout entière, et, de même qu'il n'en aliéna jamais une parcelle aux préjugés scientifiques, de même il n'en cédait rien aux convictions différentes des siennes qui régnaient dans le monde qu'il fréquentait. Du reste, la gravité de ses mœurs, la sévérité presque puritaine de sa vie, la haute idée qu'il s'était formée du devoir et dont il faisait la règle absolue de ses jugements et de ses actes, assuraient cette indépendance de conscience et lui garantissaient, partout où il se montrait, l'estime de tous, je dirais presque, s'il ne s'agissait d'un homme jeune encore, le respect. »

Ajoutons à ce que dit M. Caro que Verdet était protestant et que, pratiquant largement la doctrine du libre examen, il l'appliquait aux idées religieuses, dont il aimait à suivre le mouvement et dont il ne dédaignait point de s'occuper, contrairement à la disposition trop souvent dédaigneuse avec laquelle les hommes voués à la science pure envisagent les questions de ce genre. Il observait, il cherchait; ennemi avant tout de l'exclusivisme, il professait un grand respect pour les convictions sérieuses.

Je n'essayerai pas de pénétrer au fond de cette âme élevée et sincère pour y découvrir quelles étaient exactement ses opinions dogmatiques en religion; je n'en ai ni le droit ni la curiosité. Ce sont de ces mystères entre Dieu et l'homme qui doivent rester exclusivement du domaine de la conscience de chacun. Ce que je sais, c'est qu'avec son cœur droit et pur, avec son désir sincère de chercher et de trouver la vérité, Verdet avait su conquérir l'estime de tous ceux qui honorent la pureté des intentions et la franchise du caractère.

II.

Après avoir considéré l'homme dans Verdet, je viens parler du savant. La distinction est peut-être plus artificielle que réelle, car l'homme et le savant se confondent tellement chez lui qu'on retrouve toujours le même Verdet, soit qu'on l'envisage sous l'une des faces, soit qu'on l'envisage sous l'autre.

Le caractère dominant de son intelligence était l'universalité. Cette faculté de tout embrasser dans le domaine intellectuel pouvait, jusqu'à un certain point, faire douter de la solidité de ses connaissances. On avait de la peine à croire à de la profondeur dans une intelligence qui pouvait aborder tant de sujets divers. Et cependant ceux qui l'approchaient ne tardaient pas à reconnaître cette supériorité, qui ne lui faisait jamais défaut. Toutefois, c'est surtout depuis qu'il n'est plus que le vide qu'il a laissé a fait sentir la place considérable qu'il occupait dans le monde savant. Ce n'est pas seulement aux débutants dans la carrière, soutenus et aidés de ses directions, qu'il a manqué; mais les savants eux-mêmes, pour lesquels, grâce à son érudition et à son appréciation si fine et si juste des questions les plus délicates de la science, il était un conseil éminemment précieux, trouveront bien difficilement à le remplacer. Sa réputation, en grandissant chaque jour depuis qu'il est mort, a montré une fois de plus que le signe distinctif du véritable savant est que son mérite est d'autant plus apprécié qu'on s'éloigne davantage du temps où il a vécu, tandis que l'homme qui cultive la science d'une manière plus brillante que profonde perd bientôt, avec la vie, le prestige qui l'entourait et ne tarde pas à être oublié.

On conçoit, d'après ce que je viens de dire, que Verdet dut particulièrement exceller dans l'art du professeur et dans celui du critique. Personne en effet ne savait mieux que lui exposer et analyser les idées des autres, aussi bien en parlant qu'en écrivant. Ce talent se révèle chez lui de bonne heure, et, pour en donner l'idée, je ne puis mieux faire que de transcrire ici le jugement que porta de son début dans l'enseignement un homme qui était lui-même un excellent professeur, M. Lefèvre. Voici comment il s'exprime dans une lettre adressée au directeur de l'École Normale :

« C'est avec le plus vif intérêt que j'ai assisté au début de M. Verdet dans la carrière de l'enseignement; il n'y a pas encore trois ans que nous le comptions au nombre de nos élèves, et ses succès universitaires si nombreux et si variés annonçaient un esprit d'un ordre élevé. J'ai retrouvé en lui, agrandies par les fortes études de l'École Normale, les facultés remarquables qui le distinguaient entre tous. Dès sa première leçon, il s'est emparé avec empire de l'attention de ses auditeurs; une élocution nette et facile, une justesse singulière d'expression, une méthode parfaite n'ont pas cessé un seul instant de les captiver. Quant au fond, M. Verdet domine son sujet par une science très-étendue, puisée aux sources mêmes; il en use avec réserve, comme il convient dans un cours élémentaire; mais elle se manifeste par la clarté qu'elle répand sur l'exposition des théories les plus difficiles. Enfin l'intérêt qu'il a su donner à sa leçon a été augmenté par les soins nombreux qu'il a apportés aux expériences; il n'a négligé aucune de celles qu'il pouvait mettre sous les yeux de ses élèves..... »

Verdet a pleinement justifié dans tout le cours de sa carrière de professeur l'opinion favorable que M. Lefèvre avait conçue de lui. Comme maître de conférences de physique à l'École Normale, il a formé dix-huit générations scientifiques qui comptent dans leurs rangs bien des savants distingués et bien des maîtres éminents. Il commençait avec eux par une exposition claire et méthodique des bases de la science, évitant tout développement inutile, s'attachant uniquement aux principes, qu'il faisait ressortir d'une manière d'autant plus frappante qu'il les dégageait d'accessoires qui ont souvent l'inconvénient de les dissimuler. Puis quand, arrivés à la troisième année de l'École, les jeunes gens auxquels il s'adressait étaient déjà avancés, il abordait avec eux les questions spéciales, analysant et discutant avec soin les travaux des savants, insistant sur les points qui semblaient ouvrir un nouvel avenir à la science, points qu'il savait entrevoir avec un talent de divination qui brillait chez lui comme une intuition naturelle.

Sous une forme un peu différente, Verdet montre les mêmes qualités comme professeur de physique à l'École Polytechnique, place à laquelle il fut nommé, en 1862, en remplacement de Senarmont, après avoir été attaché pendant dix ans à la même École en qualité d'examinateur. Il n'excelle pas moins dans un enseignement d'un autre genre, celui de la physique mathématique, auquel il fut appelé par le suffrage unanime des hommes compétents, pour suppléer M. Lamé. Malgré l'excessive difficulté du sujet et les connaissances étendues que devaient déjà posséder ceux qui l'abordaient, il n'en réussit pas moins, par la clarté que je pourrais appeler brillante de son exposition, par l'animation et la vie de son enseignement, à grouper autour de lui une élite d'auditeurs maîtres déjà dans la science, mais désireux de compléter leurs connaissances sous un tel professeur.

Ainsi donc, sous trois formes différentes, tantôt celle d'entretiens plus ou moins familiers d'un maître avec ses disciples, tantôt celle d'un professeur initiant de nombreux élèves à l'ensemble de la physique, tantôt celle d'un savant exposant à d'autres savants les parties les plus difficiles de la science, Verdet se montre toujours à la hauteur de sa tâche, précis sans sécheresse, clair sans cesser d'être profond, élégant et naturel à la fois dans sa diction; et ces qualités, il les devait d'abord à des dons naturels aidés d'efforts persévérants, puis surtout à ce qu'il avait le mérite, plus rare qu'on ne le croit communément, de ne jamais parler que de ce qu'il savait, et d'en savoir toujours plus qu'il n'en disait.

A son enseignement oral Verdet n'avait pas tardé à joindre un enseignement écrit. De 1852 à 1865 il avait enrichi les *Annales de Chimie et de Physique* d'analyses aussi nombreuses que bien faites des travaux des savants étrangers sur diverses parties de la physique. Il a réussi ainsi à tenir les lecteurs français au courant de toutes les découvertes et recherches les plus importantes qui se faisaient en Allemagne et en Angleterre. Par son habileté à condenser, en les résumant, des travaux quelquefois très-étendus, il faisait ressortir, souvent mieux que n'auraient pu le faire les auteurs eux-mêmes, ce qu'il y avait de nouveau et d'intéressant dans leurs recherches. MM. Plücker, Thompson, Clausius, Joule, Helmholtz, Kirchhoff, et bien d'autres, ont eu en lui un interprète qui a contribué pour sa bonne part à leur assurer le rang qu'ils occupent dans le monde savant.

Mais parmi les travaux de ce genre qu'on doit à Verdet il en est deux surtout qui, par leur étendue et leur importance, méritent une mention toute spéciale : je veux parler de son exposition de la théorie mécanique de la chaleur, et de la publication, précédée d'une introduction, des *Œuvres complètes de Fresnel.*

C'est d'abord dans deux leçons professées en 1863 devant la Société Chimique de Paris que Verdet initia, l'un des premiers, le public français aux travaux des savants allemands et anglais, des Mayer, des Joule, des Clausius, des Thompson, sur la théorie mécanique de la chaleur. Il réussit, dans ces deux leçons restées célèbres, à rendre accessibles aux personnes les moins versées dans les mathématiques les notions nouvelles, et d'une importance capitale pour la science, qui montrent, par l'expérience aussi bien que par la théorie, que dans la nature la force comme la matière se conserve intacte au milieu des incessantes transformations qu'elle subit. Plus tard ce même sujet, devenu de sa part l'objet d'études approfondies, fut traité par lui avec tous les développements dont il est susceptible, dans son cours à la Faculté des sciences. Les notes recueillies par deux de ses élèves ont permis de publier ce cours; cette publication, que Verdet comptait faire lui-même, a pu trouver ainsi place dans ses *Œuvres complètes* et combler une lacune qui aurait été des plus regrettables.

Heureusement qu'il a pu lui-même mener à bien jusqu'au bout la seconde de ces entreprises scientifiques dont j'ai signalé l'importance : je veux parler de la publication complète des œuvres de Fresnel. L'introduction qu'il a placée en tête n'est pas une simple biographie de Fresnel : c'est en même temps une appréciation aussi fine que profonde de cet admirable physicien, pour lequel Verdet avait une vénération toute particulière; c'est un exposé historique plein d'intérêt de la théorie des ondulations; c'est, en un mot, une analyse à la fois critique et historique de l'une des parties les plus difficiles et en même temps les plus importantes de la physique. Verdet avait projeté de modifier certains passages de la partie purement biographique de sa notice, mais la mort l'a surpris avant qu'il ait eu le temps de faire ces changements. La notice a donc été imprimée dans sa forme primitive. Quelques notes dont la rédaction était achevée ont été retrouvées dans les papiers de Verdet, et je profite de la communication qu'on a bien voulu m'en faire pour en transcrire ici une qui, en nous donnant le portrait moral de Fresnel, nous laisse entrevoir celui de Verdet lui-même; car non-seulement une carrière semblable et une mort prématurée [1], mais aussi une communauté d'idées remarquable,

[1] Fresnel est mort à trente-neuf ans, Verdet à quarante-deux.

établissent plus d'un rapport entre ces deux hommes doués également d'un esprit à la fois si étendu et si pénétrant.

Pour l'intelligence du morceau inédit que je vais rapporter, je dois rappeler un passage de la notice imprimée de Verdet dans lequel, après avoir raconté la fin de Fresnel, qui mourut le 14 juillet 1827 entre les bras de sa mère, il ajoute :

« Vingt-cinq ans auparavant, cette pieuse et noble dame, en faisant part à son mari des brillants succès de collége d'un frère aîné d'Augustin Fresnel (mort au siége de Badajoz), ajoutait, au lieu des paroles de joie naturelles à une mère : « Je prie Dieu de faire à mon fils la grâce d'employer les « grands talents qu'il a reçus pour son utilité et le bien gé- « néral. On demandera beaucoup à celui à qui on aura beau- « coup donné, et on exigera plus de celui qui aura plus reçu. »

Qui a mieux rempli qu'Augustin Fresnel ce vœu formé en faveur d'un autre? observe Verdet, dont la pensée nous semble ne pouvoir être mieux complétée que par la transcription de l'une des notes inédites auxquelles je viens de faire allusion.

« Tandis que les étrangers ne faisaient guère attention à cet enfant chétif, retardé et morose, ses frères le nommaient l'homme de génie, comme par instinct prophétique de l'avenir.

« Le retard que la santé débile d'Augustin Fresnel détermina dans ses études eut une compensation précieuse. Objet constant des soins de sa mère, il se trouva avec cette noble et excellente femme dans un rapport encore plus étroit qu'il n'est ordinaire, et, sous cette influence, se forma chez lui un caractère doué de l'élévation, de la fermeté et de l'abnégation les plus rares. Janséniste sincère, madame Fresnel communiqua ses opinions à ses enfants, sans d'ailleurs exercer sur eux la moindre pression en ce qui touche l'accomplissement des devoirs religieux. Par suite des circonstances qu'on vient d'indiquer, Augustin Fresnel fut de tous celui qui embrassa avec le plus de ferveur la foi maternelle; son esprit méditatif et réellement en avance sur son âge, malgré le retard de ses études, lui fit prendre un plaisir particulier à la lecture des théologiens amis de sa mère, et, durant son adolescence, il ne cessa de se nourrir des écrivains de Port-Royal [1]. Il paraît même qu'il connaissait à fond l'histoire de la dernière période du jansénisme et qu'il prenait un intérêt particulier aux querelles ecclésiastiques qui l'ont remplie. Plus tard, il abandonna tour à tour toutes les opinions de sa jeunesse pour s'arrêter dans un spiritualisme philosophique indépendant de toute foi positive; mais le fruit le plus précieux du commerce des grandes âmes de Port-Royal et de l'influence maternelle demeura toujours en lui. Il fut de ceux qui ne voient dans la vie qu'un devoir à accomplir et à qui le courage ne fait jamais défaut pour la tâche que la conscience leur impose. Les mêmes frères qui avaient surnommé l'enfant *l'homme de génie* se plurent à désigner entre eux l'homme mûr comme *le stoïcien* ou *le juste d'Horace* [2].

« . . . L'ardente foi de ses premières années, ajoute Verdet

[1] On ne peut s'empêcher de croire que la lecture assidue des écrivains de Port-Royal, des Pascal, des Arnaud, des Nicole, des Quesnel et des Mesenguy ait contribué à donner à Fresnel ce style scientifique si clair et si facile qui rappelle la largeur du XVIIe siècle, malgré d'assez piquantes innovations, et dont le secret est à peu près perdu aujourd'hui. (*Note de Verdet.*)

[2] *Justum et tenacem propositi virum.*

dans un passage qui résume admirablement bien les idées philosophiques et religieuses de Fresnel comme les siennes propres, n'avait pas résisté chez lui à l'enseignement de la philosophie du XVIIIe siècle et à l'influence de l'esprit scientifique contemporain; mais, à mesure qu'il avait renoncé à chercher dans une révélation surnaturelle la règle de sa vie et de ses pensées, il ne s'en était que plus fortement attaché aux dogmes essentiels de cette révélation. L'existence de Dieu, la Providence, la liberté et l'immortalité de l'âme humaine, la grande doctrine spiritualiste d'où ces précieuses vérités lui paraissaient dépendre, étaient devenues la préoccupation constante de sa pensée, et il avait espéré qu'à force de travail et de méditation il donnerait à ses convictions cette rigueur scientifique qui commande l'assentiment universel. »

III.

Après avoir rappelé la manière dont Verdet sut, à la fois par sa parole et par ses écrits, répandre les notions les plus générales comme les plus élevées de la science, il nous reste à parler des progrès qu'il lui a fait faire par ses travaux originaux.

Ces travaux ne sont pas très-nombreux, soit parce que la mort a surpris Verdet au moment de sa plus grande activité scientifique, soit parce que la variété de ses goûts et de ses occupations ne lui permettait pas de consacrer tout son temps à des recherches originales. Il y a plus, suivant moi. Verdet appartenait à cette classe de physiciens qui, formés à l'école sévère des méthodes mathématiques et d'une forte érudition scientifique, n'aiment pas s'aventurer dans les sentiers perdus de la science. Et cependant, pour faire de ces découvertes brillantes qui font date en ouvrant des horizons tout nouveaux à la science, il faut tenter ce qui, aux yeux des savants consommés et érudits, semble souvent impossible. On risque des fautes, il est vrai; mais si le génie seconde l'audace, on court le risque de grandes choses. Volta, Davy, Œrsted, Faraday, et d'autres non moins illustres que je pourrais encore citer, ne sont-ils pas des exemples heureux de cette manière de voir dans la science expérimentale? Verdet était d'une autre école; aussi ne doit-on pas s'étonner que, malgré une grande perspicacité et une appréciation très-fine de la vérité scientifique, il n'ait attaché son nom à aucune de ces découvertes inattendues qui jettent la perturbation dans la science. Mais par contre on trouve dans toutes ses œuvres, aussi bien dans ses traités que dans ses mémoires originaux, cet esprit vraiment scientifique qui, alliant la profondeur à la clarté, sait, avec une admirable concision, faire ressortir le point saillant d'une question en élaguant les détails inutiles. On sent en lui l'homme fort, maître de son sujet, et on marche d'un pas assuré à sa suite.

Parmi les diverses parties dont se compose la physique, deux furent surtout l'objet des investigations de Verdet : l'électricité et la lumière. Si l'électricité séduisait son imagination par tout ce qu'elle présente encore de mystérieux et d'inconnu, l'étude de la lumière l'attirait par la précision dont elle est susceptible et par la facilité avec laquelle elle se prête à l'application du calcul, qu'il maniait en maître consommé.

Ses travaux sur l'induction électrique marquèrent d'une

manière brillante ses débuts dans les recherches expérimentales. Il en consigna les résultats dans trois mémoires qui parurent successivement, en 1848, en 1849 et en 1850, dans les *Annales de Chimie et de Physique*.

Ce sujet avait attiré de bonne heure son attention; je lui ai souvent entendu dire que la découverte de l'induction était, à ses yeux, la plus belle des découvertes de Faraday et l'une des plus grandes de la science moderne. Longtemps après s'en être occupé directement, il y revenait dans son cours de l'École Polytechnique, cherchant à montrer que la production des courants induits est une conséquence de la théorie mécanique de la chaleur, et rattachant ainsi la question même de l'induction aux principes fondamentaux de la physique.

Dans son premier mémoire il s'occupe des phénomènes d'induction produits par l'électricité ordinaire; il démontre que la décharge induite se compose de la succession de deux décharges opposées, développées au moment où la décharge inductrice commence et au moment où elle finit, ce qui ramène les lois de ce genre d'induction à celles de l'induction découverte par Faraday. Il se sert, pour déterminer le sens des décharges induites, d'un procédé nouveau fondé sur la polarisation des électrodes qui accompagne toujours le passage même de la plus faible quantité d'électricité à travers un liquide électrolytique. Si le circuit induit est continu, il n'y a presque pas de polarisation des électrodes; mais s'il présente une solution de continuité, la polarisation devient très-sensible : ce qui tient, comme il est facile de le prouver, à ce que, dans ce second cas, les deux courants induits, au lieu d'être égaux comme dans le premier, diffèrent en intensité. Vient ensuite l'étude des causes qui peuvent faire varier l'intensité relative de ces deux décharges induites de sens contraire.

Dans le second mémoire le même procédé, appliqué aux courants induits d'ordre supérieur, conduit à une conclusion analogue : c'est que chaque courant du second ordre est la succession de deux courants opposés induits par le courant induit du premier ordre, au moment où il commence et au moment où il finit. Verdet reconnaît que cette vue théorique avait déjà été énoncée depuis longtemps; mais il en a donné le premier la démonstration expérimentale.

Le troisième mémoire sur l'induction, très-différent des deux précédents, a pour objet l'étude de l'influence du temps dans les phénomènes du magnétisme de rotation observés pour la première fois par Arago. C'est en cherchant à analyser expérimentalement les courants qui sont produits dans l'appareil de Page, quand on substitue au fer doux qu'on fait tourner devant les deux branches de l'aimant fixe un métal quelconque, que Verdet a réussi à démontrer que l'induction n'est pas un phénomène instantané. Il a ainsi confirmé par l'expérience le principe énoncé pour la première fois par Faraday, savoir, que le phénomène de l'induction a une durée sensible. Il a reconnu, en comparant les effets produits par des plaques de diverses natures, que leur intensité augmente avec la conductibilité électrique du métal soumis à l'expérience, et que la polarité diamagnétique n'y joue aucun rôle.

Tout en s'occupant d'électricité, Verdet ne perdait pas de vue l'étude de la lumière. Deux mémoires présentés par lui à l'Académie des sciences, en janvier et en février 1851, en sont la preuve. Dans le premier il rectifie une démonstration donnée par Fresnel, tout en en confirmant pleinement le résultat, sur la conséquence à laquelle conduisent les expériences par lesquelles Fresnel et Arago démontrent que deux rayons polarisés à angle droit ne peuvent, en aucun cas, interférer l'un avec l'autre. Cette conséquence est fondamentale pour la théorie de l'optique, car elle établit que les vibrations de la lumière polarisée sont rectilignes, perpendiculaires à la direction du rayon lumineux et parallèles ou perpendiculaires au plan de polarisation. On conçoit l'importance qu'il y avait à l'asseoir sur une base incontestable.

Dans le second mémoire, Verdet traite une question dont la solution, quoique simple en apparence, exige l'emploi de calculs d'un ordre très-supérieur et montre en même temps la fécondité de la théorie des ondulations. Il s'agit de prouver que l'intensité lumineuse de l'image d'un objet formée au foyer d'une lentille est proportionnelle à l'étendue de la portion efficace de la lentille. Ce principe, confirmé par l'expérience, paraît évident au premier abord, et cependant, dans la théorie des ondulations, on prouve que l'intensité lumineuse de l'image d'un point doit être proportionnelle, non pas à la simple surface, mais au carré de la surface de la lentille. Verdet montre que la contradiction n'est qu'apparente, et qu'elle provient de la confusion qu'on fait en assimilant les effets d'un point lumineux avec ceux d'un objet lumineux d'une étendue sensible; car, dès qu'il s'agit d'un objet, la théorie des ondulations elle-même conduit, à l'aide du calcul, à reconnaître que l'intensité de l'image lumineuse est toujours proportionnelle à l'étendue efficace de la lentille, et non au carré de cette étendue.

Comme on vient de le voir, les premiers travaux originaux de Verdet ont eu successivement pour objet l'électricité et la lumière, ces deux parties de la physique qu'il affectionnait particulièrement. On ne doit donc pas s'étonner que les plus importantes de ses recherches aient été consacrées à l'étude d'une question dans laquelle l'électricité et la lumière se trouvent également en jeu. S'emparant de la brillante découverte (faite en 1845 par Faraday) de l'influence du magnétisme sur les propriétés optiques des corps transparents, il met à étudier cette influence, qui consiste dans la rotation du plan de polarisation, une ardeur et une persévérance que stimulaient la nature du sujet et les difficultés mêmes, aussi bien expérimentales que théoriques, qu'il présentait. Quatre mémoires publiés successivement, en 1854, en 1855, en 1858 et en 1863, furent le fruit de ces recherches laborieuses marquées au coin d'une sagacité remarquable, d'une exactitude rigoureuse et d'une probité scientifique à toute épreuve.

Après divers tâtonnements, en opérant tantôt avec de la lumière homogène, tantôt avec de la lumière blanche, observant dans le premier cas l'extinction de l'image extraordinaire, et dans le second la teinte de passage, il s'arrête à ce dernier procédé comme plus délicat et plus pratique. Pour mesurer la force magnétique, il se sert de la mesure du courant induit que développe cette force dans une bobine mobile placée entre les pôles de l'électro-aimant et à laquelle il imprime toujours le même mouvement. Puis, sa méthode d'expérimentation établie, il est conduit, en l'appliquant, à deux lois importantes : la première, que le pouvoir rotatoire magnétique varie proportionnellement à l'intensité de l'action magnétique; la seconde, que la rotation du plan de polarisation est proportionnelle au cosinus de l'angle compris entre la direction du rayon lumineux et celle de la force magnétique, ce qui signifie qu'elle est proportionnelle à la composante de l'action magnétique parallèle à la direction du rayon de lumière polarisé. Faraday avait bien trouvé que le phénomène se produisait avec le plus d'intensité lorsque la direction du rayon était parallèle à celle des forces magnétiques, et qu'il disparaissait quand ces deux directions étaient perpendiculaires l'une à l'autre, résultats qui semblaient faire présupposer la loi du cosinus; mais il fallait le démontrer directement : c'est ce qu'a fait Verdet.

Les deux lois que nous venons de rappeler ont été établies par de nombreuses expériences faites sur diverses substances transparentes, soit solides, soit liquides. Mais y a-t-il quelque loi qui lie la grandeur du pouvoir rotatoire magnétique avec d'autres propriétés, soit physiques, soit chimiques, de la substance transparente traversée par le rayon polarisé? Telle est la question qu'aborde Verdet dans son troisième mémoire. Après bien des tentatives inutiles pour trouver un rapport entre le pouvoir rotatoire magnétique des corps et leur pouvoir réfringent ou leur diamagnétisme, il aboutit à deux résultats intéressants d'un ordre tout différent.

Le premier est que, lorsqu'un sel est dissous dans l'eau, l'eau et le sel apportent chacun dans la dissolution leur pouvoir rotatoire magnétique propre, et la rotation produite par la dissolution est la somme des rotations individuelles dues aux molécules de l'une et l'autre substance. Cette loi pourrait servir à distinguer les mélanges formés de liquides qui n'ont pas d'action chimique l'un sur l'autre, de ceux dans lesquels il y a action chimique entre les ingrédients dont ils sont formés, sujet intéressant de recherches qui n'a pas été, que je sache, abordé jusqu'à présent.

Le second résultat général obtenu par Verdet en soumettant à l'expérience différentes espèces de substances est d'avoir trouvé qu'il en est qui, dans les mêmes conditions, font tourner, sous l'influence du magnétisme, le plan de polarisation dans un sens différent de celui dans lequel d'autres le font tourner. C'est d'abord sur les sels de fer dissous dans l'eau qu'il a constaté ce fait intéressant, s'étant assuré que ces sels exercent sur la lumière polarisée une action contraire à celle qu'exercent l'eau, le sulfure de carbone, le verre et la généralité des substances transparentes. Il a été ainsi amené à distinguer deux espèces de pouvoir rotatoire magnétique : le *positif*, celui de l'eau, du verre, etc., et le *négatif*, celui des sels de fer et des substances qui agissent comme eux, en faisant tourner le plan de polarisation en sens contraire de la rotation qu'il éprouve avec l'eau.

Mais ce qu'il y a de curieux, c'est que la différence que nous venons de signaler entre les divers corps ne tient point à ce que les uns sont magnétiques et à ce que les autres ne le sont pas. En effet, tandis que les sels de titane, de cérium, de lanthane, qui sont, il est vrai, légèrement magnétiques, jouissent de la même propriété que les sels de fer, ceux de nickel et de cobalt, qui possèdent un magnétisme bien plus fort, ont le même pouvoir rotatoire magnétique que l'eau. Il est vrai qu'il n'existe aucune solution non magnétique qui ait le pouvoir négatif, mais toutes les substances magnétiques ne le possèdent pas, puisqu'il en est qui ont le positif. Il y a donc dans ce genre de phénomènes des influences encore inconnues qui empêchent de rattacher le pouvoir magnétique à quelque autre propriété des corps, soit physique, soit chimique.

Abordant la question par un autre bout, Verdet, dans son quatrième mémoire, a essayé de voir si du moins il ne parviendrait pas à lier les phénomènes de polarisation rotatoire magnétique avec la nature même des rayons lumineux; si, en d'autres termes, il n'existerait pas un rapport constant entre les longueurs d'ondulation des différents rayons simples et l'influence du magnétisme sur l'amplitude de leur rotation magnétique. On sait, d'après des expériences de Biot, que, pour les substances douées naturellement de la polarisation rotatoire, telles que le quartz, le sucre, etc., le pouvoir rotatoire est inverse du carré des longueurs des ondes lumineuses; il était intéressant de savoir s'il en serait de même pour les substances qui ne possèdent la polarisation rotatoire que sous l'influence du magnétisme.

Pour s'en assurer, Verdet s'est servi de deux substances dont le pouvoir rotatoire magnétique, quoique différent, est très-considérable : ce sont le sulfure de carbone et la créosote; puis il les a fait traverser successivement par les rayons simples polarisés provenant d'un spectre solaire très-parfait, en les plaçant sous l'action de l'électro-aimant. Il a bien trouvé qu'en général la rotation magnétique des plans de polarisation des rayons de différentes couleurs est réciproque aux carrés des longueurs d'ondulation, mais seulement *approximativement*.

L'écart entre les résultats de l'expérience et les résultats calculés d'après la loi est d'autant plus grand que la substance traversée par le rayon polarisé a un pouvoir dispersif plus considérable. Cependant ce dernier fait n'est pas non plus général, car une série d'expériences très-exactes, faites successivement avec les deux substances sur lesquelles il a opéré, ont montré que, quoique la créosote soit beaucoup moins dispersive que le sulfure de carbone, la variation de ses rotations magnétiques avec la longueur d'onde est plus rapide, ou tout au moins aussi rapide, qu'elle l'est avec le sulfure de carbone.

Il est à regretter, pour la satisfaction personnelle de Verdet, que ses belles et laborieuses recherches ne l'aient pas conduit à quelqu'une de ces lois simples que les physiciens ont quelquefois le bonheur de rencontrer sur leur route. D'autres, moins consciencieux et moins exacts, auraient peut-être trouvé la loi sans en voir les écarts; mais Verdet cherchait avant tout la vérité; aussi je pourrais dire qu'il s'est donné presque plus de peine pour découvrir les écarts de la loi que pour trouver la loi elle-même. Le désappointement qu'il a dû néanmoins éprouver en n'aboutissant à aucune loi générale, à la suite de cette partie de ses travaux, me rappelle celui dont je fus témoin chez un savant également consciencieux et habile : je veux parler de Dulong. C'était en 1825; Dulong venait de terminer un important travail sur le pouvoir réfringent des gaz. Je l'avais laissé au mois de mai au milieu de ses recherches; je le retrouve au mois d'octobre les ayant terminées. « Point de loi générale, me dit-il dès qu'il m'aperçut à mon retour; rien que des lois approximatives. Que voulez-vous! je n'ai point de bonheur; tandis que Gay-

Lussac, il suffit qu'il touche à un sujet pour trouver une loi. »
Et cependant la loi de la dilatation des gaz n'est pas non plus une loi absolue; les écarts sont très-petits, il est vrai; mais enfin si, au point de vue pratique, ils ont peu d'importance, ils en ont une grande au point de vue théorique, et, pour Dulong comme pour Verdet, c'était là le point essentiel.

Au reste, à mesure que la science avance et que les moyens d'expérimentation se perfectionnent, les lois qui semblaient reposer sur les fondements les plus sûrs sont ébranlées. Est-ce à dire qu'elles aient perdu toute valeur? Loin de là, car elles n'en demeurent pas moins vraies dans les limites et dans les conditions où elles ont été observées, et elles serviront toujours, comme point de départ, pour en établir de plus générales. Celles-ci ne s'obtiendront que lorsqu'on aura pu apprécier toutes les circonstances, dont plusieurs nous échappent encore, qui influent sur un phénomène; appréciation souvent bien difficile et quelquefois même impossible, faute de moyens suffisants d'observation. Mais ces difficultés, ces impossibilités pourront disparaître un jour avec les progrès des méthodes et le perfectionnement apporté chaque jour aux procédés d'expérimentation. Il n'y a donc pas lieu de se décourager, surtout si, au lieu de regarder en arrière, on jette les yeux en avant.

Verdet en est la preuve, car, en terminant les recherches dont nous venons de donner l'analyse, il se livre à une discussion dans laquelle différentes hypothèses, soit sur le mode d'action du magnétisme, soit sur l'influence de la longueur des ondulations lumineuses, sont soumises à l'épreuve de calculs approfondis. Les formules auxquelles il est conduit n'ont pas sans doute la valeur d'une loi générale, mais elles lui permettent de saisir les causes des perturbations qui font que la loi n'est qu'approximative, et d'entrevoir certains traits généraux au milieu de ces perturbations mêmes. Ainsi il reconnaît que les corps qui possèdent un fort indice de réfraction présentent généralement un grand pouvoir rotatoire magnétique, sans qu'il y ait, il est vrai, un rapport constant entre les deux ordres de propriétés, et que les substances douées d'un fort pouvoir dispersif s'écartent, en général, très-notablement de la loi exacte du carré des longueurs d'onde, sans qu'il y ait de rapport constant entre cet écart et la dispersion. La première proposition est la restriction d'une règle que j'avais cru pouvoir établir[1], que Verdet avait d'abord admise et qui s'est trouvée moins générale que je ne l'avais cru. La seconde est également la restriction d'une loi à laquelle Verdet lui-même aurait été tenté d'attribuer un caractère absolu s'il avait voulu tirer des conséquences définitives de ses premières séries d'expériences. Toutefois ces deux lois, quoique approximatives, quoique présentant même des exceptions, n'en renferment pas moins un fonds de vérité que des recherches ultérieures permettront très-probablement un jour de démêler, quand on aura réussi à ramener les phénomènes à des conditions plus simples et plus normales.

Si j'ai autant insisté sur les travaux scientifiques de Verdet, c'est que cet examen est encore ce qui peut le mieux donner l'idée à la fois de la loyauté scientifique et de la haute intelligence qui le caractérisaient, double condition indispensable pour savoir bien discerner la vérité. Sans doute il employait

[1] *Traité d'Électricité*, t. I, p. 555.

l'hypothèse, car autrement il aurait erré à l'aventure; mais chez lui l'hypothèse était soumise à la double épreuve du calcul et de l'expérience avec une rigueur qui devait le conduire à la vérité; car *la vérité*, je l'ai déjà dit et je ne saurais trop le répéter, voilà avant tout ce qu'il aimait, ce qu'il cherchait, prêt à renoncer à toute idée préconçue, tant était ardent son désir de la trouver. Aussi je connais peu de savants auxquels on puisse mieux qu'à lui appliquer ce jugement bref et énergique d'un poëte ancien : *vitam impendere vero.*

A. DE LA RIVE.

ŒUVRES
D'ÉMILE VERDET.

RECHERCHES
SUR
LES PHÉNOMÈNES D'INDUCTION
PRODUITS
PAR LES DÉCHARGES ÉLECTRIQUES.

(THÈSE PRÉSENTÉE A LA FACULTÉ DES SCIENCES DE PARIS EN NOVEMBRE 1848.)

(*ANNALES DE CHIMIE ET DE PHYSIQUE*, 3e SÉRIE, TOME XXIV, PAGE 377.)

§ I.
HISTORIQUE.

Les phénomènes d'induction produits par les décharges électriques ont déjà été l'objet d'un assez grand nombre de travaux. Découverts, sinon à la même époque, du moins dans des recherches tout à fait indépendantes, par MM. Masson [1], Aimé [2], Henry, Riess et Marianini, ils ont été étudiés par ces divers physiciens, ainsi que par MM. Dove, Matteucci et Knochenhauer. Néanmoins on n'a pas en-

[1] Voyez *Annales de chimie et de physique*, 2e série, t. LXXIV, p. 159, en note.
[2] L'observation de M. Aimé n'est mentionnée, à ma connaissance, dans aucun traité de physique, ni dans aucun mémoire publié dans les grandes collections scientifiques. J'en emprunte la description à l'intéressante *Notice biographique sur Georges Aimé*, publiée

core de notions certaines sur la nature du mouvement électrique qui constitue la décharge induite. La plupart des physiciens le considèrent comme un mouvement unique, entièrement comparable au mouvement qui constitue la décharge inductrice, mais ils n'en connaissent pas la direction avec certitude. D'autres pensent que la décharge induite est la succession d'au moins deux décharges d'intensités à peu près égales et de directions opposées, mais ils ne citent à l'appui de leur hypothèse, très-vraisemblable d'ailleurs, aucune expérience concluante.

J'ai essayé de résoudre la question par une méthode qui m'a paru rigoureuse, et je soumets à la Faculté les résultats de mon travail.

J'ai dû commencer par un examen attentif des recherches dont je viens de citer les auteurs, afin de voir s'il était possible de modifier les méthodes déjà employées, de manière à en écarter toute cause d'erreur, ou s'il fallait recourir à une méthode nouvelle.

Une hélice magnétisante contenant une aiguille d'acier trempé est un des appareils les plus simples et les plus sensibles qui puissent manifester l'existence d'une décharge induite; mais le sens et l'intensité de l'aimantation n'ont aucune relation simple avec le sens et l'intensité de cette décharge. Les expériences de Savary ont démontré depuis longtemps que le sens de l'aimantation due à la décharge d'une batterie ne dépend pas seulement de la direction de cette décharge, mais aussi de son intensité et de la distance de l'aiguille au fil conducteur. Quelle que soit la cause de cette singulière anomalie, l'analogie conduit à penser que le sens de l'aimantation due à une décharge induite dépend des mêmes circonstances, et l'expérience confirme cette prévision. Si l'on place dans le circuit conducteur de la décharge induite une série d'hélices magnétisantes de diamètres différents, les aiguilles introduites dans ces hélices peuvent s'aimanter en sens contraire les unes par rapport aux autres. Sans avoir fait de ces phénomènes une étude complète, il m'a paru

par M. Édouard Desains dans la *Nouvelle Revue encyclopédique* de MM. Firmin Didot (année 1846). Sur les deux faces d'une lame de verre, M. Aimé avait fixé plusieurs bandes d'étain, de manière à former deux circuits métalliques, parallèles et discontinus. Au moment où il faisait passer à travers l'un des circuits la décharge d'une bouteille de Leyde, il partait des étincelles dans toutes les solutions de continuité du deuxième circuit.

que les circonstances favorables à l'observation des changements de signe de l'aimantation sont les mêmes pour les décharges induites que pour les décharges ordinaires. Si une décharge induite faible parcourt un circuit très-peu conducteur, les aiguilles d'acier s'aimantent toujours de la même manière, dans quelque hélice magnétisante qu'elles soient placées; au contraire, toutes les fois qu'une décharge électrique intense agit par induction sur un circuit entièrement métallique de longueur médiocre, les anomalies de l'aimantation sont à peu près aussi évidentes pour la décharge induite que pour la décharge inductrice. L'expérience suivante le prouve.

Un fil de cuivre de 1 mètre de longueur et d'environ $1^{mm},5$ de diamètre fut enroulé autour d'un tube de verre de 2 décimètres de longueur et de 1 centimètre de diamètre extérieur. L'hélice ainsi formée fut introduite dans un autre tube de verre d'un diamètre intérieur juste assez grand pour la recevoir, et sur lequel on avait aussi enroulé un fil de cuivre à peu près de même longueur et de même diamètre que le précédent. On réunit les extrémités du fil intérieur par une série d'hélices magnétisantes de diamètres différents, où furent placées des aiguilles d'acier, et l'on fit passer par le fil extérieur la décharge d'une bouteille de Leyde de moyennes dimensions. L'expérience ayant été répétée plusieurs fois avec des hélices et des aiguilles de dimensions variées, il arriva souvent que les aiguilles soumises à une même décharge s'aimantèrent en sens contraire les unes des autres. Avec des aiguilles de 40 millimètres de longueur et d'environ $0^{mm},25$ de diamètre (n° 7 du commerce), j'ai observé trois changements de signe : l'une des aiguilles était placée entre le verre et le fil d'une hélice d'un très-grand diamètre, et pouvait être considérée comme aimantée uniquement par la partie des spires qu'elle touchait; la seconde était dans une hélice de 3 millimètres de diamètre, la troisième dans une hélice de 1 centimètre.

L'appareil d'induction est, dans cette expérience, analogue, par sa grande conductibilité, aux appareils dont M. Henry a fait usage dans ses recherches [1] : c'étaient, comme on sait, tantôt des lames d'étain très-larges, enroulées en hélice sur des tubes de verre, tantôt des lames de cuivre enroulées en forme de spirales plates, dont

[1] *Annales de chimie et de physique*, 3e série, t. III.

la longueur ne dépassait pas 30 mètres, et dont la section était d'au moins 8 à 10 millimètres carrés. Une aiguille, soumise à l'action de la décharge induite dans une hélice magnétisante d'un très-petit diamètre, s'aimantait tantôt en un sens, tantôt en sens contraire, lorsqu'on faisait varier l'intensité de la décharge inductrice ou la distance de la spirale inductrice à la spirale induite. Mais il est clair, par ce qui précède, qu'il n'y avait rien à conclure de ces phénomènes quant à la direction de la décharge induite. Si M. Henry avait soumis à l'action d'une même décharge plusieurs aiguilles placées dans des hélices différentes, il est à présumer qu'il ne les aurait pas toujours vues s'aimanter toutes dans le même sens, et sans doute il aurait reconnu que ses expériences n'indiquaient pas avec certitude le sens de l'induction.

M. Marianini, en substituant le fer doux à l'acier, a cru donner plus de rigueur à la méthode de l'aimantation [1]. On admet en effet, d'après Savary, que sous l'influence d'une décharge électrique le fer doux et l'acier non trempé s'aimantent toujours dans le même sens que sous l'influence d'un courant voltaïque de même direction. Conséquemment, si l'on introduit un barreau de fer doux dans une hélice perpendiculaire au méridien magnétique au-dessus de laquelle est suspendue une aiguille aimantée, la déviation du pôle austral de l'aiguille peut faire connaître la direction de toute décharge transmise à travers l'hélice. Tel est le principe d'un instrument, précieux par son extrême sensibilité [2], que M. Marianini a appliqué à l'étude des décharges induites, et auquel il a donné le nom de *rhéélectromètre.* Si l'on en considère les indications comme rigoureuses, les expériences de M. Marianini établissent que la direction de la décharge induite dépend de l'intensité de la décharge inductrice, de la conductibilité du circuit inducteur et de celle du circuit induit.

Mais on trouve, dans le mémoire de M. Marianini lui-même, une expérience d'où il résulte que le fer doux n'est guère plus propre que l'acier à indiquer, par son aimantation, le sens d'une décharge électrique. Ce physicien prit une lame de plomb d'environ 3 mètres

(1) *Annales de chimie et de physique*, 3e série, t. X, XI et XIII.

(2) Voir la note de la page 32.

de longueur, et la recourba en deux points distants de 1 mètre, de manière qu'elle pût passer à travers deux vases pleins d'eau distillée; les deux extrémités du fil de l'hélice du rhéélectromètre furent plongées dans les mêmes vases, et l'on fit passer à travers la lame de plomb une série de décharges d'intensités croissantes et de même direction. Les déviations du rhéélectromètre changèrent de sens avec l'intensité de la décharge. J'ai répété plusieurs fois cette expérience, et j'ai obtenu constamment le même résultat que M. Marianini. Il suffit même de faire passer directement à travers l'hélice une décharge extrêmement faible, pour observer une aimantation contraire à celle que produit toute décharge un peu intense. Ainsi, les indications du rhéélectromètre ne sont pas plus certaines que celles d'une hélice magnétisante, du moins pour de très-faibles décharges. Telles sont précisément les décharges induites étudiées par M. Marianini. L'appareil inducteur de ce physicien consistait en deux lames de plomb de 7 centimètres de longueur, 1 centimètre de largeur et 11 millimètres d'épaisseur, séparées par une lame isolante. L'induction était si faible, qu'il eût été à peu près impossible de la constater par toute autre méthode.

Si l'aimantation de l'acier et du fer doux produite par les décharges électriques est sujette aux plus grandes irrégularités, il résulte, au contraire, des expériences de M. Colladon et de celles de M. Faraday, qu'une aiguille déjà aimantée est déviée par la décharge d'une bouteille de Leyde dans le même sens que par un courant voltaïque; mais il est nécessaire que les différentes spires du fil galvanométrique soient isolées avec le plus grand soin, ou, si l'isolement est imparfait, on n'obtient de résultats certains qu'en retardant la décharge de la batterie par un corps peu conducteur, tel qu'une corde mouillée, ou en soutirant peu à peu l'électricité de l'armature interne par une pointe. Dans les deux cas, les expériences réussissent d'autant mieux que le fil du galvanomètre est plus fin et plus long; car, ainsi que l'a fait remarquer M. Riess, alors même que la plus grande partie de la décharge passe à travers la soie dont le fil métallique est recouvert, l'action de la petite quantité d'électricité qui circule à travers le fil est sensible si le nombre des spires est très-grand. En négligeant ces diverses précautions, on obtient souvent, il est vrai, des déviations très-considérables; mais ces déviations sont dues tantôt à l'action que l'électricité libre de la décharge exerce sur l'aiguille aimantée comme sur tout autre corps léger, tantôt à un changement permanent du magnétisme de l'aiguille : il n'y a évidemment alors aucune relation entre l'indication du galvanomètre et la direction ou l'intensité de la décharge.

Ces causes d'erreur ne paraissent pas avoir été écartées par M. Matteucci, lorsqu'il a appliqué la déviation de l'aiguille aimantée à l'étude des décharges induites (1). Ce physicien employait un galvanomètre à fil gros et court, construit par M. Gourjon pour l'observation des courants thermo-électriques, et par cela même impropre à l'observation des décharges électriques directes ou induites. M. Matteucci reconnaît lui-même l'imperfection de son instrument : ainsi, lorsqu'il déchargeait lentement une batterie ou le conducteur d'une machine électrique à travers le fil du galvanomètre, la déviation de l'aiguille était indépendante de la direction de la décharge, et n'était due qu'à l'action de l'électricité libre; lorsqu'il y faisait passer une décharge induite, le sens de la déviation changeait bien, en général, avec le sens de la décharge; mais il partait presque toujours une étincelle dans le circuit, et l'état magnétique des aiguilles était plus ou moins modifié. On ne peut donc pas accorder une confiance entière à la loi énoncée par M. Matteucci, d'après laquelle la direction de la décharge induite serait toujours la même que celle de la décharge inductrice.

Lorsqu'il y avait une interruption et, par suite, une étincelle dans le circuit induit, M. Matteucci n'a presque jamais obtenu de déviation sensible avec son galvanomètre. Il a essayé de déterminer, dans ce cas, la direction de la décharge induite à l'aide d'une méthode toute différente, que lui avait indiquée M. Pacinotti, de Pise. Un perce-cartes était introduit dans le circuit soumis à l'induction : une feuille de papier mince, placée entre les deux pointes, était percée par l'étincelle, et l'on admettait, conformément aux expériences de Lullin et de Trémery, que l'étincelle était dirigée de la pointe la plus éloignée du trou vers la pointe la plus voisine. M. Matteucci a conclu de ses observations que la direction de la décharge induite était

(1) *Annales de chimie et de physique*, 3e série, t. IX, et *Archives de l'Électricité*, t. V.

contraire à celle de la décharge inductrice : cette direction ne serait donc pas la même dans un circuit discontinu que dans un circuit entièrement métallique. Mais la méthode du perce-cartes est sujette à d'assez graves objections : si la distance des deux pointes est très-petite, il est bien difficile de dire quelle est la pointe la plus voisine du trou; si la distance est très-grande, le trou est presque exactement au milieu : ce n'est qu'entre des limites particulières qu'on obtient des résultats semblables à ceux de M. Matteucci. Il y a donc quelque différence entre les effets de l'étincelle d'une décharge induite et ceux de l'étincelle d'une décharge ordinaire, et l'on ne doit pas se servir de la même règle pour déterminer la direction de ces deux espèces d'étincelle.

M. Riess est parti, dans ses recherches, d'un principe contraire aux lois énoncées par M. Matteucci[1]. Il a admis que l'action inductrice ne devait être en rien modifiée par l'état de la partie du circuit non soumise à l'induction, et qu'en conséquence la direction du mouvement imprimé aux fluides électriques devait être la même, soit que le circuit fût entièrement métallique, soit qu'il présentât une petite interruption, soit même que les extrémités fussent séparées par un intervalle trop grand pour livrer passage à l'étincelle. D'ailleurs il est facile de déterminer, dans ce dernier cas, la direction de la décharge, en approchant des deux plateaux d'un condensateur les deux extrémités du fil induit. Au moment de l'induction, les deux électricités qui tendent à s'échapper de ces deux extrémités passent sur les plateaux, sous forme d'étincelle, et il ne reste qu'à en reconnaître la nature par les procédés ordinaires. La méthode paraît rigoureuse, mais elle est d'une application difficile, et M. Riess l'a ingénieusement modifiée.

Les deux extrémités du fil induit étaient mises en rapport avec deux pointes métalliques qui pouvaient se rapprocher l'une de l'autre à volonté. Entre ces pointes on plaçait, au lieu d'un condensateur, une plaque de métal recouverte sur ses deux faces d'une couche peu épaisse de poix-résine : les deux électricités qui se seraient répandues sur les plateaux du condensateur se répandaient, au moins en partie, sur les faces de la lame; et, pour en reconnaître la nature,

(1) *Poggendorff's Annalen der Physik und der Chemie*, t. LI.

on projetait successivement sur chaque face le mélange de soufre et de minium pulvérisés qui sert à produire les figures de Lichtenberg. Le minium et le soufre se séparaient et affectaient des dispositions très-différentes sur les deux faces. Sur l'une, il se formait une tache centrale rouge, entourée d'un grand nombre de filaments jaunes, divergents et ramifiés, constituant une sorte d'auréole; sur l'autre, c'était un groupe de taches rouges et jaunes, environné d'un cercle rouge et presque toujours accompagné d'un petit nombre de filaments jaunes. Le rapport de ces figures avec les figures électriques ordinaires n'était pas évident *a priori*, et il n'était pas possible de conclure du phénomène la direction de la décharge induite. Mais, si l'on répétait plusieurs fois l'expérience en faisant varier l'écartement des deux pointes et les dimensions de la plaque de résine, sans rien changer à la décharge inductrice, les deux figures se reproduisaient toujours avec la même forme du même côté; elles s'échangeaient l'une dans l'autre, si l'on changeait la direction de la décharge inductrice. La position de ces figures dépend donc uniquement de la direction de la décharge induite, et leur observation est tout à fait propre à manifester si, dans une série d'expériences, cette direction est constante ou variable : tel est aussi l'usage auquel l'a appliquée M. Riess. Des expériences très-nombreuses lui ont fait voir que ni l'intensité de la décharge inductrice, ni la distance du fil induit au fil inducteur, ni la conductibilité de l'un ou de l'autre circuit, n'a d'influence sur la direction de la décharge induite.

Cette loi remarquable une fois démontrée, M. Riess a pensé qu'il lui suffisait, pour résoudre définitivement la question, de déterminer, dans un petit nombre d'expériences, la direction de la décharge induite, au moyen du condensateur. Il a effectivement annoncé, en 1840, que la direction de la décharge induite était constamment la même que celle de la décharge inductrice; mais ayant répété ses expériences deux ans plus tard [1], il a quelquefois obtenu avec le condensateur des signes d'après lesquels la direction de la décharge induite aurait été contraire à celle de la décharge inductrice, sans qu'il fût possible d'apercevoir la cause de cette anomalie. Comme d'ailleurs les figures produites sur la résine ont conservé toujours la

[1] *Repertorium der Physik*, t. VI; Berlin, 1842.

même position, M. Riess a conclu de ses nouvelles expériences que la décharge induite est un phénomène plus complexe qu'il ne l'avait pensé d'abord, et qu'on ne peut lui assigner une direction unique comme à la décharge inductrice. Tout ce qu'on peut affirmer, c'est que la nature du mouvement électrique dont le fil induit est le siége demeure constamment la même, et que, le plus souvent, ce mouvement produit les mêmes effets qu'une décharge unique dirigée dans le même sens que la décharge inductrice.

Les recherches de M. Riess sur le pouvoir calorifique des décharges induites [1], et le mémoire de M. Dove, relatif à l'influence que les masses métalliques exercent sur l'intensité de ces décharges [2], sont étrangers au sujet de mon travail. Les seules expériences qu'il me reste à citer sont celles de M. Knochenhauer [3]. La méthode de ce physicien diffère essentiellement des précédentes. Elle consiste à faire passer simultanément la décharge inductrice et la décharge induite à travers le fil de platine d'un thermomètre électrique, en disposant les communications, dans deux expériences successives, de manière que l'une des décharges doive traverser le fil de platine alternativement dans les deux sens opposés, le sens de l'autre décharge y demeurant le même. L'élévation de température indiquée par le thermomètre n'est pas la même dans les deux circonstances, et si l'on admet que la plus grande élévation de température corresponde au cas où les deux décharges passent dans le même sens à travers le thermomètre, la plus petite au cas où elles y passent en sens contraire, les expériences assignent à la décharge induite une direction contraire à celle de la décharge inductrice. Ce résultat sera discuté plus loin.

En résumé, si on laisse de côté, pour le moment, les expériences de M. Knochenhauer, on voit que la méthode de M. Riess est seule rigoureuse, mais qu'elle ne peut résoudre complétement la question. Il était donc nécessaire d'employer une méthode nouvelle dans nos recherches.

[1] *Annales de chimie et de physique*, 2e série, t. LXXIV.
[2] *Annales de chimie et de physique*, 3e série, t. IV.
[3] *Annales de chimie et de physique*, 3e série, t. XVII.

§ II.

DE LA DÉCHARGE INDUITE DU PREMIER ORDRE.

Wollaston [1] et M. Faraday [2] ont prouvé, par d'ingénieuses expériences, que l'électricité d'une machine ou d'une batterie électrique produit, en traversant un liquide conducteur, les mêmes effets électro-chimiques que le courant d'une pile : les alcalis, l'hydrogène, les métaux sont transportés dans la même direction que le fluide positif; les acides, l'oxygène et les corps analogues, en sens contraire. Ainsi la direction d'une décharge électrique peut se conclure rigoureusement de l'observation de ses effets électro-chimiques. Tel est le principe de la méthode que j'ai appliquée à l'étude des décharges induites.

Le procédé expérimental de M. Faraday est très-simple. On place entre deux pointes métalliques un morceau de papier imprégné du liquide dont on veut constater la décomposition, et on verse autour de chaque pointe une goutte d'un réactif coloré, propre à manifester la présence de l'élément basique ou acide qui doit s'y rendre. La décomposition de l'iodure de potassium se constate plus aisément encore par la tache d'iode qui se forme toujours au contact de la pointe positive. Mais on n'obtient de résultats satisfaisants que si la décharge est réellement transmise à travers le papier humide. S'il part une étincelle entre les deux pointes métalliques, les phénomènes chimiques ont un caractère différent : avec l'iodure de potassium, on voit une tache d'iode qui s'étend sur tout le trajet de l'étincelle; avec un sel alcalin, c'est une tache acide. M. Faraday pense que l'étincelle électrique produit dans la couche d'air qu'elle traverse une petite quantité d'acide nitrique qui décompose le liquide dans le voisinage du trajet de l'électricité. Quoi qu'il en soit, la tache d'iode ou d'acide présente, en général, la forme anguleuse ou contournée de l'étincelle qui l'a produite.

Il est donc nécessaire, dans ces expériences, de diminuer beaucoup la tension des décharges électriques en leur faisant traverser

(1) *Transactions philosophiques*, année 1801.

(2) *Transactions philosophiques*, année 1833, ou *Experimental Researches in electricity*, troisième Mémoire; Londres, 1839.

une corde humide ou une longue colonne d'eau. Mais lorsque j'ai voulu appliquer ce procédé aux décharges induites, je n'ai pu introduire dans le circuit un conducteur imparfait sans faire disparaître toute action chimique; la tension de l'électricité était tellement réduite, qu'elle ne pouvait plus vaincre la résistance du papier humide.

C'est par le phénomène connu sous le nom de *polarisation des électrodes* que j'ai manifesté l'action chimique des décharges induites. Il y a assez longtemps, en effet, qu'un habile physicien allemand, M. Henrici, a fait voir qu'une décharge électrique communique une force électro-motrice temporaire à deux fils de platine ou d'or plongés dans un liquide décomposable : si ces fils sont mis promptement en rapport avec un galvanomètre sensible, on observe un courant plus ou moins intense, qui persiste pendant quelques instants et dont la direction est toujours contraire (dans le liquide) à celle de la décharge[1]. Le sens du courant est toujours le même, quelle que soit la nature du liquide; mais son intensité est variable et, en général, d'autant plus grande que le liquide est meilleur conducteur. Le sulfate de cuivre, l'acide chlorhydrique, le chlorure de sodium et surtout l'iodure de potassium sont les liquides les plus propres à l'observation du phénomène.

J'ai reconnu sans difficulté qu'on peut aussi produire des courants de polarisation très-intenses avec les décharges induites. De la direction de ces courants j'ai conclu la direction des décharges, mais il ne m'a pas paru possible d'obtenir des mesures exactes de l'intensité. Sans doute, les expériences de M. Becquerel[2] démontrent que l'intensité du courant de polarisation est sensiblement proportionnelle à la quantité d'électricité qui a traversé le liquide; mais une cause d'erreur que je n'ai pu écarter ne m'a pas permis de considérer ce principe comme applicable à mes expériences. Toutes les fois qu'un certain nombre de décharges, directes ou induites, toutes dirigées dans le même sens, a traversé l'appareil de décomposition, si l'on y fait passer une série de décharges exactement égales aux précédentes, mais de sens contraire, les courants de polarisation sont moins intenses dans la seconde série d'expériences

(1) *Poggendorff's Annalen der Physik und der Chemie*, t. XLVI et XLVII (année 1839).

(2) *Comptes rendus de l'Académie des sciences*, t. XXII (année 1846).

que dans la première. Ainsi, deux lames de platine ou d'or, plongées dans un liquide décomposable, et qui se sont polarisées plusieurs fois de la même manière, possèdent une tendance permanente à se polariser de nouveau dans le même sens. La démonstration de ce fait assez singulier a été pour moi l'objet d'un grand nombre d'expériences; j'ai su depuis qu'un phénomène tout à fait analogue avait déjà été observé par M. Saweljew dans des recherches sur le passage des courants magnéto-électriques instantanés à travers les liquides [1].

D'ailleurs la mesure des courants de polarisation, et, en général, des courants dont la durée est très-courte, n'est pas aussi facile, à beaucoup près, qu'on pourrait le penser. Il ne suffit pas d'observer la déviation galvanométrique immédiate, et d'en conclure, au moyen de tables empiriques, d'abord la déviation stable correspondante, ensuite l'intensité. La même déviation initiale peut correspondre à des courants d'intensités très-différentes, si la durée de ces courants n'est pas la même, et il n'est pas douteux que la durée des courants de polarisation ne soit très-variable. Lorsque ces courants sont très-peu intenses, ils sont aussi très-peu durables : l'aiguille, chassée à une certaine distance de sa position d'équilibre, y revient par une série d'oscillations exactement pareilles aux oscillations qu'elle exécuterait si on l'avait écartée de sa position d'équilibre sans faire passer de courant; mais, lorsque la polarisation est très-forte, l'aiguille revient très-lentement à sa position d'équilibre, et même accomplit souvent une ou deux oscillations en restant du même côté de cette position : ce qui indique, d'une manière évidente, la persistance du courant. Dans le premier cas, il faudrait évidemment connaître la durée du courant. Dans le second cas, le problème serait plus difficile encore : si la durée du courant de polarisation est sensible, son intensité est sans cesse décroissante, et c'est la valeur initiale qu'il faudrait connaître.

Je ne citerai donc, dans ce mémoire, d'autres données numériques que les déviations galvanométriques immédiatement observées. Pour les conclusions que j'aurai à en tirer, il suffira d'admettre, ce qui est assez évident, que ces déviations sont croissantes avec la quantité d'électricité dont le passage produit la polarisation.

(1) *Poggendorff's Annalen der Physik und der Chemie*, t. LXXIII.

J'ajouterai (on verra plus loin l'utilité de cette remarque) que l'intensité du courant de polarisation résultant de la décharge d'une batterie n'est pas sensiblement changée lorsqu'on interrompt le conducteur de la décharge en plusieurs points, de manière qu'il y parte des étincelles.

Je passe à la description des appareils et des expériences.

L'induction était produite, dans mes recherches, au moyen d'un couple de spirales planes. M. Ruhmkorff, qui me les avait fournies, avait apporté le plus grand soin à l'isolement des différentes spires. Le fil de cuivre, enveloppé de quatre couches de soie, était enroulé en spirale sur une pièce d'étoffe de soie, et recouvert ensuite d'une couche épaisse de vernis à gomme laque. Après avoir complétement desséché chaque spirale par une exposition de plusieurs jours aux rayons solaires, on la fixait sur une plaque de verre également vernie. Les deux extrémités du fil traversaient la plaque de verre pour se souder à deux pièces de cuivre percées de trous cylindriques profonds de 1 centimètre, où l'on engageait les extrémités des fils destinés à amener la décharge inductrice ou à recevoir la décharge induite. Je me suis toujours assuré de la continuité de toutes ces pièces, en faisant passer un courant voltaïque à travers chaque spirale, avant d'entreprendre une série d'expériences. J'ai aussi toujours vérifié la perfection de l'isolement, en faisant passer par les spirales la décharge d'une bouteille de Leyde chargée à saturation; je considérais les spires comme suffisamment isolées, lorsque je n'apercevais d'étincelles en aucun point du fil, l'expérience étant faite dans l'obscurité.

Trois de mes spirales étaient d'ailleurs formées chacune par un fil de cuivre d'un demi-millimètre de diamètre et d'environ 48 mètres de longueur, faisant quatre-vingt-dix à quatre-vingt-quinze spires, dont l'intervalle moyen était de $1\frac{1}{2}$ millimètre. Le fil d'une quatrième spirale avait $1\frac{1}{2}$ millimètre de diamètre, 28 mètres de longueur, et faisait seulement vingt-quatre tours sur la plaque où il était fixé; c'était presque toujours par cette dernière spirale que je faisais passer la décharge inductrice. Enfin les quatre spirales étaient montées verticalement sur des pieds métalliques très-solides, et il était ainsi facile d'en faire varier la distance à volonté; comme je ne me proposais pas de déterminer numériquement l'influence de la distance, je n'avais pas disposé les appareils de manière à mesurer cet élément avec une grande précision[1]. Le diamètre des quatre spirales était d'environ 25 centimètres.

Toutes les expériences qui seront décrites sans indication particulière des dimensions de la batterie ont été faites avec une batterie de neuf jarres, ayant chacune 27 centimètres de hauteur sur 15 centimètres de diamètre et 4 millimètres d'épaisseur des parois.

Cette batterie était chargée à l'aide d'une machine électrique de 30 pouces. Lorsque la machine était en bon état, et que les circonstances atmosphériques étaient favorables, cent à cent vingt tours du plateau communiquaient à la batterie une charge capable de volatiliser une feuille d'or battu, et faisaient dévier de 80 degrés l'électromètre de Henley. L'armature interne de la batterie communiquait avec une boule métallique isolée, et l'armature externe avec une deuxième boule, pareillement isolée, que l'on pouvait éloigner ou rapprocher de la précédente à l'aide d'une vis de rappel. On chargeait la batterie jusqu'à ce que l'étincelle partît entre les deux boules; leur distance, mesurée par la vis de rappel à un vingtième de millimètre près, servait de mesure à l'intensité de la décharge.

Quant à l'appareil de décomposition, il consistait simplement en un tube en V, plein d'une dissolution concentrée d'iodure de potassium, où plongeaient deux fils de platine. Les extrémités libres de ces fils se rendaient dans des capsules de mercure où l'on plongeait les fils du galvanomètre immédiatement après la décharge. Le diamètre interne du tube était d'environ 12 millimètres; la distance des extrémités des fils plongés dans le liquide, de 1 centimètre. Le galvanomètre était d'une extrême sensibilité : son fil n'avait qu'un quart de millimètre de diamètre, et faisait dix-huit cents à deux mille tours sur le cadre; le système des deux aiguilles était assez complétement astatique pour ne faire qu'une oscillation en 40 secondes, lorsqu'on l'écartait de sa position d'équilibre.

(1) Les spirales plates ne sauraient servir à déterminer exactement suivant quelle loi l'induction varie avec la distance. C'est, en effet, seulement à partir d'une assez grande distance que les distances de deux éléments quelconques varient à peu près proportionnellement à la distance des plans des spirales; mais dans ce cas la faiblesse de la décharge induite ne permet plus d'apprécier avec précision l'influence des variations de distance.

Lorsque le circuit induit est entièrement continu, on n'obtient de polarisation sensible que par des décharges extrêmement fortes. La distance de la spirale inductrice à la spirale induite étant de 8 millimètres environ, j'ai fait varier la distance explosive de la batterie depuis 1 millimètre jusqu'à 1 centimètre [1], sans obtenir de polarisation sensible. Pour des décharges plus fortes encore, j'ai obtenu des déviations de 2 ou 3 degrés, dirigées de manière à indiquer que la décharge induite marchait dans le même sens que la décharge inductrice. D'ailleurs les effets magnétiques et physiologiques démontrent que, dans un circuit continu, la décharge induite est d'une grande intensité, bien que sans action chimique apparente.

Au contraire, lorsque le circuit induit est interrompu quelque part, et que la décharge induite traverse la solution de continuité sous forme d'étincelle, la polarisation est en général assez forte, et d'ailleurs variable de sens et d'intensité, suivant diverses influences qui seront étudiées plus loin. Au premier abord, ce singulier phénomène paraît s'expliquer très-simplement. En effet, lorsque le circuit induit est continu, il faut supprimer la communication du tube à décomposition et de la spirale induite avant de réunir les fils de platine au galvanomètre, si l'on ne veut que la plus grande partie du courant de polarisation passe à travers la spirale; lorsqu'il y a étincelle, on peut mettre immédiatement en rapport le galvanomètre avec le tube de décomposition : l'opération est donc un peu plus rapide dans le second cas que dans le premier, et, comme la polarisation des fils de platine s'affaiblit toujours assez vite, on peut croire que cette différence de durée est la cause de la différence des phénomènes. Mais le courant de polarisation est encore très-sensible dans le cas d'un circuit discontinu, lorsque après le passage de la décharge on rétablit la continuité, et qu'on attend quelques secondes avant de réunir les fils de platine au galvanomètre. L'explication que je viens d'indiquer ne peut donc être admise. J'essayerai plus loin d'en donner une meilleure; pour le moment, je me contente d'exposer le résultat des expériences.

Les phénomènes de polarisation qui s'observent lorsque le circuit est discontinu paraissent d'abord extrêmement irréguliers; mais on

[1] L'électromètre de Henley marquait 60 degrés dans le dernier cas.

reconnaît aisément que la grandeur de l'intervalle traversé par l'étincelle d'induction exerce une influence importante. Tout devient clair et régulier dès que la loi de cette influence est connue. Pour la déterminer, j'ai fait partir des étincelles d'induction entre l'extrémité inférieure d'une vis micrométrique terminée en pointe, et la surface d'une petite masse de mercure placée dans une capsule de verre. Il était ainsi facile de mesurer avec précision l'épaisseur de la couche d'air traversée par l'étincelle, ou de laisser cette épaisseur constante dans une série d'expériences où l'on faisait varier quelque autre élément.

Je suppose maintenant qu'on laisse constante la distance de la spirale induite à la spirale inductrice, ainsi que la distance explosive, et par conséquent la charge de la batterie, mais qu'on fasse varier graduellement la distance de la pointe à la surface du mercure. Si la disposition des appareils est telle, qu'en supposant dans le fil induit un courant voltaïque dirigé dans le même sens que la décharge inductrice la pointe soit le pôle positif et le mercure le pôle négatif, le galvanomètre indique un courant de polarisation dont la direction est constante, quelle que soit la distance de la pointe au mercure, et dont l'intensité croît rapidement avec cette distance; la direction de la décharge induite, conclue de celle de la polarisation, est d'ailleurs semblable à la direction de la décharge inductrice. Si la disposition des appareils est inverse, tant que la vis est peu éloignée du mercure, la polarisation est irrégulièrement variable de sens et d'intensité; mais, à partir d'une certaine distance, le sens de la polarisation est constant, son intensité croissante, et la direction de la décharge induite paraît encore identique à celle de la décharge inductrice.

Pour rendre évidents ces résultats, je cite les données numériques de quelques expériences. Je fais précéder du signe + ou du signe — les déviations du galvanomètre, suivant que la direction de la décharge induite, conclue de ces déviations, est semblable ou contraire à celle de la décharge induite. J'appelle D la distance explosive de la batterie, h la hauteur de la vis micrométrique au-dessus de la surface du mercure, α_1 et α_2 les déviations du galvanomètre correspondantes aux deux directions de la décharge inductrice.

D = 0mm,50		
h	α_1	α_2
mm	o	o
0,125	+ 20	+ 10
0,250	+ 80	+ 60
0,375	Pas d'étincelle.	

D = 1 millimètre.		
h	α_1	α_2
0,25	+ 16	− 20
0,50	+ 20	+ 18
1,00	+ 52	+ 25
1,50	+ 57	+ 30
2,50	+ 90	+ 70
4,00	Polarisation trop forte pour être mesurée au galvanomètre.	

D = 5 millimètres.		
h	α_1	α_2
mm	o	o
0,25	+ 25	0
0,50	+ 30	+ 7
1,00	+ 33	− 5
2,00	+ 36	+ 8
4,00	+ 52	+ 25
6,00	+ 80	+ 60
8,00	Polarisation trop forte.	

D = 10 millimètres.		
h	α_1	α_2
0,25	+ 5	+ 5
0,50	+ 6	+ 3
1,00	+ 20	− 4
1,50	+ 25	− 6
2,00	+ 30	+ 9
4,00	+ 42	+ 20
6,00	+ 80	+ 55
8,00	Polarisation trop forte.	

La distance des spirales était d'environ 8 millimètres.

J'ai répété un grand nombre de fois ces expériences en faisant varier la distance des spirales, la charge de la batterie, et en substituant à la spirale inductrice ordinaire l'une de mes spirales à fil fin. J'ai toujours obtenu des résultats analogues. J'ajouterai seulement que la nature de l'électricité libre de la batterie n'a aucune influence; qu'elle soit positive ou négative, les circonstances où l'on observe les anomalies sont toujours les mêmes.

Les irrégularités disparaissent à peu près complétement, si l'on interrompt le circuit en deux points à l'aide de deux vis micrométriques semblables, de telle manière que la décharge induite, quelle qu'en soit la direction, doive traverser l'une des interruptions en allant de la pointe au mercure, l'autre en allant du mercure à la pointe.

Dans ces circonstances, le sens de la polarisation change toujours avec le sens de la décharge inductrice; l'intensité augmente avec la longueur de l'étincelle induite, et la direction de la décharge induite paraît toujours la même que celle de la décharge inductrice. J'inscris dans le tableau suivant les résultats numériques de quelques expériences.

D = 0mm,50.			D = 2mm,50.			D = 5 millimètres.			D = 10 millimètres.		
h	α_1	α_2	h	α_1	α_2	h	α_1	α_2	h	α_1	α_2
mm	°	°	mm	°	°	mm	°	°	mm	°	°
0,25	+ 50	+ 40	0,25	+ 9	+ 6	0,25	+ 7	+ 5	0,25	+ 14	+ 9
0,50	+ 80	+ 80	0,50	+ 15	+ 14	0,50	+ 22	+ 18	0,50	+ 20	+ 19
0,75	Pas d'étincelle.		1,00	+ 48	+ 42	1,00	+ 27	+ 26	1,00	+ 30	+ 17
			2,00	+ 65	+ 58	2,00	+ 39	+ 37	2,00	+ 40	+ 40
			4,00	+ 90	+ 90	4,00	+ 70	+ 65	4,00	+ 61	+ 55
			6,00	Trop fort.		6,00	Trop fort.		6,00	Trop fort.	

D = 1 millimètre.		
0,25	+ 5	+ 5
0,50	+ 29	+ 25
1,00	+ 80	+ 80
2,00	Trop fort.	

α_1 et α_2 désignent ici les deux déviations observées en faisant passer la décharge inductrice dans les deux sens opposés. La distance des spirales était de 8 millimètres.

Je répète que je n'attache aucune importance aux valeurs numériques précises du tableau précédent. J'ai, en effet, souvent obtenu, en répétant la même expérience deux fois de suite, des différences de 4 ou 5 degrés; mais de telles différences, d'ailleurs très-faciles à expliquer, ne changeraient rien à la marche générale du phénomène telle qu'elle résulte du tableau précédent, ni aux conclusions que j'essayerai plus loin d'en tirer.

Je n'inscrirai pas ici les résultats numériques d'un grand nombre d'expériences d'où il résulte que ni la distance des deux spirales, ni la conductibilité du circuit inducteur, ni la conductibilité du circuit induit n'ont d'influence sur la marche générale des phénomènes. Seulement, si les conductibilités sont par trop diminuées, les étincelles d'induction deviennent extrêmement faibles, et la polarisation disparaît. Enfin, dans plusieurs expériences, j'ai remplacé l'iodure de potassium par du chlorure de sodium; l'appareil a été beaucoup moins sensible, mais les résultats généraux sont demeurés les mêmes : je n'ai pas observé plus de changements en y substituant des fils d'or aux fils de platine.

Si l'on s'en tient aux données immédiates de l'expérience, on devra admettre que la direction de la décharge induite est toujours identique à celle de la décharge inductrice, et que son intensité est d'autant plus grande qu'elle a à franchir un plus grand espace sous forme d'étincelle, c'est-à-dire à vaincre une plus grande résistance. Cette dernière conclusion serait contraire à toutes les lois connues des décharges et des courants électriques, mais quelques considérations fort simples permettent d'expliquer autrement les phénomènes.

Plusieurs physiciens, et notamment M. de Wrède [1] et M. Marianini [2], ont déjà fait remarquer que la décharge électrique, quelque courte que fût sa durée, devait nécessairement induire dans un conducteur voisin deux décharges successives et de sens contraire, et ils ont ainsi expliqué toutes les anomalies qu'on a rencontrées dans l'étude des décharges induites. Je crois que l'imperfection des méthodes expérimentales suffit à l'explication de ces anomalies; mais l'opinion de MM. de Wrède et Marianini n'en demeure pas moins fort vraisemblable. Pour parler plus exactement, la décharge électrique peut être décomposée en deux périodes successives : dans la première, il y a accroissement continu de la vitesse de l'électricité, et, par suite, *induction inverse;* dans la seconde, décroissement, et, par suite, *induction directe.* Les deux périodes ne sont probablement pas identiques, et, par suite, les deux décharges qui leur correspondent peuvent avoir des propriétés différentes.

Or il résulte de nos expériences : 1° que, toutes les fois que le circuit induit est entièrement continu, la décharge induite ne communique qu'une polarisation insensible à deux lames d'un métal peu oxydable, plongées dans un liquide décomposable; 2° que, toutes les fois qu'il y a dans le circuit une solution de continuité de quelques

[1] *Repertorium der Physik*, t. VI, 1842.
[2] *Annales de chimie et de physique*, 3e série, t. XI.

millimètres, la décharge produit une polarisation très-sensible qui paraît indiquer une induction directe. Ne peut-on pas en conclure : 1° que dans les deux décharges successives qui sont censées constituer la décharge induite il circule la même quantité d'électricité [1]; 2° que la vitesse de l'électricité, et, par suite, la tendance à vaincre la résistance des corps mauvais conducteurs, sont plus grandes dans la décharge directe que dans la décharge inverse? On explique ainsi non-seulement le sens de la polarisation, mais encore ses variations d'intensité. En effet, la décharge inverse ne peut avoir la même intensité pendant toute sa durée : il n'y en a donc qu'une partie qui soit arrêtée par l'interruption du circuit induit; mais cette partie est d'autant plus considérable que l'étincelle a un plus grand intervalle à franchir. L'excès de la décharge directe sur la décharge inverse peut donc être augmenté par une cause qui tend évidemment à affaiblir l'effet total de l'induction.

Pour expliquer maintenant les irrégularités qui se sont produites dans les expériences où le circuit induit n'était interrompu qu'en un seul point, je rappellerai un fait bien connu des physiciens, et que les expériences de M. de la Rive ont particulièrement mis en évidence [2] : c'est qu'il est plus facile de produire l'arc lumineux voltaïque entre une pointe et une surface plane, lorsque la pointe est en rapport avec le pôle positif, que dans le cas contraire. On en peut conclure, par analogie, qu'une décharge électrique doit franchir plus aisément l'intervalle d'une pointe à la surface d'un liquide, si le fluide positif est dirigé de la pointe au liquide, que s'il est dirigé du liquide à la pointe, et ce principe explique entièrement les anomalies de mes expériences. En se reportant au tableau de la page 17, on verra, en effet, que la polarisation a été toujours dans le sens de la décharge induite directe, lorsque cette décharge a été dirigée de la pointe au mercure, à travers l'air; dans le cas contraire, il est souvent arrivé que pour de petites distances la décharge

(1) Cette hypothèse est entièrement conforme au théorème énoncé par M. Wilhelm Weber dans ses recherches sur la théorie des phénomènes d'induction, et d'après lequel le développement ou la cessation d'un courant (ou d'une décharge) d'intensité donnée induirait la même quantité d'électricité. (W. Weber, *Electrodynamische Maasbestimmungen*; Leipzig, 1846.)

(2) *Comptes rendus de l'Académie des sciences*, t. XXII.

inverse l'a emporté; mais, pour des distances un peu considérables, la supériorité de la décharge directe a reparu. Afin de ne conserver aucun doute sur cette explication, j'ai déterminé, pour diverses intensités de la décharge inductrice, la distance maxima que pouvait franchir l'étincelle d'induction, et j'ai constamment trouvé deux valeurs fort différentes de cette distance, suivant la direction de la décharge inductrice. Ainsi, pour une distance explosive de la batterie égale à 1 millimètre, la distance maxima était de $7^{mm},25$ si la décharge induite directe allait de la pointe au mercure, et de 5 millimètres dans le cas contraire; pour une charge triple de la batterie, on trouvait $24^{mm},5$ dans le premier cas, et 20 millimètres dans le second.

L'influence de la forme des conducteurs entre lesquels on fait partir l'étincelle d'induction peut encore être rendue évidente en substituant au système d'une vis et d'une capsule de mercure deux sphères métalliques qui peuvent être approchées ou éloignées l'une de l'autre à volonté. La loi générale des phénomènes est encore la même, mais les étincelles cessent de passer, pour une distance beaucoup moindre que dans les expériences précédentes. De plus, lorsque la distance des sphères est très-petite, il arrive assez souvent que la décharge inverse l'emporte sur la décharge directe, probablement par suite de l'influence de petites irrégularités superficielles qui font l'office de pointes. Dans les expériences où j'ai interrompu le circuit induit en deux points, à l'aide de deux vis micrométriques, il est arrivé quelquefois d'observer la même anomalie pour des distances extrêmement petites, les extrémités inférieures des deux vis n'étant pas exactement identiques.

Il est à peine nécessaire de faire remarquer l'analogie que nos expériences établissent entre l'action inductrice des décharges électriques et celle des courants d'induction voltaïque. M. Abria a démontré, en effet, qu'un courant induit du second ordre est composé de deux courants successifs, sensiblement égaux en quantité, mais différents en intensité, l'un inverse et l'autre direct. Le courant direct prédomine de la manière la plus évidente, si le circuit du second ordre n'est pas parfaitement continu [1].

[1] *Annales de chimie et de physique*, 3e série, t. VII.

Il n'y aurait presque rien à changer à tout ce qui précède, si l'on admettait, avec M. Riess[1], que la décharge d'une batterie est la succession de plusieurs décharges d'intensités inégales. Il suffirait de considérer la décharge induite comme la succession d'un nombre double de décharges, alternativement inverses et directes, et d'attribuer aux décharges directes une plus grande tension qu'aux décharges inverses.

On comprendra maintenant pourquoi les figures électriques, produites par M. Riess à l'aide des décharges induites, ne peuvent indiquer la direction de ces décharges. Chacune des extrémités du fil induit laissant arriver successivement sur la plaque de résine de l'électricité positive et de l'électricité négative, chacune des deux figures doit présenter à la fois les caractères des deux espèces d'électricité.

Quant aux expériences faites par M. Riess à l'aide du condensateur, rien ne paraît plus facile, au premier abord, que de les répéter; en réalité, les précautions les plus minutieuses sont nécessaires, si l'on veut obtenir des résultats certains.

Les premiers essais font reconnaître qu'on doit se servir exclusivement d'un condensateur à lame d'air. Lorsqu'on emploie un condensateur à lame de verre, une partie de l'électricité de la décharge induite passe toujours des plateaux sur la lame, et y demeure après l'expérience, de façon qu'on est exposé, dans l'expérience suivante, à des erreurs de deux espèces. Si l'électricité n'a pas pénétré très-profondément dans la lame, une portion retourne sur les plateaux dès qu'ils sont remis en contact. Si, au contraire, la lame est électrisée dans une assez grande épaisseur, elle se comporte, par rapport aux plateaux, comme un véritable électrophore et les charge d'électricités contraires à celles des faces avec lesquelles ils sont en contact. Lorsque ensuite l'électricité due à l'induction arrive vers les deux plateaux, elle n'est pas toujours en quantité assez grande pour détruire l'effet de cette cause d'erreur. Cette double influence a été très-clairement signalée par M. Riess[2]. Même en faisant usage d'un condensateur à lame d'air, on a à craindre que les supports de verre

[1] *Poggendorff's Annalen der Physik und der Chemie*, t. LIII.

[2] *Repertorium der Physik*, t. VI.

des plateaux ne produisent des phénomènes analogues. Il est indispensable d'interrompre fréquemment la série des expériences, afin de voir si les plateaux, une fois déchargés, ne sont pas chargés de nouveau, au bout de quelques minutes, par l'électricité des supports.

Il n'est pas moins nécessaire de soustraire le condensateur, ainsi que l'électroscope, à l'influence de l'électricité libre de la machine et de la batterie. On se ferait difficilement une idée des erreurs dues à cette influence, si on ne les constatait pas soi-même. Le seul moyen de les éviter est de placer le condensateur à une très-grande distance de la machine et de la batterie, ou plutôt dans une autre pièce, les fils conducteurs de la décharge arrivant, par des tubes de verre, à travers le mur. J'ai constamment adopté cette disposition dans mes expériences, et je me suis assuré qu'on pouvait maintenir la machine chargée au maximum, aussi longtemps qu'on le voulait, sans que les plateaux du condensateur fussent sensiblement électrisés.

Enfin, si la décharge induite tend à charger les deux plateaux du condensateur d'électricités contraires, on verra plus loin qu'une autre cause, la décharge latérale, tend à les charger d'électricités semblables. Il est, par conséquent, nécessaire de disposer les expériences de telle façon que la décharge induite doive être très-intense et la décharge latérale très-faible. Les grandes spirales de nos expériences satisfont à la première condition, et la seconde est également satisfaite, si l'on ne donne jamais une grande tension à l'électricité accumulée sur l'armature interne de la batterie. Enfin, il est convenable de recevoir une étincelle sur chacun des plateaux du condensateur à lame d'air, et de ne tenir compte que des expériences où ces plateaux présentent des électricités contraires.

Lorsque toutes ces précautions sont prises, la charge du condensateur indique le plus souvent la prédominance de la décharge directe; mais quelquefois, ainsi que l'a remarqué M. Riess, les plateaux paraissent chargés par la décharge inverse; quelquefois aussi, après une étincelle d'induction assez forte, il n'y a pas d'électricité sensible sur les plateaux. Ces anomalies me paraissent évidemment s'expliquer par l'influence de la forme et de la distance des conducteurs, d'où l'étincelle passe sur les plateaux : la décharge directe doit, en général, l'emporter sur la décharge inverse, en raison de la plus grande tension; mais il peut arriver que, dans certains cas, les irrégularités des surfaces métalliques rendent plus facile le passage de la décharge inverse. Il serait nécessaire, pour vérifier cette hypothèse, de faire une série d'expériences où l'on ferait arriver les étincelles par des pointes dont la distance à la surface des plateaux serait rigoureusement déterminée. Je n'ai pas eu à ma disposition les appareils nécessaires à cette recherche.

Enfin, les expériences de M. Knochenhauer semblent indiquer la supériorité de la décharge inverse sur la décharge directe. Néanmoins, il est possible d'en concilier les résultats avec ceux de mes propres expériences. En effet, si la décharge directe ne commençait qu'à l'instant où la décharge inductrice est terminée, il est clair que les variations de l'échauffement du thermomètre dépendraient uniquement de la combinaison de la décharge inductrice et de la décharge inverse. Cette hypothèse est évidemment inadmissible; mais il est très-possible que la décharge directe finisse quelques instants après la décharge inductrice, et qu'une partie seulement de cette décharge influe sur les expériences, tandis que la totalité de la décharge inverse contribue au résultat. L'effet de la décharge inverse doit donc prédominer, bien que, dans d'autres expériences, la décharge directe doive paraître la plus forte.

Au reste, en modifiant l'application du principe de M. Knochenhauer, on peut arriver à des conclusions opposées à celle de ce physicien. Si, au lieu de faire passer simultanément la décharge inductrice et la décharge induite par un thermomètre à air, on leur fait traverser le système des deux vis micrométriques et des deux capsules de mercure qui a été précédemment décrit, on trouve que l'étincelle peut franchir une distance beaucoup plus grande si la décharge induite directe et la décharge inductrice circulent dans le même sens que dans le cas contraire. Ainsi, pour une distance explosive de la batterie égale à $2^{mm},50$, les spirales étant séparées par une distance d'environ 12 millimètres, j'ai vu l'étincelle franchir un intervalle de 12 millimètres dans le premier cas, et de $2^{mm},50$ dans le second; pour une charge double de la batterie, les intervalles maxima ont été de 46 millimètres dans le premier cas, et de $10^{mm},28$ dans le second. Si l'on raisonnait de la même manière que M. Knochenhauer, on conclurait de ces expériences que la direction de la décharge induite est semblable à celle de la décharge inductrice. Ce sujet mérite d'être étudié de nouveau.

§ III.

DE LA DÉCHARGE INDUITE DU SECOND ORDRE.

Les principes auxquels nous a conduit l'étude des décharges induites du premier ordre permettent de prévoir les propriétés des décharges du second ordre. La décharge inverse et la décharge directe, qui constituent la décharge du premier ordre, doivent induire chacune deux décharges successives dans un conducteur voisin. Si l'on appelle toujours *sens direct* le sens de la décharge principale, et *sens inverse* le sens opposé, on peut dire qu'il y a dans la décharge du second ordre d'abord une décharge directe, puis deux décharges inverses, et enfin une décharge directe. La première décharge directe et la première décharge inverse sont induites par la décharge inverse du premier ordre, les deux suivantes par la décharge directe. Il est à présumer que ces quatre décharges n'ont pas la même tension, et qu'en laissant dans le circuit du second ordre une solution de continuité on les affaiblit inégalement, de manière à faire prédominer quelques-unes d'entre elles; mais l'expérience seule peut indiquer celles dont la tension est la plus forte.

Afin de résoudre la question, j'ai réuni les deux extrémités de la première spirale induite avec celles d'une autre spirale exactement pareille, et en face de celle-ci j'ai placé une troisième spirale que j'ai mise en rapport avec les divers fils de platine de l'appareil de décomposition.

Lorsque le circuit du second ordre est entièrement continu, il n'y a de polarisation sensible, comme pour les décharges du premier ordre, que si la batterie est fortement chargée; mais le sens de cette polarisation indique que les décharges inverses sont prédominantes. Si l'on interrompt le circuit en deux points, de la même manière que dans les expériences précédemment décrites, on observe une polarisation dont le sens est constant, mais dont l'intensité croît avec la distance des vis micrométriques à la surface du mercure. Le sens de la polarisation indique d'ailleurs que l'effet des décharges inverses est supérieur à celui des décharges directes. Je transcris ici les résultats obtenus dans une série d'expériences où la distance de la spirale inductrice à la première spirale induite était de 8 millimètres, et la distance des deux autres spirales seulement de 4 millimètres. Les lettres D, h, α_1 et α_2 ont la même signification que dans les tableaux de la page 18; le signe —, dont les déviations sont précédées, indique que leur direction correspond à la décharge inverse.

D = 1 millimètre.		
h	α_1	α_2
mm 0,25	— 5°	— 15°
0,50	— 10	— 22
0,75	Pas d'étincelle.	

D = 2mm,50.		
h	α_1	α_2
0,25	— 15	— 18
0,50	— 24	— 30
1,00	— 52	— 70
2,00	— 60	— 80
3,00	Pas d'étincelle.	

D = 5 millimètres.		
h	α_1	α_2
mm 0,25	— 8°	— 13°
0,50	— 18	— 36
1,00	— 22	— 45
2,00	— 65	— 75
4,00	— 90	— 90
8,00	Pas d'étincelle.	

Lorsqu'il n'y a dans le circuit induit qu'une seule interruption, on observe quelques anomalies, pour de très-petites distances de la vis micrométrique au mercure. Si la direction de la décharge inductrice est telle que les décharges inverses soient dirigées de la surface du mercure vers la pointe de la vis, il arrive assez souvent que l'effet des décharges directes est prédominant, ou qu'il détruit exactement l'effet des décharges inverses, de manière qu'il n'y a pas de polarisation sensible. La raison de ce phénomène est rendue assez évidente par ce qui a été dit plus haut.

La distance des spirales, la conductibilité du circuit du second ordre, la nature chimique du liquide placé dans l'appareil de décomposition, n'ont pas d'influence sur la marche générale des phénomènes.

Enfin, la constitution du circuit du premier ordre est également indifférente; on en jugera à l'inspection du tableau suivant, qui contient les résultats d'une expérience où l'on avait introduit dans le circuit du premier ordre une colonne d'eau salée, d'environ 1 décimètre de longueur sur 1 centimètre de diamètre (équivalente à 3,000 mètres d'un fil de cuivre de 1 millimètre de diamètre).

D = 2mm,50.			D = 5 millimètres.		
h	α_1	α_2	h	α_1	α_1
mm 0,25	-6°	-21°	mm 0,25	-11°	-18°
0,50	-22	-30	0,50	-25	-30
1,00	-50	-55	2,00	-60	-60
2,00	-60	-70	4,00	-90	-90
3,00	Pas d'étincelle.		8,00	Pas d'étincelle.	

Ces expériences doivent être remarquées; elles affaiblissent une objection qui pourrait être opposée à la méthode générale. Il n'est pas évident, en effet, que la présence, dans le circuit induit, d'une colonne liquide dont la résistance équivaut toujours à celle d'une immense longueur de fil métallique, n'altère pas la constitution de la décharge induite; mais l'hypothèse devient très-probable lorsqu'on voit la présence de cette colonne liquide n'influer en rien sur les propriétés inductrices de la décharge du premier ordre.

Quant aux solutions de continuité qui peuvent exister dans le premier circuit induit, leur effet ne peut être évidemment que d'affaiblir (probablement dans le même rapport) les deux décharges induites dans le deuxième circuit par la décharge inverse du premier ordre. L'une des décharges ainsi affaiblies est d'ailleurs directe, l'autre inverse; il est à présumer, par conséquent, que la prédominance des décharges inverses sur les décharges directes doit se conserver. Cette prévision est confirmée par l'expérience.

§ IV.

DE LA DÉCHARGE LATÉRALE.

Nos expériences établissent une grande analogie entre les phénomènes d'induction produits par l'électricité ordinaire et les phénomènes correspondants produits par les courants voltaïques. La cause de ces phénomènes est sans doute une action particulière résultant du mouvement de l'électricité, et essentiellement distincte de l'*influence* que l'électricité libre de la batterie exerce sur les conducteurs voisins. D'ailleurs, pour reconnaître la différence de ces deux ordres de faits, il suffit de remarquer que la direction de la décharge induite change en même temps que celle de la décharge inductrice, et ne dépend pas de la nature de l'électricité libre de la batterie.

Néanmoins, M. Knochenhauer (1) a considéré les phénomènes d'induction comme de simples effets d'influence dus à l'électricité libre; et, comme il a appuyé son opinion de quelques expériences nouvelles, il est nécessaire de la discuter.

M. Knochenhauer a d'abord cherché la loi suivant laquelle varie la quantité d'électricité maintenue à la surface d'une sphère communiquant au sol, par l'attraction d'une autre sphère communiquant avec l'armature interne d'une batterie, quand on fait varier la distance des deux sphères. Des expériences très-nombreuses et très-concordantes lui ont fait voir que le logarithme de cette quantité varie proportionnellement à la racine carrée de la distance. La même loi s'applique au cas où les deux sphères sont remplacées par deux fils parallèles d'une grande longueur.

Ensuite M. Knochenhauer a comparé l'échauffement produit dans un thermomètre à air par une décharge électrique transmise par un fil métallique d'une grande longueur, et l'échauffement produit dans un autre thermomètre à air par la décharge induite dans un fil parallèle au précédent. La racine carrée du rapport des deux échauffements a varié exactement suivant la loi précédente. On sait d'ailleurs que, dans une décharge électrique, l'échauffement d'un fil métallique est proportionnel au carré de la quantité d'électricité en

(1) *Annales de chimie et de physique*, 3e série, t. XVII.

mouvement : la racine carrée du rapport des échauffements exprime donc le rapport des quantités d'électricité en mouvement dans la décharge directe et dans la décharge inductrice.

De l'identité des deux lois, M. Knochenhauer a conclu l'identité des phénomènes; mais je crois que l'identité signalée par ce physicien n'existe qu'en apparence. En effet, l'échauffement observé dans le circuit inducteur est d'autant plus faible que le fil induit est à une plus petite distance, par suite de l'influence que la décharge induite exerce sur la décharge inductrice [1]; au contraire, la quantité d'électricité accumulée sur la sphère communiquant à l'intérieur de la batterie est d'autant plus grande que la sphère communiquant au sol est plus voisine. Par conséquent, si M. Knochenhauer avait comparé au rapport des élévations de température, non pas la quantité absolue d'électricité accumulée sur la sphère communiquant au sol, mais le rapport des charges électriques des deux sphères, il eût trouvé que ces deux rapports variaient suivant des lois toutes différentes.

Si l'influence de l'électricité libre de la batterie n'est pas la cause de la décharge induite, elle est la cause d'un autre mouvement électrique qui ne dépend en aucune manière de la direction de la décharge principale. Ce mouvement, auquel on a donné le nom de *décharge latérale* (*lateral discharge, Seiten-Entladung*), est une décomposition instantanée du fluide neutre des conducteurs voisins, en vertu de laquelle le fluide contraire au fluide libre de la batterie est attiré vers le fil inducteur, et le fluide semblable est repoussé.

La décharge latérale a été connue des physiciens bien avant la décharge induite, puisqu'il en est fait mention dans l'*Histoire de l'électricité* de Priestley et dans le *Traité de physique* de M. Biot. Je crois cependant qu'on verra avec intérêt quelques expériences par lesquelles j'ai manifesté la décharge latérale dans tous les appareils qui servent à obtenir la décharge induite.

Voici d'abord l'expérience de M. Biot :

« On isole un conducteur cylindrique, et on le fait toucher à la batterie qui communique avec le sol. Vis-à-vis d'une des extrémités de

[1] Voir à ce sujet les mémoires de M. Riess (*Annales de chimie et de physique*, 2e série, t. LXXIV, et *Poggendorff's Annalen der Physik und der Chemie*, t. LI).

ce conducteur on en place un autre aussi isolé, mais séparé du premier par un petit intervalle; au moment de la décharge, il s'échappe une étincelle du premier conducteur au second, et un électroscope placé sur ce dernier s'élève et s'abaisse en un instant [1]. Si l'on veut terminer ce second conducteur par un pistolet de Volta dont l'autre extrémité communique avec le sol, la décharge latérale enflamme la gaz détonant. » (Biot, *Traité de physique expérimentale et mathématique*, t. II, p. 452.)

L'expérience de Priestley est un peu moins simple. On décharge une bouteille de Leyde par une chaîne métallique, de manière que quelques anneaux de l'une des extrémités se trouvent en dehors de la décharge. On voit, au moment de la décharge, partir des étincelles entre ces anneaux.

Un conducteur soumis à l'induction, et placé, en conséquence, dans le voisinage du conducteur d'une décharge, est toujours le siége d'une décharge latérale qui peut, dans certains cas, simuler une véritable décharge induite. Les expériences suivantes, dont les résultats sont tout à fait indépendants de la forme des appareils d'induction, feront voir à quelles erreurs on serait exposé si l'on considérait comme décharge induite tout mouvement électrique excité dans ces appareils pendant la décharge inductrice :

1° Si les deux bouts du fil induit sont éloignés l'un de l'autre, et voisins de deux conducteurs isolés, au moment où circule la décharge électrique, on voit partir une étincelle de chaque bout du fil, et les conducteurs se trouvent chargés d'une électricité semblable à celle de la batterie. Cette expérience est décrite dans le mémoire de M. Henry.

2° Si le circuit induit est fermé, et qu'on en approche un conducteur isolé, il part une étincelle, du fil vers le conducteur, au moment de la décharge, et le conducteur est encore chargé d'une électricité semblable à l'électricité libre de la batterie.

3° Si, dans les deux expériences précédentes, on approche du fil induit, outre les conducteurs isolés, un conducteur communiquant au sol, il part encore des étincelles vers tous les conducteurs, mais les conducteurs isolés sont chargés d'une électricité contraire à celle de la batterie.

[1] La divergence de l'électroscope persiste réellement pendant quelques instants.

4° Si le circuit induit est divisé en deux parties distinctes, et d'ailleurs isolé, chacune de ces parties contient de l'électricité libre après la décharge. La partie voisine du circuit inducteur est chargée d'une électricité contraire, et la partie éloignée d'une électricité semblable à l'électricité libre de la batterie.

5° Le sens de la décharge inductrice n'a aucune influence sur ces phénomènes.

6° Les mêmes expériences peuvent être faites sur le circuit du second ordre, aussi bien que sur celui du premier ordre.

7° Ces phénomènes sont d'autant plus sensibles que la tension de l'électricité est plus forte, quelle qu'en soit d'ailleurs la quantité.

8° Si le conducteur induit est très-voisin du conducteur principal, il part une étincelle, et le conducteur induit se charge d'une électricité semblable à l'électricité libre de la batterie.

La raison de ces phénomènes est d'ailleurs facile à apercevoir. En effet, les deux surfaces que met en rapport le fil conducteur d'une décharge électrique sont ordinairement chargées de quantités d'électricité fort inégales; et, bien qu'en définitive chaque surface perde exactement la même quantité d'électricité, on conçoit cependant qu'au moment de la décharge, en chaque point du fil conducteur, il puisse y avoir un excès d'électricité libre, agissant par influence sur les corps voisins [1]. Tous les phénomènes de la décharge latérale sont, en conséquence, d'autant moins évidents que le rapport des électricités accumulées sur les deux armatures de la batterie est plus voisin de l'unité.

Il est à peine nécessaire de faire remarquer de quelles erreurs la décharge latérale peut être la source dans les expériences faites à l'aide du condensateur; mais je me suis assuré que cette même décharge n'a pas d'influence sur les phénomènes de polarisation, dont

[1] Cet excès d'électricité libre se porte probablement à la surface du fil, comme l'électricité en équilibre sur un conducteur, et dans l'épaisseur même du fil il circule en chaque point des quantités égales d'électricités contraires. Cela du moins paraît résulter d'un phénomène assez curieux observé par M. Poggendorff. Si l'on fait passer la décharge d'une batterie à travers un fil métallique, le fil paraît illuminé dans toute sa longueur et donne des étincelles perpendiculairement à sa direction; si le fil est plié en deux parties parallèles, le côté extérieur du fil est seul lumineux; si le fil est en hélice, c'est l'extérieur de l'hélice. (*Poggendorff's Annalen der Physik und der Chemie*, t. XLIII.)

l'observation a été l'objet principal de mes expériences. Le circuit induit étant ouvert, j'ai mis l'une de ses extrémités en rapport avec l'un des fils de platine de l'appareil de décomposition, et j'ai fait communiquer avec le sol le deuxième fil de platine. Quelque forte que fût la charge de la batterie, je n'ai jamais observé de polarisation sensible.

NOTE

RELATIVE A LA PAGE 4.

M. Marianini s'est servi du rhéélectromètre pour démontrer qu'une colonne liquide, traversée par une décharge électrique, possède les mêmes propriétés inductrices qu'un fil métallique. Il m'a paru intéressant de rechercher si l'étincelle électrique, transmise à travers un milieu gazeux, pouvait aussi induire une décharge sensible dans un conducteur voisin. Afin d'obtenir une étincelle d'une longueur suffisante, j'ai fait passer la décharge d'une bouteille entre les boules de l'appareil connu sous le nom d'*œuf électrique;* en raréfiant l'air jusqu'à 1 ou 2 millimètres, j'ai pu écarter les boules de 25 centimètres. J'ai ensuite fixé, sur la paroi extérieure de l'appareil, un fil de métal de 20 centimètres de longueur, de manière qu'en aucun de ses points il ne pût être soumis à l'action inductrice des conducteurs métalliques. Les deux extrémités du fil communiquant avec le rhéélectromètre, cet instrument a toujours accusé, au moment du passage de la décharge, par une déviation de 4 ou 5 degrés, une aimantation sensible dont la direction a changé avec la direction de la décharge. Afin d'être sûr que la déviation n'était pas due à quelque partie de la décharge inductrice transmise par le verre au fil métallique, j'ai mis en contact les extrémités des fils du rhéélectromètre avec la surface du verre en deux points éloignés de 25 centimètres l'un de l'autre. Dans ces circonstances, bien plus favorables que les précédentes à la dérivation d'une partie de la décharge, je n'ai pas observé de déviation sensible de l'aiguille.

NOTE

SUR LES COURANTS INDUITS

D'ORDRE SUPÉRIEUR.

(COMMUNIQUÉ A LA SOCIÉTÉ PHILOMATHIQUE LE 8 DÉCEMBRE 1849.)

(*ANNALES DE CHIMIE ET DE PHYSIQUE*, 3e SÉRIE, TOME XXIX, PAGE 501.)

Lorsqu'un conducteur est traversé par un courant induit instantané, il se développe, dans un conducteur voisin, un autre courant instantané, qui a reçu le nom de *courant induit du deuxième ordre.* Le courant du deuxième ordre peut à son tour induire un courant du troisième ordre, et ainsi de suite. La découverte de ces courants est due à M. Henry, de Philadelphie, qui en a étudié les principales propriétés dans deux mémoires insérés dans les *Transactions de la Société philosophique américaine,* tomes VI et VIII[1]. Il résulte des recherches de ce physicien que les courants induits d'ordres supérieurs n'agissent que très-faiblement sur l'aiguille du galvanomètre, alors même que leur effet physiologique et leur puissance magnétisante sont très-énergiques. Si l'on admet que le sens de l'aimantation d'une aiguille d'acier, soumise à l'influence de ces courants, en fasse connaître la direction, on trouve que chaque courant d'ordre supérieur est de sens contraire au courant instantané par lequel il est induit; mais cette conclusion est complétement dépourvue de rigueur.

En effet, la faiblesse de l'action que les courants induits d'ordres

[1] Un extrait de ces mémoires a été publié par M. Abria dans les *Annales de chimie et de physique*, 3e série, t. III, p. 394.

supérieurs exercent sur l'aiguille aimantée, comparée à l'énergie de leur puissance magnétisante et de leur action physiologique, a conduit M. Henry à regarder ces courants comme formés de courants successifs de directions opposées, égaux en quantité, mais différents en durée. Le courant induit du premier ordre induit dans un conducteur voisin un courant inverse au moment où il commence, et un courant direct au moment où il finit. Ces deux courants se succédant très-rapidement et étant produits par des quantités égales d'électricité, leurs actions sur l'aiguille du galvanomètre se détruisent, mais leurs effets physiologiques s'ajoutent à peu près, car la secousse déterminée par le passage d'un courant instantané est sensiblement indépendante de sa direction. Quant aux propriétés magnétisantes, elles résultent de la différence de durée des deux courants successifs, et M. Henry fait voir que les aiguilles d'acier doivent s'aimanter dans le sens du courant dont la durée est la plus courte, ou, ce qui revient au même, dont l'intensité est la plus grande.

Cette théorie a été confirmée par M. Abria [1]. D'après une expérience de ce physicien, qu'il est facile de répéter, en faisant passer dans le fil d'un galvanomètre les courants induits du second ordre développés par une succession rapide de courants induits du premier ordre de direction constante, si l'aiguille ne se trouve pas exactement sur le zéro de la graduation, elle est déviée dans le sens de sa déviation initiale; conséquemment, en l'écartant d'avance un peu à droite ou à gauche du zéro, on la fait à volonté dévier fortement vers la droite ou vers la gauche par le passage des courants induits du second ordre. Telle est précisément, suivant les recherches de M. Poggendorff [2], l'action qu'exerce sur l'aiguille d'un galvanomètre une série de courants de directions alternativement opposées.

J'ai pensé qu'on obtiendrait une démonstration encore plus di-

[1] *Annales de chimie et de physique*, 3e série, t. VII, p. 483.

[2] *Poggendorff's Annalen der Physik und der Chemie*, t. XLV, année 1838 (*Ueber einige Magnetisirungs-Erscheinungen*). M. Abria ne paraît pas avoir eu connaissance de ce mémoire, et il n'explique pas comment une série de courants alternatifs peut dévier l'aiguille d'un galvanomètre tantôt dans un sens, tantôt dans l'autre. Il se contente d'établir le fait empiriquement, par quelques expériences sur les courants induits du premier ordre. M. Poggendorff en a donné une théorie très-satisfaisante, fondée sur la combinaison de l'action magnétisante des courants avec leur action galvanométrique proprement dite.

recte et plus décisive des vues théoriques de M. Henry, en cherchant à manifester les actions électro-chimiques des courants induits du second ordre, et j'y suis parvenu, à l'aide des dispositions suivantes.

J'ai fait communiquer l'un des fils d'une bobine à deux fils avec une pile voltaïque, et l'autre avec une seconde bobine à deux fils. Le second fil de cette nouvelle bobine était mis en rapport avec un voltamètre ordinaire à lames de platine et à deux éprouvettes. En interrompant ou en fermant le circuit traversé par le courant de la pile, je déterminais dans la première bobine un courant induit qui circulait également dans le premier fil de la seconde bobine, et induisait dans le second fil un courant du second ordre par lequel l'eau du voltamètre était décomposée. L'interruption et la fermeture du courant principal s'obtenaient à l'aide d'une roue dentée, et un commutateur, semblable à celui que MM. Masson et Bréguet ont décrit dans leur mémoire sur l'induction [1], était disposé de telle façon que les courants induits, directs ou inverses, eussent toujours la même direction dans la seconde bobine.

Si l'hypothèse de M. Henry était exacte, chaque courant du second ordre étant constitué par la succession de deux courants de directions opposées, il devait se dégager alternativement de l'hydrogène et de l'oxygène à la surface de chacune des deux électrodes de platine, et, par conséquent, on devait obtenir dans chaque éprouvette du voltamètre un mélange de ces deux gaz. Tel a été effectivement le résultat de mes expériences : j'ai toujours trouvé dans les deux éprouvettes un mélange explosif d'hydrogène et d'oxygène, mais les proportions relatives des deux gaz ont varié très-irrégulièrement d'une expérience à l'autre, et n'ont d'ailleurs presque jamais été les mêmes dans les deux éprouvettes; de façon qu'il m'a été impossible de vérifier, par cette méthode, si, comme il y a lieu de le penser, d'après les considérations développées par M. Henry, les deux courants successifs qui constituent le courant du second ordre sont formés par des quantités égales d'électricité. La cause de toutes ces irrégularités se trouve évidemment dans la recomposition partielle qui doit s'effectuer entre l'hydrogène et l'oxygène dégagés presque simultanément

[1] *Annales de chimie et de physique*, 3e série, t. IV, p. 134.

sur la même lame métallique, et dans la série d'oxydations et de désoxydations qu'éprouvent les lames sous l'influence des deux gaz. Ces oxydations et ces désoxydations se sont fréquemment manifestées dans le cours de mes expériences, par la production d'une poudre noire à la surface des électrodes, comme dans les expériences bien connues de M. de la Rive sur les courants alternatifs transmis par les liquides[1].

Voici les dimensions des appareils dont j'ai fait usage. La pile était composée de 30 éléments de Bunsen, de grandeur ordinaire (15 centimètres de hauteur sur 8 centimètres de diamètre). La première bobine était formée de deux fils de 2 millimètres de diamètre et de 140 mètres de longueur, enroulés ensemble et faisant cent cinquante spires. Dans l'axe était placé un cylindre de fer doux de 15 centimètres de hauteur et de 4 centimètres de diamètre. La seconde bobine était à peu près de mêmes dimensions que la précédente, mais il n'y avait pas de cylindre de fer doux à son intérieur. Enfin, le voltamètre était un vase de verre de 8 centimètres de hauteur sur 10 centimètres de diamètre, au fond duquel étaient fixées deux lames de platine de 3 centimètres de hauteur sur 4 millimètres de largeur, séparées par un intervalle de 12 millimètres. On y versait de l'acide sulfurique étendu, marquant 20 degrés à l'aréomètre de Baumé, et l'on disposait au-dessus de chaque lame une éprouvette graduée, enfoncée jusqu'à 1 centimètre de distance du fond du vase. Il fallait en général vingt à trente mille interruptions du courant principal pour obtenir dans chaque éprouvette 1 centimètre cube de gaz. Néanmoins, la durée de l'expérience n'était pas très-longue; la roue dentée du commutateur portant vingt-cinq dents, on obtenait cinquante courants induits à chaque tour de la roue, et il n'était pas difficile de lui faire faire soixante à quatre-vingts tours par minute.

Le commutateur pouvait être disposé de trois manières différentes : 1° de manière à ne laisser passer que les courants directs; 2° de manière à ne laisser passer que les courants inverses; 3° de manière à laisser passer les deux séries de courants, mais en les ramenant à la même direction. Il est à peine nécessaire de dire que

[1] *Bibliothèque universelle*, nouvelle série, t. XIV, p. 134.

les résultats généraux des expériences sont les mêmes dans ces trois dispositions. Enfin, pour m'assurer que le commutateur ne se dérangeait pas dans le cours des expériences et ne laissait réellement passer que des courants de direction constante, j'ai introduit plusieurs fois un voltamètre dans le premier circuit induit, et je n'ai jamais trouvé dans les éprouvettes que de l'hydrogène ou de l'oxygène pur.

Si l'on met un cylindre de fer doux dans la seconde bobine, la durée de l'expérience est beaucoup abrégée, et il suffit de deux à trois mille interruptions pour obtenir 1 centimètre cube de gaz.

Afin d'analyser d'une manière simple et commode les produits des expériences, chaque éprouvette du voltamètre était traversée, à sa partie supérieure, par deux fils de platine dont les extrémités inférieures étaient séparées par un intervalle de 1 millimètre. Le passage d'une étincelle électrique dans cet intervalle déterminait la combinaison d'une partie du mélange, et il ne restait qu'à reconnaître la nature du gaz en excès, ce qui n'offrait évidemment aucune difficulté.

RECHERCHES

SUR

LES PHÉNOMÈNES D'INDUCTION

PRODUITS

PAR LE MOUVEMENT DES MÉTAUX MAGNÉTIQUES OU NON MAGNÉTIQUES.

(*COMPTES RENDUS DE L'ACADÉMIE DES SCIENCES*, TOME XXXI, PAGE 267.)

Sans développer ici l'historique de la question, qu'on trouvera dans le mémoire, il me suffira de rappeler les faits suivants :

En 1824, M. Arago a fait connaître à l'Académie ses expériences qui démontrent l'action des métaux en mouvement sur l'aiguille aimantée.

En 1832, ces phénomènes ont été rapportés par M. Faraday aux courants induits que l'aimant développe nécessairement dans la plaque métallique.

En 1846, M. Bréguet a examiné la réaction de ces courants induits sur un fil conducteur voisin; il a annoncé que tous les métaux en mouvement dans le voisinage d'un aimant exerçaient sur le fil conducteur des actions inductrices de même signe que celles du fer doux placé dans les mêmes circonstances.

En 1848, M. Weber a annoncé, au contraire, qu'un cylindre de bismuth exerçait des actions inductrices constamment opposées à celles d'un cylindre de fer doux; il a comparé ce phénomène à la répulsion du bismuth par les aimants, et l'a, en conséquence, attribué au diamagnétisme.

Tout récemment (mars 1850), M. Faraday a repris et généralisé les expériences de M. Weber. Il n'a obtenu de résultats bien sensibles qu'avec les métaux bons conducteurs, et il a expliqué les phénomènes non par le diamagnétisme, mais par les courants induits dans la masse des métaux.

Enfin, il est juste de dire qu'en 1841 M. Dove a publié, dans les *Annales de chimie et de physique*, des expériences qui se rattachent de très-près à la question.

Quant aux méthodes d'expérience, je rappellerai que MM. Weber et Faraday se contentaient d'approcher et d'éloigner leurs cylindres métalliques du pôle d'un électro-aimant, et d'observer les courants induits dans une bobine placée au-dessus de ce pôle; que M. Bréguet se servait d'une machine de Page, en substituant les divers métaux au fer doux.

Je me suis également servi de la machine de Page. Cette machine se compose d'un aimant en fer à cheval, devant les pôles duquel tourne une plaque métallique. Les branches de l'aimant sont placées dans l'axe de deux bobines à long fil qu'on fait communiquer avec un galvanomètre sensible. Ce sont les courants induits de ces bobines qu'il s'agit d'étudier.

La seule pièce que j'ai ajoutée à cette machine est un commutateur qui ne laisse arriver le courant au galvanomètre que pendant la douzième partie d'une révolution de la plaque, ce qui permet d'analyser le phénomène dans ses détails.

J'ai expérimenté d'abord sur les corps magnétiques. J'ai constaté que deux substances peu magnétiques, telles que l'oxyde et le sulfure de fer, donnent des courants induits très-appréciables dans la machine de Page. Ces expériences avaient surtout pour objet d'éprouver la sensibilité de mon appareil.

Passant ensuite aux métaux non magnétiques, j'ai reconnu que les courants induits, pendant la période du mouvement où la plaque est très-voisine de la ligne des pôles, paraissent suivre à peu près les lois de l'induction diamagnétique de M. Weber; mais, en comparant les divers métaux, j'ai reconnu, comme MM. Bréguet et Faraday, que les phénomènes ne dépendent que de la conductibilité des métaux, et nullement de leur pouvoir diamagnétique. Je n'ai absolument rien obtenu en substituant aux plaques compactes des faisceaux de fils ou des masses rectangulaires de poudre métallique agglutinée par un mastic. Ce dernier mode d'expérience détruisait l'effet des courants d'induction et laissait subsister celui du diamagnétisme, si réellement il existait.

J'ai cherché à expliquer les phénomènes par la réaction des courants induits dans la plaque mobile. Les lois générales de l'induction m'ont indiqué des courants de signes variables, mais distribués d'une manière entièrement symétrique pendant la période où la plaque s'éloigne de la ligne des pôles, et pendant la période où elle s'en rapproche.

Or l'expérience indique entre ces deux périodes une dissymétrie complète, d'autant plus marquée que la vitesse de rotation est plus grande. Il en résulte une contradiction qui m'a paru s'expliquer par les principes qu'a développés M. Faraday dans sa lettre à M. Gay-Lussac sur le magnétisme de rotation.

M. Faraday a fait voir que la composante perpendiculaire au plan du disque et la composante parallèle aux rayons, découvertes par M. Arago, indiquaient une dissymétrie des courants induits dans le disque mobile, que la théorie ordinaire de l'induction n'aurait pu faire prévoir. Il s'en est rendu compte en admettant une influence du temps sur l'induction. Cette influence du temps m'a donné l'explication de mes expériences, et je considère comme le principal résultat de mon travail de l'avoir manifestée d'une manière nouvelle.

Pour être sûr que les phénomènes que j'attribuais à l'influence du temps sur l'induction n'étaient pas dus à l'influence du temps sur les variations du magnétisme de l'aimant, ni à une réaction des courants induits sur l'aimant semblable à celle qu'a étudiée M. Lenz, j'ai remplacé l'aimant de l'appareil de Page par un puissant solénoïde. Les courants induits ont été moins intenses qu'avec un aimant; mais leurs lois générales ont été les mêmes, et la dissymétrie par laquelle se manifeste l'influence du temps a toujours persisté.

J'ajouterai qu'il m'a été impossible de distinguer l'antimoine et le bismuth des autres métaux, si ce n'est par la faiblesse de leurs effets. Rien dans les phénomènes que j'ai observés ne m'a conduit à attribuer à ces deux corps une induction diamagnétique propre. Je ne veux pas dire qu'elle n'existe pas, mais je crois ses effets très-faibles par rapport à ceux de l'induction ordinaire. Les phénomènes qui se passent au voisinage de la ligne des pôles, et qui simulent l'induction diamagnétique, s'expliquent par l'influence du temps dont je viens de parler.

Enfin une discussion attentive montre que, pour certaines positions du commutateur, on pourrait croire que les phénomènes produits par tous les métaux sont entièrement semblables à ceux du fer doux. Ainsi s'expliquent les résultats annoncés par M. Bréguet.

RECHERCHES

SUR

LES PHÉNOMÈNES D'INDUCTION

PRODUITS

PAR LE MOUVEMENT DES MÉTAUX MAGNÉTIQUES OU NON MAGNÉTIQUES.

(*ANNALES DE CHIMIE ET DE PHYSIQUE*, 3e SÉRIE, TOME XXXI, PAGE 187.)

I.

HISTORIQUE.

Lorsqu'un barreau de fer doux est aimanté par l'influence d'un courant ou d'un aimant, au moment où son aimantation commence ou finit, ou éprouve une variation quelconque, il induit dans tout conducteur voisin un courant instantané dont la direction est déterminée par des lois connues. Il y a également induction, lorsque le barreau de fer doux s'approche ou s'éloigne d'un courant ou d'un aimant. La direction du courant induit peut être prévue dans ce cas, en considérant le fer doux comme un aimant à la fois variable de position et d'intensité, et faisant usage des lois démontrées par les expériences de Lenz [1].

En substituant au fer doux un métal quelconque, on pouvait prévoir deux genres d'action, savoir : 1° l'action des courants induits

[1] Je rappellerai ici l'énoncé général de ces lois : « Lorsqu'un courant est induit par le mouvement relatif d'un conducteur et d'un courant ou d'un aimant, l'action inductrice tend à développer dans chaque élément du conducteur un courant dirigé de telle façon, que sa réaction électro-dynamique sur le courant ou sur l'aimant tende à produire un mouvement contraire au mouvement réel. » (*Poggendorff's Annalen*, t. XXXI.)

dans la masse du métal, auxquels sont dus les phénomènes découverts par M. Arago, connus sous le nom de *magnétisme de rotation*; 2° l'action due au pouvoir magnétique propre du métal. M. Dove est, je crois, le premier qui ait étudié le deuxième mode d'action; il a recherché de quelle manière les principaux métaux, réduits en fils assez fins, modifiaient les effets inducteurs des décharges électriques. Tous les métaux qu'il a soumis à l'expérience, le mercure, le plomb, l'étain, le cuivre, l'antimoine et le bismuth, lui ont paru se comporter comme le fer doux [1].

En 1846, M. Bréguet a publié des expériences relatives aux phénomènes d'induction produits par le mouvement des métaux [2]; il s'est servi de la machine magnéto-électrique de Page [3], composée, comme on sait, d'un aimant fixe environné d'un fil conducteur et d'une armature mobile de fer doux. La rotation de l'armature détermine dans le fil conducteur un courant induit dont la direction change à chaque quart de révolution. En substituant au fer doux des armatures métalliques de diverse nature, et faisant usage d'un commutateur auquel il donnait la même position que dans le cas du fer doux, M. Bréguet a obtenu des courants induits qui changeaient de signe en même temps que le sens de la rotation, qui variaient d'intensité avec la nature du métal, mais dont la direction était toujours la même que dans le cas du fer doux. Ces expériences ne séparent évidemment pas l'effet de l'aimantation de l'armature, s'il y en a un, de l'effet des courants induits dans sa masse, et, comme les déviations galvanométriques observées sont d'autant plus grandes, toutes choses égales d'ailleurs, que le métal est meilleur conducteur, il est à croire que l'effet de ces courants induits l'emporte de beaucoup sur l'effet de l'aimantation. Telle est, en effet, l'opinion de M. Bréguet; il compare lui-même ses expériences à celles de M. Faraday sur l'induction, et à celles de MM. Babbage et Herschel sur le magnétisme de rotation: mais il n'analyse pas les détails des phénomènes, et laisse sans explication l'identité de direction des

(1) *Mémoires de l'Académie de Berlin*, année 1841, et *Annales de chimie et de physique*, 3e série, t. IV, p. 358.

(2) *Comptes rendus des séances de l'Académie des sciences*, t. XXIII, p. 1155.

(3) Cette machine a été décrite par M. Page dans les *Annals of electricity, magnetism and chemistry*, année 1839, p. 489.

courants induits par le fer et par les métaux non magnétiques. Il est juste d'ailleurs de rappeler qu'il termine sa note en déclarant qu'*il laisse aux physiciens le soin des explications théoriques, et qu'il ne veut prendre que le simple rôle d'expérimentateur.*

La découverte du diamagnétisme a semblé ouvrir un nouveau champ à ce genre de recherches. M. Wilhelm Weber a pensé que l'opposition qui existe entre les actions que le fer doux et le bismuth, par exemple, éprouvent de la part d'un aimant devrait se retrouver dans les actions inductrices de ces deux corps, et il a fait connaître, dans le tome LXXIII des *Annales de Poggendorff* (année 1848), des expériences qui lui ont paru une confirmation de ses conjectures. Il a placé au-dessus d'un électro-aimant très-énergique une bobine formée d'un fil de 300 mètres de longueur et de $0^{mm},66$ de diamètre. En introduisant dans l'axe de cette bobine un cylindre de bismuth de 140 millimètres de hauteur sur 15 millimètres de diamètre, il a obtenu un courant d'induction contraire à celui qu'aurait donné un cylindre de fer doux dans les mêmes circonstances. Le galvanomètre dont il faisait usage était un de ces instruments semblables aux magnétomètres, dans lesquels la déviation de l'aiguille aimantée se mesure avec une certitude et une précision impossibles à atteindre de toute autre manière. Néanmoins, un seul mouvement du cylindre ne donnait pas d'effet sensible, et, pour obtenir une déviation de quelques divisions, il fallait éloigner et approcher alternativement le bismuth de l'électro-aimant, en même temps qu'on faisait jouer un commutateur, de façon que les courants induits par les deux mouvements opposés dussent avoir la même direction dans le galvanomètre. Ces diverses opérations s'exécutaient d'ailleurs à l'aide de la main, sans le secours d'aucune disposition mécanique. La durée d'une expérience était d'environ une minute, et, afin de ne pas commettre d'erreur, on observait de dix secondes en dix secondes la position de l'aiguille galvanométrique. Aucun autre métal que le bismuth n'a été examiné par M. Weber, aucune tentative n'a été faite pour séparer l'effet du diamagnétisme de l'effet des courants induits dans la masse du bismuth. Sous le bénéfice de ces réserves, on peut dire que M. Weber a démontré qu'en s'éloignant ou en s'approchant d'un aimant un cylindre de bismuth induit dans un conducteur voisin des courants contraires à ceux qu'induirait un cylindre de fer doux dans les mêmes circonstances.

M. Faraday a repris la question en l'étendant aux métaux les plus importants, et il a récemment communiqué à la Société royale de Londres les résultats de ses recherches [1]. La disposition générale de ses expériences était la même que celle des expériences de M. Weber; seulement le mouvement de va-et-vient des cylindres métalliques était l'effet d'un mécanisme qui faisait aussi mouvoir le commutateur. Le moteur était une petite machine électro-magnétique assez éloignée pour n'avoir pas d'action sur les aiguilles du galvanomètre. Toutes les parties mobiles des appareils étaient en bois et ne pouvaient être le siége d'aucun phénomène sensible d'aimantation ni d'induction. Enfin le galvanomètre était un excellent galvanomètre de Ruhmkorff à aiguille astatique et à 1800 tours de fil fin.

Malgré ces diverses précautions, M. Faraday n'a obtenu de résultats sensibles qu'avec les métaux bons conducteurs, tels que le cuivre, l'or et l'argent. Le bismuth, l'antimoine ne lui ont rien donné d'appréciable : il en a été de même du phosphore, le plus diamagnétique de tous les corps non conducteurs.

Le cuivre, réduit en limaille, afin d'éliminer l'effet des courants induits dans sa masse, est également demeuré inactif. Enfin les corps faiblement magnétiques, tels que l'oxyde et le sulfate de fer, n'ont exercé qu'une action très-peu sensible, produisant deux ou trois degrés de déviation tout au plus.

M. Faraday a conclu de ces expériences que les phénomènes produits par les métaux n'étaient pas dus au diamagnétisme, mais à l'induction ordinaire. Il a confirmé cette explication par l'étude des positions qu'il devait donner au commutateur pour obtenir le maximum et le minimum d'effet. Néanmoins, il ne s'est pas prononcé sur les expériences de M. Weber relatives au bismuth [2].

(1) *Transactions philosophiques* (pour 1850) et *Philosophical Magazine*, août 1850.

(2) Des expériences encore inédites de M. de la Rive l'avaient conduit en même temps que M. Faraday aux mêmes conclusions. Il n'y avait d'ailleurs rien de particulier dans la méthode d'observation.

Les lois ordinaires de l'induction ne m'ayant pas paru rendre un compte satisfaisant des faits observés par M. Bréguet, j'ai pensé qu'il y aurait quelque intérêt à étudier de nouveau les courants de la machine de Page; et la disposition même de cette machine, son analogie évidente avec le disque tournant de M. Arago, m'ont fait espérer de trouver dans une analyse exacte des phénomènes une démonstration nouvelle de cette *influence du temps sur l'induction*, par laquelle M. Faraday a si complétement expliqué le magnétisme de rotation [1]. Je crois avoir été assez heureux pour y parvenir.

D'ailleurs, la machine de Page, sans parler de l'usage particulier que j'en voulais faire, m'a semblé devoir être plus puissante que les appareils de MM. Weber et Faraday. Dans ces appareils, au moment où le cylindre métallique est le plus voisin de l'électro-aimant, sa vitesse est nulle, et les phénomènes d'induction ont évidemment une intensité moindre que si l'époque du minimum de distance correspondait à une vitesse sensible. La machine de Page présente, au contraire, le grand avantage d'une vitesse constante pendant toute la durée de la rotation.

II.

DESCRIPTION DES APPAREILS ET DE LA MÉTHODE D'EXPÉRIENCES.

Bien que la machine de Page soit connue des physiciens depuis assez longtemps, j'indiquerai avec quelque détail la forme et les dimensions de celle dont j'ai fait usage, afin qu'il soit plus facile de juger des conditions où je me suis placé [2].

Sur une planche de chêne M (fig. 1, p. 48) repose un aimant ABCD, dont les branches AC et BD sont des cylindres d'acier de 22 centimètres de long et de 36 millimètres de diamètre, terminés, comme on le voit sur la figure, par deux cônes émoussés de 8 millimètres de hauteur. La partie CD est une plaque de fer doux de 18 centimètres de longueur sur 6 centimètres de hauteur et 18 millimètres d'épaisseur. Chaque cylindre occupe la cavité inté-

[1] Lettre à M. Gay-Lussac sur les phénomènes électro-magnétiques (*Annales de chimie et de physique*, 2e série, t. LI).

[2] M. Bréguet a bien voulu diriger lui-même la construction de notre appareil.

rieure d'une bobine de 15 centimètres de longueur et de 37 millimètres de diamètre intérieur, construite avec du fil de cuivre de $0^{mm},25$ de diamètre, deux fois recouvert de soie. Il y a sur chaque

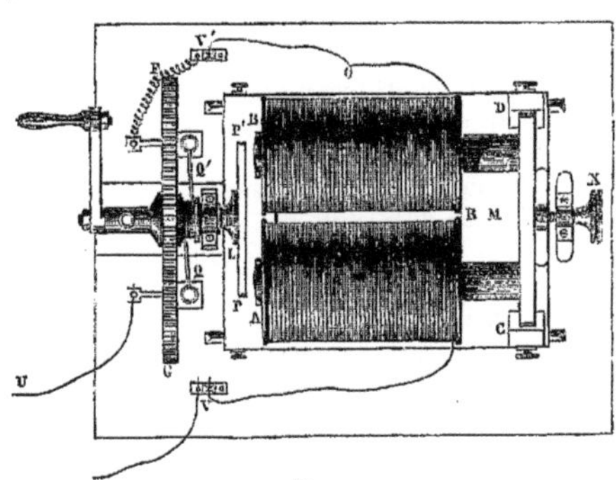

Fig. 1.

bobine environ 7500 tours ou à peu près 2700 mètres de fil. Deux extrémités des deux bobines sont réunies ensemble au point R; les deux autres viennent se fixer par des vis de pression en V et V'.

La plaque métallique mobile PP' est un rectangle de 11 centimètres de longueur et de 42 millimètres de largeur, qu'on fixe à l'aide de deux vis de laiton sur la pièce de laiton L. Cette pièce de laiton est fixée à l'extrémité d'un axe cylindrique d'acier, qu'on met en mouvement à l'aide de la roue dentée de bronze GF et d'un pignon qui n'est pas visible sur la figure[1]. L'axe, et par conséquent la plaque, font dix révolutions pendant une révolution de la grande roue. Le mouvement de rotation s'obtient à l'aide de la main et n'est, par conséquent, jamais rigoureusement uniforme; mais, avec un peu d'habitude, il est facile d'obtenir toujours à peu près la même vitesse

(1) La forme circulaire et la position symétrique de l'axe d'acier et de la pièce de laiton ne leur permettent d'exercer aucune action inductrice sensible sur les bobines, ainsi que je m'en suis assuré plusieurs fois en supprimant la plaque métallique et faisant marcher la machine. Quant à la grande roue de bronze, elle est trop éloignée de l'aimant pour avoir aucun effet.

moyenne, ce qui est suffisant pour des expériences où il est inutile de chercher la loi mathématique des phénomènes. Mon aide savait obtenir d'une manière assez constante trois vitesses à peu près uniformes, correspondant à cinq, vingt et quarante tours de la plaque mobile par seconde. Dans tous les tableaux numériques de ce mémoire, ces vitesses sont désignées par les expressions de *première, seconde* et *troisième vitesse*, ou par les numéros I, II et III.

L'axe d'acier porte un commutateur à l'aide duquel la communication des bobines avec le galvanomètre est établie seulement pendant une fraction de la rotation. C'est un cylindre de verre portant un anneau de cuivre et, aux deux extrémités d'un même diamètre, deux lames transversales étroites de même métal; sur l'anneau passe un ressort de cuivre Q, qui communique avec le fil U du galvanomètre; un deuxième ressort Q', qui communique avec l'extrémité V' du fil des bobines, s'appuie à peu près sur le milieu du commutateur. L'autre extrémité V du fil des bobines, étant constamment en rapport avec le galvanomètre par le fil U', le circuit n'est évidemment fermé qu'autant qu'il y a contact entre le ressort Q' et la lame transversale du commutateur. Le cylindre de verre est mobile à frottement doux sur l'axe de rotation, et peut s'y fixer dans une position quelconque, à l'aide de la vis de laiton qui est marquée S sur la figure spéciale du commutateur (fig. 2). Dans la plupart de mes expériences, j'ai fait usage de deux commutateurs : la lame transversale du premier demeurait en contact avec le ressort correspondant pendant un déplacement angulaire de l'axe de la plaque égal à 20 degrés; la lame du second, pendant un déplacement angulaire égal à 35 degrés[1].

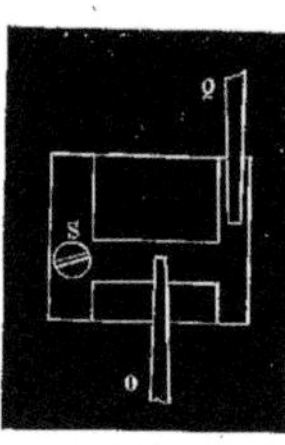

Fig. 2.

La planche M, qui supporte l'aimant et les bobines, peut s'appro-

[1] Les commutateurs en ivoire, qu'on construit le plus habituellement, m'ont offert un inconvénient très-grave. Le frottement du ressort de cuivre use la surface de l'ivoire, et, la poussière qui en résulte se déposant en partie sur les lames de cuivre, le courant peut se trouver arrêté au bout de quelque temps.

cher ou s'éloigner à volonté de la plaque mobile à l'aide de la vis de cuivre X.

Le galvanomètre est placé à 4 mètres de l'appareil, sur une forte planche de chêne solidement scellée (sans ferrures) dans un mur de 50 centimètres d'épaisseur. C'est un galvanomètre de Ruhmkorff, à deux aiguilles, contenant 2,000 tours de fil de cuivre de $0^{mm},20$ de diamètre. Les déviations s'observent de loin avec une lunette [1].

Enfin, ayant spécialement en vue d'étudier l'influence du temps sur l'induction, j'ai dû me rendre indépendant de l'influence du temps sur l'aimantation, en substituant à l'aimant de la machine de Page un puissant solénoïde, et comparant les effets des deux appareils. J'ai donc fait construire un solénoïde formé d'environ 70 mètres de fil, de 2 millimètres de diamètre. Le fil, recouvert deux fois de coton, était replié cinq fois en hélice, de manière à constituer un cylindre flexible de 60 centimètres de longueur et de 35 millimètres de diamètre. Les extrémités étaient introduites dans l'une des deux bobines, à la place des branches de l'aimant, et la partie intermédiaire était soutenue par une pièce de bois de même dimension que la pièce de fer doux CD de la figure 1, et fixée dans la même situation (fig. 3).

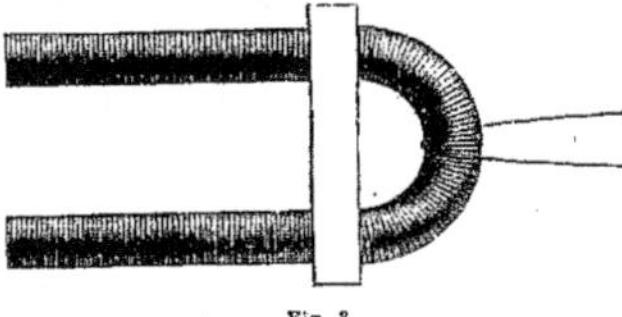

Fig. 3.

III.

EXPÉRIENCES SUR LES CORPS MAGNÉTIQUES.

Les corps magnétiques ont dû être les premiers soumis à notre étude. Les lois connues de l'action inductrice du fer doux étaient pour nous un moyen de contrôler l'exactitude des conclusions que nous voulions tirer de nos expériences. D'autre part, l'examen des substances faiblement, mais certainement magnétiques, telles que

[1] Cette précaution avait moins pour objet de rendre les lectures plus exactes que d'éviter les courants d'air produits sous la cloche du galvanomètre par le voisinage du corps de l'observateur.

les composés ferrugineux, devait nous renseigner sur le degré de sensibilité de notre méthode.

Les expériences qu'on va lire nous semblent satisfaisantes à ce double point de vue.

Une plaque de fer doux, animée d'un mouvement de rotation en présence d'un aimant ou d'un solénoïde, peut être regardée comme un aimant qui change périodiquement de situation et d'intensité. En même temps, des courants induits s'établissent dans son intérieur comme dans tout autre corps conducteur, mais leur effet est négligeable devant l'effet de l'aimantation, ainsi qu'on le verra plus loin par la comparaison des expériences relatives au fer doux, et des expériences relatives à l'argent et au cuivre rouge. Nous en ferons abstraction dans tout ce paragraphe.

Considérons d'abord le cas où la plaque mobile est aimantée par l'influence d'un solénoïde. Prenons la plaque dans une position telle (fig. 4), que sa plus grande dimension MN, que nous appellerons son axe, soit perpendiculaire à la ligne des pôles AB, et supposons que le sens du mouvement soit indiqué par les flèches de la figure. Pendant le premier quart de révolution, l'axe s'approchant de la ligne des pôles, les lois élémentaires de l'induction indiquent qu'il doit se développer dans le fil des bobines un courant de direction contraire au courant du solénoïde. Nous appellerons ce courant, pour abréger le discours, un *courant négatif*. Pendant le deuxième quart de révolution, l'axe de la plaque s'éloignant de la ligne des pôles jusqu'à la position perpendiculaire, le courant induit doit être *positif*, c'est-à-dire de même sens que le courant du solénoïde. Pendant le troisième et le quatrième quart de révolution, les mêmes phénomènes doivent se reproduire sans aucune différence.

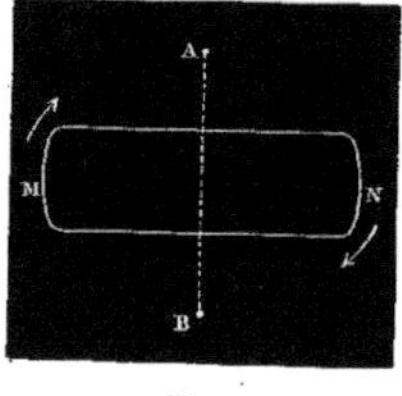

Fig. 4.

L'expérience n'est pas entièrement d'accord avec ces indications de la théorie. Une plaque de fer doux, de 11 centimètres de longueur, 42 millimètres de largeur et 8 millimètres d'épaisseur, ayant été fixée sur l'axe de notre machine, et le commutateur ayant reçu successivement diverses positions, de manière à observer l'action exercée sur le galvanomètre par les courants induits durant le passage de la plaque d'une position angulaire quelconque à une autre position angulaire différente de 20 degrés, nous avons constamment reconnu que le changement de direction des courants induits n'avait pas lieu au moment précis indiqué par la théorie, mais quelque temps après.

Le tableau suivant expose les résultats d'une série d'expériences. La première colonne indique la période de la rotation pendant laquelle le commutateur laisse circuler le courant; le signe + signifie que, durant cette période, l'axe de la plaque va en s'éloignant de la ligne des pôles, et le signe — qu'il va en s'en rapprochant. Ainsi la notation de + 20 à + 40 correspond à l'effet observé pendant que l'angle formé par l'axe de la plaque et la ligne des pôles a varié de 20 à 40 degrés. Les colonnes marquées I, II et III contiennent les effets observés en donnant successivement à la plaque les trois vitesses définies plus haut, le commutateur conservant une position constante. On n'a d'ailleurs inscrit que la déviation initiale de l'aiguille dans chaque expérience; on n'a pas observé la déviation stable, la disposition des expériences ne permettant évidemment pas d'obtenir de véritables mesures [1].

Dans l'expérience dont je donne les résultats, le solénoïde était traversé par le courant de 10 éléments de Bunsen. La distance du plan de rotation de la plaque aux extrémités du solénoïde était de 6 millimètres.

	I.	II.	III.
De − 90° à − 70°	+ 27°	+ 56°	+ 64°
De − 70 à − 50	− 75	− 86	− 78
De − 60 à − 40	− 80	− 90	− 90
De − 40 à − 20	− 90	− 90	− 90
De − 20 à 0	− 90	− 90	− 90
De 0 à + 20	+ 55	+ 45	− 40
De + 20 à + 40	+ 90	+ 90	+ 90
De + 40 à + 60	+ 90	+ 90	+ 90
De + 50 à + 70	+ 90	+ 90	+ 90
De + 70 à + 90	+ 36	+ 70	+ 90

(1) Dans toutes ces expériences, aussi bien que dans les expériences relatives aux corps

On voit que le courant induit demeure quelque temps encore positif, après que la plaque a commencé à se rapprocher de la ligne des pôles, et que, pour de grandes vitesses de rotation, il peut être négatif pendant que la plaque commence à s'éloigner de la ligne des pôles [1]. Ainsi, si l'on représente par des abscisses négatives les angles

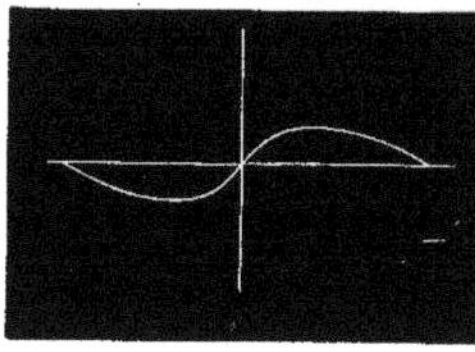

Fig. 5.

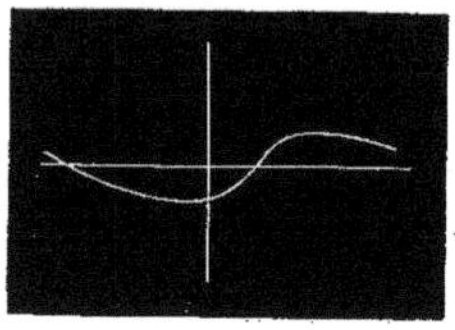

Fig. 6.

formés par l'axe de la plaque et la ligne des pôles pendant la période de rapprochement, par des abscisses positives les mêmes angles pendant la période d'éloignement, et par des ordonnées les intensités correspondantes des courants induits, la théorie assigne à la courbe ainsi construite une forme analogue à celle de la figure 5, et l'expérience une forme analogue à celle de la figure 6, les points où l'ordonnée change de signe s'étant d'autant plus déplacés que la vitesse de rotation a été plus grande.

La seule explication qu'on puisse donner de ces différences consiste à admettre que l'aimantation n'est pas un phénomène instantané, et qu'en conséquence le maximum et le minimum d'intensité du magnétisme de la plaque n'ont pas lieu au moment précis où son axe est parallèle ou perpendiculaire à la ligne des pôles, mais quel-

non magnétiques, on a comparé de deux manières différentes les deux périodes du mouvement. Tantôt, pour chaque position du commutateur, on a fait tourner les plaques dans les deux sens opposés, et il a suffi, pour une expérience complète, de faire varier la position du commutateur entre des limites éloignées de 90 degrés l'une de l'autre; tantôt on a toujours fait tourner les plaques dans le même sens, mais en faisant varier la position du commutateur entre des limites éloignées de 180 degrés. Les deux méthodes ont donné des résultats tout semblables, et cette concordance suffit pour écarter diverses objections qu'on aurait pu tirer de la disposition du commutateur.

[1] Il est même probable qu'avec un commutateur plus étroit cette anomalie aurait pu s'observer pour de petites vitesses de rotation.

que temps après que cette position a été dépassée. De là le déplacement des limites où le courant induit change de signe[1].

Lorsqu'on remplace le solénoïde par un aimant, l'action inductrice qui vient d'être analysée subsiste toujours, mais il s'y en ajoute une autre, la variation de l'intensité de l'aimant qui résulte du mouvement de la plaque. Il est même facile de voir que cette action l'emporte de beaucoup sur la précédente et détermine la marche générale des phénomènes. A cet effet, l'aimant étant placé dans les bobines de l'appareil, et la plaque de fer doux étant retirée, on approche de l'extrémité d'une des bobines un petit conducteur fermé, traversé par un courant voltaïque. On observe un courant induit, développé à la fois par l'action directe du courant mobile sur les bobines, et par le changement temporaire de l'intensité de l'aimant. Si l'on recommence la même expérience, après avoir retiré l'aimant, de manière à ne laisser subsister que l'action inductrice directe, le courant induit qui s'observe n'est qu'une petite fraction (au plus un huitième dans mon appareil) du précédent.

C'est donc aux variations temporaires de l'intensité de l'aimant qu'on doit attribuer le principal rôle dans le développement des courants de la machine de Page[2]. D'ailleurs les lois élémentaires de l'induction indiquent des effets exactement analogues à ceux qui viennent d'être analysés. La plaque de fer s'éloignant de la ligne des pôles, le magnétisme de l'aimant diminue d'intensité, et il y a induction d'un courant de même sens que les courants particuliers de la théorie d'Ampère, c'est-à-dire d'un courant positif. La plaque se rapprochant de la ligne des pôles, l'intensité magnétique augmente, et le courant induit est négatif. La loi théorique des phénomènes peut donc être représentée par une courbe analogue à celle de la figure 5; l'influence du temps sur l'aimantation doit encore déplacer les points où la direction du courant change de signe, de façon que les phénomènes puissent être représentés par la courbe de la figure 6.

[1] Cette durée sensible nécessaire au phénomène de l'aimantation est bien connue des constructeurs de machines électro-magnétiques et de télégraphes électriques.

[2] Ces variations du magnétisme d'un aimant d'acier trempé n'ont rien qui doive surprendre. Des faits très-nombreux ont prouvé depuis fort longtemps que l'acier trempé,

L'expérience confirme entièrement ces prévisions. Voici le tableau d'une série d'observations prises parmi plusieurs autres tout à fait semblables. Le galvanomètre employé était toujours le même; mais, à l'aide d'une dérivation, on ne laissait circuler dans le galvanomètre qu'une très-petite fraction des courants induits. Les notations sont les mêmes que ci-dessus :

	I.	II.	III.
De − 90° à − 70°	+ 11°	+ 33°	+ 46°
De − 70 à − 50	− 17	− 6	+ 4
De − 60 à − 40	− 35	− 40	− 29
De − 40 à − 20	− 58	− 61	− 61
De − 20 à 0	− 51	− 76	− 90
De 0 à + 20	− 24	− 63	− 80
De + 20 à + 40	+ 30	− 11	− 35
De + 40 à + 60	+ 41	+ 38	+ 20
De + 50 à + 70	+ 52	+ 71	+ 82
De + 70 à + 90	+ 38	+ 62	+ 75

Si même on compare ce tableau à celui de la page 52, on reconnaît que l'influence du temps est beaucoup plus sensible avec l'aimant qu'avec le solénoïde. La cause de cette différence est probablement dans la différence de l'acier trempé et du fer doux, et peut-être aussi dans une réaction des courants induits sur le magnétisme de l'aimant, semblable à la réaction des courants de la machine de Clarke sur le magnétisme du fer doux que M. Lenz a découverte et étudiée [1].

Quoi qu'il en soit, il est résulté de ces expériences la nécessité de substituer le solénoïde à l'aimant dans mes recherches sur les métaux non magnétiques, toutes les fois que l'intensité des phénomènes l'a permis.

Après le fer doux, il m'a paru intéressant d'examiner d'autres corps magnétiques. Je n'ai pas eu à ma disposition de nickel, ni de cobalt métallique; mais avec des substances bien moins magné-

sous l'influence d'un aimant ou d'un courant extérieur, peut éprouver des changements d'aimantation qui disparaissent dès que cette influence a cessé d'agir. On trouve un résumé et une discussion complète de ces phénomènes dans le mémoire de M. Poggendorff ayant pour titre : Sur quelques phénomènes d'aimantation (*Pogg. Annalen*, t. XLV).

[1] Mémoire sur l'influence de la vitesse de rotation dans les machines électro-magnétiques (*Pogg. Annalen*, t. LXXVI).

tiques, telles que les principaux composés du fer, j'ai tenté des expériences qui m'ont entièrement réussi [1]. Ces substances étaient réduites en poudre et placées dans de petites boîtes de bois, ayant exactement les dimensions des pièces de fer doux. On les mélangeait avec un peu de mastic, afin de donner aux grains de poudre un degré de cohérence suffisant [2].

Voici les résultats de deux séries d'expériences comparatives qui se rapportent au sulfure et à l'oxyde de fer. Le sulfure avait été préparé en précipitant par le sulfhydrate d'ammoniaque une dissolution de sulfate de fer; l'oxyde était du colcothar, obtenu à la manière ordinaire.

Dans la première série d'expériences, on a fait usage du solénoïde traversé par le courant de 20 éléments de Bunsen. En raison de la faiblesse des courants induits, on a pris un commutateur qui établissait la communication pendant une partie de la rotation égale à 35 degrés. On a obtenu les effets suivants :

	SULFURE			OXYDE.		
	I.	II.	III.	I.	II.	III.
De − 90 à − 55°	− 1°	− 2°	− 1°	//	//	//
De − 65 − à 30	− 1	− 3	− 4½	− 1½	− 2	− 3
De − 35 à 0	− 6	− 11	− 15	− 4	− 7½	− 10
De 0 à + 35	+ 8	0	− 6	+ 2	0	− 2
De + 30 à + 65	+ 1½	+ 3	+ 6	+ 1	+ 3	+ 4
De + 55 à + 90	+ 1	+ 1½	+ 2½	//	//	//

Le déplacement des points où le courant change de signe est suffisamment visible dans ces résultats.

[1] J'attache quelque prix à ces expériences, parce que M. Faraday les a essayées en faisant usage d'un galvanomètre de Ruhmkorff presque identique au mien, sans obtenir de déviations supérieures à 2 ou 3 degrés. Cette circonstance me paraît justifier la préférence que j'ai donnée à la machine de Page pour mes recherches.

[2] Il n'est pas inutile de dire qu'en remplissant de limaille de fer une boîte semblable et la fixant sur l'axe de la machine j'ai obtenu des effets moins intenses, il est vrai, que ceux d'une plaque de fer compacte, mais soumis exactement aux mêmes variations.

Dans la série suivante on a remplacé le solénoïde par l'aimant, et les courants induits ont été beaucoup plus intenses.

	SULFURE.			OXYDE.		
	I.	II.	III.	I.	II.	III.
	°	°	°	°	°	°
De − 90 à − 70	+ 9	+ 16	+ 22	+ 4	+ 12	+ 15
De − 70 à − 50	− 5	0	+ 2	− 2	+ 1	+ 2½
De − 60 à − 40	− 13	− 14	− 11	− 9	− 9	− 8
De − 40 à − 20	− 22	− 29	− 27	− 17	− 19	− 18
De − 20 à 0	− 30	− 38	− 44	− 24	− 34	− 37
De 0 à + 20	− 4	− 25	− 36	− 3	− 16	− 25
De + 20 à + 40	+ 22	+ 14	+ 2	+ 18	+ 14	+ 6
De + 40 à + 60	+ 23	+ 28	+ 30	+ 19	+ 21	+ 22
De + 50 à + 70	+ 24	+ 33	+ 43	+ 17	+ 28	+ 33
De + 70 à + 90	+ 23	+ 43	+ 50	+ 12	+ 29	+ 32

D'ailleurs, j'ai pu manifester l'action inductrice de ces deux substances d'une manière beaucoup plus simple. A cet effet, remplissant de sulfure de fer un cylindre de carton de 15 centimètres de hauteur sur 4 centimètres de diamètre, j'ai pu, à l'aide de ce cylindre et d'une bobine à deux fils, de moyennes dimensions [1], répéter toutes les expériences qui se font d'ordinaire avec un cylindre de fer doux. L'un des fils étant traversé par le courant de 20 éléments de Bunsen, et l'autre étant mis en rapport avec un galvanomètre à fil court, construit par Ruhmkorff pour l'étude des courants thermo-électriques, j'ai observé une déviation de 10 à 12 degrés, lorsque le cylindre a été introduit dans l'axe de la bobine ou lorsqu'on l'en a retiré, et, dans les deux cas, la déviation a été dirigée comme celle qu'aurait produite un cylindre de fer doux. Avec un cylindre d'oxyde de fer, je n'ai eu que des déviations de 3 à 4 degrés.

[1] Chaque fil avait 140 mètres de longueur, 2 millimètres de diamètre, et faisait 750 spires.

IV.

EXPÉRIENCES SUR LES MÉTAUX NON MAGNÉTIQUES.

Je commencerai par les métaux très-peu magnétiques ou diamagnétiques, mais très-conducteurs, tels que l'argent et le cuivre rouge, dont on peut présumer à l'avance que tous les effets seront explicables par l'action des courants induits dans leur masse.

Une discussion superficielle des expériences conduirait à admettre comme démontrée l'induction diamagnétique de M. Weber. Examinons en effet les résultats de la série suivante relative à l'argent, et dans laquelle on a fait usage du solénoïde traversé par le courant de 20 éléments de Bunsen. La vitesse de rotation a été constamment de 20 révolutions par seconde.

De − 70° à − 50°	+ 2°	De 0° à + 20°	− 66°
De − 60 à − 40	+ 4	De + 20 à + 40	− 62
De − 40 à − 20	+ 30	De + 40 à + 60	+ 36
De − 20 à 0	+ 38	De + 50 à + 70	+ 25

D'après ce tableau, le courant induit est constamment positif, excepté pendant la première moitié de la période où l'axe de la plaque s'éloigne de la ligne des pôles. Or, l'induction diamagnétique de M. Weber produirait exactement les effets observés au voisinage de la ligne des pôles; elle donnerait en effet un courant négatif quand la plaque s'éloignerait de la ligne des pôles, et un courant positif quand elle s'en rapprocherait. Quant aux courants toujours positifs observés dans des positions de la plaque éloignées de plus de 40 degrés de la ligne des pôles, il ne serait pas difficile d'en rendre compte par la réaction des courants induits dans la masse de la plaque, et la combinaison de ces deux causes, induction et diamagnétisme, semblerait une théorie satisfaisante des phénomènes.

Mais, en comparant à ces expériences les expériences relatives à d'autres métaux, on voit que tous les effets augmentent en raison de la conductibilité du métal, et qu'ils ne dépendent en rien de sa puissance magnétique ou diamagnétique. D'ailleurs, pour de plus petites vitesses de rotation, le courant induit est négatif au voisinage des pôles, aussi bien pendant la période où la plaque se rapproche de la ligne des pôles que pendant la période où elle s'en éloigne, ce qui est complétement inexplicable par l'effet du diamagnétisme. On est conduit à rechercher de quelle manière les courants induits dans la plaque mobile peuvent rendre compte des faits observés.

Ces courants changent à chaque instant de position, de forme et d'intensité. Il n'est pas possible de prévoir d'une manière complète, par des raisonnements élémentaires, quels seront ces changements et quels effets ils devront produire; mais on peut se rendre compte avec certitude des principales particularités des phénomènes.

D'abord, si l'on considère la plaque mobile à deux époques de son mouvement symétriques par rapport à la ligne des pôles, par exemple dans les positions MN et M'N' (fig. 7) (les flèches indiquent le sens de la rotation), les actions inductrices du solénoïde tendent à développer dans ces deux positions des courants exactement symétriques. En effet, d'après la loi de Lenz, il tend à se développer en chaque point de la plaque un courant qui, par sa réaction électro-dynamique sur les pôles A et B, tendrait à produire un mouvement contraire au mouvement réel[1]. Or, si l'on conçoit de part et d'autre de la ligne AB deux courants exactement symétriques (en position et en direction) par rapport à cette ligne, il résulte des lois connues de l'action d'un solénoïde sur un élément de courant que l'un tendrait à s'éloigner de la ligne des pôles, et l'autre à s'en rapprocher avec une force parfaitement égale.

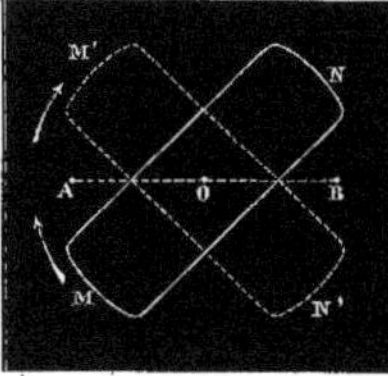

Fig. 7.

Ainsi, si l'on fait abstraction de l'influence du temps, c'est-à-dire si l'on admet qu'à chaque instant les courants de la plaque mobile sont entièrement déterminés par les actions inductrices actuelles, on voit que dans les deux périodes successives du mouvement ces courants doivent éprouver deux séries de variations tout à fait symé-

[1] C'est-à-dire, dans la position MN, un courant qui éloigne la plaque de la ligne des pôles, et, dans la position M'N', un courant qui l'en rapproche.

triques, mais en sens inverses. Soit maintenant RPSQ (fig. 8) une spire (sensiblement identique à un cercle) d'une des bobines induites; soient GH et G'H' deux courants de forme quelconque, symétriques par rapport à la ligne des pôles AB; supposons que la variation infiniment petite de forme, d'intensité et de position qu'éprouve le courant GH à un instant donné induise un courant dirigé dans le demi-cercle SQR, dans le sens indiqué par la flèche F; si le courant symétrique G'H' éprouve une variation infiniment petite de tout point contraire à la précédente, il induira un courant qui sera dirigé dans le demi-cercle SPR, symétrique de SRQ, contrairement au sens qu'indiquerait la flèche φ, symétrique de F, c'est-à-dire dans le sens de la flèche F'. D'ailleurs, les deux flèches F et F' représentent évidemment le même courant dans le cercle RPSQ. Donc il est démontré que, dans deux positions symétriques de la plaque mobile, le courant induit dans les bobines doit avoir la même direction et la même intensité. En d'autres termes, les phénomènes doivent être parfaitement symétriques pendant la période où la plaque s'approche de la ligne des pôles et pendant la période où elle s'en éloigne.

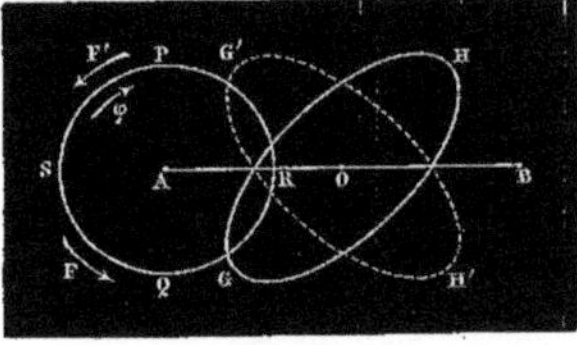

Fig. 8.

Enfin, si l'on admet, avec M. Faraday, que les actions inductrices ont une durée sensible, on en conclura qu'à chaque instant la disposition des courants de la plaque dépend à la fois des forces inductrices actuelles et des forces antérieures, et qu'en conséquence cette disposition ne saurait être symétrique pendant les deux périodes du mouvement. Par suite, les variations des courants des bobines doivent cesser d'être symétriques, ce qui peut arriver de deux manières : les époques des principales phases du phénomène, par exemple les époques des changements de signe ou des maxima et des minima, peuvent simplement se déplacer dans le sens de la vitesse de rotation; mais il peut aussi se produire de nouveaux phénomènes, de nouveaux changements de signe par exemple.

Quoi qu'il en soit, la dissymétrie doit devenir de plus en plus évidente, à mesure que la vitesse de rotation devient plus grande.

En résumé, quelle que soit la loi exacte des phénomènes, pour de très-petites vitesses de rotation, tout doit être à peu près symétrique de part et d'autre de la ligne des pôles, et, à mesure que la vitesse augmente, cette symétrie doit tendre à disparaître de plus en plus complétement. Ce sont là des conséquences tout à fait générales, qu'il est facile de comparer à l'expérience.

Les deux tableaux suivants confirment de tout point ces prévisions théoriques.

Le premier tableau contient les résultats d'expériences comparatives qui se rapportent à l'argent, au cuivre rouge et à l'étain. Pour chaque position du commutateur, on fixait sucessivement ces trois métaux sur l'axe de la machine, de manière à en comparer les effets dans des circonstances identiques. Le solénoïde était traversé, comme de coutume, par le courant de 20 éléments de Bunsen.

	ARGENT.			CUIVRE.			ÉTAIN.		
	I.	II.	III.	I.	II.	III.	I.	II.	III.
De − 70 à − 50°	+ 2°	+ 3°	+ 10°	+ 2°	+ 2°	+ 6°	″°	″°	+ 3°
De − 60 à − 40	+ 2	+ 4	+ 28	+ 2	+ 3	+ 10	″	+ 2	+ 3
De − 40 à − 20	+ 7	+ 30	+ 35	+ 4	+ 18	+ 23	+ $1\frac{1}{2}$	+ 4	+ 11
De − 20 à 0	− 12	+ 29	+ 45	− 4	+ 12	+ 40	− 1	− 2	+ 4
De 0 à + 20	− 26	− 66	− 90	− 12	− 50	− 70	− 2	− 18	− 30
De + 20 à + 40	+ 2	− 62	− 90	+ 4	− 21	− 70	+ 2	− 2	− 18
De + 40 à + 60	+ 4	+ 36	− 9	+ 4	+ 25	+ 50	+ 2	+ 16	+ 32
De + 50 à + 70	+ 3	+ 30	+ 50	+ 3	+ 32	+ 50	″	+ 5	+ 24

Il est bien évident, d'après ce tableau, que les points où le courant induit change de signe se déplacent dans le sens du mouvement à mesure que la vitesse de rotation devient plus grande, ce qui est conforme aux raisonnements précédents. L'influence de la conductibilité n'y est pas moins visible; les effets de l'argent sont en général plus intenses que ceux du cuivre rouge, et ceux du cuivre rouge beaucoup plus intenses que ceux de l'étain.

Le deuxième tableau se rapporte à l'étain, au zinc et au plomb. comparés comme il vient d'être dit pour les trois métaux du premier tableau. Seulement, en raison de la moindre intensité des courants, on a fait usage d'un commutateur qui établit les communications pendant la durée d'un mouvement angulaire de 35 degrés.

	ÉTAIN.			ZINC.			PLOMB.		
	I.	II.	III.	I.	II.	III.	I.	II.	III.
De − 70 à − 35°	″	+ 2°	+ 5°	″	+ 2½°	+ 6°	″	+ 1°	+ 4°
De − 55 à − 20	+ 1	+ 6	+ 13	+ 2½	+ 7½	+ 17	+ 1	+ 3½	+ 9½
De − 35 à 0	+ 0	+ 2	+ 6	+ 1½	+ 4	+ 13	″	+ 2	+ 5
De 0 à + 35	− 2½	− 25	− 55	− 2	− 20	− 52	− 1	− 6	− 30
De + 20 à + 55	+ 3½	+ 11	+ 21	+ 1½	+ 5	+ 28	+ 1	+ 7	+ 17
De + 35 à + 70	″	+ 2	+ 16	″	+ 2	+ 22	″	+ 3	+ 15

Les considérations précédentes suffisent à la démonstration du principe que nous avions spécialement en vue. Mais on peut aller plus loin, et se rendre un compte satisfaisant des principales particularités des phénomènes [1].

A cet effet, il faut d'abord se faire une idée de la disposition des courants induits dont la plaque mobile est le siége, et l'on y parvient en suivant la marche qu'a suivie M. Faraday dans son explication du magnétisme de rotation [2]; ensuite il faut examiner l'action

[1] Dans les tableaux qui précèdent, on n'a inscrit aucune observation relative aux époques où l'axe de la plaque est très-voisin d'être perpendiculaire à la ligne des pôles. A ces époques, tant que la vitesse de rotation est peu considérable, les courants induits dans les bobines sont positifs; mais, lorsque la vitesse augmente, il se produit des changements de signe dont il ne m'a pas été possible de déterminer la loi exacte. L'existence de ces changements de signe s'accorde d'ailleurs tout à fait avec les considérations développées page 60; mais, comme ils sont resserrés dans une portion très-petite de la rotation, on comprend que la plus légère différence dans la vitesse du mouvement et dans la position du commutateur exerce une influence très-sensible. Un appareil plus précis et surtout plus régulier que le nôtre eût été nécessaire pour rechercher la loi exacte de ces phénomènes, et cette recherche n'eût pas offert un grand intérêt, en l'absence d'une théorie à vérifier numériquement.

[2] Voir la lettre de M. Faraday à Gay-Lussac sur les phénomènes électro-magnétiques, dans les *Annales de chimie et de physique*, 2e série, t. LI.

inductrice de ces courants sur les bobines de l'appareil; et, comme cette action résulte de variations simultanées d'intensité, de forme et de position, la loi de Lenz devenant insuffisante, il est nécessaire d'avoir recours aux principes plus généraux posés par M. Neumann[1]. On peut les formuler de la manière suivante :

Si l'on appelle potentiel *d'un courant fermé, par rapport à un conducteur fermé, l'intégrale double*

$$-\iint \frac{i \cos\varepsilon \, ds \, ds'}{r},$$

où i désigne l'intensité du courant, constante ou variable;

ds un élément du courant fermé;

ds' un élément du conducteur fermé;

ε l'angle et r la distance de ces deux éléments,

l'action inductrice totale du courant fermé sur le conducteur fermé peut, à chaque instant, être représentée, en grandeur et en signe, par la dérivée du potentiel considéré comme fonction du temps.

L'application rigoureuse de ce principe présente, en général, d'assez grandes difficultés analytiques; mais, comme nous n'avons en vue qu'une explication de la marche des phénomènes, et particulièrement des changements de signe des courants induits dans les bobines, des raisonnements assez simples nous suffiront.

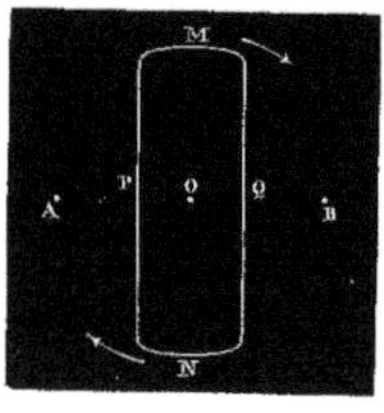

Fig. 9.

Considérons, en premier lieu, la plaque dans la position où son axe MN est perpendiculaire à la ligne des pôles AB, le sens de la rotation étant indiqué par les flèches de la figure 9. Admettons que le pôle A soit le pôle du solénoïde, analogue au pôle austral d'un aimant, et B le pôle analogue au pôle boréal, le solénoïde étant situé en arrière du plan de la figure. D'après la loi de Lenz, il est facile de voir que le pôle A tend à développer dans chacune des deux moitiés PMQ et PNQ de la plaque des courants sensiblement

[1] *Mémoires de l'Académie de Berlin* pour l'année 1847 : Ueber ein allgemeines Princip der mathematischen Theorie inducirter elektrischer Ströme.

dirigés de la circonférence au centre, et le pôle B des courants dirigés du centre à la circonférence. Si ces deux actions opposées étaient égales en chaque point de la plaque, il ne se produirait aucun courant: mais l'action de chacun des deux pôles étant prédominante sur le bord de la plaque le plus voisin, il doit se produire un système de courants disposés à peu près comme dans la figure 10, et, dans tous les cas, parfaitement symétriques par rapport à la ligne des pôles. Or, il résulte de cette symétrie que le potentiel du système est nul par rapport à tout conducteur circulaire ayant son plan parallèle au plan de la figure, et son centre sur une perpendiculaire à ce plan passant par un point quelconque de la ligne des pôles[1]. Le potentiel de la plaque, par rapport aux bobines, sera donc égal à zéro.

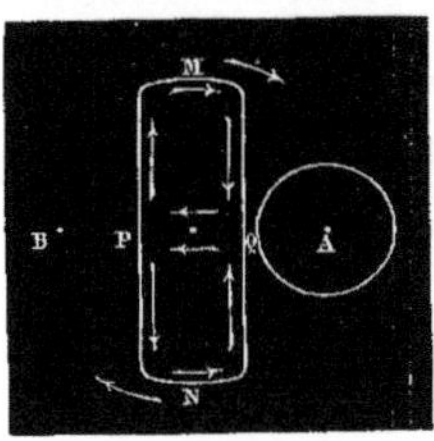

Fig. 10.

Soit, maintenant, la position où la plaque a son axe parallèle à la ligne des pôles, comme dans la figure 11. Il n'y a qu'à reproduire, sans y rien changer, les raisonnements de M. Faraday relatifs

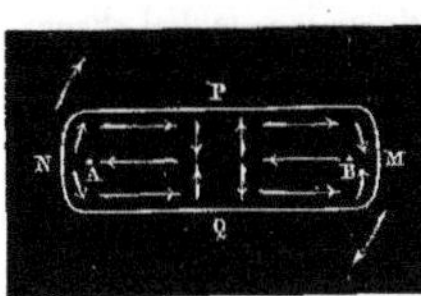

Fig. 11.

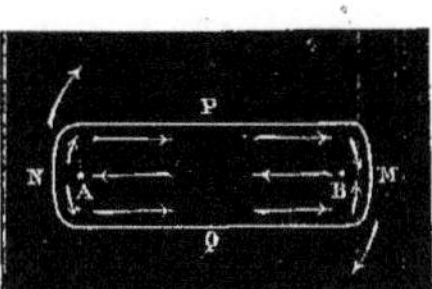

Fig. 12.

à un disque circulaire. On peut considérer seulement l'action exercée sur chaque moitié de la plaque par le pôle le plus voisin. La rotation ayant lieu dans le sens indiqué sur la figure, le pôle A tend à

[1] En effet, le terme du potentiel correspondant à un élément ds du courant et à un élément ds' du conducteur est égal et de signe contraire au terme correspondant à deux éléments symétriquement placés par rapport à la ligne des pôles, la distance r demeurant la même, et l'angle ε devenant égal à son supplément quand on passe d'un système à l'autre.

induire, dans la portion PMQ, des courants dirigés de la circonférence au centre. Si les actions inductrices étaient égales partout, il n'y aurait pas de courant; mais comme, en vertu de la différence des distances, les forces inductrices doivent agir avec plus d'intensité au voisinage de l'axe de la plaque qu'au voisinage des bords, il en résulte une disposition semblable à celle de la figure. Le pôle B tend à développer dans la partie PNQ les courants tracés sur la figure, et, avec un peu d'attention, on voit que ces deux systèmes se réduisent au système unique représenté dans la figure 12. Par les mêmes raisons que tout à l'heure, le potentiel de ce système de courants, par rapport aux bobines, est nul.

On ne peut pas assigner aussi exactement la forme des courants pour les positions de la plaque intermédiaires aux deux précédentes; mais on conçoit sans difficulté de quelle manière se fait le passage entre les deux dispositions de la figure 10 et de la figure 12. De plus, ces courants étant symétriquement disposés, ainsi qu'on l'a remarqué plus haut, pour deux positions symétriques de la plaque par rapport à la ligne des pôles, il est facile de voir que, dans ces deux positions, le potentiel doit avoir deux valeurs égales et de signes contraires.

Ainsi, pendant la durée d'une révolution, le potentiel change au moins quatre fois de signe. Dans chaque demi-révolution il doit y avoir au moins un maximum et un minimum, égaux et de signes contraires, correspondant à deux positions symétriques de la plaque par rapport à la ligne des pôles. La plaque allant d'une de ces positions à l'autre, en passant par la position parallèle à la ligne des pôles, le potentiel demeure constamment croissant ou constamment décroissant, et, par conséquent, le signe du courant induit dans les bobines ne change pas. Il change, au contraire, lorsque la plaque passe par ces deux positions de maximum et de minimum.

Ces conclusions sont entièrement confirmées par les expériences citées plus haut. On y voit, en effet, que, pour une petite vitesse de rotation, le courant induit est négatif tant que l'axe de la plaque fait, avec la ligne des pôles, un angle moindre que 20 degrés; et qu'il est positif lorsque l'angle de ces deux lignes est plus grand, quel que soit d'ailleurs le sens du mouvement par rapport à la ligne des pôles. En d'autres termes, les phénomènes peuvent être représentés par une courbe analogue à celle de la figure 13. A mesure que la vitesse de rotation augmente, les points où le courant des bobines change de signe se déplacent dans le sens du mouvement, et

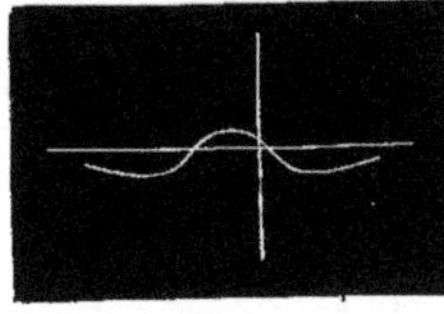

Fig. 13.

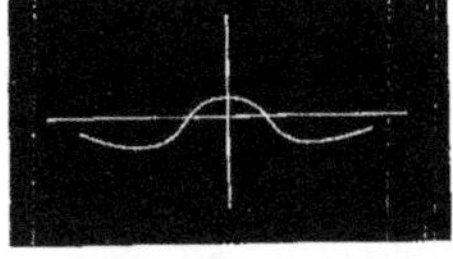

Fig. 14.

la courbe qui représente la marche du phénomène paraît se rapprocher de celle de la figure 14. Tel doit être l'effet de la durée nécessaire au développement des courants induits dans la plaque. Les instants du maximum, du minimum et des changements de signes du potentiel doivent se déplacer dans le sens du mouvement de rotation, d'autant plus que la vitesse devient plus rapide[1].

Lorsqu'on remplace le solénoïde par un aimant, les phénomènes prennent une intensité beaucoup plus grande; mais la loi de leurs variations devient à peu près la même, et cette identité mérite explication, car la cause essentielle du développement des courants est toute différente : ce n'est plus l'action inductrice directe des courants de la plaque mobile sur les bobines, ce sont les variations temporaires qu'éprouve l'intensité de l'aimant sous l'influence de ces courants. D'ailleurs, la disposition des courants dans la plaque mobile doit être évidemment, à très-peu près, la même que dans le cas d'un solénoïde.

Il n'y a donc qu'à rechercher dans quel cas les courants de la plaque mobile, dont nous avons analysé plus haut la configuration, tendent à augmenter ou à affaiblir l'intensité de l'aimant. Le prin-

[1] Le déplacement de la courbe de la figure 13 ne représente pas complétement les modifications qu'éprouvent les phénomènes, lorsque la vitesse de rotation augmente. Ainsi qu'on l'a remarqué plus haut, il se développe des courants négatifs lorsque l'axe de la plaque approche d'être perpendiculaire à la ligne des pôles.

cipe de cette recherche peut s'énoncer de la manière suivante : 1° toutes les fois que la résultante des actions d'un courant fermé sur le pôle d'un aimant est perpendiculaire à l'axe de l'aimant, le courant n'a aucune action sur son magnétisme; 2° lorsque cette résultante est oblique à l'axe de l'aimant, le phénomène dépend de la direction de la composante parallèle à l'axe; si cette composante est dirigée vers l'extérieur de l'aimant, il y a accroissement de l'aimantation, et, dans le cas contraire, affaiblissement.

Or, en se reportant à la figure 12, qui représente la distribution des courants induits, lorsque l'axe de la plaque est parallèle à la ligne des pôles, abstraction faite de l'influence du temps, il est facile de voir, à cause de la symétrie de la figure, que la résultante des actions de ces aimants sur le pôle A de l'aimant est perpendiculaire à l'axe. L'aimantation produite par la plaque mobile est donc nulle à cet instant de la rotation.

Il en est de même, et pour les mêmes raisons, lorsque l'axe de la plaque est perpendiculaire à la ligne des pôles. Quant aux positions intermédiaires, il n'est pas difficile de voir que, dans deux positions symétriques par rapport à la ligne des pôles, les courants de la plaque doivent produire des variations égales et contraires dans l'intensité de l'aimant.

Ainsi, toujours en négligeant l'influence du temps, les variations du magnétisme de l'aimant peuvent être représentées par la courbe de la figure 15 ou par une courbe exactement inverse. Le courant

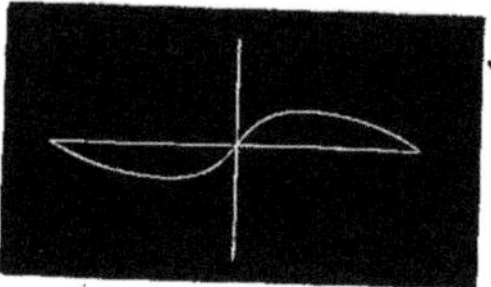

Fig. 15.

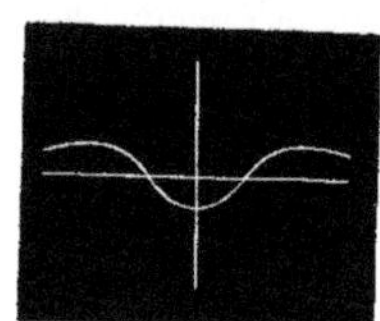

Fig. 16.

induit dans la bobine, étant à chaque instant proportionnel et de signe contraire à la vitesse avec laquelle varie l'aimantation, sera représenté par la courbe de la figure 16, qu'on construit en prenant pour ordonnées les tangentes de la précédente changées de signe. Enfin, si l'on tient compte de la durée nécessaire aux phénomènes d'induction et d'aimantation, les époques où le courant induit change de signe se déplaceront d'autant plus que la vitesse de rotation sera plus grande, et l'on aura des courbes dissymétriques comme celles de la figure 17. L'analogie des figures 16 et 17 avec les figures 13 et 14 est d'ailleurs évidente.

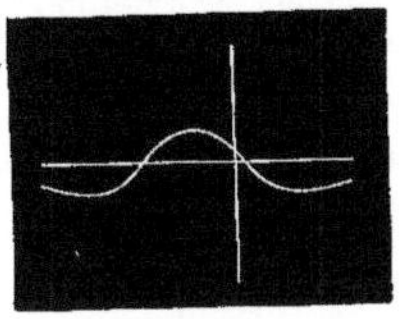

Fig. 17.

Telle est effectivement la marche générale des phénomènes indiquée par l'expérience. Les courants induits passent à très-peu près par les mêmes phases que dans le cas où l'on fait usage d'un solénoïde; seulement leur intensité est toujours beaucoup plus grande. L'influence de la conductibilité des métaux et celle de la vitesse de rotation se manifestent exactement de la même manière.

L'intensité des phénomènes permet d'étudier sans difficulté l'antimoine et le bismuth, qui offrent un intérêt tout spécial à cause de l'énergie de leur puissance diamagnétique et de leur faible conductibilité. L'antimoine étant plus conducteur et moins diamagnétique que le bismuth, cette différence de propriétés doit être favorable à la manifestation de l'induction diamagnétique, si cette induction est réelle.

Les expériences contenues aux deux tableaux suivants montrent qu'il n'y a rien dans les effets de l'antimoine et du bismuth qui ne soit explicable par les lois de l'induction ordinaire. Pour rendre ce résultat plus évident, on a comparé ces deux métaux avec le plomb. La plaque d'antimoine avait les dimensions des autres plaques métalliques; la plaque de bismuth avait même longueur et même largeur, mais une épaisseur double.

	PLOMB.			ANTIMOINE.			BISMUTH.		
	I.	II.	III.	I.	II.	III.	I.	II.	III.
De − 85 à − 50°	+ 1°	+ 7°	+ 10°	″	+ 4°	+ 6°	″	+ 1°	+ 2°
De − 65 à − 30	+ 2	+ 13	+ 40	+ 2	+ 10	+ 20	″	+ 1	+ 4
De − 45 à − 10	+ 5	+ 38	+ 70	+ $2\frac{1}{2}$	+ 15	+ 44	+ 1	+ 3	+ 12
De − 35 à 0	+ 2	+ 24	+ 74	″	+ 5	+ 33	″	+ 2	+ 6
De 0 à + 35	− 13	− 60	− 90	− 7	− 45	− 70	− 2	− 14	− 30
De + 10 à + 45	− 3	− 43	− 90	− 2	− 25	− 70	″	− 3	− 23
De + 30 à + 65	+ 5	+ 45	+ 22	+ 2	+ 16	+ 2	″	+ 5	+ 2
De + 50 à + 85	+ $2\frac{1}{2}$	+ 17	+ 81	″	+ 4	+ 49	″	+ 2	+ 15

Rien, dans ce tableau, ne distingue les effets des trois métaux qui y sont comparés, si ce n'est l'intensité. L'influence de la vitesse de rotation y est assez manifeste, car on y voit que les déviations galvanométriques n'augmentent pas toujours quand on passe de la deuxième à la troisième vitesse; mais cette influence se montre bien mieux dans les expériences suivantes, où l'on s'est servi d'un commutateur à lame plus étroite.

	PLOMB.			ANTIMOINE.			BISMUTH.		
	I.	II.	III.	I.	II.	III.	I.	II.	III.
De − 50 à − 30°	+ 2°	+ 17°	+ 42°	″	+ 13°	+ 20°	″	+ 2°	+ 8°
De − 40 à − 20	+ 3	+ 23	+ 52	+ $1\frac{1}{2}$	+ 9	+ 24	″	+ 3	+ 9
De − 20 à 0	− 6	− 14	+ 12	− 3	− 10	+ 2	″	− 2	+ 1
De 0 à + 20	− 13	− 54	− 90	− 5	− 22	− 40	− 2	− 8	− 15
De + 20 à + 40	0	− 21	− 90	− 1	− 11	− 51	″	− 3	− 15
De + 30 à + 50	+ 2	+ 14	− 60	″	+ 4	− 34	″	+ 2	− 6

Les expériences n'ont pu être poussées plus loin, en raison du peu d'intensité des phénomènes.

Il n'y a donc, dans nos expériences, aucune raison d'attribuer au bismuth et à l'antimoine une action inductrice de nature particulière; il suffit de leur appliquer les lois générales observées pour les autres métaux, en tenant compte de leur mauvaise conductibilité.

V.

CONCLUSIONS.

Les conséquences des expériences décrites dans le paragraphe III du présent mémoire et relatives aux corps magnétiques me paraissent inutiles à rappeler.

Il n'en est pas de même des propositions suivantes, qui se déduisent des faits observés au paragraphe IV :

1° Il est impossible d'expliquer les phénomènes par une induction diamagnétique dont les lois seraient contraires à celles de l'induction magnétique.

2° On se rend compte de tous les faits par les lois de l'induction ordinaire, pourvu qu'on ait égard à l'influence du temps, par laquelle M. Faraday a expliqué le magnétisme de rotation.

3° Néanmoins une analyse insuffisante des expériences pourrait sembler favorable à l'hypothèse d'une induction diamagnétique.

Ces conclusions sont tout à fait contraires à celles de M. Bréguet; mais il est facile de comprendre comment cet observateur a obtenu, avec tous les métaux, des courants dirigés comme les courants induits par le fer. M. Bréguet se servait d'un commutateur à lame très-large, qui laissait passer les courants développés pendant environ un quart de révolution, et il donnait toujours à la plaque une vitesse de 50 à 60 révolutions par seconde. Or, si l'on examine les courbes des figures 6 et 17, qui représentent les effets produits par le fer doux et par les métaux non magnétiques, pour de grandes vitesses de rotation, on voit que dans une partie de leur étendue ces courbes sont de même signe, et l'on conçoit qu'en donnant une position convenable au commutateur on obtienne les effets observés par M. Bréguet. C'est ce que j'ai pu faire sans difficulté. Il n'y a ainsi aucune contradiction réelle entre nos expériences.

Les expériences de M. Faraday sont entièrement d'accord avec les nôtres; seulement elles ne mettent pas en évidence cette influence du temps sur l'induction, dont notre travail fournit, nous le croyons, une démonstration nouvelle. De plus, en ce qui concerne le bismuth et l'antimoine, nos expériences nous paraissent plus concluantes. M. Faraday n'a rien obtenu d'appréciable avec ces deux métaux, tandis que nous avons obtenu des effets très-sensibles qui ont suivi exactement les mêmes lois que les effets des autres métaux.

Les grands avantages que m'a offerts la machine de Page m'ont fait tenter inutilement de nouvelles expériences sur l'induction diamagnétique. J'ai substitué à la plaque de bismuth un faisceau de barreaux cylindriques de même métal, ayant chacun 10 centimètres de longueur sur 3 millimètres de diamètre, de manière que la quantité de bismuth fût à peu près la même dans les deux cas. De cette façon, les courants induits dans la masse du bismuth étaient rendus insensibles, sans que l'effet du diamagnétisme dût être notablement diminué. Quelque sensibilité que j'aie donnée au galvanomètre, je n'ai rien obtenu d'appréciable avec certitude, même en imprimant à l'appareil une vitesse de 60 révolutions par seconde, et faisant usage d'un commutateur qui laissait passer les courants pendant un déplacement angulaire de 60 degrés. Dans les mêmes circonstances, avec un faisceau de gros fils de cuivre ayant à peu près les mêmes dimensions, j'ai obtenu des déviations de 3 ou 4 degrés, dirigées de la même manière que les déviations produites par une plaque de cuivre continue. Cette dernière expérience est bien propre à faire voir combien le sujet offre de difficultés. Considérée à part, elle semblerait une démonstration rigoureuse de l'induction diamagnétique; si on la compare avec l'ensemble des faits cités dans le présent mémoire, on n'y peut voir qu'une action des très-faibles courants induits par l'aimant dans les fils de cuivre.

NOTE
SUR LES INTERFÉRENCES
DE LA LUMIÈRE POLARISÉE.

(*ANNALES DE CHIMIE ET DE PHYSIQUE*, 3e SÉRIE, TOME XXXI, PAGE 377.)

Tous les physiciens connaissent les expériences par lesquelles MM. Arago et Fresnel ont prouvé que deux rayons de lumière polarisés à angle droit ne peuvent interférer l'un avec l'autre, quelle que soit leur différence de marche.

Dans son mémoire sur la double réfraction, Fresnel a fondé sur cette loi expérimentale une démonstration du principe des vibrations transversales [1]. Je ne crois pas qu'on ait jamais contesté cette démonstration; elle est cependant inexacte, et il m'a paru utile de la rectifier.

Si l'on désigne par x et x' les chemins parcourus par les deux rayons depuis leur origine commune, et si l'on représente par

$$u = a \sin 2\pi\left(\frac{t}{T} - \frac{\varphi}{\lambda} - \frac{x}{\lambda}\right),$$
$$v = b \sin 2\pi\left(\frac{t}{T} - \frac{\chi}{\lambda} - \frac{x}{\lambda}\right),$$
$$w = c \sin 2\pi\left(\frac{t}{T} - \frac{\psi}{\lambda} - \frac{x}{\lambda}\right),$$

les trois composantes de la vitesse de vibration du premier rayon, dirigées suivant trois axes rectangulaires dont l'un est parallèle à la direction du rayon, le second perpendiculaire à cette direction et parallèle au plan de polarisation, le troisième perpendiculaire au

[1] *Mémoires de l'Académie des sciences*, t. VII, p. 56.

plan de polarisation; et aussi par

$$u' = a' \sin 2\pi \left(\frac{t}{T} - \frac{\varphi'}{\lambda} - \frac{x'}{\lambda}\right),$$

$$v' = b' \sin 2\pi \left(\frac{t}{T} - \frac{\chi'}{\lambda} - \frac{x'}{\lambda}\right),$$

$$w' = c' \sin 2\pi \left(\frac{t}{T} - \frac{\psi'}{\lambda} - \frac{x'}{\lambda}\right),$$

les trois composantes de la vitesse de vibration du second rayon estimées suivant les mêmes axes, l'intensité de la lumière qui résulte de la combinaison de ces deux rayons sera exprimée par

$$\begin{aligned} & a^2 + a'^2 + 2aa' \cos 2\pi \frac{\varphi - \varphi' + x - x'}{\lambda} \\ & + b^2 + b'^2 + 2bb' \cos 2\pi \frac{\chi - \chi' + x - x'}{\lambda} \\ & + c^2 + c'^2 + 2cc' \cos 2\pi \frac{\psi - \psi' + x - x'}{\lambda}. \end{aligned}$$

«L'expérience, dit Fresnel, démontre que cette intensité reste constante, quelques variations qu'éprouve la différence $x - x'$ des chemins parcourus, quand les deux faisceaux interférents ont leurs plans de polarisation perpendiculaires entre eux. Ainsi, dans ce cas, la valeur de l'expression ci-dessus reste la même pour toutes les valeurs de $x - x'$; il faut donc qu'on ait

$$\begin{aligned} a^2 + b^2 + c^2 + a'^2 + b'^2 + c'^2 & + 2aa' \cos 2\pi \frac{\varphi - \varphi' + x - x'}{\lambda} \\ & + 2bb' \cos 2\pi \frac{\chi - \chi' + x - x'}{\lambda} \\ & + 2cc' \cos 2\pi \frac{\psi - \psi' + x - x'}{\lambda} = C, \end{aligned}$$

équation dans laquelle il n'y a de variable que $x - x'$. Or, cette équation devant être satisfaite, quelle que soit la valeur de $x - x'$, il est clair que tous les termes qui contiennent $x - x'$ doivent disparaître, puisque sans cela on tirerait de l'équation des valeurs particulières pour $x - x'$; par conséquent on a

$$aa' = 0, \qquad bb' = 0, \qquad cc' = 0.\text{»}$$

Fresnel fait voir ensuite, sans difficulté, qu'on doit avoir simultanément

$$a = 0, \quad \text{et} \quad a' = 0,$$

avec

$$b = 0, \quad c' = 0, \quad \text{ou} \quad b' = 0, \quad c = 0.$$

L'erreur contenue dans le passage cité est, il me semble, assez évidente. L'équation posée par Fresnel étant mise sous la forme

$$\left(\begin{array}{r} 2aa'\cos 2\pi\frac{\varphi-\varphi'}{\lambda} + 2bb'\cos 2\pi\frac{\chi-\chi'}{\lambda} \\ + 2cc'\cos 2\pi\frac{\psi-\psi'}{\lambda} \end{array}\right)\cos 2\pi\frac{x-x'}{\lambda}$$
$$-\left(\begin{array}{r} 2aa'\sin 2\pi\frac{\varphi-\varphi'}{\lambda} + 2bb'\sin 2\pi\frac{\chi-\chi'}{\lambda} \\ + 2cc'\sin 2\pi\frac{\psi-\psi'}{\lambda} \end{array}\right)\sin 2\pi\frac{x-x'}{\lambda} = \mathrm{K},$$

K étant une nouvelle constante égale à

$$\mathrm{C} - (a^2 + b^2 + c^2 + a'^2 + b'^2 + c'^2),$$

on voit qu'elle sera satisfaite, pour toute valeur de $x - x'$, si l'on a simultanément,

$$\mathrm{K} = 0,$$
$$aa'\cos 2\pi\frac{\varphi-\varphi'}{\lambda} + bb'\cos 2\pi\frac{\chi-\chi'}{\lambda} + cc'\cos 2\pi\frac{\psi-\psi'}{\lambda} = 0,$$
$$aa'\sin 2\pi\frac{\varphi-\varphi'}{\lambda} + bb'\sin 2\pi\frac{\chi-\chi'}{\lambda} + cc'\sin 2\pi\frac{\psi-\psi'}{\lambda} = 0;$$

et ces conditions peuvent être vérifiées d'une infinité de manières, qui paraissent toutes également admissibles, si l'on n'a recours à d'autres considérations.

Voici maintenant comment la démonstration peut être rendue rigoureuse. Soient

$$(1) \quad \left\{\begin{array}{l} u = a\sin 2\pi\left(\frac{t}{\mathrm{T}} - \frac{\varphi}{\lambda}\right), \\ v = b\sin 2\pi\left(\frac{t}{\mathrm{T}} - \frac{\chi}{\lambda}\right), \\ w = c\sin 2\pi\left(\frac{t}{\mathrm{T}} - \frac{\psi}{\lambda}\right), \end{array}\right.$$

les équations d'un rayon qui se propage suivant la direction OX parallèle à u, et qui est polarisé dans le plan YOX parallèle à u et à v (fig. 18).

Si l'on ajoute une même quantité δ aux quantités φ, χ, ψ, et qu'on multiplie a, b, c par un coefficient constant m, on aura le système suivant :

$$u_1 = ma \sin 2\pi \left(\frac{t}{T} - \frac{\varphi + \delta}{\lambda}\right),$$

$$v_1 = mb \sin 2\pi \left(\frac{t}{T} - \frac{\chi + \delta}{\lambda}\right),$$

$$w_1 = mc \sin 2\pi \left(\frac{t}{T} - \frac{\psi + \delta}{\lambda}\right),$$

qui représentera encore un rayon polarisé dans le plan YOX. Mais ce rayon n'aura pas la même intensité que le précédent, et il y aura entre les deux une différence de marche égale à δ. Si maintenant

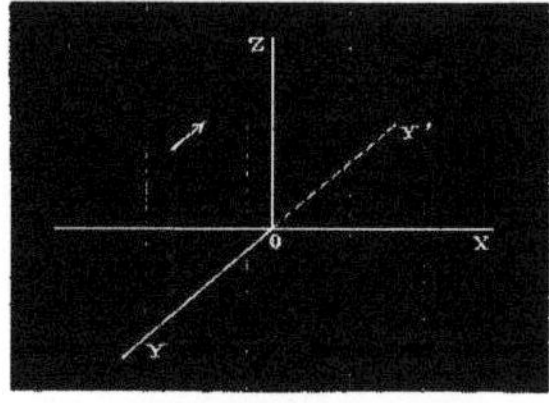

Fig. 18.

on fait tourner de 90 degrés le second rayon autour de l'axe OX, dans le sens indiqué par une flèche sur la figure, on aura un rayon polarisé dans le plan ZOX, et les composantes de sa vitesse de vibration seront exprimées, parallèlement à OX, par

$$u' = ma \sin 2\pi \left(\frac{t}{T} - \frac{\varphi + \delta}{\lambda}\right);$$

parallèlement à OY, par

$$v' = - mc \sin 2\pi \left(\frac{t}{T} - \frac{\psi + \delta}{\lambda}\right) \text{(1)};$$

(1) Le signe — de cette formule s'explique facilement. Dans une rotation de 90 degrés autour de OX, faite dans le sens indiqué, OZ vient se placer suivant OY', c'est-à-dire à l'opposé de la direction positive de l'axe des y.

parallèlement à OZ, par

$$w' = mb \sin 2\pi \left(\frac{t}{T} - \frac{\chi + \delta}{\lambda}\right).$$

Le système de ces équations, que nous appellerons les équations (2), ne peut pas être pris, *a priori*, pour l'expression la plus générale des rayons polarisés perpendiculairement au rayon des équations (1), mais il est évidemment une forme possible de cette expression, ce qui suffit à nos raisonnements.

En effet, l'intensité de la lumière résultant de la superposition des rayons (1) et (2) étant

$$(a^2 + b^2 + c^2)(1 + m^2) + 2ma^2 \cos 2\pi \frac{\delta}{\lambda}$$
$$- 2mbc \left(\cos 2\pi \frac{\psi + \delta - \chi}{\lambda} - \cos 2\pi \frac{\chi + \delta - \psi}{\lambda}\right),$$

il résulte de la loi d'Arago et Fresnel qu'on doit avoir, quel que soit δ,

$$a^2 \cos 2\pi \frac{\delta}{\lambda} - bc \left(\cos 2\pi \frac{\psi + \delta - \chi}{\lambda} - \cos 2\pi \frac{\chi + \delta - \psi}{\lambda}\right) = C.$$

Cette équation se met aisément sous la forme

$$a^2 \cos 2\pi \frac{\delta}{\lambda} - 2bc \sin 2\pi \frac{\chi - \psi}{\lambda} \sin 2\pi \frac{\delta}{\lambda} = C,$$

et l'on en conclut immédiatement

$$a^2 = 0, \quad bc \sin 2\pi \frac{\chi - \psi}{\lambda} = 0, \quad C = 0.$$

La condition $a^2 = 0$ indique que les vitesses de vibration n'ont pas de composantes parallèles à la direction de propagation des rayons lumineux, et, par conséquent, que les vibrations sont transversales. La seconde condition peut être satisfaite en posant

$$bc = 0 \quad \text{ou} \quad \sin 2\pi \frac{\chi - \psi}{\lambda} = 0.$$

Si l'on adopte l'hypothèse $bc = 0$, on voit que b ou c doit être nul, et qu'en conséquence les vibrations sont parallèles ou perpendiculaires au plan de polarisation. Il suffit donc d'examiner si l'hypothèse $\sin 2\pi \frac{\chi - \psi}{\lambda} = 0$ donne vraiment une solution de la question.

Or, la condition $\sin 2\pi \frac{\chi \mp \psi}{\lambda} = 0$ peut être vérifiée par deux systèmes de solutions, savoir : par

$$\chi - \psi = 0, \quad \chi - \psi = \lambda, \quad \chi - \psi = 2\lambda, \ldots$$

et par

$$\chi - \psi = \frac{\lambda}{2}, \quad \chi - \psi = \frac{3\lambda}{2}, \quad \chi - \psi = \frac{5\lambda}{2}, \ldots.$$

Le premier système correspond à des vibrations rectilignes dirigées suivant une droite telle que PP′ (fig. 19), qui fait, avec le plan de polarisation et au-dessus de ce plan, un angle $POY = \alpha$ déterminé par la formule

$$\operatorname{tang} \alpha = \frac{c}{b}.$$

Le second système correspond à des vibrations dirigées suivant la droite QQ′, qui fait pareillement un angle égal à α avec le plan de polarisation, mais en dessous. L'expérience ne distinguant en aucune manière le dessus et le dessous, la droite et la gauche d'un plan de polarisation, on doit considérer les deux solutions comme également admissibles.

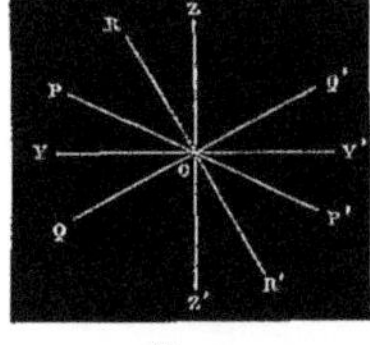

Fig. 19.

Ainsi, les deux rayons dont les vibrations sont dirigées suivant PP′ et QQ′ doivent être également regardés comme polarisés dans le plan YY′. Faisons maintenant tourner le rayon QQ′ de 90 degrés autour de sa direction de propagation, de façon que ses vibrations soient dirigées suivant RR′; il devra être regardé comme polarisé dans le plan ZZ′, perpendiculaire au plan YY′, et, en conséquence, il faudra que les rayons PP′ et RR′ ne puissent pas interférer l'un avec l'autre, quelle que soit leur différence de marche. Mais il est visible que ces deux rayons sont placés dans des conditions où ils peuvent interférer. Nous sommes ainsi conduits à une conclusion contradictoire avec l'expérience.

L'hypothèse $\sin 2\pi \frac{\chi - \psi}{\lambda} = 0$ doit donc être rejetée, et il ne reste qu'une seule solution de la question, savoir :

$$bc = 0.$$

On retrouve ainsi les conclusions de Fresnel.

SUR L'INTENSITÉ
DES IMAGES LUMINEUSES
FORMÉES AU FOYER
DES LENTILLES ET DES MIROIRS.

(*COMPTES RENDUS DE L'ACADÉMIE DES SCIENCES*, TOME XXXII, PAGE 24.)

On admet, en général, que l'intensité lumineuse d'une image formée au foyer d'une lentille est, à grossissement égal, proportionnelle à l'étendue superficielle de l'ouverture de la lentille. Cette relation paraît, au premier abord, assez évidente; elle est conforme, d'ailleurs, au principe des forces vives, et, les applications qu'on en fait à la théorie des instruments d'optique se trouvant confirmées par l'expérience, on n'en saurait révoquer en doute l'exactitude.

Néanmoins on a élevé une objection, ou plutôt une difficulté théorique assez sérieuse. D'après le système des ondulations, le foyer d'une lentille est le point où tous les rayons, partis en même temps du point lumineux et réfractés par la lentille, arrivent à la même époque. Ces rayons apportent tous au foyer des vitesses de vibration égales et constamment de même phase; la vitesse de vibration de l'éther est donc, en ce point, proportionnelle au nombre des rayons réfractés, c'est-à-dire à l'ouverture de la lentille, et, comme l'intensité de la lumière est proportionnelle au carré de la vitesse de vibration, il semble qu'elle soit proportionnelle au carré de l'ouverture de la lentille.

Cette difficulté vient uniquement de ce qu'on ne distingue pas les effets d'un point lumineux de ceux d'un objet lumineux d'étendue sensible.

Un point lumineux dont les rayons viennent tomber sur une lentille convergente donne lieu à la formation d'un point brillant en son foyer conjugué, où l'intensité est réellement proportionnelle au carré de l'aire de la portion efficace de la lentille. Mais, autour de ce point brillant, la lumière est sensible jusqu'à une certaine distance, et forme un système de franges alternativement obscures et brillantes, dont la grandeur et la figure dépendent de la grandeur et de la figure du diaphragme. C'est ainsi que, dans les lunettes astronomiques, les images des étoiles brillantes s'entourent, tantôt d'une série d'anneaux circulaires, tantôt de rayons divergents suivant la forme du diaphragme. (Observations de M. Arago et des deux Herschel.)

Si, au lieu d'un point lumineux, c'est un objet d'étendue angulaire sensible qui envoie ses rayons sur la lentille, à chaque point de cette surface correspond, comme il vient d'être dit, un système de franges autour de son foyer conjugué. Si les dimensions de ce qu'on peut appeler l'image géométrique de l'objet sont très-grandes par rapport à celles d'un de ces systèmes (et cette condition peut être satisfaite par une image de dimensions absolues fort petites), en chaque point de cette image, excepté au voisinage de ses limites, il y aura une intensité lumineuse constante, résultant de la superposition d'un grand nombre de franges obscures et brillantes appartenant à divers systèmes. On conçoit que cette superposition puisse produire une intensité lumineuse simplement proportionnelle à l'aire du diaphragme.

Pour démontrer qu'il en est réellement ainsi, je considère d'abord le cas où la lentille est limitée par un diaphragme rectangulaire. Je remarque que, pour superposer des franges appartenant à des systèmes différents, il suffit d'ajouter arithmétiquement leurs intensités, d'après le principe connu de la non-interférence des rayons d'origine diverse. J'exprime ainsi aisément l'intensité des points de l'image qui ne sont pas très-voisins des bords, au moyen d'intégrales définies connues, et je fais voir que cette expression est simplement proportionnelle à l'étendue du diaphragme.

Je considère ensuite un diaphragme percé d'un nombre quelconque d'ouvertures rectangulaires de grandeurs quelconques, séparées par des intervalles quelconques et assujetties à la seule condition d'avoir leurs bords parallèles à deux droites rectangulaires fixes. Je fais voir que l'expression définitive de l'intensité est encore proportionnelle à la somme des surfaces des ouvertures.

Or, quelle que soit la forme de l'ouverture d'un diaphragme, on pourra toujours la regarder comme l'assemblage d'une infinité d'ouvertures rectangulaires infiniment étroites, et les raisonnements précédents deviendront applicables. Il sera ainsi démontré que l'intensité de l'image est toujours proportionnelle à la grandeur de l'ouverture.

Les mêmes considérations s'appliquent aux images données par les miroirs sphériques, sans y changer un seul mot.

Enfin il résulte des calculs développés dans le mémoire que la quantité totale de lumière contenue dans le système des franges produites par un point lumineux unique est simplement proportionnelle à l'étendue de l'ouverture. Ce résultat a déjà été obtenu par M. Kelland, dans le cas particulier d'un nombre quelconque d'ouvertures *égales et équidistantes.*

SUR L'INTENSITÉ
DES IMAGES LUMINEUSES
FORMÉES AU FOYER
DES LENTILLES ET DES MIROIRS.

(*ANNALES DE CHIMIE ET DE PHYSIQUE*, 3e SÉRIE, TOME XXXI, PAGE 489.

On admet généralement que l'intensité lumineuse d'une image formée au foyer d'une lentille ou d'un miroir est, à grossissement égal, proportionnelle à l'étendue superficielle de l'ouverture de la lentille. Cette relation paraît, au premier abord, assez évidente; elle est conforme au principe des forces vives, et, les conséquences qu'on en déduit dans la théorie des instruments d'optique se trouvant vérifiées par l'expérience, on n'en saurait révoquer en doute l'exactitude.

Néanmoins on a proposé une difficulté théorique assez sérieuse. D'après le système des ondulations, le foyer d'une lentille est le point où tous les rayons, partis en même temps du point lumineux et réfractés par la lentille, arrivent à la même époque. Ces rayons apportent tous au foyer des vitesses de vibration égales et constamment de même phase; la vitesse de vibration de l'éther est donc, en ce point, proportionnelle au nombre des rayons réfractés, c'est-à-dire à l'ouverture de la lentille, et, comme l'intensité de la lumière est proportionnelle au carré de la vitesse de vibration, il semble qu'elle soit aussi proportionnelle au carré de l'ouverture de la lentille[1].

Cette difficulté vient uniquement de ce qu'on ne distingue pas

[1] Cette difficulté a été indiquée par M. Babinet dans une communication verbale à l'Académie des sciences, le 19 juillet 1847.

les effets d'un point lumineux de ceux d'un objet lumineux d'étendue sensible.

Un point lumineux dont les rayons viennent tomber sur une lentille convergente donne lieu à la formation d'un point brillant, en son foyer conjugué, où l'intensité est réellement proportionnelle au carré de l'aire du diaphragme qui limite la section efficace de la lentille. Mais, autour de ce point brillant, la lumière est sensible jusqu'à une certaine distance, et forme une série de franges, alternativement obscures et brillantes, dont la grandeur et la figure dépendent de la grandeur et de la figure du diaphragme. C'est ainsi que, dans les lunettes astronomiques, les images des étoiles brillantes s'entourent tantôt d'une série de cercles, tantôt de rayons divergents suivant la forme du diaphragme placé devant l'objectif. (Observations de M. Arago et des deux Herschel.)

Si, au lieu d'un point lumineux, c'est un objet uniformément brillant et d'étendue angulaire sensible qui envoie ses rayons sur la lentille, à chaque point de cet objet correspond, comme il vient d'être dit, un système de franges qui environnent le foyer conjugué. Si les dimensions de l'image géométrique sont grandes par rapport à celle d'un de ces systèmes, en chaque point de cette image, excepté tout près de ses limites[1], il y aura une intensité lumineuse constante, résultant de la superposition d'un grand nombre de franges obscures et brillantes appartenant à divers systèmes. On conçoit que cette superposition puisse produire une intensité lumineuse simplement proportionnelle à l'aire du diaphragme.

Ces remarques très-simples suffisent pour écarter les difficultés; mais, pour résoudre complétement la question, il est nécessaire de démontrer que la théorie des ondes conduit au principe de l'exacte proportionnalité entre l'éclairement des images et l'étendue de la surface efficace des lentilles. On y parvient à l'aide des principes qui servent à l'explication de la diffraction.

Considérons d'abord le cas particulier où la lentille est limitée par un diaphragme rectangulaire. Prenons un point lumineux situé

[1] En raison de la petitesse des longueurs d'ondulation par rapport aux dimensions de lentilles, cette condition peut être satisfaite par des images réellement très-petites.

sur l'axe de la lentille. On sait que l'onde émanée de ce point est transformée par la lentille en une onde sphérique concave ayant pour centre le foyer conjugué [1]. Soit, en ce foyer, l'origine d'un système de coordonnées rectangulaires dont l'axe des z soit dirigé suivant l'axe de la lentille, et les deux autres axes parallèlement aux côtés du diaphragme. Désignons par x, y, z les coordonnées d'un élément $d^2\omega$ de l'onde sphérique; par ξ, η, celles d'un point voisin du foyer, situé dans le plan des x, y, c'est-à-dire dans le plan où se forme l'image lumineuse. Si l'on représente, à un instant donné, par

$$\sin 2\pi \frac{t}{T}$$

la vitesse de vibration des molécules de l'onde sphérique, la vitesse de vibration envoyée par l'élément $d^2\omega$ au point (ξ, η) pourra être représentée proportionnellement par

$$d^2\omega \sin 2\pi \left(\frac{t}{T} - \frac{\sqrt{(x-\xi)^2+(y-\eta)^2+z^2}}{\lambda}\right).$$

En appelant R la distance focale, on a

$$x^2 + y^2 + z^2 = R^2,$$

et, par suite,

$$\sqrt{(x-\xi)^2 + (y-\eta)^2 + z^2} = \sqrt{R^2 - 2x\xi - 2y\eta + \xi^2 + \eta^2},$$

et, à cause de la petitesse de ξ et de η,

$$\sqrt{(x-\xi)^2 + (y-\eta)^2 + z^2} = R - \frac{x\xi + y\eta}{R}.$$

D'ailleurs, dans le cas d'une lentille peu étendue, le seul qu'il y ait à considérer, $d^2\omega$ est sensiblement égal à $dx\,dy$, et l'expression ci-

[1] Ce principe est démontré dans plusieurs ouvrages d'optique, notamment dans les *Mathematical Tracts* de M. Airy. Il était d'ailleurs connu de Fresnel, qui en a fait usage dans son mémoire sur la diffraction.

dessus se réduit à

$$dx\,dy \sin 2\pi\left(\frac{t}{T}-\frac{R}{\lambda}+\frac{x\xi+y\eta}{R\lambda}\right)$$
$$= dx\,dy \cos 2\pi\left(\frac{x\xi+y\eta}{R\lambda}\right)\sin 2\pi\left(\frac{t}{T}-\frac{R}{\lambda}\right)$$
$$+ dx\,dy \sin 2\pi\left(\frac{x\xi+y\eta}{R\lambda}\right)\cos 2\pi\left(\frac{t}{T}-\frac{R}{\lambda}\right).$$

La vitesse de vibration au point (ξ, η) étant la somme algébrique des vitesses envoyées par les divers éléments de l'onde, on en aura la valeur en intégrant l'expression précédente entre les limites déterminées par le diaphragme. Soient a et b les coordonnées parallèles aux x et aux y d'un des sommets du diaphragme rectangulaire, c et d les dimensions des côtés de ce diaphragme, on aura à déterminer

$$\sin 2\pi\left(\frac{t}{T}-\frac{R}{\lambda}\right)\int_b^{b+d} dy \int_a^{a+c} dx \cos 2\pi\left(\frac{x\xi+y\eta}{R\lambda}\right)$$
$$+\cos 2\pi\left(\frac{t}{T}-\frac{R}{\lambda}\right)\int_b^{b+d} dy \int_a^{a+c} dx \sin 2\pi\left(\frac{x\xi+y\eta}{R\lambda}\right),$$

et, d'après les règles connues de la théorie des ondulations, la somme des carrés des deux intégrales, par lesquelles $\sin 2\pi\left(\frac{t}{T}-\frac{R}{\lambda}\right)$ et $\cos 2\pi\left(\frac{t}{T}-\frac{R}{\lambda}\right)$ sont respectivement multipliés, exprimera l'intensité lumineuse résultante. Or il n'est pas difficile de voir que les deux intégrales se réduisent à

$$\frac{R^2\lambda^2}{\pi^2\xi\eta}\sin\pi\frac{c\xi}{R\lambda}\cdot\sin\pi\frac{d\eta}{R\lambda}\cos 2\pi\frac{\left(a+\frac{c}{2}\right)\xi+\left(b+\frac{d}{2}\right)\eta}{R\lambda},$$

et à

$$\frac{R^2\lambda^2}{\pi^2\xi\eta}\sin\pi\frac{c\xi}{R\lambda}\cdot\sin\pi\frac{d\eta}{R\lambda}\sin 2\pi\frac{\left(a+\frac{c}{2}\right)\xi+\left(b+\frac{d}{2}\right)\eta}{R\lambda},$$

dont la somme des carrés est

$$\frac{R^4\lambda^4}{\pi^4\xi^2\eta^2}\cdot\sin^2\pi\frac{c\xi}{R\lambda}\cdot\sin^2\pi\frac{d\eta}{R\lambda}.$$

En posant

$$\pi \frac{c\xi}{R\lambda} = u, \qquad \pi \frac{d\eta}{R\lambda} = v,$$

cette expression se met sous la forme

$$c^2 d^2 \cdot \frac{\sin^2 u}{u^2} \cdot \frac{\sin^2 v}{v^2},$$

et l'on voit qu'en chaque point l'intensité de la lumière est proportionnelle au carré de cd, c'est-à-dire au carré de l'ouverture rectangulaire.

Un autre point de l'objet lumineux, ayant son foyer conjugué dans le plan qui a été pris pour plan des xy, au point (α, β), donnera un autre système de franges qui sera représenté, à très-peu près, par les formules précédentes, où l'on aura changé ξ en $\xi - \alpha$, η en $\eta - \beta$, c'est-à-dire par

$$\frac{R^4 \lambda^4}{\pi^4 (\xi - \alpha)^2 (\eta - \beta)^2} \cdot \sin^2 \pi \frac{c(\xi - \alpha)}{R\lambda} \cdot \sin^2 \pi \frac{d(\eta - \beta)}{R\lambda}.$$

Les intensités développées par les divers points de l'objet lumineux au point (ξ, η) *s'ajouteront arithmétiquement*, en vertu de la règle connue de l'addition des lumières qui proviennent de sources différentes. La valeur définitive de l'intensité résultante au point (ξ, η) sera donc l'intégrale

$$\iint d\alpha \, d\beta \frac{R^4 \lambda^4}{\pi^4 (\xi - \alpha)^2 (\eta - \beta)^2} \cdot \sin^2 \pi \frac{c(\xi - \alpha)}{R\lambda} \cdot \sin^2 \pi \frac{d(\eta - \beta)}{R\lambda},$$

prise entre les limites convenables.

Si, comme on l'a supposé, les dimensions de l'image géométrique de l'objet lumineux sont très-grandes par rapport à celles de la portion sensible d'un système de franges, la différence des limites sera très-grande par rapport aux longueurs d'ondulation, et l'on pourra, excepté si le point (ξ, η) est très-voisin de la limite de l'image géométrique, remplacer l'intégrale précédente par celle-ci, dont la valeur est indépendante de ξ et de η, et peut, d'ailleurs, s'obtenir aisément :

$$\int_{-\infty}^{\infty}\int_{-\infty}^{\infty} d\xi d\eta \frac{R^4\lambda^4}{\pi^4\xi^2\eta^2}\sin^2\pi\frac{c\xi}{R\lambda}\sin^2\pi\frac{d\eta}{R\lambda}$$
$$=\int_{-\infty}^{\infty} d\xi\frac{R^2\lambda^2}{\pi^2\xi^2}\sin^2\pi\frac{c\xi}{R\lambda}\int_{-\infty}^{\infty} d\eta\frac{R^2\lambda^2}{\pi^2\eta^2}\sin^2\pi\frac{d\eta}{R\lambda}.$$

En posant

$$\pi\frac{c\xi}{R\lambda}=u, \qquad \pi\frac{d\eta}{R\lambda}=v,$$

et faisant usage de la formule connue[1]

$$\int_{-\infty}^{\infty} du\frac{\sin^2 u}{u^2}=\pi,$$

cette intégrale se réduit à

$$R^2\lambda^2 cd,$$

expression qui est simplement proportionnelle à l'étendue de l'ouverture rectangulaire.

Le principe est donc démontré pour le cas d'une ouverture rectangulaire. Prenons maintenant le cas où le diaphragme est percé de deux ouvertures rectangulaires, égales ou inégales, situées à une distance quelconque l'une de l'autre, mais ayant leurs bords parallèles.

Conservons les mêmes notations que précédemment, et représentons par a_1, b_1, c_1, d_1 les données relatives à la seconde ouverture qui sont représentées par a, b, c, d pour la première; le point de l'objet lumineux situé sur l'axe de la lentille enverra au point (ξ, η) une vitesse de vibration représentée par

$$\sin 2\pi\left(\frac{t}{T}-\frac{R}{\lambda}\right)\left(\int_b^{b+d} dy\int_a^{a+c} dx\cos 2\pi\frac{x\xi+y\eta}{R\lambda}\right.$$
$$\left.+\int_{b_1}^{b_1+d_1} dy\int_{a_1}^{a_1+c_1} dx\cos 2\pi\frac{x\xi+y\eta}{R\lambda}\right)$$
$$+\cos 2\pi\left(\frac{t}{T}-\frac{R}{\lambda}\right)\left(\int_b^{b+d} dy\int_a^{a+c} dx\sin 2\pi\frac{x\xi+y\eta}{R\lambda}\right.$$
$$\left.+\int_{b_1}^{b_1+d_1} dy\int_{a_1}^{a_1+c_1} dx\sin 2\pi\frac{x\xi+y\eta}{R\lambda}\right).$$

[1] KELLAND, *Transactions de la Société philosophique de Cambridge*, t. VII, p. 156.

En effectuant les intégrations, et exécutant quelques transformations très-simples, cette expression se met sous la forme

$$(1)\quad \left\{\begin{aligned}
&\sin 2\pi\left(\frac{t}{T}-\frac{R}{\lambda}\right)\frac{R^2\lambda^2}{\pi^2\xi\eta}\\
&\times\left[\sin\pi\frac{c\xi}{R\lambda}\sin\pi\frac{d\eta}{R\lambda}\cos 2\pi\frac{\left(a+\frac{c}{2}\right)\xi+\left(b+\frac{d}{2}\right)\eta}{R\lambda}\right.\\
&\quad\left.+\sin\pi\frac{c_1\xi}{R\lambda}\sin\pi\frac{d_1\eta}{R\lambda}\cos 2\pi\frac{\left(a_1+\frac{c_1}{2}\right)\xi+\left(b_1+\frac{d_1}{2}\right)\eta}{R\lambda}\right]\\
&+\cos 2\pi\left(\frac{t}{T}-\frac{R}{\lambda}\right)\frac{R^2\lambda^2}{\pi^2\xi\eta}\\
&\times\left[\sin\pi\frac{c\xi}{R\lambda}\sin\pi\frac{d\eta}{R\lambda}\sin 2\pi\frac{\left(a+\frac{c}{2}\right)\xi+\left(b+\frac{d}{2}\right)\eta}{R\lambda}\right.\\
&\quad\left.+\sin\pi\frac{c_1\xi}{R\lambda}\sin\pi\frac{d_1\eta}{R\lambda}\sin 2\pi\frac{\left(a_1+\frac{c_1}{2}\right)\xi+\left(b_1+\frac{d_1}{2}\right)\eta}{R\lambda}\right].
\end{aligned}\right.$$

D'où l'on conclut l'intensité de la lumière au point ξ, η, savoir :

$$(2)\quad \left\{\begin{aligned}
\frac{R^4\lambda^4}{\pi^4\xi^2\eta^2}&\left[\sin^2\pi\frac{c\xi}{R\lambda}\sin^2\pi\frac{d\eta}{R\lambda}+\sin^2\pi\frac{c_1\xi}{R\lambda}\sin^2\pi\frac{d_1\eta}{R\lambda}\right.\\
&+2\sin\pi\frac{c\xi}{R\lambda}\sin\pi\frac{d\eta}{R\lambda}\sin\pi\frac{c_1\xi}{R\lambda}\sin\pi\frac{d_1\eta}{R\lambda}\\
&\times\cos 2\pi\frac{\left(a+\frac{c}{2}\right)\xi+\left(b+\frac{d}{2}\right)\eta}{R\lambda}\\
&\times\cos 2\pi\frac{\left(a_1+\frac{c_1}{2}\right)\xi+\left(b_1+\frac{d_1}{2}\right)}{R\lambda}\\
&+2\sin\pi\frac{c\xi}{R\lambda}\sin\pi\frac{d\eta}{R\lambda}\sin\pi\frac{c_1\xi}{R\lambda}\sin\pi\frac{d_1\eta}{R\lambda}\\
&\times\sin 2\pi\frac{\left(a+\frac{c}{2}\right)\xi+\left(b+\frac{d}{2}\right)\eta}{R\lambda}\\
&\left.\times\sin 2\pi\frac{\left(a_1+\frac{c_1}{2}\right)\xi+\left(b_1+\frac{d_1}{2}\right)\eta}{R\lambda}\right].
\end{aligned}\right.$$

Les mêmes raisonnements que dans le cas d'une seule ouverture font voir que l'intensité définitive s'obtient en multipliant l'expression précédente par $d\xi\, d\eta$, et l'intégrant par rapport aux deux variables de $-\infty$ à $+\infty$. Les parties de l'intégrale données par les deux premiers termes de la quantité entre crochets se réduisent évidemment à

$$R^2\lambda^2(cd + c_1 d_1),$$

quantité proportionnelle à la somme des étendues des deux ouvertures rectangulaires. Quant aux autres parties de l'intégrale, on peut démontrer qu'elles sont nulles, et qu'en conséquence l'intensité est bien proportionnelle à la somme de ces étendues.

En effet, on peut remplacer la somme du troisième et du quatrième terme de l'expression comprise entre les crochets par la suivante, qui lui est identique :

$$\begin{aligned}
& 2 \sin\pi\frac{c\xi}{R\lambda} \sin\pi\frac{d\eta}{R\lambda} \sin\pi\frac{c_1\xi}{R\lambda} \sin\pi\frac{d_1\eta}{R\lambda} \\
& \quad\times \cos 2\pi\frac{\left(a - a_1 + \frac{c - c_1}{2}\right)\xi}{R\lambda} \\
& \quad\times \cos 2\pi\frac{\left(b - b_1 + \frac{d - d_1}{2}\right)\eta}{R\lambda} \\
- & 2 \sin\pi\frac{c\xi}{R\lambda} \sin\pi\frac{d\eta}{R\lambda} \sin\pi\frac{c_1\xi}{R\lambda} \sin\pi\frac{d_1\eta}{R\lambda} \\
& \quad\times \sin 2\pi\frac{\left(a - a_1 + \frac{c - c_1}{2}\right)\xi}{R\lambda} \\
& \quad\times \sin 2\pi\frac{\left(b - b_1 + \frac{d - d_1}{2}\right)\eta}{R\lambda};
\end{aligned}$$

et l'on a à considérer la différence des deux intégrales

$$(3)\quad \left\{\begin{aligned}
& 2\frac{R^4\lambda^4}{\pi^4}\int_{-\infty}^{\infty}\left\{\frac{d\eta}{\eta^2}\sin\pi\frac{d\eta}{R\lambda}\sin\pi\frac{d_1\eta}{R\lambda}\cos 2\pi\frac{\left(b - b_1 + \frac{d - d_1}{2}\right)\eta}{R\lambda}\right. \\
& \qquad\times\int_{-\infty}^{\infty}\left[\frac{d\xi}{\xi^2}\sin\pi\frac{c\xi}{R\lambda}\sin\pi\frac{c_1\xi}{R\lambda}\right. \\
& \qquad\qquad\left.\left.\times\cos 2\pi\frac{\left(a - a_1 + \frac{c - c_1}{2}\right)\xi}{R\lambda}\right]\right\}
\end{aligned}\right.$$

et

$$(4)\quad \left\{\begin{aligned} &2\frac{R^4\lambda^4}{\pi^4}\Bigg\{\int_{-\infty}^{\infty}\frac{d\eta}{\eta^2}\sin\pi\frac{d\eta}{R\lambda}\sin\pi\frac{d_1\eta}{R\lambda}\sin 2\pi\frac{\left(b-b_1+\frac{d-d_1}{2}\right)\eta}{R\lambda}\\ &\qquad\times\int_{-\infty}^{\infty}\Bigg[\frac{d\xi}{\xi^2}\sin\pi\frac{c\xi}{R\lambda}\sin\pi\frac{c_1\xi}{R\lambda}\\ &\qquad\qquad\times\sin 2\pi\frac{\left(a-a_1+\frac{c-c_1}{2}\right)\xi}{R\lambda}\Bigg]\Bigg\}.\end{aligned}\right.$$

Pour démontrer que l'intégrale (3) est nulle, considérons seulement l'intégration relative à ξ. Il est facile de voir qu'on a, identiquement,

$$\begin{aligned} &\sin\pi\frac{c\xi}{R\lambda}\sin\pi\frac{c_1\xi}{R\lambda}\cos 2\pi\frac{\left(a-a_1+\frac{c-c_1}{2}\right)\xi}{R\lambda}\\ &=\frac{1}{2}\cos\pi\frac{(c-c_1)\xi}{R\lambda}\cos 2\pi\frac{\left(a-a_1+\frac{c-c_1}{2}\right)\xi}{R\lambda}\\ &\quad-\frac{1}{2}\cos\pi\frac{(c+c_1)\xi}{R\lambda}\cos 2\pi\frac{\left(a-a_1+\frac{c-c_1}{2}\right)\xi}{R\lambda}\\ &=\frac{1}{4}\Bigg[\cos 2\pi\frac{(a-a_1)\xi}{R\lambda}+\cos 2\pi\frac{(a-a_1+c-c_1)\xi}{R\lambda}\\ &\quad-\cos 2\pi\frac{(a-a_1-c_1)\xi}{R\lambda}-\cos 2\pi\frac{(a-a_1+c)\xi}{R\lambda}\Bigg]\\ &=-\frac{1}{2}\sin^2\pi\frac{(a-a_1)\xi}{R\lambda}-\frac{1}{2}\sin^2\pi\frac{(a-a_1+c-c_1)\xi}{R\lambda}\\ &\quad+\frac{1}{2}\sin^2\pi\frac{(a-a_1-c_1)\xi}{R\lambda}+\frac{1}{2}\sin^2\pi\frac{(a-a_1+c)\xi}{R\lambda}.\end{aligned}$$

L'intégrale se décompose ainsi en quatre autres, qui sont de la forme

$$\int_{-\infty}^{\infty}\frac{d\xi}{\xi^2}\sin^2 m\xi.$$

Cette expression étant égale à $m\pi$, d'après la valeur de

$$\int_{-\infty}^{\infty}du\frac{\sin^2 u}{u^2},$$

qui a été donnée plus haut, on en déduit, pour l'intégrale cherchée, la valeur

$$\frac{\pi^2}{2R\lambda}[-(a-a_1)-(a-a_1+c-c_1) \\ +(a-a_1-c_1)+(a-a_1+c)],$$

laquelle est nulle évidemment.

Considérons de même dans l'intégrale (4) l'intégration relative à ξ. Si l'on change ξ en $-\xi$, dans l'expression différentielle, on obtient évidemment des éléments égaux et de signes contraires; et par conséquent l'intégrale, prise entre l'infini négatif et l'infini positif, doit être regardée comme nulle, pourvu qu'elle ne soit ni infinie ni indéterminée lorsqu'elle est prise entre zéro et l'infini positif. Or, si l'on désigne par p un nombre fini quelconque, on peut remplacer l'intégrale, prise entre zéro et l'infini positif, par la somme des deux suivantes :

$$\int_0^p \frac{d\xi}{\xi^2}\sin\pi\frac{c\xi}{R\lambda}\sin\pi\frac{c_1\xi}{R\lambda}\sin 2\pi\frac{\left(a-a_1+\frac{c-c_1}{2}\right)\xi}{R\lambda}$$

$$+\int_p^\infty \frac{d\xi}{\xi^2}\sin\pi\frac{c\xi}{R\lambda}\sin\pi\frac{c_1\xi}{R\lambda}\sin 2\pi\frac{\left(a-a_1+\frac{c-c_1}{2}\right)\xi}{R\lambda},$$

qui, toutes les deux, ont une valeur finie. La première ne contient, en effet, aucun élément infini, et est prise entre des limites finies; la seconde est évidemment plus petite que

$$\int_p^\infty \frac{d\xi}{\xi^2}=\frac{1}{p}.$$

L'intégrale n'est donc pas infinie. Elle n'est pas non plus indéterminée, car il est visible que l'élément différentiel tend vers la limite zéro, lorsqu'on fait croître ξ indéfiniment. Il est donc démontré que l'intégrale désignée plus haut par (4) est nulle.

Ainsi l'expression définitive de l'intensité lumineuse se réduit aux termes dont la somme est proportionnelle à la somme des ouvertures des deux diaphragmes. Le principe est donc vrai dans le cas particulier de deux ouvertures, comme dans le cas d'une seule.

Il est facile de passer de là au cas plus général d'un nombre quelconque d'ouvertures rectangulaires de grandeurs quelconques, séparées par des intervalles quelconques, et assujetties à la seule condition d'avoir leurs bords parallèles à deux droites rectangulaires fixes. Sans recommencer de nouveau les calculs, on voit que l'expression définitive de l'intensité contiendra deux séries d'intégrales, savoir : 1° les intégrales suivantes :

$$\iint \frac{R^4\lambda^4}{\pi^4\xi^2\eta^2} d\xi d\eta \sin^2\pi\frac{c\xi}{R\lambda}\sin^2\pi\frac{d\eta}{R\lambda}$$
$$+\iint \frac{R^4\lambda^4}{\pi^4\xi^2\eta^2} d\xi d\eta \sin^2\pi\frac{c_1\xi}{R\lambda}\sin^2\pi\frac{d_1\eta}{R\lambda}$$
$$+\ldots\ldots\ldots\ldots\ldots\ldots\ldots,$$

lesquelles, prises entre l'infini négatif et l'infini positif, donnent une somme égale à

$$R^2\lambda^2(cd+c_1d_1+c_2d_2+\cdots+c_{n-1}d_{n-1}),$$

c'est-à-dire proportionnelle à la somme des étendues superficielles des ouvertures, et 2° une série d'intégrales de la forme suivante :

$$\frac{2R^4\lambda^4}{\pi^4}\iint\frac{d\xi\,d\eta}{\xi^2\eta^2}\left[\sin\pi\frac{c_m\xi}{R\lambda}\sin\pi\frac{d_m\eta}{R\lambda}\sin\pi\frac{c_n\xi}{R\lambda}\sin\pi\frac{d_n\xi}{R\lambda}\right.$$
$$\times\cos 2\pi\frac{\left(a_m+\frac{c_m}{2}\right)\xi+\left(b_m+\frac{d_m}{2}\right)\eta}{R\lambda}$$
$$\times\cos 2\pi\frac{\left(a_n+\frac{c_n}{2}\right)\xi+\left(b_n+\frac{d_n}{2}\right)\eta}{R\lambda}$$
$$+\sin\pi\frac{c_m\xi}{R\lambda}\sin\pi\frac{d_m\eta}{R\lambda}\sin\pi\frac{c_n\xi}{R\lambda}\sin\pi\frac{d_n\eta}{R\lambda}$$
$$\times\sin 2\pi\frac{\left(a_m+\frac{c_m}{2}\right)\xi+\left(b_m+\frac{d_m}{2}\right)\eta}{R\lambda}$$
$$\left.\times\sin 2\pi\frac{\left(a_n+\frac{c_n}{2}\right)\xi+\left(b_n+\frac{d_n}{2}\right)\eta}{R\lambda}\right].$$

En vertu des raisonnements qui ont été faits tout à l'heure, chacune des intégrales de cette dernière série est nulle entre $-\infty$ et $+\infty$. Il ne reste donc qu'une expression proportionnelle à la somme des ouvertures du diaphragme.

Soit enfin un diaphragme dont l'ouverture ait une forme et une grandeur quelconques. En décomposant cette ouverture en une infinité d'ouvertures rectangulaires infiniment petites, on peut lui appliquer les conséquences des raisonnements précédents.

Le principe que nous avions en vue d'établir se trouve ainsi démontré d'une manière générale [1].

Il n'y a pas un mot à changer dans tout ce qui précède pour qu'on puisse l'appliquer à un miroir. Le théorème est donc vrai dans le cas des miroirs et dans le cas des lentilles [2].

Enfin, si l'on voulait déterminer la quantité totale de lumière qui existe dans le système de franges dont le foyer est environné, dans le cas d'un point lumineux unique, il est facile de voir qu'on aurait précisément à prendre les mêmes intégrales que ci-dessus, entre les mêmes limites, c'est-à-dire entre l'infini positif et l'infini négatif. On démontrerait ainsi que cette quantité totale de lumière est proportionnelle à la somme des étendues des ouvertures du diaphragme, quels qu'en soient la forme et le nombre. M. Kelland avait déjà obtenu ce résultat, mais seulement dans le cas d'ouvertures rectangulaires, égales et équidistantes, constituant un réseau de Frauenhofer (*Transactions de la Société philosophique de Cambridge*, t. VII).

(1) Il est bon de remarquer que l'expression de l'intensité de la lumière

$$R^2\lambda^2(cd + c_1d_1 + c_2d_2 + \cdots)$$

n'est proportionnelle qu'en apparence au carré de la distance focale R, car il faudrait, pour tenir compte de l'affaiblissement de la lumière avec la distance, diviser précisément chaque élément des intégrales par le carré de la distance de l'onde au point éclairé, c'est-à-dire à très-peu près par le carré de R.

(2) Nos calculs et nos raisonnements ne semblent s'appliquer qu'au cas particulier d'une lentille aplanétique; mais si l'on remarque que, d'après la théorie générale des caustiques, la surface de l'onde réfractée par une lentille peu étendue diffère très-peu d'une sphère ayant pour centre le foyer des rayons centraux, on reconnaîtra que nos conclusions ont toute la généralité désirable.

SUR L'EXPLICATION

DU

PHÉNOMÈNE DES COURONNES.

(ANNALES DE CHIMIE ET DE PHYSIQUE, 3e SÉRIE, TOME XXXIV, PAGE 128.)

Les couronnes sont les cercles colorés qu'on voit autour du soleil ou de la lune, lorsque l'atmosphère est chargée de vapeurs vésiculaires, et qui paraissent immédiatement en contact avec le disque de ces astres, présentant leurs couleurs dans l'ordre caractéristique des phénomènes de diffraction, le rouge en dehors et le violet en dedans.

Les physiciens s'accordent à rapporter ces phénomènes à la diffraction produite par les globules de vapeur répandus dans l'atmosphère; et comme on peut reproduire des apparences tout à fait semblables en regardant un objet lumineux à travers une lame de de verre recouverte, soit de vapeur aqueuse condensée, soit d'une poussière à grains fins et sensiblement égaux, telle que la poussière du lycopode, il ne saurait y avoir aucun doute sur l'explication généralement admise. Mais il y a, dans la manière de présenter cette explication, des difficultés qui n'ont pas encore été résolues, à ma connaissance.

Quelques auteurs, ayant complétement assimilé le phénomène des couronnes au phénomène des réseaux, ont pensé que la distribution régulière des globules de vapeur ou des grains de poussière était aussi nécessaire que l'égalité de leurs diamètres, et qu'en conséquence le diamètre angulaire des anneaux ne dépendait pas de la grandeur des parties opaques, mais de la somme des grandeurs d'un intervalle opaque et d'un intervalle transparent [1]. Il est facile

[1] Telle est l'opinion développée par M. Delezenne dans un premier mémoire sur les

de prouver, par diverses raisons, que cette théorie n'est pas l'expression exacte des phénomènes.

Premièrement, il n'est guère possible de concevoir l'existence d'une distribution régulière des globules de vapeur qui flottent dans l'atmosphère ou des grains de poussière qu'on projette tout à fait au hasard sur une lame transparente.

En second lieu, dans son mémoire inséré au tome III des *Astronomische Abhandlungen* de Schumacher, Frauenhofer a déterminé, avec son habileté ordinaire, les lois exactes des apparences colorées produites par un système de disques circulaires opaques égaux entre eux, mais distribués d'une manière quelconque au devant de l'œil. Il introduisait entre deux lames de verre un grand nombre de petits disques métalliques égaux, dont le diamètre lui était connu, et, plaçant ce système au devant de la lunette de son appareil, il mesurait les diamètres des anneaux colorés. Il a reconnu ainsi que les diamètres des anneaux brillants étaient en raison directe des longueurs d'ondulation, et en raison inverse des diamètres des disques, et nullement de la somme d'un intervalle opaque et d'un intervalle transparent. Ces lois ont été confirmées plus tard par les expériences de M. Babinet [1].

La question est donc d'expliquer comment des disques ou des globules circulaires égaux entre eux, mais distribués sans aucune régularité, produisent un système d'anneaux colorés aussi réguliers et soumis à des lois aussi simples. Frauenhofer pense que chaque globule produit individuellement un système d'anneaux, et que la superposition de ces systèmes identiques constitue l'apparence observée. Tous les globules envoyant par diffraction la même couleur dans une direction donnée, l'œil ne doit voir que cette couleur dans cette direction; il voit une autre couleur dans une direction différente, et la succession des couleurs présente les mêmes alternatives que dans le cas d'un seul globule. Il est facile de voir combien cette application est imparfaite : elle suppose d'abord, ce qui n'est pas

couronnes (*Mémoires de la Société royale de Lille*, 1837), et admise par divers auteurs de traités de physique. Dans un second mémoire publié en 1838 dans la même collection, M. Delezenne a réfuté lui-même les expériences qui l'avaient conduit à cette théorie. Nous croyons donc inutile de les discuter.

[1] *Comptes rendus des séances de l'Académie des sciences*, t. VI.

admissible, qu'autour de chaque globule la lumière est diffractée comme s'il n'y avait pas d'autres globules dans le voisinage ; elle ne ne tient aucun compte de l'interférence possible des rayons diffractés par des globules différents; enfin, elle ne considère pas même exactement l'action exercée par un globule unique placé à la surface d'une onde lumineuse.

M. Babinet a donné le véritable principe de la théorie dans son mémoire d'optique météorologique inséré au tome VI des *Comptes rendus de l'Académie des sciences :* « Un point lumineux, dit M. Babinet, produisant son image ordinaire au fond de l'œil, si, hors « de la ligne qui joint le point à l'œil, mais assez près de cette « ligne, on place un petit obstacle opaque, l'effet de ce petit corps « opaque sera exactement le même que celui d'une ouverture toute « pareille illuminée par la lumière incidente, en sorte que, autant le « globule semble devoir produire d'opacité, autant, en réalité, il « produit d'illumination. Ce paradoxe trouve son explication très-« facile dans la théorie des ondes. En effet, il résulte des interfé-« rences que la partie efficace d'une onde se réduit à un petit cercle « tel, qu'entre le rayon direct venu du centre du cercle et celui qui « vient de la circonférence de ce cercle il y ait un quart d'onde de « différence. Tout le reste de l'onde peut être considéré comme « s'entre-détruisant mutuellement par l'effet des interférences; mais, « par l'interposition d'un globule, vous supprimez une partie de « cette onde nécessaire à la destruction des ondes élémentaires qui « existent dans son voisinage, vous faites renaître celles-ci que la « partie supprimée ne détruit plus, et vous revenez au théorème ci-« dessus, savoir : que le globule interposé produit autant d'illumi-« nation qu'il semble devoir en éteindre. Ensuite le carré de l'inté-« grale des petits mouvements dérivés vous dira à quelle position, « à quelle distance angulaire cette illumination sera efficace, et « quelle sera l'intensité de cette lumière à toute distance angulaire « des particules considérées. »

On peut opposer à cette théorie la même difficulté qu'à celle de Frauenhofer. Elle serait exacte s'il n'y avait qu'un seul globule entre l'œil de l'observateur et le corps lumineux, ou si du moins les globules étaient séparés par des intervalles très-grands relativement à leurs dimensions; mais, du moment où leurs distances sont assez petites pour que les effets de l'un d'entre eux soient modifiés par les globules voisins, on ne voit plus ce qui doit résulter de toutes ces modifications.

L'explication suivante nous paraît dégagée de ces diverses difficultés.

Considérons la surface d'une onde lumineuse sur laquelle se trouvent distribués, d'une manière irrégulière, un grand nombre de corpuscules opaques, circulaires et égaux. Tous les rayons qui viennent de la surface de l'onde, parallèlement à une direction donnée, tomber sur l'ouverture de la pupille ou sur l'objectif de la lunette qui sert à l'observation du phénomène, convergent en un même point de la rétine ou du plan focal de l'objectif, et l'intensité de la lumière en ce point résulte de leur interférence réciproque. Comme ils constituent un cylindre oblique, ayant pour base l'ouverture de la pupille ou celle de l'objectif, il est clair qu'ils proviennent d'une partie de la surface de l'onde (supposée sensiblement plane), égale en étendue à cette base, et, par conséquent, très-grande par rapport aux longueurs d'ondulation et par rapport aux diamètres des corpuscules. Les divers cylindres parallèles à diverses directions ne proviennent pas de la même partie de la surface de l'onde, mais de parties égales et recouvertes de globules irrégulièrement distribués. Néanmoins il est facile de voir que les intensités de la lumière aux divers points de convergence doivent varier de la même manière que si tous ces cylindres provenaient d'une même partie de la surface de l'onde sous diverses inclinaisons, et c'est évidemment aux variations de ces intensités, si elles ont lieu suivant une loi régulière, que sont dues les apparences des couronnes.

Le problème peut donc être remplacé par un problème équivalent. Il s'agit de déterminer suivant quelle loi varie l'intensité de la lumière envoyée dans diverses directions par une portion limitée d'onde plane, recouverte de corpuscules égaux et circulaires, distribués sans aucun ordre régulier. Cette portion limitée de l'onde est de forme circulaire, et peut être assimilée à une ouverture circulaire de très-grande dimension; mais il est inutile de restreindre ainsi la question, et l'on peut la résoudre en supposant une forme quelconque à l'ouverture hypothétique qui représente une partie de l'onde plane.

Pour y parvenir, il suffit de remarquer qu'une onde plane, tombant sur une très-grande ouverture de forme quelconque, n'envoie au delà de l'ouverture une lumière sensible que dans la direction normale à l'onde, et que, dans toute direction tant soit peu différente, les vitesses envoyées par les divers éléments se détruisent presque entièrement par interférence. Si l'on dispose sur cette ouverture un grand nombre de petits corpuscules opaques, de manière à la transformer en quelque sorte en une réunion de petites ouvertures, on rend sensible la lumière envoyée dans des directions autres que celles des rayons incidents. Il suit de là que la vitesse de vibration envoyée dans une telle direction par les parties de l'onde non interceptées par les corps opaques est sensiblement égale et de signe contraire à celle qu'enverraient les parties interceptées, puisque, si les corps opaques n'existaient pas, la résultante de ces deux vitesses serait à peu près nulle. L'intensité de la lumière étant d'ailleurs proportionnelle au carré de la vitesse de vibration, on voit que les intensités produites par les deux parties de la surface de l'onde sont sensiblement égales entre elles. Donc, en définitive, les effets d'une grande ouverture recouverte de corpuscules opaques sont identiques à ceux d'un système de petites ouvertures égales aux grains opaques et distribuées de la même manière.

Si, comme cela a lieu dans les circonstances favorables à la production naturelle ou artificielle des couronnes, tous les grains opaques sont circulaires et égaux entre eux, on a simplement à considérer les phénomènes produits par un système de petites ouvertures circulaires égales entre elles, mais irrégulièrement distribuées, et la question n'offre plus de difficulté. Considérons l'une quelconque de ces ouvertures circulaires : la vitesse de vibration qu'elle envoie dans une direction donnée dépend de l'angle φ compris entre cette direction et la normale; on peut donc la représenter par le produit d'une fonction de cet angle et du sinus d'un arc proportionnel au temps, c'est-à-dire par

$$F(\varphi) \sin 2\pi \frac{t}{T}\text{ [1]}.$$

[1] La fonction qui est ici désignée par $F(\varphi)$ n'est point exprimable en termes finis,

Les éléments d'une deuxième ouverture circulaire enverront dans la même direction des vitesses qui ne différeront des vitesses envoyées par les éléments correspondants de la première que par une différence de marche constante pour tous les éléments, mais dépendant de l'angle φ et de la position relative des deux ouvertures. Soit δ_1 cette différence : on pourra représenter la vitesse résultante par

$$F(\varphi)\sin 2\pi\left(\frac{t}{T}-\frac{\delta_1}{\lambda}\right).$$

Les vitesses envoyées par les autres ouvertures auront des expressions semblables, et, en définitive, la vitesse envoyée par le système entier dans la direction φ sera

$$F(\varphi)\left[\sin 2\pi\frac{t}{T}+\sin 2\pi\left(\frac{t}{T}-\frac{\delta_1}{\lambda}\right)+\sin 2\pi\left(\frac{t}{T}-\frac{\delta_2}{\lambda}\right)+\cdots\right],$$

et l'intensité de la lumière sera, d'après les règles connues des interférences,

$$[F(\varphi)]^2\left[\left(1+\cos 2\pi\frac{\delta_1}{\lambda}+\cos 2\pi\frac{\delta_2}{\lambda}+\cdots\right)^2 + \left(\sin 2\pi\frac{\delta_1}{\lambda}+\sin 2\pi\frac{\delta_2}{\lambda}+\cdots\right)^2\right].$$

Si N est le nombre des ouvertures, cette expression se réduit à

$$\begin{aligned}[F(\varphi)]^2\Big(N &+ 2\cos 2\pi\frac{\delta_1}{\lambda}+2\cos 2\pi\frac{\delta_2}{\lambda}+\cdots\\ &+2\cos 2\pi\frac{\delta_1-\delta_2}{\lambda}+2\cos 2\pi\frac{\delta_1-\delta_3}{\lambda}+\cdots\\ &+2\cos 2\pi\frac{\delta_2-\delta_3}{\lambda}+2\cos 2\pi\frac{\delta_2-\delta_4}{\lambda}+\cdots\\ &+\cdots\cdots\cdots\cdots\cdots\cdots\Big).\end{aligned}$$

mais M. Knochenhauer a démontré qu'elle était égale à la série suivante :

$$1-\frac{1}{1\cdot 2}\left(\frac{\pi r\sin\varphi}{\lambda}\right)^2+\frac{1}{(1\cdot 2)^2 3}\cdot\left(\frac{\pi r\sin\varphi}{\lambda}\right)^4-\frac{1}{(1\cdot 2\cdot 3)^2 4}\cdot\left(\frac{\pi r\sin\varphi}{\lambda}\right)^6+\cdots,$$

où λ désigne la longueur d'ondulation et r le diamètre de l'ouverture (*Die Undulationstheorie des Lichtes*, p. 33). M. Schwerd a donné une table des valeurs de cette fonction et de son carré depuis $\varphi = 0$ jusqu'aux valeurs où elle cesse d'avoir une valeur sensible ; de telle sorte qu'on peut la considérer comme aussi bien connue que si elle était susceptible d'une expression finie.

Or, si les ouvertures sont distribuées sans aucune loi régulière, les différences de phase δ_1, δ_2, ..., $\delta_1 - \delta_2$, $\delta_1 - \delta_3$, ... auront, quel que soit φ, un très-grand nombre de valeurs différentes les unes des autres, de façon que les cosinus auront un très-grand nombre de valeurs distribuées irrégulièrement entre $+1$ et -1. Leur somme sera donc, en définitive, à très-peu près nulle et négligeable devant N. L'intensité de la lumière aura donc pour expression

$$N[F(\varphi)]^2.$$

De là résulte évidemment l'identité des anneaux colorés d'une seule ouverture et de ceux d'un système d'ouvertures pareil au système considéré. Il n'y a de différence que sous le rapport de l'intensité.

Le phénomène des couronnes doit donc être soumis aux mêmes lois que celui des anneaux colorés d'une ouverture circulaire. Il en résulte que les diamètres des anneaux brillants ne doivent pas être exactement proportionnels aux nombres 0, 2, 4, 6, ..., comme on l'a dit quelquefois, mais varier un peu moins vite.

Les diamètres des anneaux obscurs doivent aussi varier moins vite que les nombres 1, 3, 5, ..., et même, pour le premier anneau, la différence doit être assez grande. En effet, les déviations des maxima de lumière sont, dans le cas d'une ouverture circulaire, proportionnelles aux nombres

0 1475 2400 3325 4250,

et celles des minima proportionnelles aux nombres

1098 2009 2914 3816 4668 (1).

Ces résultats paraissent, au premier abord, entièrement contraires aux expériences de Frauenhofer. Lorsque Frauenhofer a mesuré le diamètre des couronnes, comme il a été dit plus haut, il a trouvé que, dans les anneaux produits par des disques métalliques de $0^{po},027$ de diamètre, les déviations de la couleur rouge étaient égales à

3′15″ 5′58″ 8′41″,

(1) Knochenhauer, p. 26.

et ces nombres suivent une loi toute différente de la loi théorique qui vient d'être énoncée comme applicable aux déviations des maxima de lumière. Mais il faut remarquer que Frauenhofer n'a pas mesuré les diamètres des couronnes produites par la lumière rouge homogène : il a simplement déterminé les positions des anneaux rouges dans le système d'anneaux colorés produits par la lumière blanche. Or, en examinant ces anneaux, on reconnaît que les points qui paraissent colorés en rouge sont précisément ceux où l'intensité de la lumière est la plus faible. Ainsi les anneaux rouges ne correspondent point aux maxima d'intensité de la lumière rouge, mais aux minima moyens de la lumière blanche. Leurs diamètres doivent donc varier suivant la loi qui exprime la déviation des minima de lumière. Telle est effectivement la loi des nombres trouvés par Frauenhofer; les déviations 3′15″, 5′58″ et 8′41″ sont exactement proportionnelles aux nombres 1098, 2009 et 2914, donnés par M. Knochenhauer.

Les observations de Frauenhofer, bien loin de contredire la théorie, la confirment complétement. Néanmoins, afin de ne conserver aucun doute sur ce sujet, j'ai pris quelques mesures avec la lumière rouge homogène, et le résultat en a été exactement conforme aux lois théoriques. Au centre d'un théodolite semblable à celui de Frauenhofer, qui permettait de mesurer les angles de déviation à quinze secondes près, j'ai fixé une plaque de verre recouverte de poussière de lycopode, sur laquelle j'ai fait tomber des rayons de lumière venus d'une lampe électrique placée à 8 mètres de distance, et, disposant au devant de la lunette de l'instrument un verre rouge d'une teinte bien homogène, j'ai déterminé les déviations des deux premiers anneaux.

J'ai trouvé ainsi pour la déviation du premier anneau obscur 1°29′45″, et pour celle du deuxième 2°42′. Admettant la première déviation comme exacte, la théorie donnerait 2°44′ pour la seconde. Par la même méthode, j'ai déterminé, dans le phénomène produit par la lumière blanche, la déviation des deux premiers minima de lumière, et j'ai obtenu les nombres 1°15′45″ et 2°21′. Prenant encore le premier nombre comme exact, le second serait, d'après la théorie, 2°19′.

Il ne peut rester aucun doute sur la vraie loi des phénomènes [1].

J'ai cherché encore à vérifier la théorie précédente en produisant les phénomènes de diffraction dus à un système d'ouvertures circulaires égales, irrégulièrement distribuées. J'ai fait percer, dans diverses plaques de cuivre, un grand nombre de petits trous circulaires, égaux entre eux, mais distribués sans aucun ordre. En les plaçant au devant d'une lentille achromatique, à une grande distance de l'ouverture très-petite par où s'introduisait la lumière, j'ai obtenu, au foyer de la lentille, des systèmes d'anneaux concentriques, entièrement semblables à des couronnes. Toutefois, le diamètre des trous devant être d'au moins $\frac{1}{4}$ de millimètre, si l'on veut qu'ils soient bien réguliers et bien égaux, les anneaux ainsi obtenus sont beaucoup moins larges que les couronnes produites par le lycopode, et je n'ai pu en mesurer le diamètre, à l'aide de mon théodolite, avec une exactitude suffisante.

Les raisonnements développés dans ce mémoire peuvent s'appliquer, sans modification, à la théorie des phénomènes produits par un système de fils étroits, égaux et parallèles, mais séparés les uns des autres par des intervalles inégaux. Il en résulte que ces phénomènes doivent être identiques à ceux que produirait une fente rectiligne d'une largeur égale au diamètre des fils, et qu'en conséquence on doit observer un système de franges dont les déviations sont en raison inverse des diamètres des fils. Telle est la loi démontrée expérimentalement par Young, et d'après laquelle ce physicien a construit l'instrument connu sous le nom d'*ériomètre*. On voit que les objections opposées par divers auteurs à cet instrument ne sont pas fondées.

Je ferai remarquer, en terminant, qu'il n'est pas toujours permis, dans la théorie de la diffraction, de substituer un système de petites

[1] Frauenhofer a commis une erreur du même genre que celle qui vient d'être signalée, dans l'interprétation de ses expériences sur les phénomènes de diffraction produits par une ouverture étroite à bords rectilignes. Il a mesuré les déviations des franges rouges qui s'observent quand on fait usage de lumière blanche, et les a trouvées exactement proportionnelles aux nombres 2, 4, 6, etc. Cette loi est précisément celle que la théorie indique pour les minima d'intensité; les maxima correspondent à des déviations proportionnelles aux nombres 0, 2,86, 4,91, 6,94, etc. Les franges rouges étant, comme dans le cas des couronnes, les points les moins éclairés de l'ensemble des franges, les expériences de Frauenhofer s'accordent avec la théorie qu'elles paraissent contredire.

ouvertures transparentes à un système de petits corps opaques. Ainsi les phénomènes produits par un fil de petit diamètre sont entièrement différents de ceux que produit une fente étroite. Il est facile d'en concevoir la raison. Si une onde lumineuse tombe sur une ouverture de dimension très-grande par rapport aux longueurs d'ondulation, on sait qu'il n'y a de lumière sensible transmise que dans la direction normale de l'onde. Si l'on place sur cette ouverture un système de petits corps opaques, de telle façon que la vitesse de vibration envoyée, par les parties de l'onde non interrompues, dans des directions différentes de la normale à l'onde, acquière une valeur sensible, on peut dire que cette vitesse est sensiblement égale et de signe contraire à celle qu'enverraient les parties de l'onde recouvertes par les corps opaques, puisque la somme algébrique de ces deux vitesses doit avoir une très-petite valeur par rapport à elles-mêmes. Cela arrivera toutes les fois que les corps opaques seront très-nombreux et très-rapprochés. Mais s'ils sont peu nombreux et séparés les uns des autres par de grands intervalles, les deux vitesses de vibration envoyées par les deux parties de l'onde seront toutes les deux des quantités très-petites, et leur somme algébrique, qui représentera toujours la vitesse envoyée par l'onde entière, sera très-petite, sans qu'elles soient égales et de signes contraires. L'application du principe dont on a fait usage dans ce mémoire ne conduirait, dans ce cas, qu'à des résultats erronés.

RECHERCHES

SUR

LES PROPRIÉTÉS OPTIQUES

DÉVELOPPÉES DANS LES CORPS TRANSPARENTS

PAR L'ACTION DU MAGNÉTISME.

(*COMPTES RENDUS DE L'ACADÉMIE DES SCIENCES*, TOME XXXVIII, PAGE 613.)

Parmi les nombreuses découvertes que la science doit à M. Faraday, une des plus importantes est, sans aucun doute, la découverte des propriétés optiques si remarquables que prennent les corps transparents lorsqu'ils sont placés au voisinage d'un aimant ou d'un électro-aimant. On a répété bien des fois, et dans des circonstances variées, les expériences de M. Faraday; on a ajouté des faits intéressants à ceux qu'il avait observés lui-même; mais on ne s'est guère occupé de déterminer par l'expérience les lois précises des phénomènes.

La recherche de ces lois est l'objet du travail dont je soumets aujourd'hui la première partie au jugement de l'Académie.

Cette recherche peut sembler, au premier abord, beaucoup plus compliquée que celle des propriétés optiques naturelles des corps transparents. En effet, lorsqu'un fragment d'une substance transparente est soumis à l'action magnétique, lorsqu'il est placé, par exemple, entre les deux branches d'un électro-aimant de M. Ruhmkorff, les divers points de ce fragment ne peuvent être considérés, en général, comme soumis à des influences égales de la part de l'électro-aimant; les propriétés optiques doivent donc varier d'un point à l'autre de la masse, et l'observation ne constate que l'effet résultant d'un ensemble d'actions inégales.

Pour faire disparaître cet inconvénient et rapprocher les conditions des expériences des conditions habituelles de toutes les recherches optiques, il a suffi de terminer les deux branches de l'électro-aimant de M. Ruhmkorff par des armatures de fer doux, à surface très-large. Lorsque la distance qui sépare les surfaces terminales de ces deux armatures n'est ni trop grande ni trop petite, l'espace intermédiaire constitue ce que M. Faraday appelle un *champ magnétique d'égale intensité;* en d'autres termes, une molécule de fluide magnétique placée partout où l'on voudra dans cet espace, excepté au voisinage de ses limites, sera sollicitée par un système de forces dont la résultante variera très-peu, soit en grandeur, soit en direction. Pour abréger le discours, j'appellerai cette résultante *force magnétique*. De même on peut reconnaître que les propriétés optiques développées dans un fragment de substance transparente introduit dans cet espace sont presque entièrement indépendantes de la position du fragment, pourvu qu'il ne soit pas trop voisin des limites. A cet effet, on place le fragment dont il s'agit sur le trajet du faisceau de lumière polarisée qui traverse l'appareil, on développe le magnétisme de l'électro-aimant, et l'on fait tourner le prisme biréfringent qui sert d'analyseur jusqu'à ce que l'œil reconnaisse la teinte de passage; on déplace alors la substance transparente parallèlement à elle-même (afin que le faisceau lumineux en traverse toujours la même épaisseur); tant que l'on n'amène pas la substance presque au contact des armatures, la teinte de passage ne souffre aucune modification.

Cette difficulté écartée, j'ai cherché s'il existait une relation simple entre l'intensité des forces magnétiques et la rotation du plan de polarisation d'un rayon de lumière qui traverse une substance transparente parallèlement à la direction de ces forces. J'ai mesuré la rotation du plan de polarisation par les moyens généralement usités, spécialement par l'observation de la teinte de passage. Quant à l'intensité des forces magnétiques, je l'ai déterminée à l'aide du principe suivant, qu'ont établi les recherches de M. Neumann et de

M. Weber sur l'induction. Si l'on dispose un conducteur circulaire de manière que son plan soit parallèle à la direction de la force magnétique, et qu'ensuite, par un mouvement de rotation, on l'amène à être perpendiculaire à cette direction, le courant induit dans le conducteur circulaire est proportionnel à l'intensité de la force magnétique. En conséquence, j'ai fait construire avec du fil de cuivre de $0^{mm},75$ de diamètre une petite bobine d'environ 30 millimètres de diamètre sur 15 millimètres de hauteur, montée de manière à pouvoir tourner de 90 degrés autour d'un de ses diamètres. Dans chaque expérience, j'ai placé cette bobine entre les armatures de l'électro-aimant, au point même où je devais ensuite placer la substance transparente; je l'ai disposée de façon que son plan fût parallèle à la ligne des pôles, et que le diamètre autour duquel elle pouvait tourner fût perpendiculaire à cette même ligne; je n'ai eu qu'à lui imprimer une rotation de 90 degrés, et à mesurer le courant induit développé de cette manière pour mesurer l'intensité de la force magnétique. Substituant alors à la bobine la substance transparente à étudier, j'ai déterminé l'azimut de la teinte de passage, j'ai renversé le sens du courant (en ayant soin de ne pas interrompre le circuit), j'ai déterminé le nouvel azimut de la teinte de passage, et j'ai mesuré de nouveau l'intensité de l'action magnétique. La différence des deux azimuts donnait évidemment le double de la rotation du plan de polarisation, et je n'avais qu'à comparer cette différence à la moyenne des intensités de la force magnétique déterminée au commencement et à la fin de l'expérience. Je n'ai regardé comme satisfaisantes que les expériences où la différence de ces intensités n'excédait pas un centième de leur valeur moyenne.

J'ai expérimenté sur le *verre pesant* de Faraday, le flint ordinaire et le sulfure de carbone. La loi manifestée par les expériences a été très-simple. Il y a proportionnalité entre la rotation du plan de polarisation et l'intensité de la force magnétique. Cette proportionnalité se maintient, soit qu'on fasse varier l'intensité de la force magnétique, en faisant varier l'intensité du courant qui circule autour de l'électro-aimant, soit qu'on change la distance des armatures. Il résulte de là qu'on peut formuler de la manière suivante la loi élémentaire du phénomène : « La rotation magnétique du plan de polarisation produite par une tranche élémentaire d'une substance monoréfringérente varie avec la distance et l'énergie des centres magnétiques qui agissent sur la substance, exactement suivant la même loi que l'action qu'exercerait le système de ces centres magnétiques sur une molécule de fluide magnétique occupant la même position que la tranche considérée. »

M. Wiedemann avait déjà démontré que la rotation produite par l'électricité seule, sans l'intervention du magnétisme, était proportionnelle à l'intensité des courants électriques. Ce résultat s'accorde entièrement avec la loi précédente.

Je me trouve, au contraire, en contradiction complète avec une loi formulée par M. Bertin, d'après laquelle la rotation due à l'influence d'un seul pôle magnétique décroîtrait en progression géométrique, lorsque la distance de la substance transparente au pôle croîtrait en progression arithmétique. L'explication de ce désaccord n'est pas difficile. M. Bertin considère comme pôle la surface terminale du fer doux d'une des branches de l'électro-aimant de M. Ruhmkorff. Or, cette surface ne saurait être regardée comme un pôle, du moins si l'on attribue à cette expression le sens précis qu'on doit lui donner : c'est un système de centres magnétiques distribués sur une assez grande étendue, et dont l'action ne peut être assimilée à celle d'un centre unique.

En effet, si, à l'aide de la bobine décrite plus haut, on cherche comment varie l'action magnétique d'une branche de l'électro-aimant, à diverses distances de l'extrémité de cette branche, on trouve un décroissement très-lent et qui peut être passablement représenté par une progression géométrique décroissante, comme le décroissement des rotations du plan de polarisation. Si l'on ajoute à l'électro-aimant une des grosses armatures dont il a été question plus haut, le décroissement de l'action magnétique est encore plus lent. Il est, au contraire, plus rapide, si l'on remplace cette armature par une armature terminée en cône. On voit donc que la loi énoncée par M. Bertin n'est qu'une loi empirique, relative à l'appareil dont il a fait usage; c'est une forme particulière de la loi générale que j'ai énoncée.

Si la méthode expérimentale dont j'ai fait usage était exacte, il est facile de voir qu'en mesurant les rotations produites par diverses épaisseurs d'une même substance, sous l'influence d'une même force magnétique, on devait trouver des nombres proportionnels à l'épaisseur. Je n'ai pas négligé de tenter cette vérification, et les résultats ont été entièrement satisfaisants.

RECHERCHES

SUR

LES PROPRIÉTÉS OPTIQUES

DÉVELOPPÉES DANS LES CORPS TRANSPARENTS

PAR L'ACTION DU MAGNÉTISME.

PREMIÈRE PARTIE.

(*ANNALES DE CHIMIE ET DE PHYSIQUE*, 3e SÉRIE, TOME XLI, PAGE 870.)

Parmi les nombreuses découvertes que la science doit à M. Faraday, il n'en est pas de plus importante que la découverte des propriétés optiques si remarquables que l'action du magnétisme développe dans les substances monoréfringentes. Chacun sait qu'après des recherches demeurées longtemps infructueuses M. Faraday a reconnu, en 1845[1], que sous l'influence du magnétisme les corps transparents agissent sur la lumière polarisée à la manière du quartz et des liquides organiques actifs : si un rayon de lumière polarisée traverse un de ces corps parallèlement *aux lignes de force magnétique*[2], le plan de polarisation subit une déviation dont la grandeur

[1] La première communication des découvertes de M. Faraday à la Société royale de Londres est du 27 novembre 1845. Le 19 janvier 1846, une lettre de M. Faraday à M. Dumas a fait connaître à l'Académie des sciences de Paris les principaux points de ces découvertes. Le mémoire complet de l'auteur a été publié dans les *Transactions philosophiques* de 1846, et traduit peu de temps après dans les *Annales de chimie et de physique*, 3e série, t. XVII, p. 359.

[2] On sait quel est le sens que M. Faraday attache à cette expression.

dépend de la nature et des dimensions de la substance transparente, mais dont le sens ne dépend que du sens des actions magnétiques; si la direction du rayon lumineux est perpendiculaire aux lignes de force magnétique, le plan de polarisation n'est pas dévié. Ces propriétés peuvent se développer dans toute substance liquide ou solide monoréfringente, particulièrement dans le verre pesant et dans quelques liquides organiques doués d'un pouvoir rotatoire; il n'y a pas d'ailleurs de relation bien évidente entre la grandeur de la rotation et le pouvoir magnétique ou diamagnétique de la substance. Les gaz ne paraissent acquérir aucun pouvoir rotatoire sous l'influence du magnétisme; les substances biréfringentes acquièrent un pouvoir rotatoire très-faible. Enfin, l'emploi des électro-aimants n'est pas absolument nécessaire à la production des phénomènes; on les obtient aisément en plaçant la substance à étudier dans l'intérieur d'une bobine traversée par un courant énergique [1].

Les physiciens qui ont répété les expériences de M. Faraday n'ont pas beaucoup ajouté aux faits précédents. La plupart se sont occupés simplement de constater les phénomènes et de perfectionner les moyens de les reproduire, sans en essayer une étude suivie et surtout sans en rechercher les lois précises.

Tel a été, par exemple, l'objet des expériences communiquées par M. Pouillet à l'Académie des sciences, le 26 janvier 1846 [2], ainsi que des expériences de M. Edmond Becquerel [3] et de celles de M. Bœttger [4]. On doit à M. Edmond Becquerel l'idée de faire arriver le rayon de lumière par un trou pratiqué à travers les armatures de l'électro-aimant, ce qui permet de faire agir sur les substances transparentes des forces beaucoup plus énergiques. On sait comment M. Ruhmkorff a su profiter de cette idée pour la construction de son appareil [5]. De plus, M. Edmond Becquerel a reconnu

(1) Dans un article inséré au *Philosophical Magazine*, 3ᵉ série, t. XXIX, p. 153, M. Faraday indique un moyen d'observation très-propre à manifester les phénomènes, lors même qu'ils n'ont qu'un faible degré d'intensité. Il n'a rien publié depuis sur la question.

(2) *Comptes rendus des séances de l'Académie des sciences*, t. XXII, p. 135.

(3) *Annales de chimie et de physique*, 3ᵉ série, t. XVII, p. 437.

(4) *Poggendorff's Annalen*, t. LXVII, p. 290 et 350.

(5) L'appareil de M. Ruhmkorff se trouve aujourd'hui dans un grand nombre de

que la dispersion des plans de polarisation des diverses couleurs est à peu près la même que dans le cas du quartz et du sucre de canne.

M. Matthiessen a fait connaître une liste assez nombreuse de substances artificielles qui, sous l'influence du magnétisme, acquièrent un pouvoir rotatoire considérable, et qui sont propres, par conséquent, à remplacer le verre pesant de M. Faraday. Il est à regretter que la plupart de ces substances soient très-facilement altérables sous les influences atmosphériques[1].

En 1848, M. Bertin a présenté à l'Académie des sciences un mémoire contenant un grand nombre de mesures des rotations produites par diverses substances, d'où il a déduit la loi mathématique suivante : La rotation produite par une tranche infiniment mince d'une substance transparente placée sous l'influence d'un seul pôle magnétique décroît en progression géométrique lorsque la distance au pôle croît en progression arithmétique; la rotation produite sous l'influence de deux pôles est la somme des rotations qui se produiraient sous l'influence séparée de chaque pôle[2]. Je discuterai cette loi à la fin du présent mémoire, et je ferai voir qu'elle n'est qu'une interprétation inexacte de phénomènes exactement observés; mais je dois ajouter ici que le mémoire de M. Bertin contient, outre cette formule, un certain nombre de faits nouveaux et intéressants. Ainsi, M. Bertin a signalé deux liquides, le bichlorure d'étain et le sulfure de carbone, qui prennent, sous l'influence du magnétisme, un pouvoir rotatoire comparable à celui du verre pesant. Il a reconnu que la rotation produite par une suite de substances transparentes diverses placées entre les pôles d'un électro-aimant est la somme des rotations produites individuellement par chacune de ces substances, et, par conséquent, est indépendante de l'ordre suivant lequel ces substances sont rangées[3]. Dans une seconde communication à l'Aca-

cabinets de physique. Il est décrit dans les *Annales de chimie et de physique*, 3e série, t. XVIII, p. 318 (Rapport de M. Biot).

(1) *Comptes rendus des séances de l'Académie des sciences*, t. XXIV, p. 969, et t. XXV, p. 20 et 173.

(2) *Comptes rendus des séances de l'Académie des sciences*, t. XXVI, p. 214, et *Annales de chimie et de physique*, 3e série, t. XXIII, p. 5.

(3) Ce résultat est particulièrement intéressant, et c'est en réfléchissant sur les consé-

démie des sciences, M. Bertin a examiné les phénomènes qui s'observent lorsqu'on place un parallélipipède de Fresnel entre les deux pôles d'un électro-aimant, et qu'on le fait traverser par un rayon de lumière polarisée : ces phénomènes s'expliquent par la combinaison des effets de la réflexion totale avec ceux de la rotation du plan de polarisation[1].

En 1851, M. Wiedemann a publié quelques expériences sur la rotation du plan de polarisation produite par divers liquides renfermés dans une hélice traversée par un courant électrique. Il a démontré que la grandeur de la rotation est proportionnelle à l'intensité du courant[2].

Je ne ferai que citer les expériences de M. Matteucci[3], de M. Edlund[4] et de M. Wertheim[5], qui ont eu pour objet principal d'examiner l'influence des actions mécaniques extérieures exercées en même temps que l'action magnétique, et qui, par conséquent, n'ont pas de rapport avec les expériences dont je me suis moi-même occupé.

Je me bornerai également à mentionner les considérations théoriques présentées par M. Airy peu de temps après la découverte de M. Faraday[6], l'essai d'une théorie mathématique dont M. Codazza a récemment publié la première partie[7], et les vues développées

quences probables qu'on en peut déduire que j'ai été conduit à révoquer en doute l'exactitude de la loi admise par M. Bertin. En effet, toute loi de cette forme semble indiquer une action progressive, qui se transmet de couche en couche, de telle façon que les phénomènes produits par une couche donnée dépendent de la nature et de l'arrangement des couches antérieures. Au contraire, la rotation produite par une substance transparente est complétement indépendante de la nature des autres substances qui peuvent la séparer des pôles de l'électro-aimant.

(1) *Comptes rendus des séances de l'Académie des sciences*, t. XXVII, p. 500.

(2) *Poggendorff's Annalen*, t. LXXXII, p. 215, et *Annales de chimie et de physique*, 2e série, t. XXXIV, p. 121.

(3) *Annales de chimie et de physique*, 3e série, t. XXII, p. 354, et t. XXIII, p. 493. Les deux notes de M. Matteucci contiennent, outre les observations sur les effets de la compression, quelques observations sur les effets de la température qui sont pareillement étrangères à l'objet de mon travail.

(4) *Annalen der Chemie und Pharmacie*, septembre 1853.

(5) *Annales de chimie et de physique*, 3e série, t. XXVIII, p. 107.

(6) *Philosophical Magazine*, 3e série, t. XXVII, p. 469, année 1846.

(7) *Giornale dell' I. R. Istituto Lombardo*, t. IV, nouv. série, année 1853.

par M. de la Rive, dans son *Traité de l'Électricité*[1]. Mes expériences ne me permettent pas encore de discuter les idées de ces savants.

Je me suis proposé, dans ce premier travail, de mesurer de nouveau les rotations du plan de polarisation qui s'observent lorsque la direction du rayon lumineux est parallèle à celle des forces magnétiques, et de rechercher les lois suivant lesquelles ces rotations dépendent de la distance et de l'énergie des centres magnétiques qu'on fait agir sur les substances transparentes.

Diverses difficultés se présentent lorsqu'on veut aborder cette étude. Premièrement, dans les conditions habituelles des expériences, par exemple lorsque le fragment de substance transparente qu'on veut examiner est placé entre les branches de l'électro-aimant de M. Ruhmkorff, les divers points de ce fragment ne peuvent être regardés comme soumis à des influences magnétiques égales. Les propriétés optiques développées par le magnétisme doivent donc varier d'un point à l'autre, et l'observation ne peut constater que le résultat d'un ensemble d'actions inégales. Un fragment de dimensions finies ne peut pas être assimilé à un fragment de dimensions infiniment petites, à l'inverse de ce qui a lieu dans les recherches optiques ordinaires; et la loi élémentaire des phénomènes, c'est-à-dire la seule loi qu'il importe de déterminer, ne peut être déduite immédiatement des observations.

En second lieu, les propriétés optiques développées dans une tranche élémentaire de la substance transparente dépendent elles-mêmes d'un ensemble très-complexe de circonstances. L'électro-aimant est, en effet, un système de centres magnétiques dont la distribution n'est pas exactement connue; les propriétés acquises par une tranche élémentaire de la substance transparente dépendent évidemment de la distance de ces centres et des quantités de magnétisme libre qui y sont accumulées, et la loi qu'il s'agit de déterminer est celle qui s'observerait si l'action magnétique émanait d'un centre unique dont on ferait varier la distance et la puissance. Comme, pour donner aux phénomènes une grandeur qui les rende accessibles à l'observation, on est forcé de placer la substance transparente très-près de l'électro-aimant, il n'est pas permis de sup-

(1) Tome Ier, page 553, de l'édition française.

poser que l'action puisse être assimilée à celle d'un pôle unique ou de deux pôles, suivant que l'électro-aimant est à une ou à deux branches. On ignore d'ailleurs, à cause de la forme assez compliquée des appareils, quelle est, dans l'électro-aimant, la position des pôles.

Pour écarter les difficultés qui tiennent à l'inégalité d'action optique des diverses couches d'une même substance transparente, j'ai pensé qu'il suffirait de faire usage d'un artifice employé par divers auteurs, notamment par M. Faraday et par M. Plücker, dans l'étude des attractions et des répulsions diamagnétiques. Si l'on adapte aux deux extrémités d'un électro-aimant deux grosses armatures de fer doux, qui présentent en regard l'une de l'autre deux larges faces verticales, l'espace compris entre ces faces verticales devient ce que M. Faraday appelle un *champ magnétique d'égale intensité;* c'est-à-dire qu'une molécule de fluide magnétique[1], placée partout où l'on voudra dans cet espace, excepté au voisinage de ses limites, est soumise à un système d'actions dont la résultante varie très-peu en grandeur et en direction. En effet, les deux surfaces terminales des armatures sont chargées de la plus grande partie des fluides magnétiques libres (ainsi que l'expérience le fait voir), et ces fluides y sont distribués à peu près uniformément, quoique avec une tendance à s'accumuler vers les bords. Si l'on conçoit d'abord une molécule magnétique placée au centre de cet espace, elle sera soumise à un système de forces dont la résultante aura une certaine grandeur, et dont la direction sera, par raison de symétrie, la droite qui réunit les centres des deux surfaces terminales, c'est-à-dire la droite qu'on appelle généralement ligne des pôles. Si l'on conçoit que la molécule magnétique s'écarte de cette position, en s'éloignant de l'une des armatures elle se rapprochera de l'autre; en se rapprochant d'un bord d'une armature, elle s'éloignera du bord opposé ; par conséquent, à mesure que certaines actions deviendront plus intenses ou plus inclinées sur la ligne des pôles, d'autres deviendront moins intenses ou moins inclinées. On conçoit donc que, dans une certaine région, il puisse s'établir une compensation à peu près complète, de telle façon

(1) Il est à peine besoin de dire que si j'emploie l'expression de *fluide magnétique* et autres semblables, c'est uniquement pour représenter plus commodément les phénomènes et sans rien préjuger au sujet de la théorie du magnétisme.

que, comme on vient de le dire, la résultante demeure à très-peu près constante en grandeur et en direction. C'est à l'expérience de montrer dans quel cas cette condition est satisfaite.

L'exactitude de ces remarques n'est évidemment en rien subordonnée à la loi particulière des actions magnétiques, qui est la loi du carré des distances. Par conséquent, sans connaître la loi suivant laquelle se développent les propriétés optiques des substances transparentes sous l'influence du magnétisme, comme on sait que cette loi implique une variation avec la distance, on peut présumer qu'en plaçant une substance transparente entre deux armatures semblables à celles dont il vient d'être parlé il s'établira pour les divers points de la substance des compensations du même genre, et que les diverses tranches infiniment petites dont on peut la concevoir formée acquerront toutes des propriétés optiques très-sensiblement identiques. L'expérience confirme complétement cette prévision.

Je suis en effet parvenu, sans difficulté, à réaliser les conditions dont il s'agit en munissant un électro-aimant de Ruhmkorff d'armatures convenables. Cet électro-aimant était formé de deux cylindres de fer doux, AB, A'B', de $0^{m},20$ de longueur sur $0^{m},075$ de diamètre, percés suivant leur axe d'un canal étroit pour livrer passage à la lumière, environnés chacun d'environ 250 mètres de fil de cuivre de $2^{mm},5$ de diamètre, et réunis par les pièces de fer P et P' (fig. 20[1]); ces pièces pouvaient glisser à volonté le long de la pièce de fer RS et être fixées dans une position déterminée, à l'aide des vis V, V'. Aux deux extrémités B et A' des branches horizontales, j'ai vissé deux cylindres de fer doux F, F' de $0^{m},05$ de hauteur sur $0^{m},14$ de diamètre, percés d'un canal étroit suivant leur axe, et j'ai reconnu que, lorsque la distance entre les faces terminales de ces armatures n'était ni trop grande ni trop petite, lorsqu'elle était comprise, par exemple, entre 50 et 90 millimètres, une substance transparente placée dans l'espace intermédiaire acquérait les mêmes propriétés optiques, quelle que fût sa situation, pourvu qu'elle ne fût

[1] La figure 20 étant un dessin géométral de l'appareil, les deux cylindres de fer doux y sont évidemment cachés par le fil de cuivre qui les recouvre; on a seulement indiqué par des lignes interrompues le canal intérieur, et par une ligne ponctuée MN l'axe de ce canal.

pas extrêmement voisine de l'une ou de l'autre des deux armatures. En effet, faisant passer à travers l'appareil un faisceau de lumière solaire, j'ai placé sur le trajet de ce faisceau un parallélipipède de verre pesant, j'ai développé le magnétisme de l'électro-aimant et j'ai fait tourner le prisme biréfringent qui me servait d'analyseur, jusqu'à ce que mon œil aperçût la teinte violacée connue des phy-

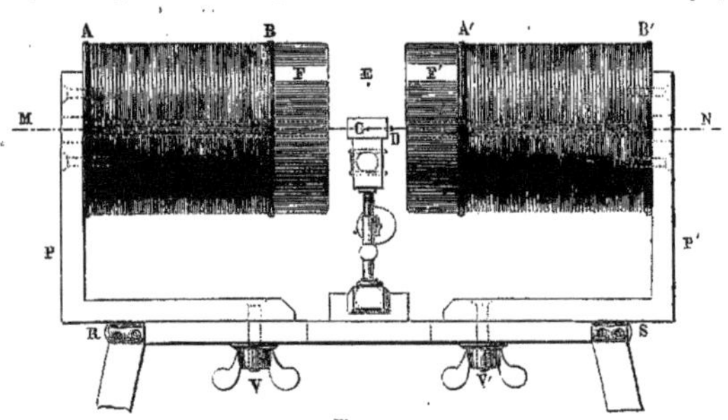

Fig. 20.

siciens sous le nom de *teinte sensible* ou *teinte de passage;* j'ai alors déplacé le parallélipipède de verre pesant parallèlement à lui-même (afin que la lumière polarisée en traversât toujours la même épaisseur) : tant que je ne l'ai pas amené presque au contact de l'une ou de l'autre armature, la teinte de passage n'a souffert aucune modification. L'expérience réussit également bien avec les autres substances dont j'ai fait usage dans mes recherches.

Ainsi, dans mon appareil, l'espace compris entre les deux armatures terminales était tellement constitué, qu'un fragment de substance transparente placé en un point quelconque de cet espace, excepté au voisinage de ses limites, était partout modifié de la même manière. Les propriétés optiques de ce fragment étaient donc les mêmes en tous les points de sa masse, et par conséquent elles étaient les mêmes (sauf la grandeur de la rotation) que celles d'un élément infiniment petit. En même temps, cet espace était ce que M. Faraday appelle un champ magnétique d'égale intensité. En effet, en faisant usage d'un moyen qui sera indiqué plus loin, j'ai constaté que la résultante des actions qu'exercerait l'électro-aimant sur une molécule de fluide magnétique située en un point quelconque de cet espace était sensiblement constante en grandeur et en direction, tant que la molécule n'était pas très-voisine des limites : par exemple, dans une série d'expériences, la distance des faces terminales des armatures étant successivement de 50, de 60 et de 90 millimètres, j'ai mesuré la résultante qui vient d'être définie, au centre C de l'espace intermédiaire (fig. 20); j'ai trouvé les nombres 134,12, 116,33 et 86,17; je l'ai mesurée au point D situé sur l'axe et à 15 millimètres de distance d'une des armatures, et j'ai trouvé les nombres 133,87, 116,75 et 86,00; je l'ai mesurée en un point E situé à 25 millimètres de l'axe et dans le plan médian, et j'ai trouvé les nombres 133,5, 116,00 et 85,5. Les différences des valeurs correspondantes à une même position des armatures sont assez petites pour qu'on en puisse conclure que, dans l'intérieur d'une région de dimensions au moins égales à celles des substances transparentes soumises à l'expérience, la résultante des actions qui seraient exercées sur une molécule de fluide magnétique libre ne varie pas d'un centième de sa valeur, c'est-à-dire d'une fraction qui représente à peu près le degré de précision qu'on peut atteindre dans les expériences.

Pour abréger le discours, dans tout ce qui va suivre j'appellerai *action magnétique en un point donné* la résultante qui vient d'être définie.

Cette constance simultanée de l'action magnétique et des propriétés optiques conduisait naturellement à une conjecture assez simple que l'expérience a entièrement confirmée, et dont la confirmation a fait disparaître la deuxième difficulté que je signalais plus haut. On pouvait, en effet, se demander si la grandeur du pouvoir rotatoire développé dans une substance transparente ne dépendrait pas uniquement de la grandeur de l'action magnétique considérée dans l'espace occupé par la substance. En effet, ces deux quantités sont simultanément constantes et variables; d'ailleurs toutes les actions extérieures d'un aimant, son action magnétisante, son action inductrice, son action sur un élément de courant, dépendent uniquement de l'action qu'il exercerait sur une molécule de fluide magnétique. Il est donc assez probable que l'action en vertu de laquelle il développe le pouvoir rotatoire dans les substances transparentes doit dépendre uniquement de la même quantité. S'il en est ainsi, il n'y aura plus à s'inquiéter de la distribution du magnétisme libre de l'électro-aimant; il n'y aura plus à rechercher séparément l'influence des variations d'intensité de l'aimantation et l'influence des variations de distance. On mesurera, d'une part, l'action optique de la substance transparente, et, d'autre part, une grandeur qui représente à la fois en chaque point l'effet des variations de distance et l'effet des variations d'intensité; on aura donc tenu compte d'un seul coup de l'influence de ces deux causes, et on pourra déterminer la loi élémentaire des phénomènes sans aucune de ces hypothèses arbitraires et inexactes auxquelles on eût été nécessairement conduit si, par exemple, on eût voulu déduire la loi relative à l'influence de la distance d'expériences où l'on aurait fait varier la distance du corps transparent à l'extrémité d'une des branches de l'électro-aimant.

L'expérience a, comme on le verra plus loin, confirmé cette prévision, et, pour obtenir la loi élémentaire que l'on cherchait, il a suffi de mesurer simultanément le phénomène optique et l'action magnétique.

La mesure du phénomène optique n'a été qu'une application des méthodes connues de tous les physiciens, employées sous la forme qui m'a semblé la plus convenable aux conditions particulières de mes expériences. Un faisceau de lumière solaire, réfléchi par un héliostat dans la chambre obscure où j'expérimentais, se polarisait en traversant un prisme de Nicol fixé à l'entrée du canal qui traversait l'électro-aimant dans la direction de son axe. À l'autre extrémité du même canal, le faisceau de lumière rencontrait un diaphragme très-étroit, et la portion qui émergeait venait tomber sur l'appareil analyseur placé à quelque distance. Cet appareil, construit par M. Brunner, se composait d'une petite lunette portant un prisme analyseur en avant de l'objectif et susceptible de tourner autour de son axe. La rotation de la lunette et de l'analyseur pouvait se mesurer à une minute près, à l'aide d'un système de deux cercles concentriques, dont le premier, fixe avec le support de l'appareil, était divisé en degrés et tiers de degré, et l'autre, mobile avec la lunette, portait deux verniers opposés donnant la minute. Une vis de rappel permettait de faire tourner la lunette très-lentement. La précision qu'il a été possible de donner aux expériences a montré qu'aucune de ces dispositions n'était superflue. La lunette était encore susceptible de deux mouvements de rotation, l'un vertical, l'autre horizontal, afin qu'il fût toujours possible d'amener son axe dans la direction du faisceau de lumière. L'analyseur était tantôt un prisme biréfringent de spath achromatisé pour le rayon ordinaire, tantôt un prisme de Rochon. En mettant la lunette au point, de manière à apercevoir nettement l'image du diaphragme, on voyait deux images à travers le prisme de spath, et quatre images à travers le prisme de Rochon, savoir : deux images principales et deux images secondaires dues à l'imperfection de la construction. En choisissant convenablement la distance de la lunette et le diamètre du diaphragme, on pouvait s'arranger de manière qu'il ne restât dans le champ de la vision que l'image dont on voulait suivre les variations, condition indispensable à l'exactitude des expériences. J'avais pris un diaphragme de 3 millimètres de diamètre et je plaçais la lunette à $0^{m},80$ de distance.

J'ai fait d'ailleurs usage de deux méthodes qui m'ont donné des résultats parfaitement concordants : tantôt j'ai employé la lumière homogène et j'ai déterminé la position du plan de polarisation en observant l'extinction complète de l'image extraordinaire; tantôt j'ai employé la lumière blanche et j'ai eu recours à l'observation de la teinte de passage.

Pour expérimenter sur la lumière homogène, je n'ai fait usage ni du verre rouge, qui m'eût donné de trop petites déviations [1], ni de la lampe monochromatique, qui m'eût fourni une trop faible lumière. J'ai employé une dissolution de sulfate de cuivre dans le carbonate d'ammoniaque, laquelle, prise sous une épaisseur de quelques centimètres, ne laisse passer que les rayons indigo très-voisins de la raie G. Si l'on veut que la lumière transmise ait une intensité suffisante, il est indispensable d'opérer avec la lumière solaire. On ob-

(1) On sait en effet que la rotation du plan de polarisation due à l'action magnétique varie avec la longueur d'ondulation, à peu près comme la rotation produite par le quartz et par les liquides organiques. Elle est donc la plus petite possible pour les rayons rouges.

tient, à l'aide de ce procédé, des rotations du plan de polarisation à peu près deux fois plus grandes qu'en opérant avec la teinte de passage; mais l'appréciation de l'extinction ne se fait pas toujours avec beaucoup d'exactitude et dépend singulièrement de l'état de sensibilité de l'œil. Je déterminais les deux positions de l'analyseur qui faisaient disparaître l'image du diaphragme par deux mouvements de sens opposé; mais, comme entre les deux disparitions il fallait éclairer la graduation pour lire la position de l'analyseur, et que cette circonstance pouvait modifier la sensibilité de l'œil, je ne prenais pas la moyenne de ces deux observations comme correspondant à la position du plan de polarisation. Je faisais au moins quatre observations, le plus souvent même six ou huit; ces diverses observations différaient ordinairement entre elles d'une dizaine de minutes : cependant assez souvent les différences se sont élevées jusqu'à trente minutes.

L'observation de la teinte de passage m'a donné en général plus de précision que l'observation de l'extinction de la lumière homogène, et je l'ai beaucoup plus fréquemment employée. En effet, bien que la teinte de passage résulte de l'extinction des rayons les plus intenses du spectre, c'est-à-dire des rayons jaunes moyens, et soit par conséquent beaucoup moins déviée que le plan de polarisation des rayons indigo, cette petitesse de la déviation est plus que compensée par l'exactitude avec laquelle l'œil apprécie les variations de couleur au voisinage de la teinte de passage. J'ai dû encore employer, dans ce cas, la lumière solaire, à cause des conditions particulières aux phénomènes que j'étudiais. La rotation des plans de polarisation des diverses couleurs étant toujours très-petite, leur dispersion était très-petite aussi, et, par conséquent, lorsque l'analyseur avait la position convenable pour éteindre complétement les rayons jaunes moyens, il éteignait en très-grande partie les autres rayons jaunes du spectre, de façon que la teinte de passage n'était produite que par une très-petite partie de la lumière incidente. Si donc cette lumière n'eût pas été extrêmement intense, la teinte de passage eût été impossible à discerner, et l'œil n'eût aperçu qu'un minimum de lumière si faible, que toute coloration lui aurait échappé. Je n'ai pas besoin d'ajouter qu'on aurait dû opérer tout autrement si l'on avait eu à mesurer de grandes rotations, comme celles que produisent le quartz ou les liquides organiques sous de grandes épaisseurs: dans ce cas, l'usage de la lumière solaire n'eût fait qu'éblouir l'œil et rendre toute observation de la teinte de passage complétement inexacte. Je déterminais toujours quatre fois l'azimut de la teinte de passage, deux fois en partant du rouge et deux fois en partant du violet. Il n'y avait pas en général plus de quatre à cinq minutes de différence entre ces quatre observations. On en pouvait donc regarder la moyenne comme certaine à deux ou trois minutes près.

Quant à la mesure de l'action magnétique, ce n'a été qu'après plusieurs tentatives infructueuses que je me suis trouvé en possession d'un procédé satisfaisant. La première idée qui se présentait à l'esprit était de faire osciller, dans l'espace intermédiaire aux armatures, une aiguille d'acier, fortement trempée, aimantée à saturation. Le carré du nombre d'oscillations effectuées en un temps donné eût servi de mesure à l'action magnétique. Ce procédé eût été suffisamment exact si l'on n'avait eu à mesurer que de faibles actions, incapables d'altérer l'état magnétique de l'aiguille; mais les puissants électro-aimants nécessaires dans mes expériences auraient considérablement affecté le magnétisme de l'aiguille, et les observations n'auraient été en aucune façon comparables. Ni la trempe des aiguilles, ni l'aimantation à saturation n'eussent été une garantie suffisante, l'état magnétique d'une aiguille quelconque aimantée à saturation pouvant, comme on sait, éprouver un changement temporaire lorsqu'on l'approche d'un aimant énergique.

J'ai essayé, sans plus de succès, de faire usage des actions exercées par l'électro-aimant sur une substance non aimantée, magnétique ou non magnétique. Sous l'influence d'un électro-aimant, un barreau d'une substance magnétique acquiert une aimantation temporaire, et, si la substance est dépourvue de force coercitive, on admet que cette aimantation est proportionnelle à l'action magnétique. Il suit de là que l'action exercée par l'électro-aimant sur le barreau est proportionnelle au carré de l'action magnétique, et il ne reste qu'à la mesurer par les procédés connus, c'est-à-dire par la torsion ou par les oscillations. S'il s'agit d'une substance diamagnétique, bien qu'on ne sache pas au juste de quelle manière les phénomènes se passent, il paraît hors de doute qu'il se développe une sorte de polarité ou d'aimantation temporaire, et l'on admet en conséquence que l'action exercée par l'électro-aimant est encore proportionnelle au carré de l'action magnétique. Malheureusement, dans l'un et l'autre cas, la loi dont il s'agit n'est qu'une loi approximative, suffisamment exacte lorsqu'on veut, par exemple, corriger l'effet dû à de petites variations de la puissance d'un électro-aimant, mais qui ne peut être la base d'un procédé satisfaisant, destiné à mesurer des actions magnétiques qui varient entre des limites un peu étendues. Dans les substances magnétiques, il existe une force coercitive sensible qui est incompatible avec une loi aussi simple; dans les substances diamagnétiques, rien n'indique jusqu'à présent l'existence d'une force coercitive, mais les seules expériences que l'on possède, en particulier celles de M. Edmond Becquerel, ne donnent qu'une loi approximative. Je n'avais donc rien à tirer de ce procédé, bien que je doive reconnaître qu'il peut servir utilement dans plusieurs cas; il peut être employé, par exemple, à vérifier la constance de l'action magnétique dans un espace déterminé, car cette recherche est indépendante de la forme exacte de la loi qui représente l'action de l'électro-aimant sur un barreau magnétique ou diamagnétique. Dans mes expériences, au contraire, la connaissance de cette loi eût été indispensable.

J'ai pensé à mesurer l'action de l'électro-aimant sur un petit solénoïde suspendu entre ses branches. En faisant usage du mode de suspension bifilaire employé par M. Wilhelm Weber dans ses recherches électro-dynamiques, cette méthode n'eût pas offert de grandes difficultés. La disposition de mes appareils ne m'a pas permis de l'appliquer; d'ailleurs elle eût été moins simple et moins commode que la méthode suivante, à laquelle je me suis définitivement arrêté.

Cette méthode est fondée sur une conséquence remarquable qu'on peut déduire des lois de l'induction établies par MM. Neumann et Wilhelm Weber. Dans son premier mémoire sur la théorie mathématique des courants induits[1], M. Neumann a donné la formule qui représente la force électro-motrice développée par un pôle ma-

[1] *Mémoires de l'Académie de Berlin* pour l'année 1845.

gnétique dans un conducteur fermé, qu'on déplace d'une manière quelconque. Si l'on regarde le pôle magnétique comme le sommet d'un cône ayant pour base le conducteur fermé, la force électro-motrice développée par un déplacement infiniment petit du courant est proportionnelle à la variation infiniment petite de l'ouverture angulaire du cône, et par conséquent la somme des forces électro-motrices développées par un déplacement fini est proportionnelle à la différence de la valeur initiale et de la valeur finale de cette ouverture angulaire[1]. J'appellerai cette somme *force électro-motrice totale.* On peut déduire de ce théorème la conséquence suivante : *Si, dans un espace où l'action magnétique est constante en grandeur et en direction, on dispose un conducteur circulaire de manière que son plan soit parallèle à la direction de l'action magnétique, et si on le fait tourner de 90 degrés autour d'un axe perpendiculaire à cette direction, la force électro-motrice totale développée est exactement proportionnelle à la grandeur de l'action magnétique.*

Cette conséquence serait évidente si l'action magnétique était simplement due à un ou à deux pôles très-éloignés. Pour la démontrer dans le cas général, considérons un conducteur plan C (fig. 21), et un pôle magnétique M, et supposons que le conducteur éprouve un déplacement quelconque qui le fasse passer de la position C à la position C'. Appelons μ la quantité de magnétisme accumulée au point M, $d^2\omega$ l'aire d'un élément infiniment petit o de l'étendue plane environnée par le conducteur, r et r' les deux distances successives oM et $o'M$ de cet élément au point M, φ et φ' les angles des droites oM et $o'M$ avec la normale au conducteur : la force électro-motrice totale aura

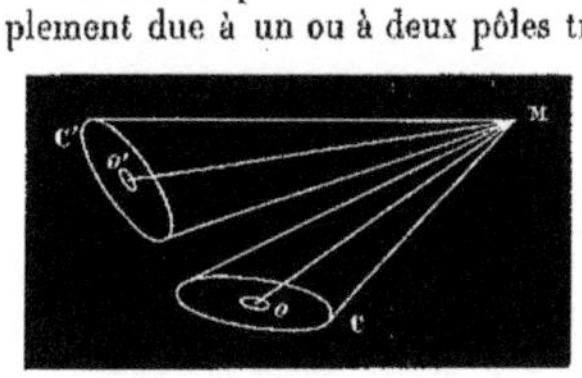

Fig. 21.

[1] M. Neumann ne s'est pas occupé de démontrer directement par l'expérience les principes de sa théorie ; il les a déduits par induction de la loi de Lenz. Mais on peut regarder les expériences de M. Weber, de M. Kirchhoff et de M. Riccardo Felici comme ayant mis hors de doute l'exactitude des formules relatives au cas des conducteurs fermés, le seul dont nous ayons à nous occuper ici.

pour expression

$$\mu\left(\int\frac{d^2\omega}{r^2}\cos\varphi-\int\frac{d^2\omega}{r'^2}\cos\varphi'\right).$$

Si le conducteur fermé est soumis à l'action d'un nombre quelconque de pôles magnétiques, les forces électro-motrices respectivement développées par ces divers pôles s'ajouteront, et leur somme sera représentée par

$$F=\sum\mu\left(\int\frac{d^2\omega}{r^2}\cos\varphi-\int\frac{d^2\omega}{r'^2}\cos\varphi'\right).$$

Cette équation peut évidemment se mettre sous la forme suivante :

$$F=\int d^2\omega\left(\sum\frac{\mu\cos\varphi}{r^2}-\sum\frac{\mu\cos\varphi'}{r'^2}\right).$$

Or, si on appelle R et R' les résultantes des actions que les pôles magnétiques exerceraient sur l'unité de fluide magnétique placée en o et en o', α et α' les angles de cette résultante avec la normale au conducteur, on aura

$$R\cos\alpha=\sum\frac{\mu\cos\varphi}{r^2},\qquad R'\cos\alpha'=\sum\frac{\mu\cos\varphi'}{r'^2}.$$

Si, comme on le suppose, l'action magnétique est constante dans toute l'étendue du conducteur et de l'espace qu'il parcourt en se déplaçant, les deux résultantes R et R' seront constantes dans toute l'étendue du conducteur et égales entre elles. On aura, en appelant ω l'aire totale du conducteur,

$$F=\omega R(\cos\alpha-\cos\alpha').$$

Soient

$$\alpha=0,\qquad \alpha'=90^\circ;$$

il vient

$$F=\omega R;$$

c'est-à-dire, si le plan du conducteur fermé est d'abord perpendiculaire et ensuite parallèle à l'action magnétique, la force électro-motrice totale est proportionnelle à l'aire du conducteur et à cette action magnétique elle-même.

Pendant le déplacement du conducteur, le courant induit est à chaque instant proportionnel à la force électro-motrice développée dans le conducteur, et par conséquent il passe par une section quelconque du fil induit une quantité d'électricité proportionnelle à cette force. Il suit de là que la quantité totale d'électricité qui passe par une section quelconque du fil pendant toute la durée du mouvement est proportionnelle à la force électro-motrice totale. Elle est donc proportionnelle à l'action magnétique dans le cas qui vient d'être considéré. Or, cette quantité totale d'électricité est précisément la seule donnée relative au courant induit que l'on puisse mesurer à l'aide du galvanomètre : on la désigne souvent, mais à tort, sous le nom d'*intensité du courant induit;* nous la désignerons simplement par l'expression *courant induit,* et la proposition démontrée plus haut pourra s'énoncer en disant que, sous les conditions déjà définies, le courant induit est proportionnel à l'action magnétique.

Par conséquent, si l'on conçoit un système de conducteurs circulaires constituant une bobine dont les dimensions n'excèdent pas celles de l'espace où l'action magnétique est constante, une rotation de 90 degrés autour d'un axe perpendiculaire à la direction de l'action magnétique développera un courant induit proportionnel à l'action magnétique. Si le mouvement s'effectue très-rapidement, le courant induit se mesurera sans difficulté à l'aide du galvanomètre, et l'action magnétique se trouvera ainsi déterminée [1].

J'ai donc fait construire une petite bobine susceptible de tourner autour d'un de ses diamètres, et, afin de donner aux phénomènes toute l'intensité possible, j'ai pris le fil de la bobine de dimensions telles que sa résistance fût à peu près celle du fil du galvanomètre dont il sera question plus loin [2]. A cet effet, 23 mètres de fil de cuivre recouvert de soie de $0^{mm},5$ de diamètre ont été enroulés de

(1) M. Weber a fondé sur les mêmes principes une méthode très-remarquable pour comparer les deux composantes de l'action magnétique terrestre et déterminer ainsi la valeur de l'inclinaison. M. Faraday s'est servi de procédés analogues pour étudier la distribution des forces magnétiques autour d'un aimant.

(2) Cette condition se déduit aisément des lois de Ohm. Soient, en effet, L la résistance du galvanomètre, λ celle d'une couche de spires de la bobine contenues dans le même

manière à former une bobine de 28 millimètres de diamètre extérieur, 12 millimètres de diamètre intérieur et 15 millimètres de hauteur. Cette bobine a été montée sur un support de cuivre représenté fig. 22, qui se fixait sur l'électro-aimant au milieu de l'intervalle des deux branches. A l'aide du bouton B on pouvait faire tourner la bobine C de 90 degrés autour de la ligne ponctuée FG, et, par suite de la disposition de l'appareil, l'axe de rotation se trouvait perpendiculaire à la ligne des pôles, c'est-à-dire à la direction de l'action magnétique. Les substances transparentes soumises à l'expérience se plaçaient sur la pièce de cuivre L, fixée sur le support au-dessus de la

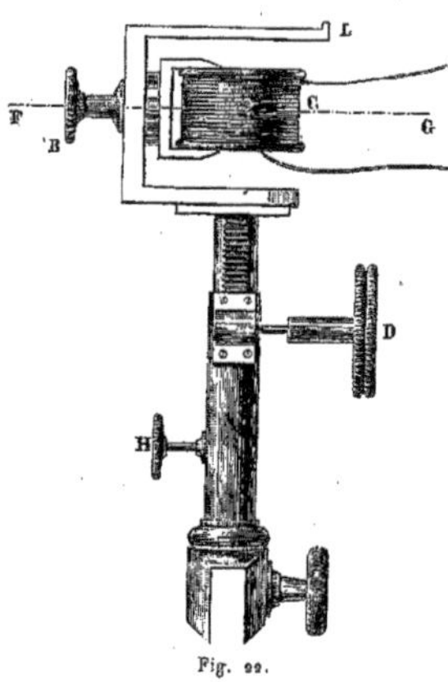

Fig. 22.

plan, n le nombre de ces couches, f la force électro-motrice développée dans une couche; le courant induit aura pour expression

$$\frac{nf}{n\lambda + L}.$$

Si les dimensions de la bobine sont données, en faisant varier le diamètre du fil on fera varier en raison inverse le nombre des couches qu'on pourra disposer dans la hauteur et la longueur du fil dont chaque couche est formée. On aura donc, en désignant par d le diamètre, $n = \frac{k}{d}$, et comme la résistance d'une couche de spires est proportionnelle à la longueur et en raison inverse du carré du diamètre, on aura $\lambda = \frac{h}{d^3}$. D'autre part, comme la somme des forces électro-motrices développées dans une couche est proportionnelle à la longueur du fil, on pourra poser $f = \frac{g}{d}$. En substituant ces valeurs, l'expression précédente devient

$$\frac{kg\,d^2}{kh + Ld^4},$$

et son maximum est donné par la relation $kh - Ld^4 = 0$. Comme d'ailleurs $\frac{kh}{d^4}$ n'est autre chose que la résistance de la bobine, on voit que cette résistance doit être égale à celle du galvanomètre.

bobine. La tige A pouvant s'élever ou s'abaisser à l'aide d'un mouvement de crémaillère que la vis D faisait marcher, on amenait à volonté au même point la substance transparente ou la bobine. On arrêtait la tige A dans une position déterminée par la vis H.

Les extrémités du fil de la bobine communiquaient avec celles d'un galvanomètre construit selon le système de M. Wilhelm Weber. On sait que les dispositions adoptées par ce physicien ont pour objet de permettre de réduire les déviations de l'aiguille aimantée à une très-petite amplitude en suppléant à la petitesse de ces déviations par l'exactitude de la mesure. A cet effet, l'aiguille du galvanomètre est suspendue, par l'intermédiaire d'un cadre de cuivre, à un miroir vertical placé au-dessus du cadre du galvanomètre, et suspendu lui-même à l'extrémité inférieure du faisceau de fils de soie sans torsion qui soutient tout le système. A quelque distance du miroir, et à peu près dans le même plan horizontal, on place une règle divisée en millimètres, au-dessus de laquelle est une lunette; on regarde, à l'aide de cette lunette, l'image de la règle réfléchie dans le miroir, et, en déplaçant convenablement la règle et la lunette, on s'arrange de manière que l'image de la division qui se trouve sur la règle, au-dessous de l'axe de la lunette, soit vue en coïncidence avec le fil vertical du réticule, l'aiguille aimantée étant dans sa position d'équilibre. L'axe de la lunette est alors normal au miroir; comme il est d'ailleurs perpendiculaire à la règle divisée, il est facile de voir que si l'aiguille et le miroir qui en est solidaire se déplacent d'un angle quelconque, l'image de la règle éprouvera dans la lunette un déplacement égal au double de la tangente de l'angle dont le miroir aura tourné, cette tangente étant prise sur un cercle dont le rayon serait égal à la distance du miroir à la règle. Il en est encore de même si l'axe de la lunette n'est pas parfaitement normal au miroir, pourvu que l'angle dont se déplace le système soit assez petit. En augmentant la distance de la règle au miroir, on augmente en quelque sorte indéfiniment la sensibilité du procédé de mesure, pourvu que la lunette ait un pouvoir grossissant capable de faire voir nettement les divisions. Dans mes expériences, la distance la plus commode m'avait paru celle de $1^{m},25$; on voit qu'à chaque division de l'échelle graduée répondait un déplacement angulaire de 80 secondes environ, et, comme on appréciait aisément le quart d'une division, la précision des mesures atteignait 20 secondes.

Dans mon instrument, l'aiguille aimantée était un gros barreau d'acier, de $0^m,13$ de longueur sur $0^m,015$ de diamètre; le fil galvanométrique avait 100 mètres de longueur et 1 millimètre de diamètre, et était enroulé sur un cadre ovale en cuivre jaune de $0^m,15$ de longueur sur $0^m,10$ de largeur. Le miroir métallique était un carré de $0^m,04$ de côté, et le faisceau de fils de soie sans torsion avait $0^m,35$ de longueur. A l'intérieur du cadre de laiton se trouvait un autre cadre de cuivre rouge, de même forme, mais de 1 centimètre d'épaisseur, destiné à amortir les oscillations de l'aiguille par l'action des courants induits que le mouvement de l'aiguille développait dans sa masse. J'ai confié la construction de cet instrument à M. Ruhmkorff, qui s'en est acquitté avec son habileté ordinaire.

Si l'on fait passer à travers le fil d'un tel galvanomètre un courant de très-courte durée, ce courant communique à l'aiguille une impulsion proportionnelle à l'intégrale des actions qu'il exerce pendant les instants successifs de sa durée, et, par conséquent, proportionnelle à la quantité totale d'électricité qu'il fait passer par une section quelconque du fil; c'est d'ailleurs cette quantité qui, comme on l'a vu plus haut, est la mesure de l'action magnétique exercée au point où se trouve la bobine d'induction. Si le mouvement de l'aiguille n'était contrarié par aucune résistance, elle exécuterait des oscillations entièrement comparables à celles d'un pendule dans le vide, et le sinus de la demi-déviation mesurerait rigoureusement l'impulsion initiale. En réalité, l'aiguille éprouve diverses résistances, parmi lesquelles la plus importante est celle qui provient de la réaction des courants induits développés dans le cadre de cuivre rouge et dans le fil galvanométrique lui-même, et l'amplitude de ses oscillations décroît assez rapidement, de sorte que la relation précédente n'a plus lieu. Mais si le décroissement des oscillations se fait en progression géométrique, et si la déviation initiale n'excède pas une certaine limite, on peut démontrer, d'après M. Weber, que le déplacement initial de l'image de la règle est proportionnel à l'impulsion initiale [1]. Je me suis assuré, à diverses reprises, que ces con-

[1] Soient en effet, à un instant donné, x la division de la règle dont l'image coïncide

ditions étaient satisfaites dans mon galvanomètre. En conséquence j'ai pris pour mesure du courant induit et de l'action magnétique le déplacement de l'image de la règle observé dans la lunette.

En supprimant le cadre elliptique de cuivre rouge, on augmenterait sans doute l'amplitude des déviations, mais on tomberait dans

avec le fil vertical du réticule de la lunette, x_0 la division qui est en coïncidence lorsque l'aiguille est en repos, a la distance de l'aiguille au centre du miroir; $\frac{x-x_0}{a}$ sera la tangente du double de la déviation, et, si cette déviation n'excède pas 4 degrés, on pourra prendre $\frac{x-x_0}{2a}$ pour la déviation elle-même, avec une erreur moindre que $\frac{1}{200}$. L'aiguille sera soumise, pendant son mouvement, à deux forces, savoir : l'action de la terre, qui peut être regardée, avec la même approximation, comme proportionnelle à la déviation, et l'action des courants induits développés dans le cuivre, qu'on peut regarder comme proportionnelle à la vitesse angulaire du déplacement, tant que ce déplacement demeurant très-petit n'altère pas sensiblement la position relative du cadre de cuivre et de l'aiguille. En conséquence, si l'on appelle M le moment magnétique de l'aiguille, k son moment d'inertie par rapport à l'axe de suspension, C une constante particulière qui dépend à la fois des lois de l'induction et des dimensions de l'appareil, on aura l'équation du mouvement

$$\frac{d^2x}{dt^2}+\frac{M}{k}\left(x-x_0\right)+\frac{C}{k}\frac{dx}{dt}=0,$$

dont l'intégrale est, en désignant par A et B deux constantes arbitraires,

$$x-x_0=Ae^{-\frac{1}{2}\frac{C}{k}t}\sin(t-B)\sqrt{\frac{M}{k}-\frac{1}{4}\frac{C^2}{k^2}}.$$

La constante B est nulle, si l'on prend pour origine du temps l'instant où l'aiguille a quitté sa position d'équilibre. Si d'ailleurs on désigne par τ l'intervalle qui sépare deux passages successifs de l'aiguille par sa position d'équilibre, ou la durée d'une oscillation simple, et si l'on pose $\frac{1}{2}\frac{C}{k}=\frac{\lambda}{\tau}$, on mettra la relation précédente sous la forme

$$x-x_0=Ae^{-\frac{\lambda}{\tau}t}\sin\pi\frac{t}{\tau}.$$

Les amplitudes des écarts successifs de l'aiguille s'obtiendront sans difficulté; les écarts maximum auront lieu aux moments où la vitesse de l'aiguille sera nulle, par conséquent lorsqu'on aura

$$\frac{dx}{dt}=\frac{\pi}{\tau}Ae^{-\frac{\lambda}{\tau}t}\cos\pi\frac{t}{\tau}-\frac{\lambda}{\tau}Ae^{-\frac{\lambda}{\tau}t}\sin\pi\frac{t}{\tau}=0,$$

$$\operatorname{tang}\pi\frac{t}{\tau}=\frac{\pi}{\lambda}.$$

Si l'on désigne par t_1 la plus petite racine de cette équation, les racines suivantes seront

l'inconvénient qui rend si fastidieux l'usage des galvanomètres à une seule aiguille, tels que les boussoles des sinus et des tangentes que l'on construit ordinairement. L'aiguille, déviée par l'impulsion d'un courant, ne reviendrait au repos qu'au bout de plusieurs minutes; la moindre cause accidentelle lui communiquerait un mouvement qui serait également très-long à disparaître, de façon que les observations successives seraient nécessairement séparées par un intervalle considérable. Au contraire, dans l'instrument de M. Weber, l'influence des courants induits dans le cadre de cuivre amortit les oscillations de l'aiguille, et la fixe dans sa position d'équilibre avec une promptitude qui paraît surprenante à tous ceux qui l'observent pour la première fois. L'effet des petites oscillations accidentelles est détruit presque immédiatement, et rien n'empêche que les observations se succèdent à des intervalles très-rapprochés [1].

$t_1+\pi$, $t_1+2\pi$...; les valeurs correspondantes de $x-x_0$ ou les amplitudes des écarts successifs seront

$$x_1-x_0=\frac{\pi}{\sqrt{\pi^2+\lambda^2}}\cdot Ae^{-\frac{\lambda}{\tau}t_1},$$

$$x_2-x_0=\frac{\pi}{\sqrt{\pi^2+\lambda^2}}\cdot Ae^{-\frac{\lambda}{\tau}(t_1+\pi)},$$

. . . . ,

et il est visible que ces valeurs décroissent en progression géométrique. D'autre part, si l'on fait $t=0$ dans l'expression de la vitesse, on obtient pour la valeur de la vitesse initiale

$$\left(\frac{dx}{dt}\right)_0=\frac{\pi}{\tau}A.$$

La constante A est donc proportionnelle à la vitesse initiale, c'est-à-dire à l'impulsion communiquée par le courant induit, mais elle est aussi proportionnelle à l'expression de x_1-x_0 ou de l'amplitude du premier écart; la proportionnalité admise entre l'impulsion initiale et le premier écart est donc exacte, si les hypothèses qui ont servi à établir l'équation différentielle sont suffisamment approchées, et l'on est certain qu'il en est ainsi lorsque l'observation vérifie la loi du décroissement des amplitudes en progression géométrique.

(1) Cet avantage est rendu plus sensible encore à l'aide d'une ingénieuse modification dont M. Ruhmkorff a eu l'idée. Cette modification consiste à évider le barreau aimanté, de manière à en diminuer beaucoup le moment d'inertie, sans altérer sensiblement le moment magnétique. Il résulte évidemment de là que l'amortissement des oscillations doit être beaucoup plus rapide; les formules développées dans la note précédente donnent l'expression mathématique de cette différence, et l'expérience la fait très-évidemment

Il est maintenant facile de comprendre comment se faisait chaque expérience. Je commençais toujours par déterminer la grandeur de l'action magnétique par deux ou trois observations du courant induit par la rotation de la petite bobine. Ensuite, faisant arriver, à l'aide du mouvement de la tige C (fig. 20), la substance transparente au point qu'occupait précédemment la bobine, je faisais tourner l'analyseur de manière à déterminer l'azimut de la teinte de passage si j'opérais avec la lumière blanche, ou l'azimut de l'extinction si j'opérais avec la lumière homogène; renversant le sens du courant (en ayant soin de ne pas interrompre le circuit[1]), je déterminais de nouveau ce même azimut. La différence des deux observations donnait évidemment le double de la rotation du plan de polarisation, si l'action magnétique n'avait pas sensiblement varié pendant l'expérience. Afin de m'en assurer, je mesurais l'action magnétique immédiatement après la détermination du second azimut, et je ne regardais comme bonnes que les expériences où les deux mesures de l'action magnétique ne différaient pas de leur valeur moyenne de

ressortir. M. Ruhmkorff avait joint deux barreaux aimantés différents au galvanomètre qu'il avait construit pour mes expériences : l'un était plein et l'autre creux; tous deux, d'ailleurs, étaient aimantés à saturation et avaient les mêmes dimensions extérieures. Avec le barreau plein, les amplitudes des oscillations décroissaient suivant une progression géométrique dont la raison était égale à 0,646; avec le barreau creux, la progression géométrique avait pour raison 0,477. Voici deux séries d'observations relatives à ces deux barreaux : n désigne le numéro d'ordre de chaque écart observé de part et d'autre de la position d'équilibre, α l'amplitude de l'écart, r le rapport d'un écart au précédent.

BARREAU PLEIN.

n		α	r
1	+	179,0	
2	−	116,0	0,648
3	+	75,0	0,646
4	−	48,5	0,640
5	+	31,95	0,654
6	−	20,25	0,638
		Moyenne...	0,646

BARREAU CREUX.

n		α	r
1	+	180,0	
2	−	83,5	0,475
3	+	41,25	0,482
4	−	19,5	0,473
		Moyenne...	0,477

Ainsi le mouvement du barreau creux s'amortit, en trois oscillations, autant que le mouvement du barreau plein en cinq oscillations. Comme d'ailleurs les oscillations du barreau creux sont plus rapides que celles du barreau plein, l'avantage du barreau creux est rendu plus sensible encore.

[1] Cette précaution est utile pour ne pas provoquer des variations d'intensité dans le courant de la pile.

plus d'un centième de cette valeur. C'est cette valeur moyenne que j'ai inscrite dans les tableaux qu'on trouvera plus loin. J'ai reconnu, comme les observateurs qui m'ont précédé, que le magnétisme de l'électro-aimant met un certain temps à se développer et à atteindre son maximum. Il ne faut donc pas commencer les expériences immédiatement après la fermeture du circuit voltaïque; c'est seulement après quelques instants que l'aimantation a pris une valeur qui ne varie pas sensiblement pendant la durée d'une expérience complète.

Le galvanomètre devant être placé à une grande distance de l'électro-aimant afin d'être soustrait à son influence, j'étais obligé d'employer un aide pour faire mouvoir la petite bobine, tandis que j'observais les mouvements du barreau aimanté. Je n'ai pas jugé utile de recourir à quelque disposition mécanique particulière, l'expérience m'ayant montré que, malgré les petites irrégularités qu'offre toujours un mouvement exécuté à l'aide de la main, les résultats de plusieurs observations consécutives étaient parfaitement concordants, pourvu que le mouvement fût très-rapide. Si, par hasard, le mouvement était trop lent, ou s'il était exécuté en plusieurs temps, j'en étais averti par la marche de l'aiguille, et je recommençais l'expérience.

J'ai expérimenté seulement sur trois substances, le *verre pesant* de Faraday, le flint commun et le sulfure de carbone; mais ces trois substances diffèrent assez l'une de l'autre pour qu'une loi qui leur convient également puisse être regardée comme générale. J'avais à ma disposition deux échantillons de verre pesant : le premier, que M. de la Rive avait bien voulu me prêter, était un parallélipipède à base carrée, de 40 millimètres de longueur sur 13 millimètres de côté, poli sur ses deux bases et sur une couple de faces latérales; le second, qui appartient à la collection de l'École Normale supérieure, était un parallélipipède rectangle, poli sur six faces, dont les arêtes étaient respectivement égales à $37^{mm},2$, $26^{mm},0$ et $12^{mm},5$. Je désignerai ces deux échantillons par n° 1 et n° 2. L'échantillon de flint était un parallélipipède à base carrée de $43^{mm},3$ de longueur sur $14^{mm},5$ de côté, poli sur ses deux bases et sur une couple de faces latérales. Ces trois échantillons n'étaient pas absolument exempts de trempe; mais, en élevant ou abaissant le support où ils étaient placés et en les faisant glisser sur ce support, on amenait toujours sur le trajet du faisceau de lumière une région où la trempe n'avait pas d'influence sensible, de façon qu'on pût éteindre complétement la lumière incidente par une position convenable de l'analyseur, lorsque l'électro-aimant n'était pas aimanté. Le sulfure de carbone était contenu dans de petites cuves de verre fermées par des plaques de verre ordinaire; l'une de ces cuves avait 44 millimètres, et l'autre 31 millimètres de longueur. Je m'étais assuré d'avance que la rotation due aux plaques de verre terminales était tout à fait insensible.

La loi manifestée par l'ensemble des expériences a été très-simple : *Il y a proportionnalité entre l'action magnétique et la rotation du plan de polarisation.* Les tableaux suivants, qui ne renferment qu'une partie de mes expériences, donnent la démonstration de cette loi. F désigne dans ces tableaux l'action magnétique mesurée par la déviation immédiatement observée au galvanomètre, R le double de la rotation et Q la valeur du quotient $\frac{R}{F}$, lorsqu'on suppose R exprimé en minutes. Dans chaque tableau, les mots *lumière blanche* ou *lumière homogène* indiquent la manière dont s'est faite l'observation optique : l'épaisseur de la substance traversée par les rayons lumineux est également indiquée.

EXPÉRIENCES SUR LE VERRE PESANT N° 1.

I[1].

Lumière blanche.
Épaisseur 40mm.

F	R	Q
143,37	9° 13′ 45″	3,86
115,00	7° 28′ 30″	3,90
112,37	7° 17′ 45″	3,89
87,75	5° 46′ 45″	3,95
63,62	3° 55′ 45″	3,71
	Moyenne..............	3,86

[1] Les centièmes de division et les secondes qu'on verra dans ces tableaux résultent du calcul des moyennes.

II (1).

Lumière homogène indigo.
Épaisseur 40mm.

F	R	Q
157,5	16° 36′	6,32
119,0	13° 13′	6,66
109,62	11° 44′	6,42
	Moyenne..............	6,46

EXPÉRIENCES SUR LE VERRE PESANT N° 2.

III.

Lumière blanche.
Épaisseur 37mm,2.

F	R	Q
148,25	6° 55′ 15″	2,80
116,37	5° 28′	2,82
107,00	5° 9′ 30″	2,89
92,87	4° 26′	2,84
89,37	4° 20′	2,91
83,50	4° 4′ 20″	2,93
59,37	2° 57′ 15″	2,98
	Moyenne..............	2,88

IV.

Lumière blanche.
Épaisseur 26mm.

F	R	Q
143,81	4° 31′	1,88
109,62	3° 30′ 45″	1,92
85,37	2° 48′	1,97
	Moyenne..............	1,93

EXPERIENCES SUR LE FLINT COMMUN.

V.

Lumière blanche.
Épaisseur 43mm,3.

F	R	Q
148,00	4° 40′ 45″	1,90
123,81	4° 2′ 30″	1,96
92,75	2° 57′ 15″	1,91
	Moyenne..............	1,92

(1) Dans ces deux expériences, la distance de la règle divisée au miroir n'a pas été la

EXPÉRIENCES SUR LE SULFURE DE CARBONE.

VI.

Lumière blanche.
Épaisseur 44mm.

F	R	Q
150,37	6° 16′ 15″	2,50
112,87	4° 37′ 30″	2,46
94,19	3° 55′	2,49
69,00	2° 54′	2,52
	Moyenne.............	2,49

VII.

Lumière blanche.
Épaisseur 31mm.

F	R	Q
149,62	4° 19′ 30″	1,73
113,5	3° 23′	1,78
93,5	2° 34′ 45″	1,65
	Moyenne.............	1,72

VIII.

Lumière homogène indigo.
Épaisseur 44mm.

F	R	Q
148,5	10° 47′	4,37
124,5	9° 29′ 30″	4,57
94,4	7° 7′ 30″	4,53
	Moyenne.............	4,49

On voit, par ces tableaux, que l'action magnétique et la rotation peuvent varier dans le rapport de 1 à 3, en demeurant toujours proportionnelles. Il est de plus à remarquer que, dans chaque série d'expériences, on fait varier l'action magnétique de deux manières, en faisant varier tantôt l'intensité du courant, tantôt la distance des branches de l'électro-aimant. On a employé de 4 à 20 éléments de Bunsen, et on a fait varier la distance entre les armatures de 50 à

même; de façon que les actions magnétiques inscrites dans les tableaux I et II ne sont pas mesurées avec la même unité.

90 millimètres, de manière que la distance de chacune de ces armatures au milieu de la substance transparente variât à peu près dans le rapport de 1 à 2. Afin de montrer que, dans l'un et l'autre cas, la loi a été la même, et aussi pour donner une idée de l'accord des observations individuelles dont les tableaux précédents ne contiennent que les moyennes, je rapporterai ici le détail complet des expériences I et VI.

EXPÉRIENCE N° I.

Verre pesant n° 1, épaisseur 40^{mm}.

On fait usage de la lumière blanche.

Distance entre les armatures : 60^{mm}; 20 éléments de Bunsen.

On mesure l'action magnétique; deux observations consécutives donnent les nombres :

143,0
143,5
143,25

AZIMUT DE LA TEINTE DE PASSAGE.

182° 29′
182° 30′
182° 27′
182° 29′
Moyenne.... 182° 28′ 45″

AZIMUT DE LA TEINTE DE PASSAGE APRÈS L'INVERSION DU COURANT.

191° 41′
191° 37′
191° 44′
191° 44′
Moyenne.... 191° 42′ 30″

SECONDE DÉTERMINATION DE L'ACTION MAGNÉTIQUE.

144
143
Moyenne...... 143,5

Rotation double : 9° 13′ 45″; action magnétique : 143,37; rapport : 3,86.

Distance entre les armatures : 80 millimètres; 20 éléments de Bunsen.

ACTION MAGNÉTIQUE.

	115
	115
Moyenne......	115

AZIMUT DE LA TEINTE DE PASSAGE.

	183° 20′
	183° 24′
	183° 19′
	183° 21′
Moyenne....	183° 21′

AZIMUT APRÈS L'INVERSION DU COURANT.

	190° 50′
	190° 47′
	190° 51′
	190° 49′
Moyenne....	190° 49′ 30″

ACTION MAGNÉTIQUE.

	115
	115
Moyenne......	115

Rotation double : 7° 28′ 30″; action magnétique moyenne : 115; rapport : 3,90.

Distance entre les armatures : 60 millimètres; 10 éléments de Bunsen.

ACTION MAGNÉTIQUE.

	113,0
	112,5
Moyenne.....	112.75

AZIMUT DE LA TEINTE DE PASSAGE.

	183° 25′
	183° 23′
	183° 25′
	183° 26′
Moyenne....	183° 24′ 45″

AZIMUT APRÈS L'INVERSION DU COURANT.

	190° 43′
	190° 42′
	190° 44′
	190° 41′
Moyenne....	190° 42′ 30″

ACTION MAGNÉTIQUE.

	112
	112
Moyenne......	112

Rotation double : 7° 17′ 45″; action magnétique moyenne : 112,37; rapport : 3,89.

Distance entre les armatures : 80 millimètres; 10 éléments de Bunsen.

ACTION MAGNÉTIQUE.

	87,0
	88,0
Moyenne.....	87,5

AZIMUT DE LA TEINTE DE PASSAGE.

	190° 2′
	189° 59′
	190° 0′
	189° 59′
Moyenne....	190° 0′

AZIMUT APRÈS L'INVERSION DU COURANT.

	184° 15'
	184° 13'
	184° 12'
	184° 13'
Moyenne....	184° 13' 15"

ACTION MAGNÉTIQUE.

	88,0
	88,0
Moyenne.....	88,0

Rotation double : 5° 46' 45"; action magnétique moyenne : 87,75 ; rapport : 3,95.

Distance entre les armatures : 90 millimètres; 10 éléments de Bunsen.

ACTION MAGNÉTIQUE.

	64,0
	64,0
Moyenne.....	64,0

AZIMUT DE LA TEINTE DE PASSAGE.

	189° 0'
	188° 58'
	189° 2'
	189° 0'
Moyenne....	189° 0'

AZIMUT APRÈS L'INVERSION DU COURANT.

	185° 3'
	185° 6'
	185° 5'
	185° 5'
Moyenne....	185° 4' 15"

ACTION MAGNÉTIQUE.

	63° 25
	63° 25
Moyenne.....	63° 25

Rotation double : 3° 55′ 45″; action magnétique moyenne : 63,62; rapport : 3,71.

EXPÉRIENCE N° VI.

Sulfure de carbone : épaisseur, 44 millimètres.
On fait usage de la lumière blanche.
Distance entre les armatures : 62 millimètres; 20 éléments de Bunsen.

ACTION MAGNÉTIQUE.

	151,0
	151,0
Moyenne....	151,0

AZIMUT DE LA TEINTE DE PASSAGE.

	183° 53′
	183° 52′
	183° 54′
	183° 54′
Moyenne....	183° 53′ 45″

AZIMUT APRÈS L'INVERSION DU COURANT.

	190° 12′
	190° 10′
	190° 10′
	190° 8′
Moyenne....	190° 10′

ACTION MAGNÉTIQUE.

	150,0
	149.5
Moyenne.....	149,75

Rotation double : 6° 16′ 15″; action magnétique moyenne : 150,37; rapport : 2,50.

Distance entre les armatures : 90 millimètres; 20 éléments de Bunsen.

ACTION MAGNÉTIQUE.

113
113

113

AZIMUT DE LA TEINTE DE PASSAGE.

184° 40′
184° 39′
184° 38′
184° 40′

Moyenne.... 184° 39′ 15″

AZIMUT APRÈS L'INVERSION DU COURANT.

189° 14′
189° 16′
189° 20′
189° 17′

Moyenne.... 189° 16′ 45″

ACTION MAGNÉTIQUE.

113,0
112,5

Moyenne..... 112,75

Rotation double : 4° 37′ 30″; action magnétique moyenne : 112,87; rapport : 2,46.

Distance entre les armatures : 62 millimètres; 6 éléments de Bunsen.

ACTION MAGNÉTIQUE.

94,0
94,25

Moyenne..... 94.12

AZIMUT DE LA TEINTE DE PASSAGE.

	184° 55′
	185° 0′
	185° 2′
	185° 6′
Moyenne....	185° 0′ 45″

AZIMUT APRÈS L'INVERSION DU COURANT.

	188° 56′
	188° 55′
	188° 57′
	188° 55′
Moyenne....	188° 55′ 45″

ACTION MAGNÉTIQUE.

	94,0
	94,5
Moyenne.....	94,25

Rotation double : 3° 55′; action magnétique moyenne : 94,19; rapport 2,49.

Distance entre les armatures : 90 millimètres; 6 éléments de Bunsen.

ACTION MAGNÉTIQUE.

	68,0
	69,0
Moyenne....	68,5

AZIMUT DE LA TEINTE DE PASSAGE.

	185° 28′
	185° 31′
	185° 29′
	185° 30′
Moyenne....	185° 29′ 30″

AZIMUT APRÈS L'INVERSION DU COURANT.

	188° 22′
	188° 23′
	188° 25′
	188° 24′
Moyenne....	188° 23′ 30″

ACTION MAGNÉTIQUE.

	70.0
	69.0
Moyenne.....	69.5

Rotation double : 2° 54′; action magnétique moyenne : 69,0; rapport : 2,52.

On peut juger, par ces détails, de l'exactitude des expériences. On voit, en particulier, que chaque observation de la teinte de passage doit être exacte, comme je l'ai dit plus haut, à deux ou trois minutes près, et que par conséquent la mesure des rotations ne comporte pas d'erreur supérieure à cinq ou six minutes; l'erreur probable de la mesure de l'action magnétique est d'une demi-division de l'échelle. Quelque faibles que soient ces incertitudes, on peut s'assurer qu'elles suffisent à rendre compte des différences qu'on trouve entre les diverses valeurs du rapport de la rotation à l'action magnétique déterminées dans une même série d'observations.

Il est important de remarquer que la proportionnalité de la rotation et de l'action magnétique se vérifie avec la même exactitude, soit que la distance des centres magnétiques à la substance transparente vienne à changer, soit que la quantité de magnétisme libre accumulée en ces divers centres éprouve une variation. Cette loi de proportionnalité est démontrée par nos expériences pour des corps transparents de dimensions finies dont toutes les parties sont également affectées par l'électro-aimant; elle est donc vraie pour toutes les tranches infiniment petites dans lesquelles on peut concevoir le corps transparent décomposé. Il résulte de là que la loi élémentaire des phénomènes peut se formuler de la manière suivante : *Le pouvoir rotatoire développé par l'action d'un centre magnétique dans une tranche infiniment mince d'une substance monoréfringente varie proportionnellement à l'action magnétique, c'est-à-dire en raison directe de la quantité de magnétisme accumulée en ce centre, et en raison inverse du carré de la distance.*

M. Wiedemann a démontré que le pouvoir rotatoire développé par l'action directe des courants électriques est proportionnel à l'intensité de ces courants. Il n'a pas fait d'expériences sur l'influence qu'exerce la situation relative des courants électriques et des substances transparentes; mais si l'on compare les résultats de M. Wiedemann avec les miens, si de plus on tient compte de l'identité générale des propriétés des aimants et des systèmes de courants fermés, il paraîtra assez évident que le pouvoir rotatoire développé par un système de courants fermés dans une tranche infiniment mince d'une substance transparente doit être proportionnel à l'action qu'exercerait le système sur une molécule de fluide magnétique.

Je me trouve en contradiction complète avec la loi formulée par M. Bertin, d'après laquelle la rotation du plan de polarisation due à l'influence d'un seul pôle magnétique décroîtrait en progression géométrique, lorsque la distance de la substance transparente au pôle croîtrait en progression arithmétique. L'explication de ce désaccord n'est pas difficile à donner. M. Bertin considère comme pôle la surface terminale du fer doux d'une des branches de l'électro-aimant de M. Ruhmkorff. Or, cette surface ne saurait être regardée comme un pôle, du moins si l'on attribue à cette expression le sens précis qu'on doit lui donner : c'est un système de centres magnétiques distribués sur une assez grande étendue, et dont l'action ne peut être assimilée à celle d'un centre unique. Il n'y a donc pas à chercher de loi élémentaire qui fasse dépendre la rotation du plan de polarisation de la distance de la substance transparente à cette surface polaire : on ne peut trouver qu'une formule empirique, qui devra changer lorsqu'on changera d'électro-aimant, ou même lorsqu'on changera simplement les armatures terminales d'un même électro-aimant. Mais si la loi que j'ai établie dans ce mémoire est vraie, la formule empirique qui représente le décroissement des rotations à diverses distances de la surface polaire devra aussi représenter le décroissement de l'action magnétique, puisque ces deux quantités sont toujours proportionnelles; par conséquent, dans l'appareil de M. Bertin, les actions magnétiques devaient décroître en progression géométrique, lorsque les distances à la surface polaire croissaient en progression arithmétique.

Des expériences directes ont complétement vérifié cette conclusion. L'appareil dont je faisais usage, et qui appartient au cabinet de l'École normale supérieure, était précisément celui dont M. Bertin s'était servi dans ses recherches. J'ai enlevé l'une des branches de l'électro-aimant, et à l'extrémité de la branche unique que j'ai conservée j'ai vissé, au lieu de la grosse armature de mes expériences, la petite armature octogone que M. Ruhmkorff dispose ordinairement dans ses appareils, et dont M. Bertin s'était lui-même servi. J'ai déterminé par la méthode indiquée plus haut la grandeur de l'action magnétique à diverses distances de la surface terminale de cette armature [1], et j'ai observé un décroissement très-lent qui peut se représenter passablement par une progression géométrique décroissante, bien qu'il soit en réalité un peu moins rapide. On en jugera par le tableau suivant :

DISTANCE À LA SURFACE POLAIRE.	ACTION MAGNÉTIQUE [2].	RAPPORT DE CHAQUE ACTION MAGNÉTIQUE À LA PRÉCÉDENTE.
20^{mm}	192,25	//
30	146,00	0,76
40	113,75	0,78
50	91,00	0,80
60	73,75	0,81
70	61,25	0,83
	Moyenne.........	0,796

J'ai répété l'expérience au bout d'un intervalle de deux mois

[1] Cette méthode ne donne rigoureusement la valeur de l'action magnétique que lorsque cette action est constante dans l'espace où se meut la bobine inductrice; mais si les valeurs de l'action magnétique aux divers points de cet espace sont peu différentes, il est clair que la méthode détermine sensiblement la valeur moyenne.

[2] Les actions magnétiques inscrites dans cette colonne ont été déterminées par la méthode des alternatives, afin d'éliminer l'influence des petites variations d'intensité du courant de la pile. La pile se composait de 10 éléments de Bunsen.

pendant lequel l'électro-aimant avait été très-fréquemment mis en usage, et j'ai encore obtenu la même loi, comme le montre le tableau suivant :

DISTANCE À LA SURFACE POLAIRE.	ACTION MAGNÉTIQUE (1).	RAPPORT DE CHAQUE ACTION MAGNÉTIQUE À LA PRÉCÉDENTE.
25^{mm}	129,0	//
35	97,0	0,75
45	76,0	0,78
55	60,9	0,80
65	49,7	0,81
	Moyenne.........	0,785

Ainsi, par l'effet du temps et de l'usage, l'électro-aimant ne paraît pas se modifier de façon que la loi de son action sur un point extérieur soit sensiblement changée. Il est donc permis de croire que lorsque M. Bertin a fait ses expériences en 1847 et 1848, s'il avait mesuré les actions magnétiques exercées à diverses distances, il eût obtenu des résultats entièrement semblables aux précédents; il aurait donc pu les représenter par une progression géométrique décroissante, dont la raison aurait très-peu différé de la moyenne des deux déterminations précédentes, c'est-à-dire de 0,790. Or, on trouve dans le mémoire de M. Bertin (2) cinq séries d'expériences relatives au décroissement des rotations observées à diverses distances d'une seule branche de l'électro-aimant. Les deux premières sont relatives au verre pesant de Faraday, et peuvent se représenter par deux progressions géométriques décroissantes dont les raisons sont respectivement 0,78329 et 0,78330 pour 10 millimètres d'accroissement de distance; la troisième est relative à un flint préparé par M. Matthiessen, et se représente par une progression géométrique décroissante dont la raison est 0,78233; la quatrième est relative au sulfure de carbone, et se représente par une progression géométrique décroissante dont la raison est 0,78329; la cinquième enfin est relative au verre pesant de Faraday, et se représente par une progression géométrique décroissante dont la raison est 0,78329.

(1) Voir la note 2 de la page 148.

(2) *Annales de chimie et de physique*, 3e série, t. XXIII, p. 22, 23 et 27.

La moyenne des raisons de ces cinq progressions géométriques est 0,78318, et diffère par conséquent bien peu de 0,790. Ainsi, les expériences de M. Bertin s'accordent entièrement avec la loi qu'elles semblent contredire.

Pour bien mettre en évidence l'influence qu'exerce la forme des surfaces terminales de l'électro-aimant sur la loi de décroissement de l'action magnétique, j'ai répété la même série d'expériences en vissant une de mes grosses armatures à l'extrémité de la branche de l'électro-aimant que je faisais agir. J'ai obtenu une loi de décroissement bien plus lente que dans le cas précédent, qui peut encore se représenter par une progression géométrique décroissante. Au contraire, le décroissement a été bien plus rapide et tout à fait différent de celui qu'aurait indiqué une progression géométrique décroissante, lorsque j'ai remplacé la grosse armature par un cône de fer doux de 24 millimètres de hauteur sur 45 millimètres de diamètre à la base. Les tableaux suivants contiennent les résultats de ces expériences :

GROSSE ARMATURE.

DISTANCE À LA SURFACE POLAIRE.	ACTION MAGNÉTIQUE.	RAPPORT DE CHAQUE ACTION MAGNÉTIQUE À LA PRÉCÉDENTE.
22mm	77,00	//
32	73,75	0,96
42	67,87	0,92
52	61,75	0,91
62	55,50	0,90
	Moyenne.........	0,9225

ARMATURE CONIQUE.

DISTANCE AU SOMMET DU CÔNE.	ACTION MAGNÉTIQUE.	RAPPORT DE CHAQUE ACTION MAGNÉTIQUE À LA PRÉCÉDENTE.
25mm	137,00	//
35	98,00	0,71
45	74,50	0,76
55	61,75	0,83

Enfin les expériences n° III et n° IV et les expériences n° VI et n° VII fournissent une vérification qui ne doit pas être négligée.

Dans les expériences n° III et n° IV, j'ai mesuré les rotations produites par deux épaisseurs différentes d'un même morceau de verre pesant; si ces mesures répondaient à des actions magnétiques égales, les rotations devraient être proportionnelles aux épaisseurs, en vertu de l'identité d'action de toutes les tranches de la substance. En réalité, les actions magnétiques n'ont pas été les mêmes dans les deux expériences; mais il est clair que, si les expériences ont été bien faites, les rapports des rotations aux actions magnétiques doivent être proportionnels aux épaisseurs. Or, ces rapports sont respectivement égaux à 2,88 et 1,92; en les divisant par les épaisseurs correspondantes 37,2 et 26, on obtient les quotients 0,077 et 0,074, c'est-à-dire des nombres dont les différences n'excèdent pas les incertitudes des expériences. Les expériences n° VI et n° VII relatives au sulfure de carbone conduisent à la même conclusion. Les rapports des rotations aux actions magnétiques dans ces deux expériences sont 2,49 et 1,72; en les divisant par les épaisseurs correspondantes 44 et 31, on obtient les quotients 0,056 et 0,055 [1].

[1] Il n'aurait pas été possible de comparer directement les rotations produites par deux épaisseurs différentes sous l'influence d'une même action magnétique, au moins dans le cas du verre pesant. La lumière solaire, en traversant le verre, l'échauffe sensiblement, et il en résulte que le verre acquiert un pouvoir biréfringent sensible dans toute direction perpendiculaire à celle du rayon de lumière. L'observation sous une épaisseur perpendiculaire à la première épaisseur étudiée est donc impossible tant que ce pouvoir biréfringent n'a pas entièrement disparu, et cette disparition exige souvent plus d'une heure.

RECHERCHES

SUR

LES PROPRIÉTÉS OPTIQUES

DÉVELOPPÉES DANS LES CORPS TRANSPARENTS

PAR L'ACTION DU MAGNÉTISME.

DEUXIÈME PARTIE.

(*COMPTES RENDUS DE L'ACADÉMIE DES SCIENCES*, TOME XXXIX, PAGE 548.)

J'ai l'honneur de présenter à l'Académie la suite d'un travail dont je lui ai soumis la première partie, il y a quelques mois.

Dans mes premières expériences, je me suis occupé de mesurer la rotation du plan de polarisation d'un rayon de lumière qui traverse une substance transparente monoréfringente, dans une direction parallèle à la direction de l'action magnétique, et je crois avoir démontré que cette rotation est proportionnelle à la grandeur de l'action magnétique. Dans mon nouveau travail, j'ai considéré les phénomènes qui ont lieu lorsque la direction du rayon lumineux fait un angle quelconque avec la direction de l'action magnétique, et je suis encore arrivé à des lois d'une grande simplicité.

Dans cette nouvelle série de recherches, j'ai dû renoncer à me servir des appareils le plus généralement usités, qui ne permettent de donner aux rayons lumineux qu'une seule direction, la direction même de l'action magnétique. J'ai dû recourir à la disposition expérimentale dont M. Faraday avait primitivement fait usage, et qui consiste à faire passer le rayon lumineux un peu au-dessus du plan des bases d'un électro-aimant ordinaire en fer à cheval. Il est clair que l'on peut donner ainsi à l'axe de la substance transparente et au rayon lumineux telle direction que l'on voudra par rapport au plan de symétrie de l'électro-aimant, et, conséquemment, par rapport à la direction de l'action magnétique; mais il n'est pas moins évident que, pour la rigueur des expériences, il importe que l'action magnétique soit constante en grandeur et en direction dans tout l'espace qu'occupe la substance transparente. Cette condition n'est pas satisfaite lorsqu'on emploie les électro-aimants cylindriques qui se trouvent dans les cabinets de physique; on y satisfait aisément en fixant au-dessus des bases de ces électro-aimants deux fortes armatures de fer doux, présentant en regard l'une de l'autre deux bords rectilignes et parallèles d'une assez grande étendue. Dans mon appareil, ces deux bords rectilignes avaient 16 centimètres de longueur, et étaient séparés par un intervalle de 8 centimètres; je me suis assuré, par les moyens indiqués dans mon précédent mémoire, que l'action optique et l'action magnétique étaient sensiblement constantes dans toute l'étendue du rectangle dont ces deux bords rectilignes seraient les bases, ainsi qu'un peu au-dessus et un peu au-dessous.

Le rayon lumineux, réfléchi horizontalement par un héliostat et polarisé par un prisme biréfringent, conservait une direction invariable; il arrivait normalement sur la substance transparente, qui gardait aussi la même position. L'électro-aimant seul était mobile et tournait autour d'un axe vertical passant à peu près par le centre de la substance transparente. Au commencement de chaque série d'observations, le plan de symétrie de l'électro-aimant était parallèle au rayon lumineux; on le faisait ensuite tourner d'un angle quelconque; mais, afin de corriger les erreurs qui auraient pu tenir à un défaut de symétrie dans l'ajustement de l'appareil, on répétait chaque observation deux fois, en faisant tourner successivement l'électro-aimant d'un même angle à droite et à gauche de sa position primitive.

Les résultats des expériences peuvent, ainsi que je l'ai annoncé plus haut, se formuler d'une manière très-simple. Quelle que soit la direction du rayon lumineux par rapport à la direction de l'action magnétique, le phénomène optique observé n'est jamais qu'une rotation du plan de polarisation, et cette rotation est proportionnelle au cosinus de l'angle compris entre les deux directions dont il s'agit, proportionnelle, par conséquent, à la composante de l'action magnétique parallèle au rayon de lumière. J'ai vérifié cette loi sur les substances étudiées dans mon précédent mémoire, le verre pesant, le flint ordinaire et le sulfure de carbone, et j'ai étendu mes expériences jusqu'à des angles de 80 degrés, compris entre la direction du rayon lumineux et celle de l'action magnétique.

RECHERCHES

SUR

LES PROPRIÉTÉS OPTIQUES

DÉVELOPPÉES DANS LES CORPS TRANSPARENTS

PAR L'ACTION DU MAGNÉTISME.

DEUXIÈME PARTIE.

(*ANNALES DE CHIMIE ET DE PHYSIQUE*, 3ᵉ SÉRIE, TOME XLIII, PAGE 37.)

En faisant connaître sa découverte de la rotation du plan de polarisation produite par l'influence du magnétisme, M. Faraday annonça que le phénomène se produisait avec sa plus grande intensité lorsque la direction du rayon de lumière était parallèle à celle des forces magnétiques, et qu'il disparaissait lorsque les deux directions précédentes étaient rectangulaires; mais il ne dit rien de la manière dont s'effectuait le passage d'un des extrêmes à l'autre. Les observateurs qui ont suivi M. Faraday ont confirmé ces deux résultats, mais ils n'y ont rien ajouté. M. Bertin a fait quelques expériences en posant un morceau de flint ou de verre pesant sur la base d'un électro-aimant cylindrique à diverses distances de l'axe : il a observé ainsi des rotations du plan de polarisation variables avec la position de la substance transparente, mais il n'a formulé aucune loi, et d'ailleurs il est clair que la loi élémentaire des phénomènes ne pouvait être découverte dans des circonstances expérimentales aussi complexes. M. Pouillet, M. Edmond Becquerel, M. Wiedemann, ont, dans toutes leurs expériences, dirigé les rayons de lumière parallèlement à l'action magnétique.

Je me suis proposé, dans cette deuxième partie de mon travail, de compléter la connaissance du phénomène découvert par M. Faraday, en déterminant d'une manière générale ce qui se passe lorsque l'angle formé par la direction du rayon de lumière avec la direction de l'action magnétique varie de 0 à 90 degrés. L'intérêt de cette recherche n'a pas besoin d'être signalé : il est évident qu'elle doit précéder toute discussion des théories qui ont été ou qui pourront être proposées pour l'explication des phénomènes.

Les appareils ordinaires ne sont pas disposés de manière à se prêter à ce genre d'expériences : le rayon de lumière ne peut y recevoir qu'une seule direction, qui est précisément la direction de l'action magnétique. Cela arrive, par exemple, dans l'appareil de Ruhmkorff, qui du reste n'a été construit qu'en vue de donner la plus grande intensité possible aux phénomènes observés suivant la direction dont il s'agit. J'ai cependant essayé d'abord de faire usage de l'appareil de Ruhmkorff en donnant aux rayons lumineux une direction variable à l'aide de deux réflexions successives sur des miroirs plans parallèles. Il m'a suffi d'un petit nombre d'expériences pour reconnaître que cette modification de l'appareil ne pouvait donner aucun résultat digne de confiance. J'ai dû, en conséquence, expérimenter à peu près comme l'avait fait M. Faraday, c'est-à-dire en plaçant la substance transparente et faisant passer le rayon de lumière un peu à côté ou un peu au-dessus des extrémités polaires de l'électro-aimant : seulement j'ai dû disposer l'appareil de manière que l'espace occupé par la substance transparente fût, comme dans mes premières recherches, un *champ magnétique d'égale intensité.*

A cet effet, j'ai pris un fort électro-aimant en fer à cheval, composé de deux cylindres de fer doux de $0^m,20$ de hauteur sur $0^m,075$ de diamètre, environnés chacun de 250 mètres de fil de cuivre de $2^{mm},5$ de diamètre, et fixés aux extrémités d'une barre de fer AB de $0^m,35$ de longueur sur $0^m,07$ de largeur et $0^m,015$ d'épaisseur (fig. 23)[1]; je l'ai fait monter sur un pied de cuivre à quatre vis

[1] La figure représente une vue horizontale et supérieure de l'appareil. Le rayon de lumière MN et la direction de l'action magnétique RQ y font un angle de 30 degrés.

calantes, V, V', V'', V''', de manière qu'il pût tourner autour d'un axe vertical passant par le milieu de la barre transversale AB; l'alidade C, en se déplaçant sur la graduation du cercle horizontal DE, faisait connaître le déplacement angulaire du système. Sur la base horizontale supérieure de chaque branche verticale étaient fixées deux armatures de fer doux, dont la figure fera aisément comprendre la

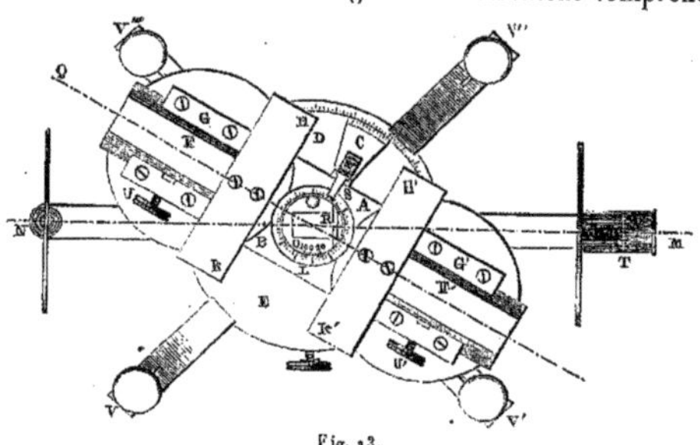

Fig. 13.

disposition. Deux pièces prismatiques F et F' glissaient dans deux espèces d'ornières G et G', et pouvaient s'y fixer dans une position quelconque à l'aide des vis de pression U et U'; à leurs extrémités ces pièces portaient en regard l'une de l'autre deux lames de fer doux, HK, H'K', de $0^m,16$ de longueur sur $0^m,04$ de largeur et $0^m,005$ d'épaisseur. Les deux bords de ces plaques étaient exactement parallèles, et, lorsqu'on les écartait d'un intervalle convenable, il était facile de reconnaître, par les moyens indiqués dans mon précédent mémoire, que l'action magnétique était sensiblement constante dans toute l'étendue du rectangle HKH'K', ainsi qu'à une petite hauteur en dessus et en dessous; entre les mêmes limites l'action optique était également invariable. Au milieu de l'intervalle des deux branches de l'électro-aimant était une tige verticale de cuivre, s'élevant à peu près jusqu'au niveau de la surface supérieure des armatures, et portant à son extrémité une plaque horizontale L, dont la circonférence était graduée : au-dessus de cette plaque se trouvait une seconde plaque O, mobile autour d'un axe vertical qui coïncidait avec l'axe de rotation de l'électro-aimant, et munie d'un vernier qui donnait les dixièmes de degré. C'est sur cette seconde plaque, et contre un petit rebord R, que la substance transparente était posée. Une tige verticale, fixée latéralement à la barre transversale AB, portait un repère S à la hauteur de la graduation de la plaque L. Deux autres tiges verticales, fixées au pied de l'appareil et indépendantes de l'électro-aimant, portaient deux écrans noircis, de $0^m,15$ de diamètre. Au centre de l'un des écrans se trouvait un prisme biréfringent T, qui polarisait la lumière incidente; l'autre écran était simplement percé en son centre d'une ouverture de $0^m,003$ de diamètre, destinée à laisser passer un faisceau cylindrique étroit [1]. L'appareil analyseur était complétement indépendant et se trouvait placé à quelque distance. C'était la petite lunette qui m'avait servi dans mes premières recherches.

La marche des expériences était la suivante : un faisceau de lumière solaire, réfléchi par un héliostat, se polarisait en traversant le prisme biréfringent T, rencontrait la substance transparente et était ensuite analysé au delà du diaphragme. On amenait d'abord le plan de symétrie de l'électro-aimant, et par conséquent la direction de l'action magnétique, à être parallèle au rayon de lumière, en faisant coïncider le zéro de l'alidade C avec le zéro de la graduation correspondante; on disposait la substance transparente de manière que les faces d'entrée et de sortie fussent normales à cette même direction, en faisant coïncider le zéro du vernier supérieur avec le zéro de la graduation correspondante, et l'on observait le phénomène optique. Ensuite on déplaçait d'un angle quelconque l'électro-aimant; la substance transparente se déplaçait d'un angle égal, mais on la ramenait dans sa position primitive par une rotation inverse et exactement égale de la plaque O; le rayon lumineux conservait d'ailleurs une direction invariable, et par conséquent traversait toujours la même épaisseur de la substance transparente. L'appareil étant ainsi disposé, on observait le phénomène optique; mais on avait soin de répéter chaque expérience deux fois, en faisant successivement tourner l'électro-aimant d'angles égaux vers la gauche et vers la droite, et l'on prenait la moyenne des résultats obtenus,

[1] L'appareil a été construit par M. Ruhmkorff.

afin d'éliminer l'influence possible d'un défaut d'exactitude dans l'arrangement des diverses pièces de l'appareil. Pour de petits déplacements angulaires de l'électro-aimant, les deux résultats n'offraient pas de différences sensibles; lorsque le déplacement angulaire atteignait ou excédait 45 degrés, les différences des résultats étaient supérieures aux erreurs habituelles d'observation.

Il m'a été facile de constater, en premier lieu, que le phénomène optique est, dans tous les cas, simplement une rotation du plan de polarisation. En faisant usage de la lumière homogène, et disposant d'abord l'analyseur de manière à éteindre complétement l'une des deux images du diaphragme, j'ai vu reparaître cette image par l'influence du magnétisme; mais quelle que fût la situation relative de l'électro-aimant et de la substance transparente, j'ai toujours pu éteindre de nouveau l'image dont il s'agit par une rotation convenable de l'analyseur. En opérant avec la lumière blanche, j'ai vu reparaître l'image avec une coloration variable; et en faisant varier la position de l'analyseur, j'ai toujours vu les teintes se succéder dans l'ordre caractéristique du phénomène des rotations, quel que fût l'arrangement de l'appareil. J'ai d'ailleurs reconnu, comme on l'avait fait avant moi, qu'aucun effet n'est produit lorsque l'action magnétique est perpendiculaire à la direction du rayon de lumière.

Ainsi les phénomènes se sont montrés tout de suite moins compliqués qu'on n'aurait pu l'attendre. Lorsque la direction du rayon de lumière polarisée est parallèle à celle de l'action magnétique, il y a une certaine rotation du plan de polarisation; lorsque ces deux directions sont à angle droit, la rotation est nulle; lorsque leur angle varie de 0 à 90 degrés, la rotation décroît d'une manière continue. Ce fait général une fois constaté, il ne restait qu'à déterminer, par des mesures exactes, la loi du décroissement des rotations. Les appareils et les procédés optiques décrits dans mon précédent mémoire demeuraient donc entièrement applicables. Par les raisons indiquées ailleurs, j'ai constamment préféré l'usage de la lumière blanche et l'observation de la teinte de passage à l'usage de la lumière homogène.

La mesure des phénomènes m'a conduit encore une fois à une loi très-simple : *La rotation du plan de polarisation est proportionnelle au cosinus de l'angle compris entre la direction du rayon de lumière et celle de l'action magnétique;* en conséquence, elle est proportionnelle à la composante de l'action magnétique parallèle à la direction du rayon de lumière.

J'ai expérimenté sur les mêmes substances que dans mes premières recherches, savoir : le *verre pesant*, le flint et le sulfure de carbone. Le sulfure de carbone était toujours renfermé dans les petites cuves que mon premier mémoire a décrites : l'échantillon de flint était le même qui m'avait déjà servi; mais aux deux échantillons de verre pesant dont j'ai donné les dimensions au même endroit j'en ai pu ajouter un troisième, de dimensions un peu plus petites, que M. Faraday avait bien voulu m'envoyer.

Je rapporterai seulement le tableau des résultats de deux expériences, toutes les deux exécutées par la méthode de l'observation de la teinte de passage : α désigne, dans ces tableaux, l'angle du rayon lumineux avec la direction de l'action magnétique; R et R', les rotations *complètes* [1] observées suivant que l'angle α est compté à droite ou à gauche : M, la moyenne de ces rotations; Q, le rapport de cette moyenne exprimée en minutes au cosinus de l'angle α; M_1, les valeurs de M calculées en supposant exacte la loi du cosinus, et adoptant pour le rapport de la rotation au cosinus de l'angle α la moyenne des valeurs de Q. Δ représente la différence de M et de M_1 [2].

[1] Je rappellerai qu'on désigne ainsi les différences des deux azimuts de la teinte de passage qui correspondent à deux directions inverses du courant électrique. Chacun de ces azimuts était déterminé, comme dans mes premières recherches, par quatre observations individuelles différant entre elles de cinq à six minutes tout au plus.

[2] Pour éviter l'effet des variations du courant électrique, j'ai opéré par la méthode des alternatives, en prenant toujours pour terme de comparaison la rotation correspondante à $\alpha = 0$; les valeurs observées inscrites dans les tableaux sont celles qui auraient été observées si la rotation correspondante à $\alpha = 0$ était demeurée constante. Je les ai calculées à l'aide d'une proportion.

EXPÉRIENCES SUR LE VERRE PESANT.

Épaisseur : 40 millimètres.

α	R	R'	M	Q	M_1	Δ
0°	"	"	8°55'45"	535,75	8°55'45"	0°0' 0"
15	8°26'30"	8°32' 0"	8 29 15	527,25	8 37 50	− 0 8 35
30	7 38 0	7 42 0	7 40 0	531,25	7 44 0	− 0 4 0
45	6 17 45	6 22 15	6 20 0	537,50	6 18 45	+ 0 1 15
60	4 22 30	4 35 0	4 28 45	537,50	4 27 45	+ 0 1 0
75	2 9 30	2 29 30	2 19 30	539,00	2 18 45	+ 0 0 45
Moyenne.............				535,65	"	"

EXPÉRIENCES SUR LE SULFURE DE CARBONE.

Épaisseur : 44 millimètres.

α	R	R'	M	Q	M_1	Δ
0°	"	"	5°58' 0"	358, 0	5°56' 0"	+ 0°2' 0"
15	5°44' 0"	5°47'30"	5 45 45	357,25	5 44 0	+ 0 1 45
30	5 5 2	5 10 30	5 7 45	355,25	5 8 15	− 0 0 30
45	4 62 0	4 16 0	4 9 0	352, 0	4 11 45	− 0 2 45
60	2 52 0	3 5 30	2 58 45	357,50	2 58 0	+ 0 0 45
Moyenne.............				356,00	"	"

La forme de la loi qui vient d'être établie explique une circonstance que j'avais remarquée dans mes premières expériences : lorsque le rayon de lumière est parallèle à la direction de l'action magnétique, on peut déranger, d'une manière très-sensible, l'ajustement de l'appareil, et par conséquent faire varier l'angle α de zéro à 3 ou 4 degrés, sans altérer d'une quantité appréciable la rotation du plan de polarisation.

Si l'on adopte les idées théoriques de Fresnel sur la rotation des plans de polarisation, on se représentera les phénomènes en disant qu'un rayon de lumière polarisée qui tombe normalement sur une substance transparente soumise à l'influence magnétique se transforme en deux rayons polarisés circulairement et en sens contraire qui se propagent avec des vitesses inégales. Si l'on désigne ces vitesses de propagation par v et v', il résulte de la loi énoncée dans ce mémoire que l'expression $\frac{1}{v} - \frac{1}{v'}$ varie proportionnellement au cosinus de l'angle compris entre la direction du rayon lumineux et celle de l'action magnétique.

Je me bornerai à cette remarque théorique, et je m'abstiendrai, pour le moment, de toute réflexion ultérieure sur la loi que j'ai établie.

NOTE

SUR

LES PROPRIÉTÉS OPTIQUES

DÉVELOPPÉES DANS LES CORPS TRANSPARENTS

PAR L'ACTION DU MAGNÉTISME.

(*COMPTES RENDUS DE L'ACADÉMIE DES SCIENCES*, TOME XLIII, PAGE 529.)

Plusieurs physiciens ont indiqué des relations entre la rotation du plan de polarisation produite sous l'influence du magnétisme et diverses propriétés physiques des corps transparents. M. de la Rive, en rapportant, dans le premier volume de son *Traité de l'Électricité*, les expériences de M. Bertin, fait remarquer que la rotation est, en général, d'autant plus forte que l'indice de réfraction est plus élevé. Deux substances, citées dans le tableau que M. Bertin a inséré dans son mémoire, font exception à cette règle, savoir : l'alcool et l'éther, qui sont, comme on sait, plus réfringents que l'eau, et qui cependant, sous l'influence du magnétisme, font tourner d'un angle notablement moindre le plan de polarisation de la lumière. J'ai eu particulièrement en vue, en commençant mon travail, de déterminer la portée de la règle de M. de la Rive, que diverses raisons, qu'il est inutile de reproduire, me faisaient considérer comme assez fondée. J'ai, en conséquence, mesuré l'indice de réfraction d'un assez grand nombre de substances, et j'ai ensuite comparé l'action qu'elles exercent sur la lumière polarisée, lorsqu'on les place entre les pôles d'un électro-aimant. Afin de n'employer que des corps nettement définis et qu'on pût aisément obtenir sous des épaisseurs égales, j'ai exclusivement opéré sur des liquides, et particulièrement sur des dissolutions salines. L'ensemble de mes expériences n'a pas été favorable à la règle qu'il s'agissait de vérifier, et je crois en pouvoir conclure qu'il n'existe pas de relation entre l'indice de réfraction et ce que je me permettrai d'appeler, pour abréger le discours, le *pouvoir rotatoire magnétique*. Le tableau suivant contient les résultats d'un certain nombre d'expériences où la règle proposée par M. de la Rive s'est trouvée très-évidemment en défaut.

NATURE DE LA SUBSTANCE.	INDICE DE RÉFRACTION MOYEN.	ROTATION COMPLÈTE produite par une épaisseur de 44 millim.
Eau distillée	1,334	4° 0′
Dissolution de sel ammoniac (étendue)	1,359	4 45
——— de protochlorure d'étain (étendue)	1,364	5 27
——— de sel ammoniac (concentrée)	1,370	5 29
——— de carbonate de potasse	1,371	4 21
——— de chlorure de calcium	1,372	4 55
——— de protochlorure d'étain (étendue)	1,378	6 10
——— de chlorure de zinc	1,394	5 57
——— de protochlorure d'étain (concentrée)	1,424	8 16
——— de nitrate d'ammoniaque	1,448	3 44
Chlorure de carbone liquide ($C^2 Cl^4$)	1,466	5 12

M. Bertin a reconnu que certaines substances, savoir : le nitrate d'ammoniaque et le sulfate de protoxyde de fer, en se dissolvant dans l'eau, diminuent le pouvoir rotatoire magnétique de la dissolution. M. Edmond Becquerel a fait une observation analogue sur le protochlorure de fer, et il a cru pouvoir dire d'une manière générale que la rotation du plan de polarisation due à l'influence du magnétisme varie en sens inverse de la puissance magnétique des corps. Les expériences que rapporte M. Edmond Becquerel ne permettent pas de considérer cette loi comme absolue. On y voit, en effet, que, la rotation de l'eau étant représentée par 10, celles de deux dissolutions de protochlorure de fer inégalement concentrées sont représentées par 9 et par 3, et celle d'une dissolution de sulfate de nickel par 13,55; en d'autres termes, sur trois dissolutions magnétiques, il en est deux qui produisent une rotation plus faible que l'eau; mais la troisième produit une rotation plus forte. Néanmoins, l'extrême faiblesse de la rotation d'une dissolution concentrée de protochlorure de fer, rapprochée de l'observation de M. Bertin sur le sulfate de protoxyde de fer, semble indiquer qu'il y a dans les composés ferrugineux un mode d'action particulier, qui est digne d'une étude approfondie.

J'ai fait dissoudre dans l'eau un certain nombre de sels de protoxyde et de peroxyde de fer (chlorures, sulfates, nitrates), et j'ai trouvé que le pouvoir rotatoire de la dissolution était, dans tous les cas, moindre que celui de l'eau. Mais il y a plus : si, en tenant compte de la densité et de la composition de la dissolution, on calcule la rotation que produirait seule la quantité d'eau qu'elle renferme sous une épaisseur donnée, on trouve un nombre constamment supérieur à la rotation observée. Les choses se passent donc comme si le sel de fer dissous possédait un pouvoir rotatoire de sens contraire à celui de l'eau.

Je me suis proposé de rechercher si cette hypothèse était la vraie explication des phénomènes, et je crois être parvenu à le démontrer. Après de nombreux et infructueux essais pour me procurer un composé ferrugineux solide ou facilement fusible, suffisamment transparent sous une épaisseur de 1 à 2 centimètres, et n'exerçant par lui-même aucune action sur la lumière polarisée, j'ai complétement réussi en dissolvant les sels de fer dans des véhicules, tels que l'alcool et l'éther, capables de se charger d'une assez grande quantité de sel, et doués d'un pouvoir rotatoire magnétique assez faible pour laisser apparaître le sens du pouvoir rotatoire du composé dissous. Ainsi, en mélangeant 8 grammes de perchlorure de fer anhydre avec 32 grammes d'éther rectifié, j'ai obtenu une liqueur fortement colorée en rouge brun, mais parfaitement limpide, qui, sous l'influence du magnétisme, dévie à gauche le plan de polarisation de la lumière dans les circonstances où l'eau et les autres substances transparentes le dévient à droite, et *vice versa*. Avec 32 grammes d'éther et seulement 4 grammes de perchlorure, j'ai obtenu une liqueur qui, sous l'influence de l'électro-aimant que j'avais à ma disposition, n'exerçait à peu près aucune action sur la lumière polarisée. Les dissolutions alcooliques m'ont donné des résultats entièrement semblables. D'ailleurs, il est facile de reconnaître que les dissolutions éthérées ou alcooliques des sels alcalins ou métalliques se comportent, en général, comme les dissolutions aqueuses. C'est donc bien au sel de fer dissous dans l'éther ou dans l'alcool que l'on doit attribuer le remarquable phénomène que je viens de faire connaître, et l'on en doit conclure que les sels de fer, soumis à l'influence du magnétisme, exercent sur la lumière polarisée une action contraire à celle de la généralité des substances transparentes.

Je proposerai d'appeler *direct* le pouvoir rotatoire magnétique de l'eau, du verre pesant, du sulfure de carbone et de la plupart des corps transparents, et *inverse* celui des sels de fer.

Il était naturel de se demander si les sels magnétiques autres que les sels de fer ne présenteraient pas des phénomènes analogues. Je ne suis en mesure d'émettre une opinion assurée que sur les sels de nickel et les sels de manganèse : j'en ai examiné un certain nombre, le sulfate, le nitrate et le chlorure de nickel, le sulfate et le chlorure de manganèse, et j'ai reconnu qu'ils portent dans leur dissolution un pouvoir rotatoire direct qui s'ajoute à celui de l'eau. Ils ne diffèrent donc en rien des sels métalliques ordinaires. Je ne puis rien dire de certain sur les sels de chrome et de cobalt : ces composés ont une si grande puissance colorante, qu'on ne peut en préparer que des dissolutions très-étendues si on veut leur laisser une transparence suffisante ; l'influence des sels dissous est alors très-faible par rapport à celle du dissolvant, et je n'ai pu encore en constater le sens d'une manière certaine, les appareils que j'ai à ma disposition ne possédant pas une puissance suffisante. Je n'ai pas besoin de faire remarquer la difficulté nouvelle que l'opposition des propriétés optiques des sels de fer et des sels de nickel apporte à l'établissement de toute théorie des phénomènes. En tout cas, il n'est pas possible de dire simplement que la rotation du plan de polarisation est d'autant plus faible que la capacité magnétique est plus forte, puisque l'on voit des corps magnétiques présenter des pouvoirs rotatoires de sens opposés.

J'ai enfin examiné la dissolution de nitrate d'ammoniaque, qui, d'après M. Bertin, posséderait un pouvoir rotatoire magnétique moindre que celui de l'eau. Le fait est parfaitement exact, mais il doit être interprété tout autrement que dans le cas des sels de fer. Le nitrate d'ammoniaque est tellement soluble dans l'eau, qu'on en peut aisément préparer des dissolutions qui contiennent 60 à 66 pour 100 de sel. La rotation magnétique du plan de polarisation produite par ces dissolutions est plus faible que la dissolution produite par l'eau pure, mais elle est beaucoup plus grande que celle que produirait à elle seule la quantité d'eau qui entre dans la dissolution. L'expérience prouve donc simplement que dans la dissolution le nitrate d'ammoniaque apporte un pouvoir rotatoire moindre que celui de l'eau, mais de même sens.

NOTE

SUR

LES PROPRIÉTÉS OPTIQUES

DES CORPS MAGNÉTIQUES.

(*COMPTES RENDUS DE L'ACADÉMIE DES SCIENCES*, TOME XLIV, PAGE 1209.)

Dans une note que j'ai eu l'honneur de présenter à l'Académie, il y a quelque temps, j'ai fait connaître des expériences d'où il résulte que les sels de fer, sous l'influence du magnétisme, exercent sur la lumière polarisée une action contraire à celle de l'eau, du verre, du sulfure de carbone et des autres substances transparentes. Depuis cette époque, j'ai soumis à une étude spéciale les composés des autres métaux magnétiques, et j'en ai trouvé un certain nombre qui agissent sur la lumière à la manière des composés du fer.

Je rappellerai que j'ai désigné sous le nom de *pouvoir rotatoire magnétique* la propriété de faire tourner le plan de polarisation de la lumière que le magnétisme développe temporairement dans les substances transparentes. J'ai appelé *direct* le pouvoir rotatoire magnétique de la généralité des substances transparentes, et *inverse* celui des sels de fer. Je remplacerai, dans ce qui va suivre, ces expressions par celles de *positif* et de *négatif*, qui ont l'avantage de rappeler le sens de la rotation. En effet, l'eau, le sulfure de carbone, le verre et les autres substances transparentes dont j'appelle le pouvoir rotatoire *positif* font tourner le plan de polarisation de la lumière dans le sens où l'électricité positive parcourt le fil conducteur de l'électro-aimant; les sels de fer font tourner le plan de polarisation dans le sens du mouvement de l'électricité négative.

Les métaux que j'ai regardés comme incontestablement magnétiques, et dont j'ai étudié les composés transparents, sont le fer, le nickel, le cobalt, le manganèse, le chrome, le titane et le cérium. Tous ces métaux sont attirables par les électro-aimants et forment des composés doués de la même propriété.

Il est d'autres métaux, tels que le platine et ses analogues, qui paraissent magnétiques, mais dont tous les composés sont diamagnétiques; le caractère magnétique de ces métaux n'est donc pas absolument certain, et j'ai renvoyé à un travail spécial l'étude optique de leur composés.

Fer. — Les sels de protoxyde de fer sont doués d'un pouvoir rotatoire magnétique négatif qui est rendu manifeste par la faiblesse de l'action que les dissolutions aqueuses de ces sels exercent sur la lumière polarisée. Cette action est toujours plus faible que ne le serait celle de la proportion d'eau contenue dans la dissolution, mais elle est de même sens, et je n'ai rencontré aucun sel de protoxyde de fer dont le pouvoir rotatoire négatif fût assez grand pour faire disparaître entièrement le pouvoir rotatoire positif de l'eau. C'est pourquoi, afin de ne conserver aucun doute sur la réalité du phénomène, j'ai préparé des dissolutions de sulfate de protoxyde de fer à divers de degrés de concentration, et j'ai reconnu que les valeurs numériques des rotations observées s'accordaient entièrement avec l'hypothèse qui consiste à regarder ces dissolutions comme des mélanges en proportions variables de deux corps, l'eau et le sulfate, doués de pouvoirs rotatoires contraires.

Le pouvoir rotatoire magnétique négatif des sels de peroxyde de fer est beaucoup plus considérable que celui des sels de protoxyde. Ainsi une solution aqueuse de perchlorure de fer, qui contient 40 pour 100 de sel, exerce sur la lumière polarisée une action contraire à celle de l'eau et six à sept fois plus grande, à peu près égale, par conséquent, à celle du verre pesant de Faraday. Les dissolutions éthérées et alcooliques donnent les mêmes résultats. Mais le dissolvant qui m'a paru le plus convenable est l'esprit de bois, qui peut se charger d'une quantité considérable de sel de fer, en restant beaucoup plus transparent que l'eau, l'éther ou l'alcool chargés d'une même proportion de sel. Ainsi, en dissolvant 55 parties de perchlorure de fer dans 45 parties d'esprit de bois, on obtient un liquide qui, par sa transparence, se prête à des observations précises, et dont l'action sur la lumière polarisée est presque double de celle du verre pesant, mais de sens contraire. Je me suis servi de ce liquide pour rechercher si le pouvoir rotatoire magnétique négatif des sels de fer variait suivant les mêmes lois que celui des substances transparentes ordinaires. A cet effet, j'ai comparé la rotation produite par une épaisseur d'un centimètre de la dissolution à la rotation contraire produite par une épaisseur égale de sulfure de carbone, et j'ai fait varier la grandeur de cette rotation en faisant varier soit l'intensité de l'électro-aimant, soit la grandeur et la forme de ses armatures, soit leur distance à la substance transparente. Le rapport des deux rotations a toujours eu la même valeur; j'en ai conclu que la rotation négative produite par les sels de fer varie suivant les mêmes lois que la rotation positive produite par la généralité des substances transparentes.

J'ai soumis à une étude spéciale les deux cyanures de fer et de potassium. On sait, en effet, par les expériences de M. Plücker et de M. Faraday, que le cyanure jaune est diamagnétique et le cyanure rouge faiblement magnétique. J'ai reconnu que le pouvoir rotatoire du cyanure jaune est positif et médiocrement considérable, tandis que celui du cyanure rouge est négatif et très-grand. 15 parties de cyanure rouge dissoutes dans 85 parties d'eau donnent un liquide dont le pouvoir rotatoire est négatif et deux fois plus grand que celui de l'eau, en valeur absolue.

Nickel. — Tous les sels de nickel, comme je l'ai annoncé dans ma première communication, ont un pouvoir rotatoire positif, de façon que leurs dissolutions exercent sur la lumière polarisée une action plus grande que celle de l'eau qu'elles contiennent. Ce pouvoir rotatoire positif est assez marqué et comparable à celui des sels de zinc ou d'étain.

Cobalt. — Le pouvoir rotatoire magnétique des sels de cobalt est positif, mais plus faible que celui des sels de nickel, et assez difficile à manifester, parce qu'on ne peut dissoudre dans l'eau un sel de cobalt en proportion un peu considérable sans diminuer beaucoup la transparence du liquide.

Manganèse. — J'ai étudié seulement les sels de protoxyde de manganèse, et j'ai reconnu qu'ils possèdent tous un pouvoir rotatoire magnétique positif comparable à celui des sels de cobalt; les sels de sesquioxyde ont un trop grand pouvoir colorant pour se prêter aux expériences.

Rien n'est, d'ailleurs, plus facile à constater que le magnétisme des trois métaux précédents et de leurs sels.

Chrome. — Les sels de protoxyde de chrome sont difficiles à préparer; ceux de sesquioxyde ont un si grand pouvoir colorant, qu'on n'en peut dissoudre quelques centièmes dans l'eau sans détruire toute transparence; mais l'acide chromique et les chromates se prêtent assez commodément aux expériences. J'ai examiné le chromate neutre et le bichromate de potasse : le chromate neutre a un pouvoir rotatoire *négatif* assez faible, mais impossible à méconnaître; le pouvoir rotatoire du bichromate est également négatif et plus fort que celui du chromate neutre; enfin l'acide chromique a un pouvoir rotatoire négatif comparable à celui des sels de protoxyde de fer. On sait, d'ailleurs, que l'acide chromique et le bichromate de potasse sont magnétiques, tandis que le chromate neutre est diamagnétique. En rapprochant cette circonstance des observations relatives au ferrocyanure jaune de potassium, on sera porté à conclure que le pouvoir rotatoire positif de ce ferrocyanure n'est pas dû à ce qu'il est diamagnétique, mais à ce que les propriétés physiques du fer sont aussi complétement dissimulées dans ce composé que les propriétés chimiques.

Titane. — Je n'ai examiné que le bichlorure de titane. Ce composé, qui est, comme on sait, liquide à la température ordinaire, a un pouvoir rotatoire magnétique *négatif* un peu supérieur en valeur absolue au pouvoir rotatoire magnétique de l'eau. Je n'ai pu, d'ailleurs, reconnaître avec certitude s'il est magnétique ou diamagnétique, mais il m'a été facile de constater le magnétisme du titane métallique sur un échantillon d'une pureté absolue, qui m'a été remis par M. Deville.

Dans les traités de chimie on considère en général le titane comme voisin de l'étain, et en particulier le bichlorure de titane comme l'analogue du bichlorure d'étain. Il est remarquable assurément que sous l'influence du magnétisme ces deux corps exercent des actions contraires sur la lumière polarisée.

Cérium. — J'ai examiné une dissolution concentrée de sulfate de cérium et une dissolution de chlorure du même métal, qui m'ont paru toutes les deux posséder un pouvoir rotatoire magnétique un peu moindre que celui de l'eau. Il est donc probable que le pouvoir rotatoire magnétique des sels de cérium est négatif. D'ailleurs, le magnétisme des sels de cérium est aussi évident que celui des sels de chrome ou de manganèse. C'est ce que j'ai constaté sur quelques échantillons préparés avec le plus grand soin par M. Deville et qu'il a bien voulu mettre à ma disposition.

En résumé, par les propriétés qu'ils communiquent à leurs composés transparents, les métaux magnétiques se divisent en deux classes, dont l'une contient le fer, le chrome, le titane et probablement le cérium; l'autre contient le nickel, le cobalt et le manganèse. Il est digne de remarque que les métaux les plus fortement magnétiques, le fer et le nickel, soient le type de ces deux classes et que les métaux les moins magnétiques établissent en quelque sorte la transition.

DEUXIÈME NOTE

SUR

LES PROPRIÉTÉS OPTIQUES

DES CORPS MAGNÉTIQUES.

(*COMPTES RENDUS DE L'ACADÉMIE DES SCIENCES*, TOME XLV, PAGE 33.)

J'ai l'honneur de communiquer à l'Académie quelques nouvelles observations sur les propriétés optiques développées dans les substances magnétiques par l'action des électro-aimants.

Dans la note qui a été insérée au *Compte rendu* de la séance du 8 juin dernier, j'ai annoncé que les composés du manganèse prenaient sous l'influence du magnétisme un pouvoir rotatoire positif. Je dois aujourd'hui modifier cette assertion. J'ai trouvé un composé de ce métal, le cyanure double de manganèse et de potassium, correspondant par sa composition au cyanure rouge de fer et de potassium, dont le pouvoir rotatoire magnétique est négatif. Ainsi le manganèse représente, en quelque sorte, la liaison entre les deux classes que j'ai cru pouvoir établir parmi les métaux magnétiques; ce qui est la règle pour les composés de fer est l'exception pour les composés de manganèse, et *vice versa*.

Cette propriété remarquable du cyanure de potassium et de manganèse m'a conduit à étudier les combinaisons analogues du cobalt et du chrome. Toutes deux ont un pouvoir rotatoire magnétique positif; le cyanure double de cobalt et de potassium est même diamagnétique.

Dans la même note, j'avais considéré comme simplement probable le caractère négatif du pouvoir rotatoire développé par le magnétisme dans les sels de cérium. Je n'ai maintenant aucun doute sur ce point. Une dissolution aqueuse suffisamment concentrée de chlorure de cérium, soumise à l'action du magnétisme, exerce sur la lumière polarisée une action contraire à celle de l'eau et d'ailleurs très-facile à constater en raison de la parfaite limpidité de la liqueur.

Il m'a été facile de me procurer, soit au laboratoire de l'École Normale, soit au laboratoire de la Faculté des sciences, un assez grand nombre de composés bien purs des métaux rares qui depuis quelques années ont attiré l'attention des chimistes; j'en ai déterminé le caractère magnétique ou diamagnétique et l'action sur la lumière polarisée, et cette étude m'a permis d'ajouter deux métaux, l'uranium et le lanthane, à la liste des corps qui communiquent à leurs composés un pouvoir rotatoire magnétique négatif.

Le nitrate d'urane, dans l'état de pureté où il est facile de l'amener par des cristallisations successives, est diamagnétique; mais l'oxyde rouge et l'oxyde noir d'uranium, qu'il est possible d'en extraire par l'action de la chaleur, sont l'un et l'autre magnétiques. L'uranium doit donc être classé parmi les métaux magnétiques. D'ailleurs, en dissolvant le nitrate d'urane dans l'eau, l'éther ou l'alcool, on obtient des liqueurs dont l'action sur la lumière polarisée est moindre que celle de la proportion de dissolvant qu'elles renferment. L'action négative du sel dissous est donc incontestable.

Le carbonate de lanthane parfaitement pur, qui m'a été remis par M. Deville, est fortement magnétique. La dissolution de chlorure de lanthane qu'on obtient en traitant ce carbonate par l'acide chlorhydrique pur, soumise à l'influence du magnétisme, exerce sur la lumière polarisée une action moindre que celle de l'eau. On doit donc regarder comme négatif le pouvoir rotatoire magnétique du chlorure de lanthane.

Je puis encore ajouter à la liste des métaux magnétiques le molybdène. Les échantillons de ce métal qui m'ont été remis par M. Debray sont magnétiques, et, comme cette propriété se retrouve dans l'acide molybdique purifié par plusieurs distillations, elle ne saurait être attribuée à la présence de substances étrangères. Les molybdates que j'ai eus à ma disposition, ceux de soude et d'ammoniaque, sont diamagnétiques; leur pouvoir rotatoire magnétique est positif, mais assez faible.

C'est au contraire parmi les métaux diamagnétiques que doivent se ranger le lithium et le glucinium; tous les composés de ces corps qui m'ont été remis par M. Troost et par M. Debray sont repoussés par les aimants de la manière la plus évidente.

RECHERCHES

SUR

LES PROPRIÉTÉS OPTIQUES

DÉVELOPPÉES DANS LES CORPS TRANSPARENTS

PAR L'ACTION DU MAGNÉTISME.

TROISIÈME PARTIE[1].

(*ANNALES DE CHIMIE ET DE PHYSIQUE*, 3e SÉRIE, TOME LII, PAGE 129.)

Après avoir déterminé les lois suivant lesquelles les propriétés optiques développées dans les corps transparents par l'action du magnétisme varient avec la grandeur et la direction des forces magnétiques, je me suis proposé de rechercher l'influence que la nature des corps transparents exerce sur les phénomènes, en mesurant, dans des circonstances comparables, les rotations du plan de polarisation produites par des corps de nature très-diverse placés entre les pôles d'un électro-aimant. Les travaux antérieurs des physiciens ne m'ont appris que bien peu de chose sur cette influence. Un petit nombre de déterminations numériques contenues dans les mémoires de MM. Bertin, Edmond Becquerel, Wiedemann, des expériences de M. Faraday, beaucoup plus nombreuses et plus variées, mais destinées simplement à montrer la généralité du phénomène, sans

[1] Les principaux résultats contenus dans ce mémoire ont été résumés dans trois notes insérées aux *Comptes rendus de l'Académie des sciences* (séances du 8 septembre 1856, du 8 juin et du 6 juillet 1857). [Voir pages 163, 168, 173.]

prendre aucune mesure, sont les seules données que la science possédât lorsque j'ai entrepris mes recherches. Aucune loi générale ne pouvait se conclure avec certitude d'un aussi petit nombre de faits. Je montrerai qu'effectivement celles que l'on avait essayé d'établir ne sont pas exactes.

Pour étudier la question, je n'ai eu qu'à appliquer à un nombre suffisant de substances les méthodes décrites dans mon premier mémoire, en y apportant toutefois quelques modifications qui ont eu pour effet d'augmenter la grandeur du phénomène à observer, ou d'abréger la durée des expériences, sans diminuer en rien la précision des mesures. Aux grosses armatures que j'employais dans mes premières recherches, j'ai substitué des armatures beaucoup plus petites, composées d'une plaque de fer en forme d'octogone régulier, de 13 millimètres de côté et de 8 millimètres d'épaisseur [1]. Il en est résulté, toutes choses égales d'ailleurs, un accroissement considérable de l'action magnétique et de l'action optique, et si en même temps ces deux actions ont cessé d'être constantes dans toute l'étendue des substances que l'on a placées entre les armatures, ce changement a été sans inconvénient. Lorsque deux substances transparentes quelconques, de même épaisseur, ont été placées successivement dans la même position entre les armatures de l'électro-aimant, les diverses couches correspondantes de ces deux substances ont été impressionnées par des actions magnétiques égales. Elles ont donc exercé des actions proportionnelles à l'action spécifique des deux substances, et il est facile de conclure de là que les sommes de ces actions optiques élémentaires, c'est-à-dire les rotations totales observées, ont été dans le même rapport que si l'action magnétique, et par suite l'action optique, eussent été invariables dans tout l'espace intermédiaire aux armatures. Il est d'ailleurs évident que ce rapport est la seule chose qu'il importait de déterminer.

L'intensité d'un courant, et par suite celle d'un électro-aimant, ne demeure jamais constante pendant une série d'expériences de quelques jours ou même de quelques heures; des variations plus

[1] Ce sont les armatures octogonales que M. Ruhmkorff joint à tous ses appareils et qui sont mentionnées dans la première partie de mes recherches, *Annales de chimie et de physique*, 3e série, t. XLI, p. 409. [Voir p. 148.]

considérables encore ont lieu toutes les fois que l'on renouvelle les liquides de la pile, ou que l'on change le nombre de ses éléments. Pour rendre mes déterminations indépendantes de l'effet de ces variations, je me suis servi de deux méthodes. Dans la première, j'ai fait précéder et suivre chaque mesure de l'action optique par une mesure de l'action magnétique exercée au milieu de l'intervalle des armatures de l'électro-aimant, et j'ai pris le rapport de l'action optique à la moyenne des deux actions magnétiques mesurées successivement. L'expérience m'a appris que pour chaque substance ce rapport est invariable, tant que les variations de puissance de l'électro-aimant sont comprises entre de certaines limites, bien moins resserrées d'ailleurs que les limites où sont comprises les variations qui se présentent naturellement dans les expériences[1]. Il m'a été facile par conséquent de ramener toutes les rotations observées à une action magnétique constante par une simple proportion.

Ce procédé de correction exigeait deux systèmes de mesures, des mesures optiques et des mesures magnétiques, et comme, en raison du grand nombre de déterminations que j'avais à faire, il importait d'abréger le temps nécessaire à chaque expérience, je n'ai pas tardé à y substituer un procédé plus expéditif et tout aussi exact, qui consistait à comparer directement l'action optique de tous les corps à celle de l'eau distillée. A cet effet, tantôt j'ai effectué la mesure de la rotation produite par une substance transparente entre deux mesures de la rotation produite par une épaisseur égale d'eau distillée;

[1] Ainsi, en faisant passer successivement dans le fil de l'électro-aimant le courant de 20 éléments de Bunsen et celui de 10 éléments, j'ai obtenu des actions magnétiques mesurées par les nombres 100,7 et 78,3. Les rotations correspondantes du plan de polarisation produites par une épaisseur de 20 millimètres de sulfure de carbone ont été 4° 16′ et 3° 18′. Le rapport de la rotation (exprimée en minutes) à l'action magnétique a donc été 2,542 dans la première expérience et 2,529 dans la seconde; on peut le regarder comme sensiblement invariable. D'ailleurs la différence entre 100,7 et 78,3 excède de beaucoup la variation que peut éprouver la puissance de l'électro-aimant, dans une série d'expériences prolongée pendant plusieurs jours sans renouveler l'acide nitrique de la pile. Je n'ai jamais laissé cette variation s'élever au dixième de la valeur initiale.

Le résultat empirique signalé dans cette note ne pouvait être conclu de la proportionnalité de la rotation et de l'action magnétique que j'ai démontrée dans mon premier mémoire; car il n'est pas certain que, lorsque l'électro-aimant varie de puissance, les actions qu'il exerce aux divers points de l'intervalle des armatures varient dans le même rapport.

tantôt, lorsque la pile récemment montée donnait un courant presque absolument constant, j'ai rendu le procédé encore plus expéditif en opérant comme il suit. J'ai soumis d'abord l'eau distillée à l'action de l'électro-aimant, et j'ai déterminé l'azimut du plan de polarisation de la lumière émergente. J'ai remplacé l'eau distillée par la substance à étudier, et j'ai déterminé le nouvel azimut du plan de polarisation; renversant alors le sens du magnétisme de l'électro-aimant, j'ai mesuré le déplacement du plan de polarisation qui est résulté de ce changement, et enfin, remettant l'eau distillée entre les armatures, j'ai déterminé un quatrième et dernier azimut. J'ai considéré la demi-différence des deux azimuts relatifs à l'eau distillée, et la demi-différence des deux azimuts relatifs à la substance transparente, comme exprimant exactement les rotations correspondantes à une même puissance de l'électro-aimant[1].

J'ai toujours déterminé l'azimut du plan de polarisation par l'observation de la teinte de passage. Lorsque le corps étudié est incolore ou faiblement coloré, on sait que la teinte de passage indique la position du plan de polarisation des rayons jaunes moyens; mais il en est tout autrement lorsqu'il s'agit d'un corps fortement coloré, et l'on s'exposerait à de graves erreurs si, pour obtenir le rapport de l'action optique d'un tel corps à celle de l'eau, on comparait sans correction les deux déviations de la teinte de passage. J'ai fait disparaître cette cause d'erreur en ayant soin d'observer la teinte de passage, dans le cas de l'eau distillée, au travers d'une épaisseur de la substance colorée que j'étudiais égale à l'épaisseur de cette même substance que je faisais ensuite agir sur la lumière. Le faisceau lumineux qui arrivait sur l'analyseur avait ainsi, dans le cas de l'eau, la même composition que dans le cas de la substance colorée; la teinte de passage correspondait donc, dans les deux expériences, au plan de polarisation de la même couleur du spectre, et le rapport des déviations de cette teinte faisait connaître le rapport des actions optiques.

Enfin la nature particulière des substances dont j'ai fait choix pour les étudier a rendu nécessaire une autre correction. Afin de

[1] Voici les éléments complets d'une comparaison de l'eau et du sulfate de nickel en dissolution, effectuée par le second procédé. Les deux liquides étaient employés sous une

n'opérer que sur des corps bien définis et faciles à reproduire dans

épaisseur de 40 millimètres; l'intervalle entre les armatures octogones était de 50 millimètres, et la pile se composait de 20 éléments de Bunsen.

L'eau distillée étant placée dans l'appareil et la puissance de l'électro-aimant mise en jeu, j'ai observé les azimuts suivants de la teinte de passage :

	50°38′
	50 44
	50 42
	50 40
Moyenne.....	50°41′

Le sulfate de nickel ayant remplacé l'eau distillée, j'ai observé les azimuts :

	51°26′
	51 23
	51 20
	51 26
Moyenne.....	51°23′45″

Après le renversement du courant, les azimuts de la teinte de passage transmise par le sulfate de nickel ont été :

	46°37′
	46 36
	46 33
	46 31
Moyenne.....	46°34′15″

Enfin, l'eau distillée étant remise à la place du sulfate de nickel, j'ai obtenu une dernière série d'azimuts :

	47°10′
	47 12
	47 13
	47 15
Moyenne.....	47°12′30″

On déduit de là les valeurs suivantes des rotations :

Eau distillée............	1°44′15″
Sulfate de nickel........	2 24 45

Pour conclure de ces nombres le rapport vrai de l'action optique du sulfate de nickel à celle de l'eau, il faudrait leur faire subir deux corrections qui seront indiquées plus loin.

On remarquera qu'en prenant la moyenne des azimuts relatifs à l'eau distillée et celle des azimuts relatifs au sulfate de nickel on doit trouver dans l'un et l'autre cas l'azimut du plan primitif de polarisation, et qu'en conséquence, si les expériences sont bien faites, ces deux moyennes doivent être égales. Elles ont en effet respectivement pour valeur 48°56′45″ et 48°59′; la différence de ces deux nombres est inférieure aux erreurs possibles d'observation.

un état de pureté parfaite, je n'ai opéré que sur des liquides [1], et il est clair que ces liquides ont dû être contenus dans des cuves fermées à leurs extrémités par des plaques transparentes. En ayant soin de choisir des plaques de verre non trempé, et d'adopter un mode de fermeture tel, que la pression exercée sur les plaques fût assez faible et répartie également sur toute leur circonférence, les plaques n'avaient par elles-mêmes aucune action sur la lumière polarisée. Mais, sous l'influence du magnétisme, elles exerçaient une action sensible qui s'ajoutait à l'action du liquide, et dont il fallait tenir compte. A cet effet, avant d'employer une cuve à mes expériences, j'opérais sur la cuve, successivement vide et remplie d'eau distillée, de manière à déterminer le rapport de la rotation produite par l'action des plaques à la rotation totale produite par l'action simultanée des plaques et de l'eau. Il est facile de comprendre comment la connaissance de ce rapport permettait de corriger toutes les observations faites avec la même cuve. Je répétais d'ailleurs cette détermination toutes les fois qu'il m'arrivait de changer la situation relative de la cuve et des armatures de l'électro-aimant. Dans mes expériences, le double de la rotation du plan de polarisation due à l'action des plaques de verre a varié, suivant la nature des plaques et leur distance aux armatures, de 30 minutes à 1 degré [2]. L'épaisseur sous laquelle j'ai employé les liquides a varié de 10 à 50 millimètres.

La température du laboratoire où ont été faites les expériences a toujours été comprise entre 12 et 18 degrés.

La rotation du plan de polarisation, produite par une épaisseur donnée d'une substance transparente soumise à une action magnétique de grandeur donnée, est une constante physique aussi caractéristique de la substance que l'indice de réfraction ou le pouvoir

[1] Les seuls corps solides qui se prêtent aux expériences d'une manière commode sont les verres, et la composition de ces corps est trop mal définie pour qu'il y ait un grand intérêt à en étudier l'action. Les cristaux uniréfringents, qui pourraient convenir, s'obtiennent si difficilement en échantillons de quelque épaisseur, bien purs et bien exempts de trempe, que j'ai renoncé à en faire usage dans cette partie de mon travail.

[2] On s'étonnera peut-être de voir que j'aie pensé à mesurer avec quelque précision des rotations aussi faibles. Pour montrer que cette mesure est susceptible d'exactitude, je rapporterai les éléments d'une détermination relative aux plaques qui fermaient une cuve de 44 millimètres d'épaisseur. La distance entre les armatures de l'électro-aimant était de

dispersif. Il convient donc de lui donner un nom, et celui de *pouvoir rotatoire magnétique* me paraît pouvoir être adopté : j'en ferai constamment usage dans la suite de ce mémoire. Je représenterai par l'unité le pouvoir rotatoire magnétique de l'eau distillée; les pouvoirs rotatoires des autres substances seront représentés par leurs rapports à cette unité. J'ajouterai, pour donner une idée de la grandeur des phénomènes observés, que, lorsque mon électro-aimant était aimanté par le courant d'une pile de 20 éléments de Bunsen récemment montée, une épaisseur de 40 millimètres d'eau distillée, placée entre des armatures séparées par un intervalle de 50 millimètres, produisait une rotation égale à 1° 50′ environ.

Je me suis d'abord occupé de soumettre à une vérification expérimentale quelques lois que l'on avait cru pouvoir déduire des observations de MM. Bertin et Edmond Becquerel.

Dans son *Traité de l'Électricité*, M. de la Rive, après avoir exposé

54 millimètres, et le courant aimantateur était fourni par une pile de 20 éléments de Bunsen. Le courant ayant reçu successivement deux directions opposées dans l'électro-aimant, j'ai observé les deux séries suivantes d'azimuts de la teinte de passage :

	346°31′		347°18′
	346 32		347 18
	346 30		347 11
	346 30		347 16
	346 30		347 10
	346 27		347 16
	346 28		347 12
	346 28		347 16
Moyenne...	346°29′30″	Moyenne...	347°15′

d'où l'on conclut, pour le double de la rotation due à l'action des plaques de verre, 45′30″. L'accord des observations individuelles est suffisant pour garantir l'exactitude de ce résultat. Je ne me suis pas toujours astreint à déterminer huit fois chaque azimut; quatre déterminations m'ont paru suffisantes en général.

Dans mes recherches précédentes, j'ai négligé cette correction lorsque j'ai opéré sur le sulfure de carbone. N'ayant en effet d'autre but que d'examiner comment l'action du sulfure de carbone variait avec la grandeur et la direction de l'action magnétique, il m'était indifférent que l'action mesurée fût la somme de deux actions distinctes soumises à la même loi de variation. D'ailleurs, par suite de la disposition de l'appareil, la correction dont il s'agit eût été de l'ordre des erreurs d'observation. A cause de la grande dimension des armatures et de leur distance aux plaques de verre, l'action magnétique exercée sur ces plaques était beaucoup moindre que dans mes nouvelles expériences, où une grande énergie magnétique se trouvait concentrée dans de petites armatures, rapprochées autant que possible des corps soumis à leur action.

les principales expériences relatives aux rotations magnétiques du plan de polarisation, et développé quelques considérations théoriques, s'exprime comme il suit[1] :

« Ainsi la force magnétique n'agirait sur l'éther que par l'intermédiaire des particules, et que lorsqu'il est lui-même à un certain état de densité provenant de l'action qu'exercent sur lui les particules entre lesquelles il est logé; et elle agirait d'autant plus fortement que cette densité serait plus considérable. Comme elle ne dépend pas seulement de celle du corps, c'est-à-dire du rapprochement des particules qui le constituent, mais surtout de la nature de ces particules, ce ne sont pas toujours les corps les plus denses qui sont les plus réfringents, et par conséquent qui doivent éprouver la polarisation circulaire magnétique la plus considérable. L'expérience confirme tout à fait cette manière de voir, et si l'on jette les yeux sur le tableau, encore très-limité il est vrai et très-imparfait, des coefficients de polarisation magnétique, on est frappé du fait que les substances se suivent dans ce tableau à peu près dans le même ordre que dans le tableau de leurs pouvoirs réfringents. De nouvelles recherches sont nécessaires pour établir sur des bases plus solides l'analogie que je viens d'indiquer, et surtout pour déterminer la nature de la modification qu'éprouve l'éther sous l'influence magnétique. »

Cette remarque de M. de la Rive a attiré mon attention dès mes premières recherches, et m'a paru digne d'un examen approfondi. La simplicité des lois auxquelles sont soumises les variations des pouvoirs rotatoires magnétiques m'a rendu pendant quelque temps favorable à l'opinion qui rapporte les phénomènes à une action directe des forces magnétiques sur l'éther plutôt qu'à une action des mêmes forces sur la matière pondérable, et j'ai considéré en conséquence comme très-vraisemblable l'existence d'une relation simple entre le pouvoir rotatoire magnétique et l'indice de réfraction qui peut, comme on sait, être pris pour mesure de la racine carrée de la densité de l'éther. On va voir que l'expérience n'a pas confirmé mes conjectures.

J'ai, en effet, déterminé les pouvoirs rotatoires magnétiques et

[1] Tome Ier, page 555.

les indices de réfraction moyens d'un assez grand nombre de liquides, dont la plupart étaient des dissolutions salines plus ou moins concentrées [1]. J'ai exclu de cette première étude tous les liquides magnétiques qui, d'après les expériences de MM. Bertin et Edmond Becquerel, me paraissaient devoir rester en dehors de la règle formulée par M. de la Rive. J'ai mesuré les indices de réfraction à l'aide du goniomètre de Babinet, les liquides étant renfermés dans un excellent prisme de verre construit par M. Brunner, dont l'angle réfringent était de 43°41'.

L'ensemble de ces mesures m'a fait voir qu'il n'y a pas de relation simple entre les indices de réfraction et les pouvoirs rotatoires magnétiques. On en jugera par le tableau suivant, où j'ai inscrit les résultats de mes expériences, en y rangeant les divers liquides suivant l'ordre croissant de leurs indices.

LIQUIDES.	INDICES de RÉFRACTION.	POUVOIRS ROTATOIRES magnétiques.
Eau distillée.	1,334	1,000
Dissolution de borate de soude.	1,341	1,000
——— de chlorure de calcium.	1,354	1,085
——— de carbonate de potasse.	1,355	1,050
——— de nitrate de plomb.	1,355	1,000
——— de chlorure de magnésium.	1,357	1,127
——— de sel ammoniac.	1,359	1,184
——— de protochlorure d'étain.	1,364	1,348
——— de chlorure de zinc.	1,368	1,341
——— de sel ammoniac.	1,370	1,371
——— de carbonate de potasse.	1,371	1,087
——— de chlorure de calcium.	1,372	1,230
——— de protochlorure d'étain.	1,378	1,525
——— de chlorure de zinc.	1,394	1,507
——— de protochlorure d'étain.	1,424	2,047
——— de nitrate d'ammoniaque.	1,448	0,908
Chlorure de carbone C^2Cl^4.	1,466	1,264

[1] Presque toutes les dissolutions dont j'ai fait usage ont été préparées et dosées au laboratoire de chimie de l'École normale supérieure, par les soins de M. Debray.

On voit dans ce tableau que l'ordre des indices de réfraction est entièrement différent de l'ordre des pouvoirs rotatoires magnétiques. Ainsi, pour ne citer que les exemples les plus remarquables, le nitrate d'ammoniaque, dont le pouvoir rotatoire magnétique est le plus faible parmi ceux que je rapporte, a un des plus forts indices de réfraction; le chlorure de carbone, plus réfringent que les trois dissolutions de protochlorure d'étain que j'ai employées, a un moindre pouvoir rotatoire magnétique que la moins concentrée de ces trois dissolutions; les dissolutions de chlorure de calcium, de carbonate de potasse et de sel ammoniac, qui ont des indices de réfraction presque égaux, ont des pouvoirs rotatoires magnétiques très-différents.

La règle énoncée par M. de la Rive ne se vérifie donc pas par l'expérience, et le pouvoir rotatoire magnétique des corps ne paraît pas dépendre uniquement de la constitution de l'éther qu'ils contiennent. Il était naturel de se demander s'il ne dépendrait pas plutôt de leurs propriétés diamagnétiques, si par exemple, comme quelques physiciens l'ont supposé, il ne serait pas d'autant plus grand que le diamagnétisme des corps serait plus considérable. Je n'ai pas fait d'expériences directes sur cette question; on verra plus loin que, dans le cours de mes recherches, j'ai eu occasion de la résoudre indirectement et d'une manière négative.

On trouve dans le tableau de la page précédente plusieurs séries de nombres relatifs à des dissolutions inégalement concentrées d'un même sel, qui donnent lieu à une remarque importante. Si l'on suppose que dans la dissolution les molécules de l'eau et les molécules du sel agissent sur la lumière polarisée indépendamment les unes des autres et si, en vertu de cette hypothèse, tenant compte de la composition et de la densité de la dissolution, on calcule l'action exercée par le sel dissous, on trouve pour les diverses dissolutions d'un même sel des nombres proportionnels à la quantité de sel contenue dans l'unité de volume de la dissolution. L'hypothèse se vérifie donc par l'expérience; le sel dissous dans l'eau se comporte comme le ferait par exemple du sucre dissous dans un liquide *actif*, et le quotient constant de la rotation due au sel par la proportion de sel contenue dans l'unité de volume (densité du sel dans la dissolution) peut recevoir le nom de *pouvoir rotatoire magnétique moléculaire*. J'ai réuni dans le tableau suivant les résultats donnés par les dissolutions de protochlorure d'étain, de chlorure de zinc et de sel ammoniac.

NATURE DU SEL DISSOUS.	DENSITÉ de LA DISSOLUTION.	POIDS DU SEL CONTENU		POUVOIR ROTATOIRE magnétique.	ROTATION DUE		POUVOIR ROTATOIRE magnétique moléculaire du sel dissous.
		dans l'unité de poids de la dissolution.	dans l'unité de volume de la dissolution.		à l'eau.	au sel.	
Protochlorure d'étain.	1,3280	0,302	0,401	2,047	0,927	1,120	2,79
Idem	1,1637	0,170	0,198	1,525	0,966	0,559	2,81
Idem	1,1112	0,120	0,133	1,348	0,978	0,370	2,71
Chlorure de zinc	1,2851	0,266	0,342	1,507	0,943	0,564	1,65
Idem	1,1595	0,150	0,174	1,241	0,985	0,276	1,59
Sel ammoniac	1,0718	0,247	0,265	1,371	0,807	0,564	2.13
Idem	1,0493	0,129	0,135	1,184	0,914	0,270	2,00

Je n'ai pas fait de calculs semblables sur les deux dissolutions de chlorure de calcium et les deux dissolutions de carbonate de potasse que j'ai étudiées; les pouvoirs rotatoires magnétiques de trois de ces dissolutions étaient si peu différents de celui de l'eau, qu'il était impossible de s'en servir pour calculer des valeurs exactes des pouvoirs moléculaires.

Ainsi, *lorsqu'un sel se dissout dans l'eau, l'eau et le sel apportent chacun dans la dissolution leur pouvoir rotatoire magnétique spécial, et la rotation produite par la dissolution est la somme des rotations individuelles dues aux molécules de l'une et de l'autre substance.*

Il est très-probable que cette loi convient aux dissolutions de toute nature et aux mélanges formés de liquides qui n'ont pas d'action chimique l'un sur l'autre; mais je n'ai fait jusqu'ici aucune expérience pour m'en assurer. Je me suis borné à reconnaître que le sens général des phénomènes est le même; que, par exemple, les sels qui, en se dissolvant dans l'eau, donnent à leurs dissolutions un grand pouvoir rotatoire magnétique, se comportent de même quand on les dissout dans l'alcool ou dans l'éther; c'est ce que j'ai vérifié sur divers chlorures métalliques solubles dans ces liquides : le bichlorure de mercure, le bichlorure d'étain, le chlorure de cobalt, le chlorure de nickel, ces deux derniers magnétiques, mais agissant à la manière des corps diamagnétiques.

La plupart des sels donnent à leur dissolution aqueuse un pouvoir rotatoire magnétique plus grand que celui de l'eau. Cependant il en est quelquefois autrement, le sel contenu dans un volume donné de la dissolution exerçant sur la lumière polarisée une action inférieure à celle de la quantité d'eau qu'il remplace. Ainsi la dissolution de nitrate d'ammoniaque mentionnée au tableau de la page 184 est formée de 43 parties d'eau et de 57 parties de nitrate: sa densité étant égale à 1,2566, on en conclut que l'unité de volume contient 0,6660 d'eau et 0,5906 de nitrate. La rotation étant seulement les 0,908 de la rotation de l'eau distillée, on peut la considérer comme la somme d'une rotation égale à 0,666 produite par l'eau, et d'une rotation 0,242 produite par le nitrate; ce dernier nombre conduit à une valeur assez faible du pouvoir moléculaire, 0,401. Des phénomènes semblables auraient lieu si l'on mélangeait à l'eau un liquide dont le pouvoir rotatoire magnétique serait plus faible, comme l'alcool, l'éther ou l'esprit de bois.

D'après M. Bertin, les dissolutions de sulfate de protoxyde de fer se rapprochent de la dissolution de nitrate d'ammoniaque par la faiblesse de leur pouvoir rotatoire magnétique. M. Edmond Becquerel a fait une observation analogue sur les dissolutions de protochlorure de fer, et même il a cru pouvoir dire d'une manière générale que la rotation du plan de polarisation produite sous l'influence du magnétisme variait en raison inverse de la puissance magnétique des corps [1]. Les expériences que rapporte M. Edmond Becquerel lui-même ne permettent pas une conclusion aussi absolue. On voit en effet dans son mémoire que, la rotation de l'eau étant

[1] Voyez *Annales de chimie et de physique*, 3e série, t. XXVIII, p. 334.

représentée par 10, celles de deux dissolutions inégalement concentrées de protochlorure de fer ont été représentées par 9 et par 3, et celle d'une dissolution de sulfate de nickel par 13,55 : en d'autres termes, sur trois dissolutions magnétiques examinées, il en est deux qui produisent une rotation plus faible que celle de l'eau, mais la troisième produit une rotation plus forte [1]. Néanmoins l'extrême faiblesse du pouvoir rotatoire magnétique des dissolutions concentrées de protochlorure de fer, rapprochée de l'observation de M. Bertin sur le sulfate de protoxyde de fer, m'a semblé indiquer qu'il y avait, sinon dans tous les composés magnétiques, au moins dans les composés ferrugineux, un mode d'action particulier, digne d'une étude approfondie.

Cette étude a été le principal objet de mon travail. Je vais en faire connaître les résultats en considérant successivement les composés des divers métaux magnétiques.

Fer. — Lorsque l'on dissout dans l'eau un sel de protoxyde de fer, la dissolution a toujours un pouvoir rotatoire magnétique inférieur à celui de l'eau pure et d'autant plus faible que la proportion du sel dissous est plus grande. Mais il y a plus : si, en tenant compte de la densité et de la composition de la liqueur, on calcule la rotation que produirait seule la quantité d'eau qu'elle renferme sous un volume donné, on trouve un nombre constamment supérieur à la rotation observée. Les choses se passent donc comme si le sel de fer dissous exerçait sur la lumière polarisée une action contraire à celle de l'eau. Ainsi une dissolution de protochlorure de fer, de densité égale à 1,2922, et contenant sur 100,5 parties pondérales 72,2 parties d'eau contre 28,3 de protochlorure, produit, sous l'influence du magnétisme, une rotation égale à 0,581, la rotation produite par l'eau pure étant prise pour unité. Il résulte de ces nombres que l'unité de volume de la dissolution contient une proportion d'eau

[1] M. Edmond Becquerel ne paraît pas s'être préoccupé de l'influence que la coloration des liquides exerce sur la détermination des azimuts de polarisation par la teinte de passage. Cette influence, presque nulle dans le cas des sels de protoxyde de fer, est très-grande dans le cas des sels de nickel, ce qui m'a fait croire en commençant qu'il suffirait d'en tenir compte pour faire rentrer les sels de nickel dans la règle générale énoncée par M. Becquerel. Il n'en est rien : on verra plus loin que les dissolutions de sels de nickel ont réellement un pouvoir rotatoire magnétique plus grand que celui de l'eau.

égale aux 0,9265 de l'unité de poids, et qu'en conséquence, si le sel dissous était absolument inerte, la rotation devrait être précisément égale à 0,9265. Comme elle est beaucoup plus petite, il est naturel de penser que le sel dissous produit une rotation contraire à celle de l'eau et égale en valeur absolue à la différence entre 0,926 et 0,581, c'est-à-dire à 0,345.

Tous les sels de protoxyde de fer que j'ai étudiés m'ont donné des résultats semblables. Si on les rapproche de la loi établie plus haut sur les dissolutions non magnétiques, on sera convaincu que les sels de protoxyde de fer, soumis à l'influence du magnétisme, exercent sur la lumière polarisée une action contraire à celle de l'eau, du sulfure de carbone, du verre et de la généralité des substances transparentes. Toutefois, afin de ne conserver aucun doute à ce sujet, j'ai voulu répéter sur des dissolutions inégalement concentrées de sels ferrugineux les expériences que j'avais faites sur des dissolutions de sels de zinc ou d'étain. J'ai fait choix à cet effet de deux sels de protoxyde de fer qu'il est facile d'obtenir purs de toutes traces de sel de peroxyde, le sulfate et le chlorure. M. Deville m'a remis une quantité assez considérable de sulfate cristallisé préparé avec le plus grand soin, et je me suis servi de ces cristaux pour faire deux dissolutions aqueuses contenant, la première 17,4 pour 100, et la seconde 10,5 pour 100 de *sulfate anhydre*. Leurs densités étaient respectivement 1,1932 et 1,1135, et leurs pouvoirs rotatoires magnétiques 0,740 et 0,838. En faisant sur ces dissolutions les mêmes hypothèses et les mêmes calculs que sur les dissolutions de chlorure de zinc et de protochlorure d'étain considérées plus haut, page 186, on obtient deux valeurs à peu près égales pour le pouvoir rotatoire magnétique moléculaire du sulfate de protoxyde de fer, savoir : — 1,24 et — 1,35. Les valeurs étant de signe contraire au pouvoir rotatoire de l'eau, et suffisamment concordantes, on voit que l'hypothèse est justifiée. Les expériences sur le protochlorure conduisent à la même conclusion. La dissolution citée à la page précédente, préparée par l'action de l'acide chlorhydrique pur sur des cordes de piano, a donné pour le pouvoir moléculaire du protochlorure le nombre — 0,94 ; une dissolution étendue, préparée en ajoutant de l'eau pure à la dissolution précédente, et ne contenant plus que 16 pour 100 de protochlorure, a donné le nombre — 0,82 [1].

Il y a donc lieu de distinguer deux modes d'action sur la lumière polarisée de la part des corps transparents soumis à l'influence du magnétisme. J'appellerai *positif* le pouvoir rotatoire de l'eau et de la généralité des substances transparentes non magnétiques; *négatif* celui des sels de protoxyde de fer et des corps qui agissent dans le même sens sur la lumière polarisée. Ces expressions sont préférables à celles de *direct* et d'*inverse*, que j'avais employées dans une première publication, car elles ont l'avantage de rappeler le sens de la rotation. L'eau, le sulfure de carbone, le verre et les autres substances dont le pouvoir rotatoire magnétique est *positif*, font tourner le plan de polarisation dans le sens où l'électricité positive parcourt le fil conducteur de l'électro-aimant; les sels de protoxyde de fer et les corps analogues font tourner le plan de polarisation dans le sens où l'électricité négative parcourt le même fil. Il est à peine besoin de dire que dans les tableaux numériques je désignerai ces deux espèces de pouvoirs rotatoires par les signes + et —.

Quelque concentrées que fussent les dissolutions de sel de protoxyde de fer, je n'ai jamais observé qu'une diminution plus ou moins grande de la rotation du plan de polarisation; une dissolution de protochlorure, concentrée jusqu'à cristalliser, a montré un pouvoir rotatoire magnétique absolument nul, mais il ne m'a pas été possible d'obtenir un renversement complet de la rotation. J'ai espéré y parvenir et rendre manifeste directement le pouvoir rota-

[1] Les résultats de ces expériences sont dignes d'attention à un autre point de vue. On voit que j'ai pu représenter numériquement les phénomènes observés en considérant les dissolutions de sulfate comme formées d'eau et de sulfate anhydre et en attribuant à l'eau et au sel des actions contraires et proportionnelles à la densité que ces deux corps possèdent dans la dissolution. Si, au contraire, on admet que les dissolutions sont formées d'eau et de sulfate cristallisé à 7 atomes d'eau, on trouve pour le pouvoir moléculaire de ce sulfate deux valeurs fort peu concordantes, savoir : — 0,2 et — 0,3. De même, si l'on suppose que les dissolutions de protochlorure contiennent du protochlorure cristallisé à 4 atomes d'eau, on trouve pour le pouvoir moléculaire de ce corps deux valeurs absolument incompatibles, — 0,51 et — 0,13. Il me semble résulter de là, avec quelque probabilité, que dans l'un et l'autre cas le sel dissous n'est pas le sulfate ou le chlorure cristallisé, mais le sulfate ou le chlorure anhydre, et je pense qu'on pourrait appliquer le même genre d'expériences à la solution d'un certain nombre de questions analogues de chimie.

toire négatif des sels de protoxyde de fer, en cherchant un composé solide riche en protoxyde de fer, non cristallisé, ou cristallisé dans le système cubique. Le grenat rouge, qui peut renfermer jusqu'à 30 pour 100 de protoxyde de fer, m'a paru convenir pour vérifier cette conjecture; mais, parmi les nombreux échantillons que j'ai essayés, je n'en ai trouvé aucun qui ne fût trop fortement trempé pour être propre aux expériences.

Le pouvoir rotatoire magnétique des sels de peroxyde de fer est négatif comme celui des sels de protoxyde, mais beaucoup plus considérable et plus facile à manifester. Le perchlorure de fer en particulier donne des résultats très-remarquables. Une dissolution aqueuse très-étendue de ce sel a un pouvoir rotatoire magnétique plus faible que celui de l'eau : à mesure que l'on concentre la dissolution, ce pouvoir rotatoire diminue, se réduit à zéro et finit par changer de signe; après le changement de signe, il augmente jusqu'au maximum de concentration. Ainsi une solution voisine de ce maximum, qui contient 40 pour 100 de perchlorure, exerce sur la lumière polarisée une action contraire à celle de l'eau et six à sept fois plus grande, à peu près égale par conséquent à celle des échantillons de verre pesant de Faraday que j'ai eus entre les mains.

On obtient plus facilement encore des rotations négatives en substituant à l'eau des dissolvants dont l'action propre sur la lumière polarisée est moindre que celle de l'eau, ou qui se chargent d'une proportion de sel plus grande. L'alcool et l'éther satisfont à la première condition, et se prêtent très-bien par conséquent à la manifestation du pouvoir rotatoire négatif des sels de peroxyde de fer. Ainsi, en faisant dissoudre 20 parties de perchlorure de fer cristallisé, préparé par l'action directe du chlore sur le fer, dans 80 parties d'éther, j'ai obtenu un liquide fortement coloré dont le pouvoir rotatoire négatif a été très-manifeste. Avec une proportion de sel environ deux fois moindre, j'ai obtenu un liquide à peu près dépourvu d'action sur la lumière polarisée. Les dissolutions alcooliques m'ont donné des résultats analogues. Mais le meilleur des dissolvants que j'ai employés est l'esprit de bois, qui, par lui-même, agit à peine sur la lumière polarisée, et qui peut en même temps se charger d'une quantité considérable de perchlorure tout en demeurant beaucoup plus transparent que l'eau, l'éther ou l'alcool, chargés d'une proportion égale de sel. Ainsi, en dissolvant 55 parties de perchlorure cristallisé dans 45 parties d'esprit de bois, on obtient un liquide qui, par sa transparence, se prête à des observations précises, et dont l'action sur la lumière polarisée est négative, et en valeur absolue presque double de celle du verre pesant, ou triple de celle du sulfure de carbone [1].

Cette dernière dissolution est, de tous les corps étudiés jusqu'à ce jour, celui qui, sous l'influence du magnétisme, produit la plus grande déviation du plan de polarisation. Dans mon appareil, une couche de 10 millimètres d'épaisseur, placée entre les armatures octogonales séparées par un intervalle de 27 millimètres, sous l'influence du magnétisme développé par le courant de 20 éléments de Bunsen, produisait une rotation de $6°31'30''$ [2]. La grandeur de ce résultat m'a fait choisir la dissolution de perchlorure de fer dans l'esprit de bois, pour rechercher si le pouvoir rotatoire magnétique négatif des sels de fer variait avec la grandeur de l'action magnétique suivant les mêmes lois que le pouvoir rotatoire positif des substances ordinaires. A cet effet, j'ai comparé la rotation produite par une épaisseur de 1 centimètre de la dissolution à la rotation produite par une épaisseur égale de sulfure de carbone, et j'ai fait varier la grandeur de ces rotations en faisant varier soit l'intensité de l'électro-aimant, soit la grandeur et la forme de ses

[1] A l'aide des expériences faites sur ces diverses liqueurs, j'ai déterminé plusieurs valeurs du pouvoir rotatoire moléculaire magnétique du perchlorure de fer, mais je n'ai obtenu que des résultats assez peu concordants. On sait, en effet, qu'en traitant le perchlorure de fer cristallisé par l'eau, l'éther, l'alcool ou l'esprit de bois, on obtient, en général, autre chose qu'une simple dissolution. On observe toujours une assez forte élévation de température, indice assuré d'une réaction chimique plus ou moins complexe, et dans le cas de l'alcool, de l'éther et de l'esprit de bois, M. Kuhlmann a reconnu depuis longtemps qu'il se forme entre le perchlorure et le dissolvant une combinaison définie susceptible de cristalliser. Les hypothèses sur lesquelles serait fondé le calcul des pouvoirs moléculaires ne sont donc pas admissibles. (Voyez le mémoire de M. Kuhlmann dans les *Mémoires de la Société des sciences de Lille*, t. XVI, année 1839.)

[2] Ce nombre est corrigé de l'action des plaques de verre fermant la cuve et de l'influence de la couleur du liquide sur la position de la teinte de passage. La différence brute des deux azimuts de cette teinte correspondant aux deux directions opposées du courant était de $9°40'$.

armatures, soit leur distance. Le tableau suivant contient le résultat des expériences [1].

I. Électro-aimant muni de ses grosses armatures de 140 millimètres de diamètre et de 50 millimètres d'épaisseur.
Distance entre les armatures, 50 millimètres.
Pile de 20 éléments.

Rotation produite par le sulfure de carbone	+ 0°44′
Rotation produite par la dissolution..............	− 2° 4′45″
Rapport de la seconde rotation à la première........	− 2,83

II. Électro-aimant muni de ses armatures hexagonales.
Distance entre les armatures, 65 millimètres.
Pile de 20 éléments.

Rotation produite par le sulfure de carbone........	+ 0°55′15″
Rotation produite par la dissolution...............	− 2°28′30″
Rapport..................................	− 2,83

III. Électro-aimant muni de ses armatures hexagonales.
Distance entre les armatures, 27 millimètres.
Pile de 10 éléments.

Rotation produite par le sulfure de carbone.........	+ 1°43′15″
Rotation produite par la dissolution...............	− 4°54′
Rapport..................................	− 2,84

IV. Électro-aimant muni de ses armatures hexagonales.
Distance entre les armatures, 27 millimètres.
Pile de 20 éléments.

Rotation produite par le sulfure de carbone.........	+ 2°22′45″
Rotation produite par la dissolution...............	− 6°31′30″
Rapport..................................	− 2,74
Valeur moyenne du rapport des deux rotations......	− 2,82

On voit que le rapport des deux rotations a eu la même valeur dans toutes les expériences. Par conséquent la rotation magnétique négative du plan de polarisation varie, comme la rotation positive, proportionnellement à l'action magnétique. Il me paraît, d'après cette conformité tout à fait probable, qu'elle varie aussi proportionnellement au cosinus de l'angle compris entre la direction de l'action magnétique et la direction du rayon de lumière; mais je n'ai pas

(1) Les nombres inscrits dans ce tableau sont corrigés de l'influence de la couleur et de l'influence des plaques de verre fermant la cuve.

fait d'expériences sur ce sujet. Une épaisseur de 1 centimètre de la dissolution de perchlorure de fer dans l'esprit de bois, placée sur l'appareil décrit dans mon deuxième mémoire[1], produisait des rotations trop faibles; sous une épaisseur de 3 ou 4 centimètres, la dissolution était trop peu transparente pour se prêter à de bonnes observations.

Le nitrate de peroxyde de fer, soumis à l'action du magnétisme, agit sur la lumière polarisée dans le même sens que le perchlorure, mais avec moins d'énergie. Une dissolution aqueuse de ce sel a un pouvoir magnétique moindre que celui de l'eau; lorsque la dissolution est tout à fait concentrée, ce pouvoir rotatoire est presque nul, mais il n'y a pas changement de signe dans la rotation.

Les deux prussiates de potasse ou cyanures doubles de fer et de potassium m'ont paru dignes d'une étude spéciale. On sait en effet par les expériences de M. Faraday[2], et par celles de M. Plücker[3], que le prussiate jaune est diamagnétique et le prussiate rouge magnétique. J'ai reconnu que le pouvoir rotatoire magnétique du prussiate jaune est positif et médiocrement considérable, tandis que celui du prussiate rouge est négatif et très-grand : 15 parties de prussiate rouge dissoutes dans 85 parties d'eau donnent un liquide dont le pouvoir rotatoire magnétique est négatif et à peu près double de celui de l'eau en valeur absolue. Comme on verra plus loin qu'il existe des composés diamagnétiques de métaux magnétiques dont le pouvoir rotatoire magnétique est négatif, il est probable que le pouvoir positif du prussiate jaune n'est pas dû à ce que ce composé est diamagnétique, mais à ce que les propriétés physiques du fer y sont aussi complétement dissimulées que les propriétés chimiques.

Rien n'est plus facile à préparer qu'une solution aqueuse de perchlorure de fer ou de prussiate rouge propre à démontrer, même dans un cours public, l'action négative des sels de fer sur la lumière polarisée. Toutefois il serait utile pour cet objet, et intéressant à d'autres points de vue, d'avoir des substances solides, transparentes, douées des mêmes propriétés que ces dissolutions. Je dois avouer

(1) Voyez *Annales de chimie et de physique*, 3e série, t. XLIII, p. 37.
(2) *Transactions philosophiques* pour 1846.
(3) *Poggendorff's Annalen*, t. LXXIV.

que j'en ai vainement cherché jusqu'ici. De l'alun de fer, bien transparent, qui a été mis à ma disposition par M. Deville, en cristaux de 1 centimètre d'épaisseur, m'a présenté à un si haut degré les phénomènes de la polarisation lamellaire, que j'ai dû renoncer à m'en servir. Divers fragments de verres ferrugineux que j'ai essayés ont tous été trop fortement trempés ou trop peu transparents. J'ai espéré être plus heureux avec les verres à base de phosphate de chaux que M. Margueritte a signalés récemment comme susceptibles de se charger des oxydes métalliques les plus divers. M. Margueritte a bien voulu m'en faire préparer quelques échantillons contenant de 5 à 20 p. o/o de peroxyde de fer; mais aucun de ces échantillons, même après un recuit très-prolongé, ne s'est montré suffisamment dépourvu de trempe pour être propre aux expériences. Il est probable que, parmi les nombreux verres à base ferrugineuse que M. Matthiessen a examinés[1], il s'en trouvait qui auraient pu convenir; mais il ne m'a pas été possible d'obtenir la permission d'en essayer aucun.

Je n'ai pas mieux réussi lorsque j'ai cherché à préparer un composé de fer facilement fusible et suffisamment transparent à l'état liquide pour que l'on en pût étudier l'action sur la lumière polarisée sans être obligé de le dissoudre. Les propriétés du chlorure double d'aluminium et de sodium m'ont fait penser que le chlorure correspondant de fer et de sodium, s'il existait, pourrait être convenable. Ce composé existe en effet; il se prépare sans difficulté en chauffant ensemble 33 parties de perchlorure de fer et 12 parties de chlorure de sodium; il se fond aisément sur la lampe à alcool, mais à l'état liquide il n'a aucune transparence.

Nickel. — Tous les sels de nickel que j'ai essayés ont un pouvoir rotatoire magnétique positif, de sorte que leurs dissolutions exercent sur la lumière polarisée une action plus grande que celle de l'eau qu'elles contiennent. Ce pouvoir rotatoire positif est assez marqué, et comparable à celui des sels de zinc ou d'étain. Il est particulièrement essentiel, lorsqu'on veut le déterminer, de tenir compte de l'influence que la coloration de la lumière émergente exerce sur la

[1] *Comptes rendus des séances de l'Académie des sciences*, t. XXIV et t. XXV.

position de la teinte de passage. Ainsi, dans la lumière qui a traversé une épaisseur de 44 millimètres de chlorure de nickel en dissolution médiocrement concentrée, le rouge, l'orangé, le violet et l'indigo sont presque éteints, le bleu et le jaune sont notablement affaiblis, et le maximum d'intensité correspond aux rayons verts; il résulte de là que la teinte de passage est beaucoup plus déviée que si la lumière passait à travers le chlorure sans altération.

Cobalt. — Le pouvoir rotatoire magnétique des sels de cobalt est positif, mais plus faible que celui des sels de nickel, et assez difficile à manifester, parce que l'on ne peut dissoudre dans l'eau une proportion de ces sels un peu considérable sans diminuer beaucoup la transparence du liquide. La coloration de la lumière émergente exerce sur la position de la teinte de passage une influence opposée à celle qui a lieu dans le cas des sels de nickel : le rouge étant la couleur dominante, la déviation de la teinte de passage se trouve diminuée, de sorte que, si l'on négligeait la correction nécessaire, le pouvoir rotatoire magnétique des sels de cobalt paraîtrait négatif et très-faible.

Manganèse. — Les sels de protoxyde de manganèse ont un pouvoir rotatoire magnétique positif et peu considérable; mais comme leurs dissolutions sont parfaitement incolores, rien n'est plus facile que de le manifester.

Les sels de sesquioxyde de manganèse ont un pouvoir colorant si considérable, qu'il est impossible de s'en servir pour les expériences. Mais j'ai trouvé au laboratoire du Collége de France un composé correspondant probablement à ces sels, le cyanure double de manganèse et de potassium $K^3Mn^2Cy^6$, qui m'a donné un résultat remarquable. Ce sel dissous dans l'eau diminue tellement le pouvoir rotatoire de la dissolution, que l'on doit le regarder comme doué d'un pouvoir rotatoire négatif. En est-il de même des autres sels de sesquioxyde de manganèse? C'est ce que je ne saurais dire avec certitude, mais la supériorité du pouvoir négatif des sels de peroxyde de fer comparé à celui des sels de protoxyde me porterait à le penser. Quoi qu'il en soit, et pour rester strictement dans les termes de l'expérience, on voit que le manganèse établit en quelque sorte une transition entre le fer d'une part et le nickel et le cobalt de l'autre.

Ce qui est la règle pour les sels de fer semble l'exception pour les sels de manganèse, et *vice versâ*.

La propriété intéressante du cyanure double de manganèse et de potassium m'a fait examiner le cyanure double de cobalt et de potassium avec l'espoir d'y rencontrer un mode d'action analogue; mais j'ai trouvé qu'il possédait un pouvoir rotatoire magnétique positif, et d'ailleurs assez faible. Il est même *diamagnétique*.

Chrome. — Les sels de protoxyde de chrome sont si difficiles à préparer, et surtout à conserver purs, que j'ai renoncé à les soumettre à l'expérience. Ceux de sesquioxyde ont un si grand pouvoir colorant, qu'il est impossible d'en dissoudre quelques centièmes dans l'eau ou l'alcool sans détruire toute transparence; mais l'acide chromique et les chromates se prêtent à de bonnes observations. Le chromate neutre de potasse, très-soluble dans l'eau, comme on sait, donne des dissolutions d'un jaune clair, dont la coloration laisse aux expériences toute la précision désirable, et n'exerce que très-peu d'influence sur la position de la teinte de passage. Le bichromate de potasse, moins soluble dans l'eau, donne cependant des dissolutions plus colorées, mais encore fort transparentes, et qui n'exigent aucune correction dans l'observation de la teinte de passage. L'acide chromique au contraire donne des dissolutions d'un rouge très-foncé, dont la coloration exerce une grande influence sur la position de la teinte de passage, mais qui, sous une épaisseur de 1 à 2 centimètres, offrent une transparence suffisante. Les dissolutions de ces trois substances m'ont donné les résultats suivants.

NATURE de LA SUBSTANCE DISSOUTE.	DENSITÉ de LA DISSOLUTION.	POIDS de la SUBSTANCE DISSOUTE contenu		POUVOIR ROTATOIRE magnétique de la dissolution.	ROTATION DUE		POUVOIR ROTATOIRE magnétique moléculaire.
		dans l'unité de poids de la dissolution.	dans l'unité de volume de la dissolution.		à l'eau.	à la substance dissoute.	
Chromate neutre de potasse....	1,3598	0,369	0,504	0,76	0,86	− 0,10	− 0,20
Bichromate de potasse......	1,0786	0,101	0,109	0,89	0,97	− 0,08	− 0,73
Acide chromique.	1,3535	0,341	0,470	0,31	0,88	− 0,57	− 1,21

Ainsi les deux chromates de potasse et l'acide chromique ont un pouvoir rotatoire magnétique négatif. et la valeur absolue de ce pouvoir augmente avec la proportion d'acide chromique. Le pouvoir négatif du chromate neutre est faible, mais impossible à méconnaître : celui du bichromate est notablement plus fort, et celui de l'acide chromique est comparable au pouvoir négatif des sels de protoxyde de fer.

L'expérience relative au chromate neutre de potasse est surtout à considérer. On sait en effet que, tandis que l'acide chromique et le bichromate de potasse sont magnétiques, le chromate neutre est diamagnétique[1], et il est assez surprenant que le pouvoir rotatoire magnétique d'une substance diamagnétique soit négatif. On trouvera plus loin d'autres exemples analogues.

Les cinq métaux dont je viens d'étudier les composés sont depuis longtemps regardés comme magnétiques par tous les physiciens. Il n'en est pas de même de ceux qui vont suivre, qui n'ont été signalés comme magnétiques que depuis les travaux de M. Faraday, et dont quelques-uns même se trouvent ici examinés pour la première fois. J'ai dû par conséquent m'attacher à vérifier le caractère magnétique de ces métaux avant d'étudier le pouvoir rotatoire magnétique de leurs composés. Dans cette vérification j'ai suivi la règle posée par

[1] Voyez le mémoire de M. Faraday cité plus haut.

M. Faraday, qui consiste à regarder comme douteux le magnétisme de tout métal qui n'est que faiblement magnétique et qui ne produit aucun composé magnétique, particulièrement aucun oxyde. La proportion d'un métal fortement magnétique (fer, nickel ou cobalt), qu'il suffit en général d'admettre pour expliquer le magnétisme d'un échantillon de métal faiblement magnétique, est tellement faible, qu'elle échappe à toute analyse et qu'aucun procédé de purification ne peut en garantir l'absence. Il en est tout autrement lorsqu'il s'agit d'un sel ou d'un oxyde; si l'on veut en expliquer le magnétisme par la présence accidentelle d'un sel ou d'un oxyde de fer ou de quelque autre composé analogue, comme le magnétisme de ces composés est incomparablement moindre que celui des métaux correspondants, il en faut supposer une proportion telle, que l'analyse peut aisément l'accuser. C'est ainsi que l'on voit plusieurs métaux faiblement magnétiques en apparence ne donner, par oxydation ou dissolution, que des composés diamagnétiques.

Titane. — C'est M. Faraday qui a classé le titane parmi les corps magnétiques. J'ai vérifié ses observations sur des échantillons purs de titane qui m'ont été remis par M. Deville. Le magnétisme du titane m'a paru supérieur à celui du chrome pur, et trop fort pour être attribué à des impuretés qui échapperaient à l'analyse. Parmi les composés de ce métal, l'acide titanique est magnétique et le bichlorure de titane est *diamagnétique*[1].

J'ai néanmoins examiné le pouvoir rotatoire magnétique du bichlorure de titane, qui est, comme on sait, liquide à la température ordinaire, transparent et incolore. Je l'ai trouvé *négatif* et un peu supérieur en valeur absolue au pouvoir rotatoire magnétique de l'eau.

Il y a deux remarques à faire sur cette expérience. Elle montre d'abord que les phénomènes qui nous occupent dépendent bien peu des analogies chimiques qui peuvent exister entre les divers corps. Les chimistes considèrent en général le titane comme l'analogue de

(1) Dans la note présentée à l'Académie des sciences, le 8 juillet 1857, j'ai dit que je n'avais pu reconnaître avec certitude si le bichlorure de titane était magnétique ou diamagnétique. C'est en me servant de l'ingénieux procédé imaginé par M. Quet pour étudier l'action des aimants sur les liquides que j'ai pu résoudre la question.

l'étain, et regardent en particulier les bichlorures de ces deux métaux comme des corps entièrement comparables. Rien de plus dissemblable au contraire que ces deux corps lorsqu'on les place entre les pôles d'un électro-aimant et que l'on examine leur action sur la lumière polarisée. En second lieu, par suite de l'état liquide et de la transparence du bichlorure de titane, on en peut manifester directement le pouvoir rotatoire négatif sans qu'un dissolvant intervienne, et par là se trouve écartée une objection qui avait été faite à mes premières expériences. Quelques personnes avaient considéré l'action négative de certaines dissolutions ferrugineuses comme due à ce que les molécules du composé magnétique dissous, aimantées sous l'influence de l'électro-aimant, exerçaient sur les molécules voisines du dissolvant une action magnétique contraire à celle de l'électro-aimant lui-même. En présence d'expériences relatives à des dissolvants aussi variés et par eux-mêmes aussi peu actifs que ceux dont j'ai fait usage, cette manière de voir semblerait bien peu admissible : les expériences sur le chlorure de titane la réfutent complétement en montrant un liquide *diamagnétique* dont le pouvoir rotatoire est *négatif*[1].

Cérium. — Le magnétisme du cérium a été découvert par M. Faraday, et il n'est pas plus difficile à constater que celui du chrome ou du manganèse. À défaut de cérium métallique, que je n'ai pas eu à ma disposition, j'ai examiné deux sels de ce métal parfaitement purs, préparés par MM. Damour et Deville dans le cours d'un travail sur le cérium et les métaux qui l'accompagnent dans ses minerais, un sulfate et un chlorure[2]. Tous deux se sont montrés fortement magnétiques, tous deux dissous dans l'eau ont manifesté un pouvoir rotatoire magnétique négatif. Le sulfate a donné une dissolution rougeâtre assez transparente, dont l'action sur la lumière polarisée a été notablement moindre que celle de l'eau. Toutefois, comme je n'ai pas analysé cette solution, je ne puis regarder que comme simplement probable le caractère négatif que j'attribue au pouvoir

[1] L'objection dont il s'agit ne m'a été faite que verbalement et n'a jamais été mentionnée dans aucune publication relative à l'objet de mes recherches.

[2] MM. Damour et Deville n'avaient pas encore déterminé la composition exacte de ces deux corps à l'époque où ils me les ont remis ; ils savaient seulement avec certitude qu'ils ne renfermaient aucune trace d'un métal quelconque autre que le cérium.

rotatoire magnétique du sulfate. Quant au chlorure, il ne peut rester aucun doute. Une dissolution concentrée de ce sel, placée entre les pôles de l'électro-aimant, exerce sur la lumière polarisée une action contraire à celle de l'eau, et à peu près égale en valeur absolue. La limpidité parfaite de la dissolution rend très-facile la constatation du phénomène.

Uranium. — M. Faraday a laissé subsister quelque doute sur la place que l'uranium doit occuper parmi les métaux magnétiques ou parmi les métaux diamagnétiques. Il a trouvé en effet le protoxyde faiblement magnétique et le peroxyde non magnétique. Néanmoins le magnétisme de l'uranium n'est pas douteux; l'oxyde rouge et l'oxyde noir d'uranium, préparés en chauffant à une température plus ou moins élevée des cristaux de nitrate d'urane purifiés par plusieurs cristallisations successives, sont magnétiques. Ce qui rend cette expérience tout à fait démonstrative, c'est que le nitrate d'urane est lui-même diamagnétique. Le nitrate d'urane est d'ailleurs le seul composé d'uranium dont j'aie déterminé le pouvoir rotatoire magnétique, et le résultat qu'il m'a donné est remarquable. Une dissolution aqueuse de ce corps, sous l'influence du magnétisme, exerce sur la lumière polarisée une action moindre que celle de l'eau qu'elle contient, ce qui conduit à regarder comme négatif le pouvoir rotatoire magnétique du nitrate. Cette conclusion est confirmée par l'étude des dissolutions que l'on peut préparer avec l'alcool ou l'éther. Le nitrate d'urane fournit donc un troisième exemple à placer à côté du chromate neutre de potasse et du bichlorure de titane [1]. La valeur absolue que mes expériences attribuent au pouvoir négatif du nitrate d'urane est d'ailleurs très-faible.

Lanthane. — Le magnétisme du lanthane n'a pas encore été examiné, à ma connaissance. Le carbonate de lanthane, parfaitement pur, qui m'a été remis par M. Deville, est fortement magnétique : ce qui suffit pour classer le lanthane parmi les métaux magnétiques, comme son analogue le cérium. En traitant ce carbonate par l'acide

[1] L'existence de trois composés diamagnétiques dont le pouvoir rotatoire magnétique est négatif montre bien que, comme on l'a annoncé plus haut, page 187, il n'y a pas de relation simple entre la capacité diamagnétique des corps et leur pouvoir rotatoire magnétique.

chlorhydrique pur, j'ai obtenu une dissolution dont le pouvoir rotatoire magnétique était moindre que celui de l'eau. Il est donc probable que le pouvoir rotatoire magnétique des sels de lanthane est négatif; toutefois, comme je n'ai pas fait l'analyse de la dissolution, la chose n'est pas absolument certaine.

Molybdène. — Le molybdène métallique qui m'a été remis par M. Debray est magnétique, et, comme cette propriété se retrouve dans l'acide molybdique purifié par plusieurs distillations, elle ne saurait être attribuée à la présence de substances étrangères. Le molybdène doit donc être ajouté à la liste des métaux magnétiques. Les molybdates solubles que j'ai eus à ma disposition, ceux de soude et d'ammoniaque, sont diamagnétiques; leur pouvoir rotatoire magnétique est positif, mais faible.

Aluminium. — M. Deville a rangé l'aluminium parmi les métaux faiblement magnétiques. L'analogie de l'aluminium et du fer a fait généralement considérer ce résultat comme très-probable. Cependant je n'ai pu trouver aucun composé de ce métal qui ne fût diamagnétique. L'alumine même, quand elle est pure, est repoussée par les électro-aimants. Je me suis procuré, en effet, au laboratoire de l'École Normale du nitrate d'alumine bien pur et fortement diamagnétique, et j'en ai extrait par calcination de l'alumine anhydre, qui s'est trouvée aussi très-diamagnétique. J'ai déterminé, d'ailleurs, les pouvoirs rotatoires magnétiques de l'alun, du sulfate d'alumine, du chlorure d'aluminium, du chlorure double d'aluminium et de sodium, et je les ai trouvés positifs. Ceux du chlorure et du chlorure double sont considérables.

Enfin j'ai profité des ressources que m'offraient les collections de chimie de l'École Normale et de la Faculté des sciences, pour soumettre à l'action du magnétisme les composés d'un certain nombre de métaux rares qui, depuis quelques années, ont été l'objet d'une étude nouvelle et approfondie. Ces expériences ont eu pour objets le zirconium, le glucinium, le lithium et le tungstène. Les échantillons de ces divers métaux, qui m'ont été remis par M. Debray, M. Troost ou M. Riche, ont tous paru, sauf un échantillon de glucinium, sensiblement attirés par les pôles de l'électro-aimant; mais tous leurs composés purs, particulièrement leurs oxydes et leurs chlorures, sont incontestablement diamagnétiques, et tous ceux dont la solubilité ou l'état liquide m'a permis d'étudier l'action optique ont un pouvoir rotatoire magnétique positif.

Le magnésium s'est comporté de la même manière. Un morceau de magnésium distillé, qui m'avait été remis par M. Troost, m'a paru magnétique; mais la magnésie pure, que je me suis procurée en calcinant du nitrate pur et diamagnétique, est diamagnétique. Le pouvoir rotatoire magnétique de tous les sels magnésiens est négatif.

D'après ces expériences, il me paraît probable que l'aluminium, le zirconium, le glucinium, le lithium, le magnésium et le tungstène sont réellement diamagnétiques. On ne comprendrait guère, en effet, que des oxydes diamagnétiques pussent résulter de l'union de métaux magnétiques avec un gaz magnétique, l'oxygène. Toutefois nous savons encore si peu de chose sur la vraie cause du magnétisme, que je ne me crois pas autorisé, par cette seule considération, à me prononcer d'une manière absolue.

En résumé, toutes les substances diamagnétiques dans la composition desquelles il n'entre aucun métal magnétique ont un pouvoir rotatoire positif; il n'en est pas de même des substances où il entre quelque métal magnétique, et, d'après l'ensemble des phénomènes observés jusqu'ici, on peut diviser les métaux magnétiques en trois classes, qui ont pour type le fer, le nickel et le manganèse. Le pouvoir rotatoire magnétique de tous les composés du fer, à l'exception des cyanoferrures, où l'on sait que les propriétés du fer sont entièrement déguisées, est négatif; le pouvoir rotatoire magnétique de tous les composés du nickel est positif. A côté du fer on doit placer le titane, le cérium, le lanthane et probablement aussi le chrome et l'uranium. A côté du nickel doivent se placer le cobalt et le molybdène. Le manganèse représente un type intermédiaire, le pouvoir rotatoire magnétique de ses composés étant tantôt positif, tantôt négatif; il est possible que le chrome et l'uranium se rangent à côté du manganèse plutôt qu'à côté du fer.

D'ailleurs aucune relation ne paraît exister entre le sens négatif ou positif du pouvoir rotatoire magnétique et une propriété quelconque des métaux. Ce n'est pas la grandeur de la puissance magnétique qui détermine la répartition des métaux magnétiques dans les trois classes précédentes, puisque le fer et le nickel, les plus fortement magnétiques de tous les métaux, sont les types des deux classes opposées. Ce n'est pas non plus l'analogie chimique qui peut servir de règle. Si l'on voit sans étonnement le cobalt se ranger à côté du nickel, le chrome à côté du fer, le lanthane à côté du cérium, et le manganèse servir de transition entre les deux classes opposées, on est surpris de voir le titane ou l'aluminium s'éloigner complétement de l'étain ou du fer.

Une autre hypothèse sur la liaison des phénomènes m'a été suggérée par d'anciennes expériences de M. Plücker. On se rappelle que ce physicien avait obtenu des mélanges de corps magnétiques avec des corps diamagnétiques, qui pouvaient être repoussés par les pôles d'un électro-aimant de puissance donnée et attirés par les pôles d'un électro-aimant plus faible. Il en avait conclu que l'attraction magnétique variait avec l'intensité de l'électro-aimant suivant une autre loi que la répulsion diamagnétique [1]. Je me suis demandé si quelque chose de semblable n'aurait pas lieu dans le cas des pouvoirs rotatoires magnétiques; si, par exemple, le pouvoir rotatoire magnétique des sels de nickel ne pourrait pas être positif pour une certaine grandeur de l'action magnétique, négatif pour une grandeur très-différente, et nul pour une grandeur intermédiaire. Il en pourrait être ainsi sans que le changement de signe eût lieu entre les limites des forces magnétiques ordinaires; mais il est très-probable qu'entre ces limites on verrait au moins les sels de nickel s'écarter sensiblement de la loi générale de variation des pouvoirs rotatoires magnétiques. Pour le savoir, j'ai comparé, sous l'influence d'actions magnétiques très-différentes, la rotation produite par une dissolution de sulfate de nickel à la rotation produite par l'eau, et, comme j'ai trouvé le rapport des deux rotations absolument invariable, j'ai dû abandonner mon hypothèse.

[1] Plus tard, M. Plücker a reconnu l'inexactitude de cette interprétation de ses expériences.

RECHERCHES

SUR

LES PROPRIÉTÉS OPTIQUES

DÉVELOPPÉES DANS LES CORPS TRANSPARENTS

PAR L'ACTION DU MAGNÉTISME.

QUATRIÈME PARTIE.

(*COMPTES RENDUS DE L'ACADÉMIE DES SCIENCES*, TOME LXI, PAGE 630.)

J'ai l'honneur de communiquer à l'Académie les résultats d'une série d'expériences sur la relation qui existe entre la rotation magnétique du plan de polarisation d'un rayon de lumière homogène et sa longueur d'onde. Une expérience de M. Edmond Becquerel, consistant à compenser l'action d'un fragment de *verre pesant* placé entre les branches de l'électro-aimant par l'action d'une colonne d'eau sucrée, paraissait indiquer que, pour cette substance au moins, la loi des rotations différait peu de la loi de la raison réciproque du carré des longueurs d'ondulation. Des recherches plus récentes de M. Wiedemann conduisaient, au contraire, à admettre : 1° que la loi ne s'appliquait pas au sulfure de carbone et manquait par conséquent de généralité; 2° mais que, lorsqu'on soumettait à l'influence magnétique une substance *active*, telle que l'essence de citron ou l'essence de térébenthine, il y avait, pour chaque couleur, proportionnalité entre la rotation magnétique du plan de polarisation et la rotation due à l'action propre de la substance.

Je me suis servi, dans mes expériences, de la méthode générale de MM. Fizeau et Foucault, qui consiste, comme on sait, à recevoir sur un prisme la lumière primitivement polarisée et transmise par le corps transparent, et à étudier l'état de polarisation des diverses parties du spectre. Aux rayons dont le plan de polarisation est parallèle à la section principale du prisme de Nicol analyseur correspond une bande noire, dont on amène successivement le milieu à coïncider avec les raies pour lesquelles la longueur d'ondulation est connue par les expériences de Fraunhofer; le déplacement qu'il faut donner à l'analyseur pour rétablir la coïncidence avec une raie donnée, lorsqu'on change la direction du courant, est précisément le double de la rotation due à l'action des forces magnétiques.

Le tableau suivant contient les valeurs relatives des rotations correspondantes aux cinq raies C, D, E, F, G[1], pour les substances que j'ai étudiées, la rotation correspondante à la raie E étant prise pour unité :

	C	D	E	F	G
Eau distillée	0,63	0,79	1,00	1,20	1,55
Dissolution de chlorure de calcium	0,61	0,80	1,00	1,19	1,54
Dissolution de chlorure de zinc	0,61	0,78	1,00	1,19	1,61
Dissolution de protochlorure d'étain	"	0,78	1,00	1,20	1,59
Essence d'amandes amères	0,61	0,78	1,00	1,21	"
Essence d'anis	0,58	0,75	1,00	1,25	"
Sulfure de carbone	0,60	0,77	1,00	1,22	1,65
Créosote (du commerce)	0,60	0,76	1,00	1,23	1,69
Essence de *Laurus cassia* (essence de cannelle de Chine)	0,59	0,74	1,00	1,23	"

La loi exacte de la raison réciproque du carré des longueurs d'onde aurait exigé la série de rotations

C	D	E	F	G
0,64	0,80	1,00	1,18	1,50

qui ne diffère beaucoup d'aucune des séries du tableau précédent.

[1] Pour les raies B et H toute observation est impossible, et je n'ai même obtenu de résultats un peu satisfaisants, pour les raies C et G, qu'en mettant au devant de l'œil des verres colorés qui éteignent la région moyenne et brillante du spectre, sans affaiblir sensiblement l'éclat de la portion voisine de ces raies.

Si l'on a égard à la nature des liquides qui s'écartent le plus de la loi (sulfure de carbone, essences, créosote), on résumera dans les trois propositions suivantes les résultats de mes expériences :

1° Les rotations magnétiques du plan de polarisation des rayons de diverses couleurs suivent approximativement la loi de la raison inverse du carré des longueurs d'onde.

2° La loi exacte des phénomènes est toujours telle, que le produit de la rotation par le carré de la longueur d'onde aille en croissant de l'extrémité la moins réfrangible à l'extrémité la plus réfrangible du spectre.

3° Les substances pour lesquelles cet accroissement est le plus sensible sont aussi celles qui ont le plus grand pouvoir dispersif.

Une discussion mathématique qui ne peut trouver place dans cet extrait montre que ces lois ne permettent pas d'attribuer aux équations différentielles du mouvement d'un système d'ondes planes normales à l'axe des z, dans un milieu soumis à l'influence magnétique, la forme

$$\frac{d^2\xi}{dt^2} = A_0\frac{d^2\xi}{dz^2} + A_1\frac{d^4\xi}{dz^4} + \dots + m\frac{d\eta}{dt},$$
$$\frac{d^2\eta}{dt^2} = A_0\frac{d^2\eta}{dz^2} + A_1\frac{d^4\eta}{dz^4} + \dots - m\frac{d\xi}{dt},$$

que M. Charles Neumann a déduite d'une hypothèse particulière sur la cause des phénomènes, et que M. Airy avait déjà proposée il y y a dix-sept ans, peu de mois après la publication des découvertes de M. Faraday. Au contraire, ces lois s'accordent également soit avec les équations

$$\frac{d^2\xi}{dt^2} = A_0\frac{d^2\xi}{dz^2} + A_1\frac{d^4\xi}{dz^4} + \dots + m\frac{d^3\eta}{dz^2\,dt},$$
$$\frac{d^2\eta}{dt^2} = A_0\frac{d^2\eta}{dz^2} + A_1\frac{d^4\eta}{dz^4} + \dots - m\frac{d^3\xi}{dz^2\,dt},$$

que M. Maxwell a déduites d'une hypothèse entièrement différente de celle de M. Charles Neumann, soit avec les équations

$$\frac{d^2\xi}{dt^2} = A_0\frac{d^2\xi}{dz^2} + A_1\frac{d^4\xi}{dz^4} + \dots + m\frac{d^3\eta}{dt^3},$$
$$\frac{d^2\eta}{dt^2} = A_0\frac{d^2\eta}{dz^2} + A_1\frac{d^4\eta}{dz^4} + \dots - m\frac{d^3\xi}{dt^3}.$$

La précision des expériences ne permet pas d'ailleurs de faire un choix entre ces deux systèmes [1].

Enfin des expériences sur les rotations magnétiques de l'acide tartrique dissous m'ont fait voir que la proportionnalité supposée par M. Wiedemann entre les rotations magnétiques et les rotations propres d'une substance *active* n'existe pas réellement. J'ai, en effet, obtenu pour les deux ordres de phénomènes les séries suivantes de résultats :

	C	D	F	G
Rotations magnétiques................	0,79	1,00	1,52	2,01
Rotations naturelles..................	0,85	1,00	1,01	0,89

La loi exacte du carré des longueurs d'onde aurait exigé

C	D	F	G
0,80	1,00	1,48	1,88.

[1] Il est indifférent à ces conclusions qu'on admette avec Cauchy que les coefficients A_0, A_1, A_2,... forment une série rapidement décroissante, ou, avec M. Christoffel, que les coefficients A_0 et A_1 sont du même ordre de grandeur, tous les autres étant négligeables.

ADDITION

À LA QUATRIÈME PARTIE DES RECHERCHES

SUR

LES PROPRIÉTÉS OPTIQUES

DÉVELOPPÉES DANS LES CORPS TRANSPARENTS

PAR L'ACTION DU MAGNÉTISME.

(*COMPTES RENDUS DE L'ACADÉMIE DES SCIENCES*, TOME LVII, PAGE 670.)

Les recherches dont j'ai eu l'honneur de communiquer à l'Académie un résumé, dans la séance du 6 avril dernier, ont établi que, dans la généralité des substances transparentes, la dispersion magnétique des plans de polarisation s'effectue approximativement suivant la loi de la raison réciproque des carrés des longueurs d'onde, et que cette loi ne souffre pas l'exception remarquable à laquelle elle est sujette dans le cas des substances actives par elles-mêmes.

J'ai fait remarquer que cette loi était absolument contraire à une théorie des phénomènes proposée par M. Charles Neumann, mais qu'elle s'accordait également, soit avec les équations différentielles qui se déduisent d'une théorie proposée par M. Clerk Maxwell, soit avec d'autres équations différentielles renfermant les dérivées troisièmes des déplacements moléculaires prises par rapport au temps. Mes expériences n'avaient pas la précision nécessaire pour autoriser un choix entre ces deux derniers systèmes, et elles paraissent d'ailleurs s'accorder avec une conséquence qui leur est commune. Les mêmes calculs, en effet, qui montrent que ces équations conduisent à la loi approximative du carré des longueurs d'onde, montrent aussi que l'approximation de cette loi sera d'autant moindre que les coefficients A_1, A_2, ..., d'où dépend le phénomène de la dispersion ordinaire, auront des valeurs plus sensibles; et, d'un autre côté, les substances qui m'ont paru s'écarter le plus de la loi (sulfure de carbone, essences, créosote) se font remarquer par la grandeur de leur pouvoir dispersif.

Afin de savoir exactement si cette coïncidence avait le caractère d'une loi générale de la nature, et d'apprécier la valeur des conceptions théoriques de M. Maxwell, j'ai entrepris de nouvelles recherches dans lesquelles je me suis efforcé de donner plus de précision aux expériences. Je crois y être parvenu, tant par l'augmentation de la puissance des appareils magnétiques que par l'accroissement d'intensité du spectre lumineux qui, dans la méthode employée (celle de MM. Fizeau et Foucault), est le sujet final de l'observation[1]. Mais, pour ne conserver aucun doute sur les résultats, j'ai prié un observateur, très-exercé à ce genre d'expériences[2], de reprendre les mesures les plus importantes, et l'accord de ses déterminations avec les miennes a été entièrement satisfaisant. Pour des raisons évidentes d'elles-mêmes, j'ai soumis d'abord à l'expérience les deux liquides les plus transparents et les moins colorés parmi les liquides fortement dispersifs qui avaient fait l'objet de mes premières recherches, le sulfure de carbone et la créosote du commerce. Comme l'étude de ces deux substances a suffi pour résoudre d'une manière décisive les questions que je m'étais posées, je n'ai pas jugé nécessaire, pour le moment, d'étendre mes expériences à d'autres corps.

J'ai trouvé, en effet, pour ces deux liquides, les séries suivantes de valeurs relatives du pouvoir rotatoire magnétique correspondant aux diverses raies du spectre :

	C	D	E	F	G	Valeur absolue moyenne du double de la rotation pour la raie E.	Température moyenne des observations.
Sulfure de carbone.	0,592	0,768	1,000	1,234	1,704	25°,28	24°,9
Créosote.	0,573	0,758	1,000	1,241	1,723	21°,58	24°,3

A des températures très-voisines, j'ai obtenu, à l'aide d'un cercle

(1) Cet accroissement d'intensité est résulté tantôt de la concentration de la lumière au moyen d'une lentille cylindrique sur la fente nécessaire à la production du spectre, tantôt de la substitution du foyer linéaire de cette lentille à la fente.

(2) M. Gernez, qui s'occupe avec succès, depuis plusieurs mois, de l'étude du pouvoir rotatoire des vapeurs des liquides actifs.

horizontal à collimateur et à lunette excentrique, construit par M. Brunner[1], les valeurs suivantes des indices de réfraction, qui confirment ce qu'on savait déjà de l'inégalité de la dispersion du sulfure de carbone et de la créosote :

	B	C	D	E	F	G	H	TEMPÉRATURE DES OBSERVATIONS.
Sulfure de carbone	1,6114	1,6147	1,6240	1,6368	1,6487	1,6728	1,6956	24°,4
Créosote...	"	1,5369	1,5420	1,5488	1,5553	1,5678	1,5792	23°,9

Ainsi la substance la moins dispersive s'écarte de la loi exacte du carré des longueurs d'onde au moins autant, et probablement même plus que la substance la plus dispersive. La relation que mes premières expériences pouvaient faire soupçonner n'est donc pas générale, et aucun des deux systèmes d'équations qui y conduisent ne peut être pris pour l'expression de la vérité.

Des calculs qui ne peuvent trouver place dans ce résumé font mieux ressortir le sens de cette conclusion. Si l'on considère l'indice de réfraction n comme une fonction de la longueur d'onde λ, les équations de M. Maxwell conduisent à représenter le pouvoir rotatoire correspondant à une longueur donnée d'ondulation par la formule

$$(\mathrm{I}) \qquad \rho = m\frac{n^2}{\lambda^2}\left(n - \lambda\frac{dn}{d\lambda}\right),$$

m étant le coefficient proportionnel à la composante de l'action magnétique parallèle aux rayons lumineux qui entre dans ces équations. Les équations qui contiennent les dérivées troisièmes des déplacements prises par rapport au temps conduisent à la formule

$$(\mathrm{II}) \qquad \rho = m\frac{1}{\lambda^2}\left(n - \lambda\frac{dn}{d\lambda}\right).$$

Enfin les équations de M. Charles Neumann conduisent à la formule

$$(\mathrm{III}) \qquad \rho = m\left(n - \lambda\frac{dn}{d\lambda}\right).$$

[1] Cet instrument donnait immédiatement les dix secondes et permettait d'apprécier avec certitude les cinq secondes.

Pour comparer ces diverses formules à l'observation, il suffit de chercher des expressions empiriques qui représentent exactement les indices observés pour chaque substance et de les appliquer au calcul de $\frac{dn}{d\lambda}$. Des expressions à trois termes, du genre de celles qu'on déduit de la théorie de la dispersion de Cauchy, m'ont paru les plus commodes et les plus exactes. Elles m'ont servi à calculer les nombres suivants :

		C	D	E	F	G
Sulfure de carbone.	Formule (I)..	0,589	0,760	1,000	1,234	1,713
	Formule (II)..	0,606	0,772	1,000	1,216	1,640
	Formule (III).	0,943	0,967	1,000	1,034	1,091
Créosote......	Formule (I)..	0,617	0,780	1,000	1,210	1,603
	Formule (II)..	0,623	0,789	1,000	1,200	1,565
	Formule (III).	0,976	0,993	1,000	1,017	1,041

Il est clair que la formule (III) est absolument contraire aux observations, que la formule (II) s'en écarte beaucoup, et que la formule (I), qui paraît y convenir dans le cas du sulfure de carbone, n'y satisfait en aucune façon dans le cas de la créosote. La discussion des données numériques de l'expérience montre que pour établir une coïncidence entre la formule (I) et l'observation, dans le cas de la créosote, il faudrait supposer une erreur moyenne de *quarante minutes* sur les mesures des rotations; et même, si l'on rétablissait ainsi l'accord pour les raies C et D, on augmenterait le désaccord pour les raies F et G, et *vice versa*.

Aucune des théories proposées jusqu'ici n'est donc confirmée par l'expérience. Il y a plus : on peut affirmer, ce me semble, que le développement du pouvoir rotatoire magnétique n'est pas le résultat d'un mécanisme unique, le même dans tous les corps, et troublé seulement par les causes d'où résulte le phénomène de la dispersion. Ce mécanisme inconnu a sans doute un caractère commun dans tous les corps, puisqu'il paraît que dans tous les corps les phénomènes suivent approximativement la même loi; mais il doit aussi offrir des particularités spéciales à chaque corps, que la connaissance des propriétés optiques est insuffisante à faire prévoir.

Il reste d'ailleurs établi que l'existence d'une grande dispersion a pour conséquences des perturbations sensibles de la loi simple du carré des longueurs d'onde, sans être la cause unique de ces perturbations. C'est ainsi que l'existence d'une forte réfraction a pour conséquence habituelle un fort pouvoir rotatoire magnétique, sans que ces deux propriétés physiques soient dans une relation constante l'une avec l'autre.

RECHERCHES

SUR

LES PROPRIÉTÉS OPTIQUES

DÉVELOPPÉES DANS LES CORPS TRANSPARENTS

PAR L'ACTION DU MAGNÉTISME.

QUATRIÈME PARTIE[1].

DE LA DISPERSION DES PLANS DE POLARISATION DES RAYONS DE DIVERSES COULEURS.

(*ANNALES DE CHIMIE ET DE PHYSIQUE*, 3e SÉRIE, TOME LXIX, PAGE 415.)

---

§ I.

HISTORIQUE.

On sait que les corps transparents soumis à l'influence du magnétisme exercent sur les rayons polarisés de diverses couleurs une action inégale, qui augmente à mesure que la longueur d'ondulation diminue. Les plans de polarisation des divers éléments d'un faisceau de lumière blanche primitivement polarisé se trouvent ainsi dispersés sur une étendue angulaire très-sensible, toutes les fois que la déviation de l'un d'entre eux atteint quelques degrés; et, par conséquent,

[1] Les principaux résultats contenus dans cette quatrième partie ont été indiqués dans deux Notes insérées aux *Comptes rendus des séances de l'Académie des sciences* (séances du 6 avril et du 19 octobre 1863)[2]. Les observations relatives à l'acide tartrique avaient été communiquées dès 1860 à l'Association britannique pour l'avancement des sciences, réunie à Oxford; le XXXe Rapport de cette Société en a publié un résumé très-sommaire.

[2] Voir pages 205 et 209 de la présente édition.

à toute position de la section principale de l'analyseur qui n'approche pas trop d'être perpendiculaire à la direction moyenne de ces plans de polarisation correspond une coloration marquée de l'image extraordinaire, rapidement variable avec l'azimut. Le changement continu des teintes rappelle celui qui s'observe quand les rayons polarisés ont traversé une plaque de quartz perpendiculaire à l'axe ou une colonne d'essence de térébenthine : il y a, dans l'un et dans l'autre cas, une teinte *sensible*, qui présente les mêmes caractères spéciaux et qui peut servir aux mêmes usages. Ces analogies évidentes n'ont pas échappé aux nombreux observateurs qui depuis dix-sept ans ont répété l'expérience fondamentale de M. Faraday; mais les questions délicates qu'elles soulèvent naturellement ont été jusqu'ici à peine abordées.

Deux citations assez courtes feront connaître tout ce qui a été tenté sur ce sujet.

Dans un mémoire de M. Edmond Becquerel ayant pour titre : *Expériences concernant l'action du magnétisme sur tous les corps*, qui a été publié quelques mois après que la découverte de M. Faraday a été connue en France[1], on rencontre le passage suivant :

« Quand on observe la rotation [magnétique] d'une substance et que l'on tourne le prisme oculaire, on observe successivement une série de couleurs qui sont dues à l'ensemble des rayons qui n'ont pas été éteints par cette position du prisme, et, après avoir passé le bleu, on arrive à une teinte violet-indigo que M. Biot a nommée *teinte de passage*. Cette teinte, par le mouvement du prisme oculaire à droite ou à gauche, passe au rouge ou au bleu, ce qui la rend facile à apercevoir; lorsqu'on l'a obtenue, et l'on ne se trompe pas d'un demi-degré sur sa valeur, on est sûr que l'angle dont on a tourné le prisme depuis sa position primitive correspond à la rotation de la teinte complémentaire ou du jaune moyen de la portion la plus lumineuse du spectre. Après avoir déterminé la rotation du verre pesant par suite de l'action du magnétisme, soit 16 degrés, on prépare, d'après la méthode indiquée par M. Biot, un tube d'eau sucrée qui ait la même rotation que celle de ce verre. Si l'on place

[1] *Annales de chimie et de physique*, 3e série, t. XVII, p. 442. — J'ai ajouté entre crochets quelques mots utiles à l'intelligence de la citation que je donne.

ce tube entre l'oculaire et l'électro-aimant et que l'on fasse passer le courant successivement dans les deux sens, le verre est influencé; on n'observe aucun effet lorsque les rotations sont inverses, mais on a une rotation double quand elles agissent dans le même sens. Dans le premier cas, on ne voit plus de couleur; dans le second, la rotation est de 32 degrés.

« Ces résultats montrent donc que l'effet produit par l'action du magnétisme est une rotation du plan de polarisation, et que pour les différents rayons simples la loi est sensiblement la même que celle qui a été donnée par M. Biot pour le quartz, le sucre, etc. [la loi de la raison réciproque du carré des longueurs d'onde]. »

D'un autre côté, M. Wiedemann a publié, en 1851, des expériences sur le pouvoir rotatoire magnétique du sulfure de carbone[1] qui ne sont guère favorables à la conclusion générale de M. Edmond Becquerel. Si l'on prend en effet pour unité la rotation correspondante au rayon défini par la raie E de Frauenhofer, les rotations correspondantes aux rayons définis par les autres raies principales du spectre se trouvent représentées, suivant ces expériences, par les nombres suivants[2] :

C	D	E	*b*	F	G
0,528	0,744	1,000	1,055	1,186	1,651

La loi de la raison réciproque des carrés des longueurs d'onde aurait donné un tout autre système de valeurs, savoir :

C	D	E	*b*	F	G
0,642	0,798	1,000	"	1,180	1,503

(1) *Poggendorff's Annalen*, t. LXXXII, p. 215, et *Annales de chimie et de physique*, 3e série, t. XXXIV, p. 121.

(2) Dans l'extrait du mémoire de M. Wiedemann que j'ai inséré au tome XXXIV de la 3e série de ces *Annales*, on ne trouvera pas les nombres qui m'ont servi à calculer ce tableau et qui sont ceux que donne l'auteur pour exprimer le résultat moyen de l'ensemble de ses observations. Par suite d'une inadvertance que j'ai peine à m'expliquer, je me suis borné à reproduire, à la page 123, le tableau des données immédiates de quelques expériences, et je n'ai même pas indiqué exactement la signification des nombres inscrits dans ce tableau. La deuxième et la troisième colonne devraient porter en tête, au lieu des lettres C et D, les lettres D et E. La première, la quatrième et la cinquième colonne sont seules exactement désignées.

Si la loi du phénomène eût été exactement pareille à la loi des rotations produites par une colonne d'eau sucrée, M. Wiedemann aurait dû obtenir la série de valeurs

C	D	E	b	F
0,625	0,785	1,000	1,037	1,187

qui se déduit des observations publiées par M. Arndtsen, dans le tome LIV de ces *Annales*.

La dispersion des plans de polarisation ne paraît pas, d'après ces données, suivre à beaucoup près la même loi dans le sulfure de carbone et dans le verre pesant. Il n'y a d'ailleurs aucune raison pour attribuer à l'une des lois plus de généralité qu'à l'autre, ou plutôt il y a des motifs sérieux de douter de l'exactitude des deux séries d'expériences dont on vient de rappeler les résultats; car on peut estimer, d'une part, que M. Wiedemann a toujours mesuré des rotations beaucoup trop petites, et, d'autre part, que M. Edmond Becquerel ne s'est pas placé dans les conditions les plus propres à manifester la loi vraie des phénomènes.

M. Wiedemann ne paraît pas avoir observé de rotations supérieures à 1°,5 pour la raie D, à 2°,2 pour la raie E, à 2°,5 pour la raie F, et, chacun des nombres qu'il rapporte étant déduit de deux lectures qui ne sont individuellement certaines qu'à $\frac{1}{10}$ ou $\frac{1}{12}$ de degré près, on voit de quelles erreurs relatives ils peuvent être affectés. M. Edmond Becquerel, en opposant l'une à l'autre les actions d'un fragment de verre pesant et d'une colonne d'eau sucrée qui imprimaient des rotations égales et contraires aux plans de polarisation des rayons moyens du spectre, a évidemment réduit à la moindre valeur possible la différence moyenne des deux rotations relatives à une couleur quelconque. Quand bien même les lois des deux ordres de phénomènes auraient été totalement différentes, l'image extraordinaire observée par M. Becquerel, entièrement privée des rayons jaunes moyens, c'est-à-dire des rayons les plus intenses du spectre, n'aurait contenu que les rayons les plus faibles, réduits eux-mêmes à une très-petite fraction de leur intensité primitive; et comme cette intensité n'était pas celle de la lumière solaire directe, mais celle de la lumière des nuées, l'effet sensible n'aurait pu se distinguer de l'obscurité absolue[1].

J'ai donc pensé qu'il importait d'étudier la question à nouveau, en s'attachant à varier la nature des corps soumis à l'expérience et surtout à augmenter la grandeur des phénomènes observés relativement aux erreurs inévitables des mesures. Deux raisons m'ont particulièrement encouragé à entreprendre cette recherche. D'abord, des considérations qui seront développées plus loin m'indiquaient que si la dispersion des plans de polarisation était soumise à quelque loi simple et générale, il serait possible d'en déduire la forme que prennent les équations différentielles du mouvement de l'éther, lorsque le corps où il est contenu est influencé par les forces magnétiques; j'espérais ainsi faire avec sûreté un premier pas dans la voie qui peut mener à découvrir la théorie des phénomènes. En outre, il ne me semblait pas moins intéressant de contrôler par des épreuves décisives une loi énoncée par M. Wiedemann dans le mémoire cité plus haut, et de savoir s'il était vrai en général que le pouvoir rotatoire propre d'une substance *active* et son pouvoir rotatoire magné-

[1] Qu'on suppose, par exemple, que la rotation produite par le verre pesant soit réciproque à la simple longueur d'ondulation; la rotation produite par l'eau sucrée étant sensiblement réciproque au carré de cette longueur, ces deux corps auront, dans l'expérience de M. Edmond Becquerel, imprimé les déviations suivantes aux plans de polarisation des rayons de diverses couleurs[2] :

	Rouge.	Orangé.	Jaune.	Vert.	Bleu.	Indigo.	Violet.
Verre pesant........	14°,2	15°,1	16°,0	17°,2	18°,6	19°,6	20°,8
Eau sucrée..........	12°,6	14°,3	16°,0	18°,5	21°,5	24°,1	26°,5

Les deux actions s'exerçant à la fois et en sens contraire, les divers plans de polarisation auront été distribués dans les azimuts suivants :

Rouge.	Orangé.	Jaune.	Vert.	Bleu.	Indigo.	Violet.
— 1°,6	— 0°,8	0°,0	+ 1°,3	+ 2°,9	+ 4°,5	+ 5°,7

La section principale de l'analyseur étant placée dans l'azimut zéro, on aura eu dans l'image extraordinaire les fractions suivantes des intensités originaires des divers éléments de la lumière blanche :

Rouge.	Orangé.	Jaune.	Vert.	Bleu.	Indigo.	Violet.
0,0009	0,0002	0,0000	0,0008	0,0026	0,0090	0,0099

et, l'ensemble de ces fractions ne produisant sur l'œil qu'un effet insensible, on n'aura pas été averti de l'énorme différence existant entre les deux lois.

[2] J'ai calculé ces déviations en attribuant aux longueurs d'ondulation des diverses couleurs moyennes les valeurs qui se déduisent des expériences de Newton sur les anneaux colorés.

tique fussent pour les diverses couleurs proportionnels l'un à l'autre; on sait que les expériences de M. Wiedemann paraissent établir cette proportionnalité dans le cas particulier de l'essence de térébenthine.

§ II.

MÉTHODES D'OBSERVATION.

J'ai fait bien des essais préparatoires avant d'arrêter définitivement la forme de mes expériences et d'obtenir des résultats dignes d'être publiés. Il ne sera peut-être pas inutile de dire quelques mots de mes tâtonnements.

Dans mes précédentes recherches, l'emploi de la lumière homogène indigo et l'observation de la teinte de passage m'avaient fourni des mesures à peu près égales en exactitude. Aussi ai-je cru pendant quelque temps qu'il me serait possible d'appliquer mes anciens appareils à mes nouvelles études, en n'apportant au procédé expérimental que des modifications secondaires, destinées à faire arriver successivement sur le polariseur des rayons homogènes de natures diverses. J'ai d'abord cherché s'il ne suffirait pas d'interposer tour à tour sur le trajet de la lumière un certain nombre d'absorbants monochromatiques convenablement choisis. Parmi les divers milieux qui sont généralement cités comme laissant passer sous une épaisseur médiocre une lumière sensiblement simple et d'une certaine intensité, les milieux suivants m'ont paru réellement jouir de cette propriété :

Pour la lumière *orangée*, le sulfocyanure de potassium en dissolution aqueuse;

Pour la lumière *jaune*, le mélange d'une dissolution de sulfate de nickel avec une dissolution de bichromate de potasse;

Pour la lumière *verte*, le sulfate de cuivre dissous dans le carbonate d'ammoniaque et mélangé de bichromate de potasse;

Pour la lumière *bleue*, le bleu de Prusse dissous ou plutôt émulsionné dans l'eau.

En ajoutant à ces divers milieux le verre rouge et le sulfate de cuivre dissous dans le carbonate d'ammoniaque qui ne laisse passer que les rayons indigo, il eût été aisé de mesurer avec une assez grande précision la rotation magnétique du plan de polarisation pour six espèces de lumières passablement homogènes. Mais la difficulté de mesurer et même de *définir* les longueurs d'ondulation correspondantes m'a semblé telle, que j'ai abandonné ce procédé expérimental après un petit nombre d'essais.

Je n'ai pas été plus heureux lorsque j'ai pensé à isoler par un diaphragme d'étroites portions d'un spectre pur et à soumettre aux épreuves ordinaires les faisceaux lumineux ainsi limités, en les définissant d'ailleurs d'une manière rigoureuse par la coïncidence du milieu du diaphragme avec l'une des raies principales de Frauenhofer. Le faisceau lumineux a toujours manqué de l'intensité nécessaire aux observations, dès que je me suis écarté de la région moyenne du spectre. Je n'ai pu remédier à cet inconvénient qu'en élargissant la fente par où la lumière pénétrait dans la chambre obscure, au point de rendre invisibles la plupart des raies du spectre, et le faisceau isolé par le diaphgrame s'est alors trouvé si peu homogène, qu'il a été impossible de l'éteindre complétement dans aucune position de l'analyseur.

La méthode générale d'observation de MM. Fizeau et Foucault m'a seule donné des résultats satisfaisants. Je l'ai d'abord appliquée à peu près de la même manière que M. Wiedemann. Sur le trajet du faisceau solaire réfléchi par un héliostat j'ai placé successivement :

1° Une fente verticale étroite F;

2° Un prisme de Nicol polariseur N, monté dans un tube de

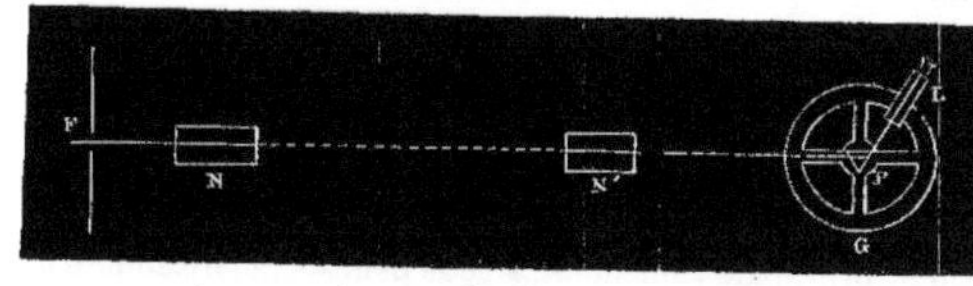

Fig. 24.

cuivre portant à ses extrémités deux diaphragmes circulaires de 8 millimètres de diamètre;

3° L'appareil électro-magnétique, qui n'a pas été le même dans toutes les expériences et que par cette raison on n'a pas représenté sur la figure;

4° Un prisme de Nicol analyseur N', monté au centre d'un cercle mobile dans l'intérieur d'un cercle fixe, de manière à donner la minute par la combinaison de la graduation du cercle fixe avec le vernier du cercle mobile [1];

5° Un prisme à sulfure de carbone P, de 60 degrés d'angle réfringent, posé sur la platine centrale d'un goniomètre ordinaire de Babinet G débarrassé de son collimateur et conservant seulement la lunette mobile L.

Le chemin total parcouru par les rayons lumineux depuis la fente jusqu'à la lunette L était d'environ $1^{m},70$. Malgré cette faible distance, lorsque le prisme P était dans la position du minimum de déviation, la lunette exactement mise au point, et que *la totalité du faisceau transmis par les appareils magnétiques arrivait sur l'analyseur et sur le prisme,* on apercevait un spectre bien net où les raies principales de Frauenhofer étaient parfaitement visibles. Lorsque la troisième condition n'était pas satisfaite, le spectre était, pour des raisons assez évidentes, toujours plus ou moins baveux et estompé sur ses bords, et la précision des observations pouvait souffrir notablement de ce défaut. Avec la quantité de lumière que laissait passer la fente F, l'usage d'une lunette de grossissement assez faible m'a paru plutôt un avantage qu'un inconvénient. La lunette que j'ai presque constamment employée avait (pour ma vue, et relativement à des objets éloignés de $1^{m},70$) un grossissement de 5 diamètres seulement; des grossissements de 20 à 25 diamètres, que j'ai quelquefois essayés, m'ont fait voir un plus grand nombre de raies, mais en diminuant l'éclat apparent du spectre ils ont rendu les observations beaucoup moins sûres.

On sait d'ailleurs que la méthode de MM. Fizeau et Foucault consiste à faire tourner le prisme de Nicol analyseur jusqu'à ce que, sa section principale coïncidant avec le plan de polarisation d'un ou de plusieurs rayons élémentaires, il apparaisse dans le spectre une ou plusieurs bandes noires à la place de ces rayons, et à observer exac-

(1) C'était l'instrument analyseur décrit dans la première partie de mes recherches (voir le tome XLI de ces *Annales*, p. 380)[*], dont j'avais retiré la lunette pour la remplacer par un prisme de Nicol monté dans un manchon de cuivre.

(*) Voir page 2 de la présente édition.

tement la position de ces bandes. Pour mesurer la rotation imprimée par les forces magnétiques au plan de polarisation d'un rayon de longueur d'ondulation définie, j'ai donc fait coïncider d'abord le fil vertical du réticule de la lunette avec la raie de Frauenhofer qui caractérise cette longueur d'onde; ensuite, par le mouvement de l'analyseur, j'ai amené sur ce fil lui-même le milieu d'une des bandes obscures dont je viens de parler; enfin j'ai fait disparaître la coïncidence en changeant le sens du courant, et je l'ai rétablie par le déplacement de l'analyseur. Ce dernier déplacement a été évidemment le double de la rotation que je cherchais.

Les plans de polarisation des rayons de diverses couleurs n'étant en général dispersés par les forces magnétiques que dans une assez petite étendue angulaire, on ne peut éteindre complétement un rayon à l'aide de l'analyseur sans beaucoup affaiblir l'intensité des autres; le spectre ne contient donc jamais qu'une seule bande noire, presque toujours si large, qu'il n'est pas possible de viser en son milieu avec quelque exactitude. On peut, comme l'a montré M. Wiedemann, écarter cette difficulté en introduisant sur le trajet de la lumière une substance *active* par elle-même, dont la rotation est tour à tour augmentée et diminuée par la rotation magnétique, suivant la direction de celle-ci; il faut seulement choisir cette rotation auxiliaire de telle manière que le déplacement de la bande noire ne suive pas trop lentement celui de l'analyseur [1]. J'ai fait usage tantôt d'une colonne d'eau sucrée donnant à la teinte de passage une déviation d'environ 25 degrés, tantôt d'une plaque de quartz perpendiculaire à l'axe et de 1 millimètre d'épaisseur, produisant par conséquent à peu près le même effet. La plaque de quartz est d'un emploi plus commode qu'une longue colonne d'eau sucrée, mais il importe qu'elle soit exactement perpendiculaire aux rayons

[1] Il est évident, en effet, que, si la bande noire se rétrécit à mesure qu'augmente la différence des rotations des rayons de diverses réfrangibilités, il devient en même temps nécessaire de faire tourner l'analyseur d'un angle plus considérable pour faire parcourir à cette bande une portion donnée du spectre. L'addition d'une rotation auxiliaire à la rotation magnétique produit donc deux effets opposés, dont l'un favorise et l'autre contrarie l'exactitude des observations. Il y a, ainsi que l'a remarqué M. Wiedemann, un certain milieu à choisir, qui dépend des conditions particulières de l'expérience et même de l'individualité de l'observateur.

lumineux; on arrive aisément à satisfaire cette condition, en cherchant par tâtonnement l'inclinaison de la plaque qui donne à la bande noire mobile le maximum de netteté.

J'ai exécuté, par ce procédé, les trois séries successives d'expériences dont j'ai réuni les résultats dans le tableau de la page 233, en les distinguant par les numéros I, II et III. J'ai uniquement opéré dans ces trois séries sur des liquides bien transparents, tant pour écarter les effets de la trempe presque inévitable des corps solides qu'à cause de l'intention où j'étais, en commençant ce travail, de mesurer les indices de réfraction des substances étudiées. Mais je n'ai pas toujours fait usage des mêmes appareils électro-magnétiques, et dans la troisième série j'ai modifié en quelques points la méthode optique d'observation.

Dans ma première série d'expériences, l'appareil électro-magnétique a été l'appareil ordinaire de Ruhmkorff, disposé comme il a été dit dans la troisième partie de ces Recherches[1] et mis en activité par le courant de 20 éléments de Bunsen. Les liquides étaient contenus dans la petite cuve de 44 millimètres de longueur qui a été décrite dans mon premier mémoire (voir le tome XLI de ces *Annales*, p. 397)[2]. Les plaques de verre qui la fermaient exerçant sous l'influence magnétique une action très-sensible sur la lumière polarisée, il fallait avant tout déterminer exactement pour chacune des cinq raies C, D, E, F, G, qui se prêtent à des mesures, la valeur de la correction résultante. A cet effet, j'ai séparé les plaques de la cuve qu'elles fermaient, et les superposant l'une à l'autre, sans intermédiaire, je les ai placées entre les deux branches de l'électro-aimant rapprochées presque jusqu'à les toucher, pour déterminer, par les moyennes d'un grand nombre d'observations, les rapports des rota-

(1) Sur les extrémités des axes creux des deux bobines, qui sont les pièces principales de l'appareil, étaient vissées de petites armatures octogones destinées à concentrer dans leur voisinage l'action de l'électro-aimant. Dans les appareils qu'il construit aujourd'hui, M. Ruhmkorff donne à ces armatures la forme circulaire. Ce changement n'est d'aucune importance, et je n'en ferais pas mention si je ne savais, par M. Ruhmkorff, que quelques-unes des personnes qui lui ont commandé des appareils depuis la publication de mon troisième mémoire lui ont demandé si j'avais eu quelque raison pour donner une forme polygonale à mes armatures.

(2) Voir page 136 de la présente édition.

tions correspondantes aux diverses raies. Il résulte des lois établies dans mon premier mémoire que ces rapports sont indépendants de la grandeur de l'action magnétique, et par conséquent qu'ils n'ont pas dû changer lorsque les plaques ont été employées à fermer la cuve à liquides et placées entre les branches de l'électro-aimant dans les conditions habituelles des expériences. Pour apporter aux mesures de chaque jour les corrections nécessaires, il a donc suffi de déterminer au commencement et à la fin de chaque séance d'observations, et plus souvent s'il était nécessaire, l'action des plaques correspondante à une seule raie, par exemple à la raie E.

Malgré le soin que j'ai mis à cette recherche préliminaire, il est évident que les éléments de mes corrections ont dû rester affectés de certaines erreurs qui sont venues s'ajouter aux erreurs inévitables de chaque expérience. Aussi m'a-t-il semblé désirable de construire un appareil où l'influence perturbatrice des plaques de verre fût entièrement éliminée. J'y suis parvenu aisément en faisant construire une bobine de très-grandes dimensions, dans l'intérieur de laquelle j'ai placé les liquides soumis à l'expérience, renfermés dans des tubes qui dépassaient de quelques centimètres les deux extrémités de la bobine. Cette bobine ne contenait pas moins de 125 kilogrammes de fil de cuivre de 2^{mm},6 de diamètre recouvert de soie; sa longueur totale était de 390 millimètres, son diamètre intérieur était de 158 millimètres, son diamètre extérieur de 320 millimètres. Elle reposait par ses deux extrémités sur un support solide en bois de chêne et donnait place dans son intérieur à un manchon annulaire en zinc, présentant sur chacune de ses bases une tubulure par où pénétrait la tige d'un thermomètre, portant en outre d'un côté et à la partie supérieure un tube à entonnoir, de l'autre côté et à l'extrémité inférieure un tube à robinet. On remplissait ce manchon d'eau froide avant l'expérience, et en renouvelant l'eau de temps à autre, ou même d'une manière continue, s'il était nécessaire, on resserrait entre des limites très-rapprochées l'élévation de température qui tend nécessairement à se produire dans la cavité intérieure d'une bobine dont le fil est échauffé par le passage d'un puissant courant voltaïque. Sans cette précaution, les résultats obtenus au commencement et à la fin d'une expérience de quelque durée n'auraient pas été réellement comparables (1). Le tube qui renfermait successivement les divers liquides était un long tube de verre de 600 millimètres de longueur, de 15 millimètres de diamètre intérieur, et à parois de 9 millimètres d'épaisseur, monté dans une enveloppe de laiton et fermé à ses deux extrémités par deux glaces non trempées de 4^{mm},8 d'épaisseur que maintenaient des viroles à vis (2). Ses extrémités dépassant de plus d'un décimètre celles de la bobine, j'ai admis qu'on pouvait négliger le pouvoir rotatoire des plaques de verre terminales (3). Des supports particuliers, indépendants de la bobine électro-magnétique, le soutenaient sur la table qui portait tous les appareils. Vingt éléments de Bunsen fournissaient le courant électrique.

C'est avec cet appareil qu'ont été exécutées ma deuxième et ma troisième série d'expériences. La deuxième série n'a différé en rien de la première quant au procédé optique; dans la troisième, j'ai eu soin de placer au devant de l'œil un verre rouge lorsque j'observais la raie C, et un verre bleu lorsque j'observais la raie G. Ces verres étant choisis de manière à éteindre, ou du moins à affaiblir beaucoup la portion la plus brillante du spectre, et à rendre l'intensité lumineuse à peu près uniforme dans le voisinage des raies observées, la bande noire mobile a dû s'étendre à peu près à la même distance des deux côtés du point où l'extinction était complète, de façon qu'en visant son milieu on a dû réellement viser la couleur dont le plan de polarisation était perpendiculaire à la section principale du prisme de Nicol analyseur (4). En outre, la suppression de la partie la plus

(1) Des variations de température encore plus considérables ont dû se communiquer aux liquides placés sur l'appareil de Ruhmkorff, qui est entièrement métallique; aussi n'ai-je rapporté, parmi les observations de ma première série, que celles qui sont relatives à l'essence de *Laurus cassia*, la forte coloration de ce liquide ne m'ayant pas permis de l'étudier dans un tube de 60 centimètres de longueur.

(2) Ce mode de fermeture était exactement pareil à celui des tubes plus courts que M. Duboscq joint aux saccharimètres qui sortent de ses ateliers. Il m'a paru plus commode qu'aucun autre et surtout plus propre à assurer l'uniformité de la pression exercée sur la périphérie des plaques de verre.

(3) Voir la note A à la fin du mémoire.

(4) Il est évident que, si l'intensité lumineuse est rapidement variable dans une certaine région du spectre, lorsqu'on éteindra complétement un des rayons contenus dans cette région, l'obscurité apparente s'étendra plus loin du côté vers lequel l'intensité est décroissante que du côté opposé. Le milieu apparent de la bande obscure mobile sera donc très-

brillante du spectre, qui, dans les observations de la première et de la deuxième série, était toujours demeurée visible dans le champ de la lunette, a rendu l'œil beaucoup plus sensible à la faible lumière existant des deux côtés de la bande mobile, et lui a permis de saisir avec moins d'incertitude la coïncidence de son milieu avec le fil vertical du réticule. Je me suis enfin attaché, dans cette troisième série, à déterminer chaque rotation par un plus grand nombre d'observations que dans la deuxième ou la première, et surtout à répéter ces observations de manière à faire disparaître les erreurs accidentelles dues à un pointé inexact de la lunette sur les raies du spectre, aussi bien que les erreurs provenant d'une coïncidence imparfaite entre le fil vertical du réticule et le milieu de la bande obscure mobile. A cet effet, lorsque j'ai voulu mesurer le rapport des rotations correspondant à deux raies données du spectre, la raie C, par exemple, et la raie E, j'ai exécuté le système suivant d'opérations. J'ai d'abord déterminé pour la raie E les deux azimuts de polarisation qui répondaient aux deux directions opposées du courant de la bobine; chacun de ces deux azimuts a été lui-même déduit de la moyenne d'au moins quatre et quelquefois d'un plus grand nombre de lectures. Leur différence m'a donné le double de la rotation correspondant à la raie E. Amenant ensuite le fil vertical de la lunette sur la raie C, j'ai répété les mêmes observations, et, revenant à la raie E, j'ai poursuivi l'expérience jusqu'à ce que j'eusse obtenu quatre mesures relatives à la raie C, intercalées entre cinq mesures correspondant à la raie E. J'ai alors calculé le rapport des valeurs moyennes, et je me suis toujours assuré qu'il différait peu des rapports qu'on pouvait obtenir en comparant une mesure relative à C avec les mesures relatives à E qui l'avaient immédiatement précédée et suivie, ou *vice versa*. Je ne crois pas inutile de reproduire les données entières d'une détermination de ce genre, se rapportant au sulfure de carbone. Ces données sont les azimuts

sensiblement différent du point où l'extinction est complète, et il pourra résulter de ce défaut de coïncidence d'assez notables erreurs. On échapperait à cette difficulté en rétrécissant la bande mobile par l'usage d'une plaque de quartz auxiliaire plus épaisse; mais on a vu plus haut que cette modification des expériences diminue, pour d'autres causes, l'exactitude du procédé.

de polarisation successivement observés pour la raie E et la raie C; dans chaque observation, la colonne de gauche contient les azimuts correspondant à une direction donnée du courant; la colonne de droite contient les azimuts correspondant à la direction contraire.

E_1		C_1		E_2		C_2	
258°23′	240°35′	264°45′	254°25′	258°10′	240°47′	264°51′	254°37′
258°13′	240°43′	264°50′	254°25′	258°12′	240°51′	265° 0′	254°43′
258°16′	240°49′	264°50′	254°30′	258°18′	240°44′	264°51′	254°41′
258°18′	240°34′	264°53′	254°15′	258°16′	240°48′	264°57′	254°41′

E_3		C_3		E_4		C_4	
258° 2′	240°43′	264°48′	254° 0′	258° 3′	240°58′	264°59′	254°21′
258°15′	240°52′	264°47′	254°27′	258° 1′	240°54′	264°52′	254°37′
258°11′	240°49′	264°53′	254°21′	255° 2′	250°57′	264°55′	254°45′
258° 9′	240°48′	264°49′	254°11′	258°11′	240°50′	264°48′	254°28′

E_5	
257°58′	240°56′
257°56′	240°58′
257°59′	241° 1′
257°56′	240°51′

On déduit de là, pour la valeur probable du rapport des deux rotations,

$$\frac{\frac{1}{4}(C_1+C_2+C_3+C_4)}{\frac{1}{5}(E_1+E_2+E_3+E_4+E_5)}=0,601,$$

et, par les diverses combinaisons qu'on peut faire de trois expériences successives, une suite de valeurs comprises entre 0,590 et 0,613.

Malgré ces diverses précautions, je n'ai jamais été entièrement satisfait des mesures relatives aux raies C et G. Dans l'expérience dont je viens de donner tous les détails, la différence entre les lectures diverses d'un même azimut a atteint quelquefois 27 minutes pour la raie C, et on ne peut guère estimer inférieure à $\pm 10'$ la limite de l'erreur dont peut être affectée la valeur mesurée du double de la rotation. En d'autres termes, il ne paraîtra pas que l'erreur *relative* dont cette quantité ait chance d'être affectée soit inférieure à $\frac{1}{60}$. Une erreur relative à peu près égale, correspondant à une erreur absolue beaucoup plus forte, serait manifeste dans les observations sur la raie G. Les nombres qui expriment l'erreur absolue demeurant les mêmes, ceux qui expriment l'erreur relative augmenteraient encore, si l'on considérait les autres substances étudiées, qui n'ont toutes qu'un pouvoir rotatoire magnétique inférieur à celui du sulfure de carbone. En outre, l'aspect des phénomènes, une sorte d'arbitraire qui paraissait toujours subsister dans l'appréciation du milieu des bandes obscures correspondant aux raies C et G, lors même que plusieurs observations consécutives semblaient s'accorder, me faisaient craindre l'influence de quelque erreur constante, peu considérable en valeur absolue, mais assez forte cependant pour affecter la solution des questions délicates qui seront discutées plus loin. Une nouvelle modification du procédé optique a donc été nécessaire.

Quatre circonstances m'avaient paru principalement influer d'une manière fâcheuse sur la précision ou la commodité des expériences.

D'abord, pour obtenir une bande obscure mobile ayant même largeur et même intensité sur toute la hauteur du spectre, il fallait donner à l'ajustement d'un appareil compliqué, où se trouvait un long tube plein d'un liquide très-réfringent, une perfection qui se conservait difficilement pendant la durée d'une expérience entière.

En second lieu, malgré l'usage du verre rouge ou du verre bleu, les deux bords de la bande obscure étaient loin d'offrir le même aspect, lorsqu'on approchait de la raie C ou de la raie G, le spectre étant bien pur. En accroissant l'intensité du spectre par un élargissement de la fente initiale, on parvenait bien à donner à la bande deux bords également tranchés, mais il est clair qu'en sacrifiant ainsi l'homogénéité de la lumière on ne savait plus si les observations se rapportaient réellement à la raie qu'on voulait étudier.

Troisièmement, l'artifice emprunté à M. Wiedemann, qui consistait à accroître la grandeur des rotations par l'addition d'une plaque de quartz ou d'une colonne d'eau sucrée auxiliaire, conduisait à mesurer successivement la somme et la différence de deux rotations, c'est-à-dire à observer pour une même raie du spectre une bande obscure correspondant tour à tour à des rotations totales quelquefois très-différentes entre elles, et offrant par conséquent dans les deux cas un aspect très-dissemblable. On manquait ainsi à l'une des règles essentielles de toute méthode précise, qui est de ramener, autant que possible, toute évaluation numérique à la différence de deux observations faites dans des conditions identiques[1].

Quatrièmement, enfin, le grand nombre des observations nécessaires à l'élimination des erreurs accidentelles obligeait souvent à prolonger les expériences jusqu'au moment où, l'énergie de la pile étant devenue assez rapidement décroissante, l'emploi des déterminations alternées n'était plus une garantie suffisante d'exactitude.

Le premier de ces inconvénients a disparu de lui-même lorsque j'ai supprimé la fente F dont le prisme polariseur était précédé, pour recevoir le faisceau transmis par l'analyseur sur la fente du collimateur, suivi lui-même d'un prisme et d'une lunette. Il m'a été facile d'obtenir un éclairement tout à fait uniforme de la fente très-étroite et de faible hauteur que portait le collimateur, et de déterminer sur le spectre horizontal que j'observais la production d'une bande noire verticale parfaitement identique à elle-même dans toute sa hauteur. En même temps j'ai compensé l'extrême étroitesse que doit avoir la fente d'un collimateur, en concentrant sur cette fente au moyen d'une lentille tout le faisceau transmis par l'analyseur, ou en substituant à la fente le foyer linéaire d'une lentille cylindrique à court foyer, convenablement placée par rapport à la lentille du collimateur; l'éclat du spectre est ainsi devenu tel, que les mesures relatives aux raies C et G se sont trouvées tout aussi faciles et aussi exactes que les mesures relatives aux raies D, E et F; l'usage d'une rotation auxiliaire a même été rendu inutile, dès que la rotation

[1] L'artifice de M. Wiedemann ne me paraît, pour les raisons qu'on vient de lire, tout à fait exact que lorsque la rotation à mesurer est petite par rapport à la rotation auxiliaire, et par conséquent très-petite en valeur absolue, c'est-à-dire dans des conditions où il est absolument indispensable d'éliminer l'influence des erreurs accidentelles par une réitération très-multipliée des observations. Une telle réitération est facile lorsqu'il s'agit, comme dans les expériences de M. Arndtsen sur l'acide malique, de mesurer le pouvoir rotatoire d'une substance active. Elle est impossible lorsque la substance étudiée reçoit son pouvoir rotatoire de l'action d'une force aussi peu constante que l'est celle d'un courant voltaïque de quelque puissance.

magnétique du plan de polarisation correspondant à la raie E a atteint 8 à 10 degrés. Les trois premiers inconvénients que je viens de signaler ont été ainsi écartés en même temps. Je parlerai tout à l'heure du quatrième.

Les dimensions du collimateur, le pouvoir dispersif du prisme qui fournit le spectre, et le grossissement de la lunette qui sert à l'observer, ne sont évidemment pas indifférents à la perfection des observations. Les deux derniers éléments exercent une double influence. Plus, en effet, on augmente la dispersion du prisme et la puissance de la lunette, plus le spectre a de pureté, mais aussi moins il est intense. Il se produit donc deux effets opposés, que l'observateur doit chercher à compenser l'un avec l'autre de la manière la plus favorable. L'appareil qui m'a donné les meilleurs résultats se composait : 1° d'une lentille cylindrique en verre ordinaire, de 12 millimètres de largeur et de 1 centimètre de foyer; 2° d'une lentille collimatrice d'environ 24 centimètres de foyer; 3° d'un prisme de flint de 60 degrés d'angle réfringent; 4° d'une lunette grossissant six fois seulement, munie en son foyer d'un diaphragme étroit qui éliminait les parties médianes et brillantes du spectre, lorsqu'on en observait les extrémités [1]. Les mesures qu'il m'a servi à effectuer ont constitué ma quatrième série d'expériences.

Pour corriger sûrement, dans cette quatrième série, l'influence perturbatrice des variations du courant de la bobine, j'en ai mesuré l'intensité avant et après chaque mesure de rotation, en faisant agir directement la bobine elle-même sur un barreau aimanté très-éloigné, dont la très-petite déviation était mesurée à l'aide d'une règle divisée et d'un miroir, suivant la méthode de MM. Gauss et Weber, et j'ai comparé la rotation observée à la moyenne de ces in-

[1] Cet appareil n'était autre chose qu'un des spectroscopes que construit M. Duboscq pour l'usage courant des laboratoires de chimie : dans ce spectroscope, la fente étroite avait été remplacée par le foyer linéaire d'une lentille cylindrique. M. Gernez s'en était servi avant moi dans ses recherches sur le pouvoir rotatoire de la vapeur des liquides actifs. J'avais obtenu des résultats un peu moins exacts, mais déjà fort supérieurs à ceux des trois premières séries d'expériences, avec un grand goniomètre de Babinet, construit par M. Brunner, dont la lunette grossissait vingt-deux fois, en concentrant, par une lentille d'un décimètre de foyer, le faisceau analysé sur la fente du collimateur, et produisant le spectre à l'aide d'un prisme de flint de 20 degrés d'angle seulement.

tensités[1]. J'ai pu ainsi me dispenser de cette répétition multipliée des mesures qui avait rendu si pénibles les expériences de la troisième série sans leur donner toute l'exactitude que je cherchais.

Enfin, dans ces dernières expériences, le nombre des éléments de la pile a été porté à trente et quelquefois à quarante éléments.

§ III.

RÉSULTATS DES EXPÉRIENCES.

Je reproduirai d'abord, en y ajoutant quelques indications sur la nature des substances étudiées, le tableau déjà publié dans les *Comptes rendus des séances de l'Académie des sciences* (séance du 6 avril 1863), où se trouvent réunis les résultats des expériences des trois premières séries, qui, par l'accord des déterminations individuelles, m'ont paru le plus dignes de confiance. Bien que ces résultats ne soient pas tout à fait définitifs, ils m'ont permis d'importantes conclusions générales, auxquelles je n'ai rien à changer.

On pourra remarquer dans ce tableau l'indication d'un certain nombre de liquides, tels que la créosote du commerce et diverses essences dont la nature est assez mal définie et qu'il ne serait pas très-facile de se procurer deux fois dans un état identique. Ne cherchant plus en effet de relation entre la nature chimique des corps et leur action sur la lumière, j'ai choisi la plupart des liquides étudiés uniquement à cause de la grandeur de leur pouvoir rotatoire magnétique, et j'ai été ainsi conduit à expérimenter sur quelques liquides très-réfringents d'origine organique, que j'ai simplement pris dans le commerce, sans travailler à les purifier ou même à les définir bien exactement. J'en ai seulement déterminé le point d'ébullition sous la pression atmosphérique, afin de m'assurer qu'ils ne différaient pas trop du liquide pur désigné sous le même nom dans les traités de chimie; quelquefois je les ai entièrement distillés, afin de diminuer la coloration qu'ils pouvaient offrir, par suite de la présence de quelque matière étrangère moins volatile.

Les premières colonnes du tableau contiennent, pour les divers liquides étudiés, les valeurs *relatives* des rotations correspondant

[1] Voir la note B à la fin du mémoire.

aux raies C, D, E, F, G, la rotation correspondant à la raie E étant constamment prise pour unité [1]. Dans la septième colonne, marquée R, est indiquée la moyenne des valeurs *absolues* du double de la rotation correspondant à la raie E [2]; la huitième, marquée N, fait connaître la série d'expériences à laquelle appartiennent les déterminations rapportées dans les colonnes précédentes; la neuvième renferme les observations auxquelles chaque expérience peut donner lieu. Enfin, en tête du tableau, j'ai placé la suite des nombres qu'on aurait dû observer si la loi des phénomènes avait été rigoureusement la loi de la raison réciproque du carré des longueurs d'ondulation.

(1) J'ai choisi la raie E pour terme constant de comparaison, à cause de la précision que peuvent atteindre les observations dans la région du spectre qu'elle occupe. L'erreur qui s'ajoute, dans le calcul des valeurs relatives, à l'erreur des valeurs absolues a été ainsi rendue la plus petite possible.

(2) Ces valeurs ne sont mentionnées que pour faire juger de la grandeur des phénomènes observés, car elles ne se rapportent pas à une intensité constante du courant ou des forces magnétiques.

DÉSIGNATION DES SUBSTANCES.	C	D	E	F	G	R	N	OBSERVATIONS*.
Loi de la raison réciproque du carré des longueurs d'onde..	0,64	0,80	1,00	1,18	1,50			
Eau distillée........	0,63	0,79	1,00	1,19	1,56	5°44'	III.	
Dissolution de chlorure de calcium...	0,61	0,80	1,00	1,19	1,54	7 16	II.	Dissolution contenant 15,2 parties de chlorure de calcium et 84,8 parties d'eau; densité à zéro : 1,064.
Dissolution de chlorure de zinc.......	0,61	0,78	1,00	1,19	1,61	10 23	III.	Dissolution contenant 47,1 parties de chlorure de zinc et 59,9 parties d'eau; densité à zéro : 1,564.
Dissolution de protochlorure d'étain...	"	0,78	1,00	1,20	1,59	7 28	II.	Dissolution contenant 13,5 parties de perchlorure d'étain et 86,5 parties d'eau; densité à zéro : 1,127.
Essence d'amandes amères...........	0,61	0,78	1,00	1,21	"	11 31	II.	Bouillant vers 180 degrés**
Essence d'anis......	0,58	0,75	1,00	1,25	"	13 44	III.	Bouillant vers 230 degrés.
Sulfure de carbone...	0,60	0,77	1,00	1,22	1,65	17 41	III.	
Créosote du commerce.	0,60	0,76	1,00	1,28	1,70	13 26	III.	Ce liquide, vendu dans le commerce sous le nom de *créosote rectifiée*, commençait à bouillir vers 177 degrés et distillait presque en entier vers 188 degrés; il était donc probablement formé pour la plus grande partie d'acide phénique. Néanmoins il ne se prenait en masse solide que par un froid de — 24 degrés. D'ailleurs, bien que sa limpidité fût d'abord parfaite, lorsqu'il avait été soumis pendant quelque temps à la lumière solaire, il se colorait assez fortement et absorbait avec une grande énergie l'extrémité la plus réfrangible du spectre. C'était donc en définitive un acide phénique assez impur, et j'ai cru devoir en conséquence continuer à le désigner par l'expression de *créosote du commerce*.
Essence de *Laurus cassia*..............	0,60	0,75	1,00	1,23	"	10 42	I.	C'est l'essence connue dans le commerce sous le nom d'*essence de cannelle de Chine*; fortement colorée en brun, même après qu'on l'a distillée sur du sodium, elle ne peut être employée que sous une faible épaisseur.

* Les expériences rapportées dans ce tableau ont toutes été faites à des températures comprises entre 20 et 30 degrés et dans des conditions telles, que pendant la durée d'une même expérience la température ne variât pas de plus de 4 à 5 degrés. Pour l'essence de *Laurus cassia* seulement cette limite de variation a été dépassée.

** Par cette indication et les indications analogues inscrites dans ce tableau, j'entends qu'un thermomètre dont le réservoir est plongé dans le liquide bouillant, et dont la tige se trouve presque tout entière à l'extérieur, accuse telle ou telle température. Voulant simplement reconnaître si les liquides employés ne différaient pas trop des liquides de même nom considérés comme purs par les chimistes qui en avaient fait l'objet spécial de leurs études, j'ai pu me contenter du procédé très-imparfait qui est en usage dans les laboratoires de chimie.

Aucune des suites de nombres contenues dans ce tableau n'est rigoureusement conforme à la loi de la raison réciproque des carrés des longueurs d'ondulation, mais aucune ne s'en écarte beaucoup, et on a au moins le même droit que dans le cas des substances *actives* par elles-mêmes de considérer cette loi comme une première approximation des phénomènes [1]. L'écart, variable de grandeur, est d'ailleurs toujours dans le même sens. La rotation est toujours plus petite pour les raies C et D, plus grande pour les raies F et G, que la rotation qui se déduirait de la loi simple dont il s'agit en prenant pour point de départ la rotation correspondant à la raie E. En d'autres termes, la loi de variation des rotations est plus rapide que la loi du carré des longueurs d'onde. On peut donc regarder comme établi d'une manière générale par les expériences :

1° *Que la dispersion des plans de polarisation des rayons de diverses couleurs, sous l'influence des forces magnétiques, se fait* approximativement *suivant la loi de la raison réciproque des carrés des longueurs d'ondulation;*

2° *Que la loi exacte de dispersion, spéciale à une substance donnée, est toujours telle, que le produit de la rotation par le carré de la longueur d'onde aille en croissant de l'extrémité la moins réfrangible à l'extrémité la plus réfrangible du spectre.*

On remarque en outre que l'écart entre la loi réelle des phénomènes et la loi du carré des longueurs d'onde n'est pas à beaucoup près le même pour les diverses substances; que pour l'eau et la dissolution de chlorure de calcium il est très-peu sensible et à peine supérieur aux erreurs inévitables des expériences; qu'il est plus marqué pour la dissolution de chlorure de zinc, celle de protochlorure d'étain et l'essence d'amandes amères, et enfin très-considérable pour les autres essences, la créosote du commerce et le sulfure de carbone. La vérité de ces remarques devient plus évidente encore, si

[1] Aucune des substances que j'ai étudiées ne s'écarte autant de la loi que les dissolutions alcooliques de camphre, qui, selon le degré de leur concentration, ont donné à M. Arndtsen des rotations représentées par des nombres compris entre les deux séries suivantes :

C	D	E	F
0,500	0,693	1,000	1,337
0,515	0,701	1,000	1,315

l'on réunit en un tableau, au lieu des valeurs relatives des rotations, les valeurs relatives du produit de ces rotations par les carrés des longueurs d'onde, le produit correspondant à la raie E étant toujours pris pour unité. On obtient ainsi le système suivant de nombres :

	C	D	E	F	G
Eau distillée	0,98	0,99	1,00	1,01	1,04
Dissolution de chlorure de calcium	0,95	1,00	1,00	1,01	1,02
Dissolution de chlorure de zinc	0,95	0,98	1,00	1,01	1,07
Dissolution de protochlorure d'étain	″	0,98	1,00	1,02	1,06
Essence d'amandes amères	0,95	0,97	1,00	1,02	″
Sulfure de carbone	0,94	0,96	1,00	1,04	1,11
Créosote du commerce	0,94	0,95	1,00	1,05	1,14
Essence de *Laurus cassia*	0,93	0,93	1,00	1,04	″
Essence d'anis	0,90	0,93	1,00	1,06	″

Si l'on cherche quelque caractère commun aux quatre substances, si différentes par leur constitution chimique et leurs propriétés physiques, qui constituent le groupe où la loi réelle des phénomènes paraît s'écarter le plus de la loi du carré des longueurs d'onde, on n'en peut guère trouver d'autre que la grandeur du pouvoir dispersif (et celle du pouvoir réfringent, qui lui est toujours plus ou moins corrélative). L'attention une fois appelée sur cette coïncidence, on remarque que le pouvoir dispersif de l'eau distillée et de la dissolution pauvre de chlorure de calcium étudiée est très-faible, tandis que celui des dissolutions riches de chlorure de zinc, de protochlorure d'étain et de l'essence d'amandes amères est très-marqué, tout en étant sensiblement inférieur à celui des quatre dernières substances du tableau [1]. On est donc autorisé à présumer que la loi du carré des longueurs d'onde est d'autant moins exacte, ou que le produit de la rotation par le carré de la longueur d'onde croît d'autant plus rapidement avec l'indice de réfraction que cet indice est lui-même plus rapidement variable.

J'ai énoncé cette conclusion, avec les restrictions convenables, dans la Note sommaire communiquée à l'Académie des sciences le

(1) Voyez les expériences de M. Baden Powell dans son *Essai sur la théorie des ondulations*, et dans le *VIIIe Rapport de l'Association britannique pour l'avancement des sciences.*

6 avril 1863, où j'ai fait connaître les résultats de mes trois premières séries d'expériences, mais je n'ai pu en indiquer à cette époque la signification et la portée réelles. J'ignorais alors s'il fallait voir dans la relation que je viens de signaler, soit une loi générale, soit une simple coïncidence empirique, vraie dans un cas, fausse dans un autre, soit la marque d'une influence réelle, mais non exclusive, des propriétés optiques de la substance.

C'est en vue de résoudre ces questions délicates que, pendant la longue suite de beaux jours qu'a offerte l'été de cette année, j'ai exécuté ma quatrième série d'expériences.

Parmi les liquides précédemment étudiés, j'ai dû choisir, pour ces nouvelles recherches, ceux qui m'offraient à la fois un grand pouvoir dispersif et une transparence à peu près complète pour les deux extrémités du spectre. La créosote du commerce et le sulfure de carbone satisfaisaient seuls à cette double condition, mais, par une circonstance heureuse, il est arrivé que l'étude de ces deux liquides m'a donné des éléments suffisants pour la solution des questions posées. Je n'ai donc pas cherché à étendre mes observations à d'autres substances.

Afin qu'on puisse juger de la valeur de ces nouvelles expériences, j'en vais rapporter toutes les données.

SULFURE DE CARBONE.

Courant fourni par 30 éléments de Bunsen.

Température du courant d'eau circulant dans le manchon de la bobine :

Avant l'expérience........................	25°,2.
Après l'expérience........................	24°,6.

Raie C.

Intensité du courant avant la mesure de la rotation : 159,6.

Azimuts de polarisation correspondant aux deux directions opposées du courant :

	54° 38'	40° 28'
	54° 43'	40° 27'
	54° 37'	40° 25'
	54° 42'	40° 30'
Moyennes.........	54° 40'	40° 27',5

Valeur du double de la rotation magnétique : 14° 12',5.
Intensité du courant après la mesure de la rotation : 157,7.

Rapport du double de la rotation (exprimée en minutes) à l'intensité moyenne : 5,373.

RAIE D.

Intensité du courant avant la mesure de la rotation : 170,0.

Azimuts de polarisation correspondant aux deux directions opposées du courant :

	57° 22'	37° 44'
	57° 29'	37° 40'
	57° 27'	37° 46'
	57° 24'	37° 44'
Moyennes.........	57° 25',5	37° 43' 5

Valeur du double de la rotation magnétique : 19° 42'.
Intensité du courant après la mesure de la rotation : 169,0.
Rapport du double de la rotation à l'intensité moyenne : 6,973.

RAIE E.

Intensité du courant avant la mesure de la rotation : 169,0.

Azimuts de polarisation correspondant aux deux directions opposées du courant :

	60° 23'	34° 56'
	60° 18'	34° 52'
	60° 17'	34° 48'
	60° 22'	34° 52'
Moyennes.........	60° 20'	34° 52'

Valeur du double de la rotation magnétique : 25° 28'.
Intensité du courant après la mesure de la rotation : 167,5.
Rapport du double de la rotation à l'intensité moyenne : 9,082.

RAIE F.

Intensité du courant avant la mesure de la rotation : 167,5.

Azimuts de polarisation correspondant aux deux directions opposées du courant :

	31° 59'	63° 7'
	32° 00'	62° 58'
	32° 00'	63° 5'
	32° 1'	63° 3'
Moyennes.......	32° 0'	63° 3'

Valeur du double de la rotation magnétique : 31° 3'.
Intensité du courant après la mesure de la rotation : 165,0.
Rapport du double de la rotation à l'intensité moyenne : 11.206.

RAIE G.

Intensité du courant avant la mesure de la rotation : 160.8.

Azimuts de polarisation correspondant aux deux directions opposées du courant :

	68° 35'	27° 6'
	68° 27'	27° 12'
	68° 26'	27° 16'
	68° 22'	27° 1'
	68° 21'	26° 57'
	68° 20'	27° 4'
Moyennes......	68° 25'	27° 6'

Valeur du double de la rotation magnétique : 41° 19'.
Intensité du courant après la mesure de la rotation : 159,6.
Rapport du double de la rotation à l'intensité moyenne : 15,475.

CRÉOSOTE DU COMMERCE [1].

PREMIÈRE EXPÉRIENCE.

Courant fourni par 40 éléments de Bunsen.

Température du courant d'eau circulant à l'intérieur de la bobine :

Au commencement de l'expérience........... 23°,9.
A la fin de l'expérience.................... 23°,8.

RAIE C.

Intensité du courant avant la mesure de la rotation : 181,4.

Azimuts de polarisation correspondant aux deux directions opposées du courant :

	41° 48'	53° 34'
	42° 1'	53° 31'
	41° 56'	53° 24'
	41° 51'	53° 18'
Moyennes.......	41° 54'	53° 27'

[1] Ce liquide était probablement à peu près identique au liquide de même nom de ma troisième série d'expériences. Il distillait également presque en entier aux environs de 187 degrés, et se prenait en une masse solide par un froid de — 28 degrés. Quelques

Valeur du double de la rotation magnétique : 11° 33′.
Intensité du courant après la mesure de la rotation : 175,4.
Rapport du double de la rotation à l'intensité moyenne : 3,885.

RAIE D.

Intensité du courant avant la mesure de la rotation : 184,3.

Azimuts de polarisation correspondant aux deux directions opposées du courant :

	39° 41′	55° 20′
	39° 45′	55° 20′
	39° 47′	55° 14′
	39° 47′	55° 24′
Moyennes......	39° 45′	55° 19′ 5

Valeur du double de la rotation magnétique : 15° 34′,5.
Intensité du courant après la mesure de la rotation : 181,4.
Rapport du double de la rotation à l'intensité moyenne : 5.111.

RAIE E.

Intensité du courant avant la mesure de la rotation : 187,3.

Azimuts de polarisation correspondant aux deux directions opposées du courant :

	37° 2′	57° 56′
	37° 3′	57° 53′
	37° 6′	57° 53′
	37° 3′	58° 00′
Moyennes.......	37° 3′ 5	57° 55′ 5

Valeur du double de la rotation magnétique : 20° 52′.
Intensité du courant après la mesure de la rotation : 184,3.
Rapport du double de la rotation à l'intensité moyenne : 6,738.

RAIE F.

Intensité du courant avant la mesure de la rotation : 190,5.

autres échantillons de créosote, achetés chez le même fabricant (M. Fontaine) et qui ont servi à des expériences dont une grave erreur de lecture ne me permet pas de rapporter les résultats, se congelaient presque entièrement à — 11 degrés et pouvaient passer pour de l'acide phénique à peu près pur. Ils étaient sensiblement plus réfringents que le liquide auquel se rapportent les données du présent tableau.

Azimuts de polarisation correspondant aux deux directions opposées du courant :

	34° 22′	60° 46′
	34° 20′	60° 44′
	34° 23′	60° 43′
	34° 18′	60° 32′
		60° 32′
		60° 38′
Moyennes.......	34° 21′	60° 39′

Valeur du double de la rotation magnétique : 26° 18′.
Intensité du courant après la mesure de la rotation : 187,3.
Rapport du double de la rotation à l'intensité moyenne : 8,354.

RAIE G.

Intensité du courant avant la mesure de la rotation : 199,0.

Azimuts de polarisation correspondant aux deux directions opposées du courant :

	28° 25′	66° 36′
	28° 28′	66° 25′
	28° 18′	66° 34′
	28° 38′	66° 38′
	28° 32′	66° 29′
	28° 28′	66° 32′
Moyennes.......	28° 28′	66° 32′

Valeur du double de la rotation magnétique : 38° 4′.
Intensité du courant après la mesure de la rotation : 193,8.
Rapport du double de la rotation à l'intensité moyenne : 11,680.

DEUXIÈME EXPÉRIENCE [1].

Courant fourni par 40 éléments de Bunsen :

Température du courant d'eau circulant à l'intérieur de la bobine :

Au commencement de l'expérience........... 21°,8.
A la fin de l'expérience.................... 27°,6.

[1] Les mesures de cette deuxième expérience ont été prises par M. Gernez, agrégé préparateur de physique à l'École Normale, qui avait acquis une grande habitude de ce genre d'observation dans des recherches (encore inédites) sur le pouvoir rotatoire des vapeurs des liquides actifs.

RAIE C.

Intensité du courant avant la mesure de la rotation : 206,5.

Azimuts de polarisation correspondant aux deux directions opposées du courant :

	39° 33′	52° 23′
	39° 29′	52° 21′
	39° 30′	52° 19′
	39° 34′	52° 21′
Moyennes.......	39° 31′,5	52° 21′

Valeur du double de la rotation magnétique : 12° 49′,5.
Intensité du courant après la mesure de la rotation : 202,1.
Rapport du double de la rotation à l'intensité moyenne : 3,767.

RAIE D.

Intensité du courant avant la mesure de la rotation : 208,1.

Azimuts de polarisation correspondant aux deux directions opposées du courant :

	37° 21′	54° 40′
	37° 23′	54° 41′
	37° 19′	54° 38′
	37° 21′	54° 39′
Moyennes.......	37° 21′	54° 39′,5

Valeur du double de la rotation magnétique : 17°18′,5.
Intensité du courant après la mesure de la rotation : 206,5.
Rapport du double de la rotation à l'intensité moyenne : 5,010.

RAIE E.

Intensité du courant avant la mesure de la rotation : 210,6.

Azimuts de polarisation correspondant aux deux directions opposées du courant :

	34°26′	57°28′
	34°25′	57°31′
	34°27′	57°29′
	34°25′	57°30′
Moyennes....	34°26′	57°29′,5

Valeur du double de la rotation magnétique : 23°3′,5.
Intensité du courant après la mesure de la rotation : 208,1.
Rapport du double de la rotation à l'intensité moyenne : 6,609.

RAIE F.

Intensité du courant avant la mesure de la rotation : 212,6.

Azimuts de polarisation correspondant aux deux directions opposées du courant :

	31°33′	60°30′
	31°32′	60°31′
	31°34′	60°28′
	31°35′	60°27′
Moyennes....	31°33′,5	60°29′

Valeur du double de la rotation magnétique : 28°55′,5.
Intensité du courant après la mesure de la rotation : 210,6.
Rapport du double de la rotation à l'intensité moyenne : 8,202.

RAIE G.

Intensité du courant avant la mesure de la rotation : 219,1.

Azimuts de polarisation correspondant aux deux directions opposées du courant :

	25°26′	66°20′
	25°30′	66°23′
	25°27′	66°18′
	25°25′	"
Moyennes....	25°27′	66°20′

Valeur du double de la rotation magnétique : 40°53′.
Intensité du courant après la mesure de la rotation : 212,6.
Rapport du double de la rotation à l'intensité moyenne : 11,367.

C'était pour éliminer l'influence possible d'une erreur personnelle que j'avais prié M. Gernez de répéter mes observations. Or, il était arrivé que dans l'intervalle des deux séries d'expériences la distance de l'aimant mobile à la règle et à la lunette qui servaient à mesurer les déviations avait été fortuitement un peu augmentée, de façon que, pour une même intensité réelle du courant, M. Gernez devait observer un déplacement un peu plus grand que l'image de la règle. Ces expériences devaient donc conduire à de plus petites rotations que les miennes; mais, en prenant les rapports de mes nombres à ceux de M. Gernez, on devait trouver un rapport sensiblement constant pour les diverses couleurs, s'il y avait eu réellement accord entre nos mesures. Ce rapport présente, en effet, les valeurs suivantes pour les diverses raies du spectre :

C	D	E	F	G
1,0313	1,0202	1,0195	1,0185	1,0230

Si l'on multiplie les nombres de M. Gernez par la moyenne de ces rapports, qui est 1,0225, on obtient la série de valeurs

C	D	E	F	G
3,852	5,123	6,758	8,387	11,623

qui diffère à peine de la série

C	D	E	F	G
3,885	5,111	6,738	8.354	11,630

La moyenne de ces deux séries ne peut manquer de représenter la loi réelle du phénomène avec une grande exactitude.

On obtient donc en définitive pour les pouvoirs rotatoires magnétiques du sulfure de carbone et de la créosote, correspondant aux diverses raies du spectre et rapportés à une même intensité du courant, les valeurs suivantes :

	C	D	E	F	G
Sulfure de carbone......	5,373	6,973	9,082	11,206	15,475
Créosote.............	3,869	5,117	6,748	8,370	11,626

Les produits de ces nombres par les carrés des longueurs d'ondulation (exprimées en cent-millièmes de millième) ont pour valeurs :

	C	D	E	F	G
Sulfure de carbone......	23150	24175	25208	26283	28494
Créosote.............	16669	17740	18670	19632	21407

On retrouve ainsi le résultat déjà suffisamment établi dans le tableau de la page 235, savoir : que le produit de la rotation magnétique par le carré de la longueur d'onde n'est pas constant dans toute l'étendue du spectre, mais que ses variations sont beaucoup plus petites que celles de la rotation ou du carré de la longueur d'onde.

Il est en outre évident, avec un peu d'attention, que l'importance *relative* de ces variations est notablement plus grande dans le cas de la créosote que dans le cas du sulfure de carbone. Mais, pour bien juger de cette différence, il convient de calculer les rapports des diverses valeurs de ce produit relatives à une même substance à la moyenne de ces valeurs elles-mêmes. On obtient ainsi les deux séries suivantes de résultats :

	C	D	E	F	G
Sulfure de carbone........	0,909	0,949	0,987	1,032	1,119
Créosote................	0,886	0,942	0,992	1,043	1,137

Ainsi le produit de la rotation magnétique par le carré de la longueur d'onde varie des $\frac{210}{1000}$ de sa valeur moyenne pour le sulfure de carbone, et des $\frac{251}{1000}$ pour la créosote. Il suffit, d'un autre côté, de jeter les yeux sur les spectres que donne un prisme creux, fermé par des lames de verre à faces parallèles et rempli successivement de sulfure de carbone et de créosote, pour reconnaître que la dispersion de la première substance est incomparablement la plus forte. On ne peut donc regarder comme une loi générale la relation qui avait paru ressortir de mes premières expériences.

Afin de ne conserver aucun doute sur ce point important, et de fournir des éléments suffisants à la discussion théorique qui forme le paragraphe 4 de ce mémoire, j'ai mesuré les indices de réfraction du sulfure de carbone pour les sept raies principales de Frauenhofer, et, le temps m'ayant manqué pour exécuter le même travail sur la créosote, j'ai prié M. Gernez de s'en charger. L'appareil qui a servi à nos observations était un cercle horizontal, construit par M. Brunner, dont la division permettait de lire les 10 secondes et d'apprécier sûrement les 5 secondes, et qui portait un collimateur à fente étroite et une lunette mobile d'un grossissement de 22 diamètres. Les liquides étaient renfermés dans un prisme de 50°17'15" d'angle réfringent, construit par le même artiste avec des glaces à faces rigoureusement planes et presque rigoureusement parallèles, collées avec de la gomme arabique mélangée de sucre en poudre fine[1].

[1] Les prismes ainsi construits sont incomparablement supérieurs aux anciens prismes,

Les spectres obtenus, lorsque le liquide était bien en repos, étaient d'une beauté remarquable; il n'était pas difficile, par exemple, de pointer exactement dans la raie G le trait fin et très-noir qui a été le véritable point de repère de Frauenhofer. J'ai obtenu, par le procédé ordinaire de la déviation minima, la série suivante d'indices pour le sulfure de carbone, à la température de 24°,4 :

B	C	D	E	F	G	H
1,6114	1,6147	1,6240	1,6368	1,6487	1,6728	1,6956

M. Gernez a obtenu de même, à la température de 23°,9, pour la créosote même qui avait servi aux mesures des rotations, et le lendemain du jour où ces mesures avaient été prises, la série suivante d'indices[1] à la température de 23°,9 :

C	D	E	F	G	H
1,5369	1,5420	1,5488	1,5553	1,5678	1,5792

Les températures où l'on a mesuré les rotations et les indices d'un même liquide diffèrent assez peu pour autoriser la comparaison de ces deux éléments[2]. Il est donc établi que la créosote est beaucoup moins dispersive que le sulfure de carbone, et que la variation de ses rotations magnétiques avec la longueur d'onde est plus rapide ou au moins tout aussi rapide que la variation des rotations du sulfure de carbone.

Ainsi il n'est pas vrai d'une manière générale que la rotation croisse d'autant plus rapidement d'une extrémité à l'autre du spectre que la substance considérée est plus dispersive.

On comprendra mieux l'intérêt et la portée de ce résultat lorsqu'on aura lu la discussion théorique qui va suivre.

où les glaces à faces parallèles étaient appliquées contre les deux côtés d'un prisme massif traversé par un canal cylindrique, et maintenues par une pression qui les déformait toujours plus ou moins.

(1) C'est simplement par oubli que M. Gernez a négligé de mesurer l'indice relatif à la raie B.

(2) Voir, sur les mesures d'indices, la note C à la fin du mémoire.

§ IV.

DISCUSSION THÉORIQUE ET CONCLUSIONS.

Quelques mois après la publication des découvertes de M. Faraday, M. Airy a fait remarquer le premier qu'il suffisait, pour rendre compte des phénomènes, d'ajouter aux équations connues du mouvement vibratoire des corps isotropes certains termes proportionnels aux dérivées d'ordre impair des déplacements prises par rapport au temps[1]. Supposons, en effet, que, négligeant d'abord l'influence de la dispersion, on ne conserve dans ces équations que les coefficients différentiels du second ordre, et qu'on prenne pour axe des z la direction même des rayons lumineux ou de la normale aux ondes planes. Les équations différentielles du mouvement de l'éther dans un corps isotrope se réduiront, en vertu de ces hypothèses, à

$$\frac{d^2\xi}{dt^2} = A\frac{d^2\xi}{dz^2},$$
$$\frac{d^2\eta}{dt^2} = A\frac{d^2\eta}{dz^2},$$

ξ et η représentant les déplacements parallèles aux x et aux y, et A le carré de la vitesse de propagation de la lumière dans le milieu. On sait que ces équations sont satisfaites par tout système de solutions de la forme

$$\xi = a\cos(kz - st + \varphi),$$
$$\eta = b\cos(kz - st + \chi),$$

pourvu qu'on ait $s^2 = Ak^2$, le rapport $\frac{b}{a}$ et la différence $\varphi - \chi$ demeurant indéterminés, et par suite qu'il peut se propager parallèlement à l'axe des z, avec une vitesse constante $\frac{s}{k}$ égale à $\sqrt{A}$, une infinité d'ondes planes, polarisées de toutes les manières possibles. Qu'on ajoute maintenant au second membre de chacune de ces équations un terme proportionnel à la dérivée première par rapport au temps

[1] *Philosophical Magazine*, 3e série, t. XXVIII, p. 496 : Airy, *On the equations applying to light under the influence of magnetism.*

de celui des déplacements qui n'entre pas dans cette équation, et qu'on donne au coefficient de ce terme additionnel des valeurs égales et contraires dans les deux équations; il est visible que les nouvelles équations, savoir :

$$\text{(I)}\quad \begin{cases} \dfrac{d^2\xi}{dt^2} = A\dfrac{d^2\xi}{dz^2} + m\dfrac{d\eta}{dt}, \\[2ex] \dfrac{d^2\eta}{dt^2} = A\dfrac{d^2\eta}{dz^2} - m\dfrac{d\xi}{dt}, \end{cases}$$

ne peuvent être satisfaites par les valeurs précédentes de ξ et de η qu'autant qu'il existe entre a et b, φ et χ des relations particulières. La substitution de ces valeurs donne en effet

$$as^2\cos(kz - st + \varphi) = aAk^2\cos(kz - st + \varphi) - bms\sin(kz - st + \chi),$$
$$bs^2\cos(kz - st + \chi) = bAk^2\cos(kz - st + \chi) + ams\sin(kz - st + \varphi),$$

et, ces équations devant être satisfaites quels que soient z et t, il faut qu'en développant on puisse égaler respectivement à zéro les multiplicateurs de $\cos(kz - st)$ et de $\sin(kz - st)$, c'est-à-dire qu'on ait

$$as^2\cos\varphi = aAk^2\cos\varphi - bms\sin\chi,$$
$$as^2\sin\varphi = aAk^2\sin\varphi + bms\cos\chi,$$
$$bs^2\cos\chi = bAk^2\cos\chi + ams\sin\varphi,$$
$$bs^2\sin\chi = bAk^2\sin\chi - ams\cos\varphi.$$

De la première relation on conclut

$$\frac{b}{a} = \frac{Ak^2 - s^2}{ms}\,\frac{\cos\varphi}{\sin\chi},$$

de la seconde

$$\frac{b}{a} = -\frac{Ak^2 - s^2}{ms}\,\frac{\sin\varphi}{\cos\chi},$$

et, pour que ces deux valeurs soient compatibles, il faut que

$$\frac{\cos\varphi}{\sin\chi} + \frac{\sin\varphi}{\cos\chi} = 0,$$

c'est-à-dire que

$$\cos\varphi\cos\chi + \sin\varphi\sin\chi = 0,$$

ou que $\varphi - \chi$ soit égal à un nombre impair de quarts de circonférences. On arrive à la même conclusion par la comparaison de la troisième et de la quatrième relation. On déduit encore aisément des deux premières

$$a^2(s^2 - Ak^2)^2 = b^2 m^2 s^2,$$

et des deux dernières

$$b^2(s^2 - Ak^2)^2 = a^2 m^2 s^2,$$

d'où

$$\frac{b^2}{a^2} = \frac{a^2}{b^2} \quad \text{ou} \quad b = \pm a.$$

Les seules vibrations de période simple qui puissent se propager le long de l'axe des z sont donc les vibrations circulaires représentées par les équations

$$\xi = a\cos(k'z - st + \varphi),$$
$$\eta = a\sin(k'z - st + \varphi),$$

ou

$$\xi = a\cos(k''z - st + \varphi),$$
$$\eta = -a\sin(k''z - st + \varphi),$$

k' ou k'' et s étant choisis de manière que les équations différentielles (I) soient satisfaites, c'est-à-dire étant liés entre eux par les équations

$$s^2 = Ak'^2 + ms$$

ou

$$s^2 = Ak''^2 - ms.$$

La période des vibrations étant d'ailleurs évidemment égale à $\frac{2\pi}{s}$, on doit toujours regarder s comme positif. $\frac{s}{k'}$ ou $\frac{s}{k''}$ étant la vitesse de propagation, cette vitesse dépend du sens des vibrations circulaires.

Si les ondes à vibrations circulaires sont les seules qui puissent se propager dans un milieu où les équations différentielles du mouvement de l'éther ont la forme (I), et si la vitesse de propagation de ces ondes dépend du sens des vibrations circulaires, ce milieu doit posséder, comme le quartz, le cinabre ou les liquides actifs, la propriété de faire tourner le plan de polarisation des rayons lumineux d'une quantité proportionnelle à la longueur du chemin parcouru. Mais le pouvoir rotatoire dont les équations (I) impliquent l'existence diffère par un caractère essentiel du pouvoir rotatoire des substances actives par elles-mêmes.

Les deux relations démontrées en dernier lieu fournissent pour k' et k'' deux valeurs égales et de signes contraires, savoir :

$$k' = \pm\sqrt{\frac{s^2 - ms}{A}},$$
$$k'' = \pm\sqrt{\frac{s^2 + ms}{A}}.$$

Si l'on prend pour k', par exemple, la valeur positive, il résulte de la forme des équations par lesquelles on représente les vibrations circulaires que l'état vibratoire qui existe, à une époque donnée t, à la distance z de l'origine, est identique à l'état vibratoire qui existe à l'époque $t + \Delta t$ à la distance $z + \Delta z$, déterminée par la condition

$$k'(z + \Delta z) - s(t + \Delta t) = k'z - st$$

ou

$$\Delta z = \frac{s}{k'}\Delta t.$$

Ces équations sont donc celles d'un mouvement qui se propage dans le sens des z *positives* avec la vitesse constante $\frac{s}{k'}$. La valeur négative de k' donne au contraire une propagation du mouvement dans le sens des z *négatives*, la vitesse demeurant la même en valeur absolue.

Cela posé, concevons que le milieu transparent soit limité par deux plans menés perpendiculairement à l'axe des z, aux distances z_0 et $z_0 + \Delta z_0$ de l'origine, et considérons un rayon polarisé dans le plan yz qui tombe sur la face de ce milieu la plus voisine de l'origine. Les vibrations incidentes pourront se décomposer en deux vibrations circulaires d'amplitude égale et de sens contraires, représentées sur la face d'incidence par

$$\xi = a\cos(k'z_0 - st + \varphi),$$
$$\eta = a\sin(k'z_0 - st + \varphi),$$

et

$$\xi' = a\cos(k''z_0 - st + \varphi'),$$
$$\eta' = -a\sin(k''z_0 - st + \varphi'),$$

si nous prenons k' et k'' positivement, et si nous choisissons φ et φ' de manière qu'on ait

$$(k' - k'')z_0 + \varphi - \varphi' = 2n\pi.$$

En pénétrant dans le milieu transparent ou en en sortant, ces deux espèces de vibrations circulaires éprouveront des modifications d'intensité très-sensiblement identiques, à cause de la très-faible différence de leurs vitesses de propagation. A l'émergence elles reproduiront donc par leur combinaison des vibrations rectilignes qui auront leurs projections sur les axes coordonnés exprimées par

$$x = \xi + \xi' = 2a'\cos\left[\frac{k'+k''}{2}(z_0 + \Delta z_0) - st + \frac{\varphi+\varphi'}{2}\right]$$
$$\times\cos\left[\frac{k'-k''}{2}(z_0 + \Delta z_0) + \frac{\varphi-\varphi'}{2}\right],$$

et

$$y = \eta + \eta' = 2a'\cos\left[\frac{k'+k''}{2}(z_0 + \Delta z_0) - st + \frac{\varphi+\varphi'}{2}\right]$$
$$\times\sin\left[\frac{k'-k''}{2}(z_0 + \Delta z_0) + \frac{\varphi-\varphi'}{2}\right],$$

d'où, en ayant égard à la valeur de $\varphi - \varphi'$,

$$\frac{y}{x} = \operatorname{tang}\frac{k'-k''}{2}\Delta z_0.$$

Ainsi, les vibrations qui sont, à l'incidence, parallèles à l'axe des x se trouveront, à l'émergence, inclinées sur cet axe d'un angle égal à $\frac{k'-k''}{2}\Delta z_0$. Si donc k' est plus grand que k'', la rotation du plan de polarisation aura lieu dans le sens du mouvement des aiguilles d'une montre pour l'observateur qui analyse les rayons émergents.

Considérons actuellement un rayon polarisé dans le même plan yz, qui tombe normalement sur la face du milieu la plus éloignée de l'origine et qui par conséquent se propage dans le sens des z négatives. On devra prendre négativement les valeurs de k' et de k'', et.

par suite, les vibrations circulaires, dans lesquelles on décomposera les vibrations rectilignes incidentes, seront sur la face d'entrée représentées par

$$\xi = a\cos[\varphi - k'(z_0 + \Delta z_0) - st],$$
$$\eta = a\sin[\varphi - k'(z_0 + \Delta z_0) - st],$$

et

$$\xi' = a\cos[\varphi' - k''(z_0 + \Delta z_0) - st],$$
$$\eta' = - a\sin[\varphi' - k''(z_0 + \Delta z_0) - st],$$

pourvu que

$$\varphi - \varphi' + (k'' - k')(z_0 + \Delta z_0) = 2n\pi.$$

A l'émergence la combinaison des vibrations circulaires reproduira des vibrations rectilignes qui auront leurs projections sur les axes coordonnés exprimées par

$$x = \xi + \xi' = 2a' \cos\left(\frac{\varphi + \varphi'}{2} - \frac{k' + k''}{2} z_0 - st\right)$$
$$\times \cos\left(\frac{\varphi - \varphi'}{2} + \frac{k'' - k'}{2} z_0\right),$$
$$y = \eta + \eta' = 2a' \cos\left(\frac{\varphi + \varphi'}{2} - \frac{k' + k''}{2} z_0 - st\right)$$
$$\times \sin\left(\frac{\varphi - \varphi'}{2} + \frac{k'' - k'}{2} z_0\right),$$

d'où l'on conclut, en ayant égard à la valeur de $\varphi - \varphi'$,

$$\frac{y}{x} = \operatorname{tang}\left(\frac{k' - k''}{2} \Delta z_0.\right)$$

La projection des vibrations émergentes sur le plan xy aura donc la même position absolue que dans le cas précédent; mais, pour l'observateur qui analyse les rayons émergents, la rotation du plan de polarisation paraîtra s'effectuer en sens contraire, c'est-à-dire inversement à la marche des aiguilles d'une montre, si k' est plus grand que k''.

Cette opposition des rotations correspondantes aux deux directions inverses des rayons de lumière est précisément le trait caractéristique qui distingue les propriétés des substances influencées par les forces magnétiques de celles des substances *actives*. Donc, si l'on admet que le coefficient m soit proportionnel à la composante de l'action magnétique parallèle aux rayons lumineux et qu'il varie de grandeur et même de signe d'un corps à l'autre, les équations (I) pourront, sauf plus ample examen, servir à la représentation des phénomènes[1]. Mais, comme M. Airy l'a remarqué lui-même, on arriverait encore aux mêmes conclusions si l'on introduisait dans les équations, au lieu de $\frac{d\eta}{dt}$ et $\frac{d\xi}{dt}$, des dérivées d'ordre impair quelconque par rapport à t, ou des dérivées d'ordre pair par rapport à z et d'ordre impair par rapport à t, ou même un système quelconque de ces dérivées. Il suffirait que, dans l'équation où entre $\frac{d^2\xi}{dt^2}$, on ne fît entrer que des dérivées de η, et *vice versa*, et que les coefficients des dérivées de même ordre fussent dans les deux équations égaux et de signes contraires. L'expérience, à défaut d'une vraie théorie mécanique, peut seule décider entre ce nombre infini d'hypothèses possibles.

Or, il n'est pas difficile de reconnaître que l'hypothèse simple que nous venons de développer est entièrement inadmissible. La petitesse des rotations magnétiques montre en effet que k' et k'' diffèrent très-peu l'un de l'autre, et, par suite, que le coefficient m est très-petit. On peut donc poser, avec une approximation suffisante,

$$k' = \sqrt{\frac{s^2 - ms}{A}} = \frac{s}{\sqrt{A}}\left(1 - \frac{m}{2s}\right),$$

$$k'' = \sqrt{\frac{s^2 + ms}{A}} = \frac{s}{\sqrt{A}}\left(1 + \frac{m}{2s}\right),$$

d'où

$$\frac{k' - k''}{2} = -\frac{m}{2\sqrt{A}}.$$

[1] Si dans les équations (I) on ne donnait pas aux coefficients de $\frac{d\eta}{dt}$ et $\frac{d\xi}{dt}$ des valeurs égales et de signes contraires, les seules vibrations qui pourraient se propager sans altération et avec une vitesse constante seraient des vibrations elliptiques, et le phénomène résultant de la transmission d'un rayon à vibrations primitivement rectilignes ne serait plus une simple rotation du plan de polarisation. On peut s'en assurer par un calcul de tout point analogue à celui qui précède.

La rotation serait donc indépendante de s, c'est-à-dire de la durée des vibrations et de la nature de la lumière, ou plutôt elle ne varierait d'une couleur à l'autre que d'une quantité comparable aux variations de l'indice de réfraction, qu'on pourrait calculer en introduisant dans les équations (I) les coefficients différentiels d'ordre supérieur au deuxième, qui sont nécessaires à l'explication de la dispersion. Nous venons de voir au contraire que la rotation est sensiblement en raison inverse du carré de la longueur d'ondulation, et même que la loi exacte de ses variations est toujours sensiblement plus rapide.

Ainsi on doit regarder comme définitivement condamnée par l'expérience toute théorie qui conduirait aux équations (I) complétées des termes nécessaires à la dispersion. De ce nombre est l'ingénieuse théorie que M. Charles Neumann a d'abord esquissée dans une thèse latine présentée à l'université de Halle [1], et qu'il a tout récemment développée, avec une remarquable élégance analytique, dans un écrit spécial [2]. L'hypothèse fondamentale de cette théorie est une généralisation des idées de M. Wilhelm Weber sur la cause des phénomènes électro-dynamiques. On sait que cet éminent physicien a tenté de ramener à une origine commune les phénomènes électro-dynamiques et les phénomènes d'induction, en admettant que l'action réciproque de deux molécules électriques μ et μ' n'est pas la même dans l'état de mouvement et dans l'état de repos. Si l'on désigne par r la distance de ces deux molécules, elles exercent l'une sur l'autre, dans l'état de repos relatif, une action dirigée suivant la droite qui les joint, et représentée par la formule connue

$$\pm \frac{\mu\mu'}{r^2}.$$

Dans l'état de mouvement relatif cette action conserverait la même direction, mais elle deviendrait, suivant M. Weber, égale à

$$\pm \frac{\mu\mu'}{r^2}\left[1 - a^2\left(\frac{dr}{dt}\right)^2 + 2a^2 r \frac{d^2 r}{dt^2}\right],$$

[1] *Explicare tentatur quomodo fiat ut lucis planum polarisationis per vires electricas vel magneticas declinetur*; Halis Saxonum, 1858.

[2] *Die magnetische Drehung der Polarisationsebene des Lichtes*; Halle, 1863.

ou, ce qui revient au même, à

$$\pm \mu\mu' \left[-\frac{d.\frac{1}{r}}{dr} + a^2 \frac{d.\frac{1}{r}}{dr} \left(\frac{dr}{dt}\right)^2 + 2a^2 \frac{1}{r} \frac{d^2 r}{dt^2} \right],$$

a^2 désignant une constante positive, et changerait par conséquent de valeur avec la vitesse et l'accélération du mouvement relatif des deux molécules. M. Charles Neumann admet que l'état de mouvement relatif modifie d'une façon analogue l'action réciproque d'une molécule de fluide électrique μ et d'une molécule d'éther M, en sorte qu'en appelant $\varphi(r)$ une fonction de r très-rapidement décroissante quand la distance augmente, et absolument insensible pour toute valeur appréciable de r, cette action soit dans l'état de repos

$$\pm \mu \mathrm{M} \frac{d\varphi}{dr},$$

et dans l'état de mouvement relatif,

$$\mp \mu \mathrm{M} \left[-\frac{d\varphi}{dr} + a^2 \frac{d\varphi}{dr} \left(\frac{dr}{dt}\right)^2 + 2a^2 \varphi(r) \frac{d^2 r}{dt^2} \right].$$

Il suit de là que, dans l'intérieur d'un corps transparent soumis à l'action du magnétisme, une molécule d'éther en mouvement est sollicitée non-seulement par les forces qui agissent ordinairement sur elle, mais encore par la résultante des actions des molécules électriques composant les courants moléculaires situés à très-petite distance. Des calculs, en partie analogues à ceux de M. Weber, démontrent que cette résultante est à chaque instant proportionnelle à la vitesse de la molécule d'éther et à l'intensité de l'action magnétique, et perpendiculaire au plan mené par les directions de la vitesse et de l'action magnétique. Il en résulte évidemment que si l'on considère, comme tout à l'heure, un système d'ondes planes normales à l'axe des z, les composantes parallèles aux x et aux y de la force qui agit sur les molécules d'éther sont respectivement égales à

$$-m\frac{d\eta}{dt} \qquad \text{et} \qquad +m\frac{d\xi}{dt},$$

m étant proportionnel à la grandeur de l'action magnétique et au cosinus de l'angle compris entre la direction de cette action et l'axe des z. Or, ce sont précisément ces composantes qu'il faut ajouter au second membre des équations ordinaires des corps isotropes, pour déterminer, dans l'hypothèse admise, l'effet produit sur la propagation d'une onde plane à vibrations transversales par l'action des courants moléculaires; quant à la troisième composante, elle est sans influence sur la propagation des ondes lumineuses à densité constante. M. Charles Neumann fait voir ensuite qu'il est possible de rendre compte des faits que j'ai observés dans la troisième partie de mes *Recherches* par la considération des deux espèces de courants moléculaires de sens opposés, dont M. Weber a fait dépendre l'explication du magnétisme et du diamagnétisme. Tout paraîtrait donc favorable à l'hypothèse si les relations qui existent entre la rotation et la longueur d'onde ne venaient la renverser [1].

[1] Puisque les ondes planes à vibrations circulaires sont les seules qui puissent se propager librement dans un milieu transparent soumis à l'influence magnétique, on peut regarder comme évident que la force qui agit, par suite de cette influence, sur une molécule d'éther en vibration est constamment perpendiculaire à la direction de sa vitesse. Une telle force, en effet, ne peut qu'accroître ou diminuer la vitesse de propagation des vibrations circulaires, sans en modifier la forme, tandis qu'elle doit altérer immédiatement toute vibration rectiligne ou elliptique. D'autre part, quelle que soit l'origine réelle des forces magnétiques, on peut toujours les regarder comme émanées d'un système de courants fermés existant tant à l'intérieur du corps transparent que dans les bobines et les électro-aimants. Or un pareil système exercerait sur un élément de courant voltaïque une action perpendiculaire à sa direction, en sorte qu'en assimilant une molécule d'éther en mouvement à un élément de courant parallèle à la vitesse de la molécule on rendrait compte d'un des caractères essentiels des phénomènes. Cette assimilation conduirait immédiatement à des rotations du plan de polarisation proportionnelles à la grandeur de l'action magnétique et au cosinus de l'angle compris entre la direction de cette action et celle des rayons lumineux; mais, pour rendre compte de la différence d'action des substances magnétiques et diamagnétiques, il faudrait modifier l'assimilation de manière qu'il n'y eût d'action sensible sur chaque molécule vibrante que de la part des courants intérieurs au corps transparent. On arriverait ainsi, par une suite de conjectures probables, à quelque chose d'analogue à l'hypothèse de M. Charles Neumann.

Ces idées se sont offertes à mon esprit dès le début de mes recherches et m'ont fait prévoir à l'avance les lois démontrées dans mes deux premiers mémoires (la proportionnalité de la rotation à l'action magnétique et au cosinus de l'angle compris). Je les communiquai vers cette époque à plusieurs personnes, notamment à mon vénéré maître et ami, M. Blanchet, mais je ne jugeai pas à propos de les publier avant d'en avoir obtenu de nouvelles et plus décisives confirmations. Si j'en parle aujourd'hui, ce n'est assurément pas pour revendiquer la priorité d'une hypothèse dont je crois avoir démontré l'inexactitude, et dont tout l'honneur appartiendrait de plein droit à M. Charles Neumann, si elle était conforme

En introduisant les dérivées du troisième ordre, au lieu de celles du premier, dans les équations différentielles, il ne serait pas difficile d'en faire sortir la loi de la raison réciproque du carré des longueurs d'onde. Soit, en effet, le système d'équations

$$(\text{II})\qquad \left\{\begin{aligned} \frac{d^2\xi}{dt^2} &= A\frac{d^2\xi}{dz^2} + m\frac{d^3\eta}{dz^2dt},\\ \frac{d^2\eta}{dt^2} &= A\frac{d^2\eta}{dz^2} - m\frac{d^3\xi}{dz^2dt},\end{aligned}\right.$$

ou le système

$$(\text{III})\qquad \left\{\begin{aligned} \frac{d^2\xi}{dt^2} &= A\frac{d^2\xi}{dz^2} + m\frac{d^3\eta}{dt^3},\\ \frac{d^2\eta}{dt^2} &= A\frac{d^2\eta}{dz^2} - m\frac{d^3\xi}{dt^3},\end{aligned}\right.$$

on y pourra satisfaire en faisant

$$\xi = a\cos(k'z - st),$$
$$\eta = a\sin(k'z - st),$$

ou

$$\xi = a\cos(k''z - st),$$
$$\eta = -a\sin(k''z - st),$$

pourvu que l'on ait, dans le cas des équations (II),

$$s^2 = Ak'^2 - msk'^2, \qquad s^2 = Ak''^2 + msk''^2,$$

et, dans le cas des équations (III),

$$s^2 = Ak'^2 - ms^3, \qquad s^2 = Ak''^2 + ms^3.$$

A cause de la petitesse de m on en peut négliger les puissances supérieures, et conclure du premier groupe de relations

$$k' = \frac{s}{\sqrt{A - ms}} = \frac{s}{\sqrt{A}}\left(1 + \frac{ms}{2A}\right),$$
$$k'' = \frac{s}{\sqrt{A + ms}} = \frac{s}{\sqrt{A}}\left(1 - \frac{ms}{2A}\right);$$

à la vérité; mais je crois qu'il est toujours utile qu'un auteur fasse connaître la voie *réelle* qu'il a suivie dans ses travaux. Si, au delà d'un certain point, cette voie paraît se fermer pour lui, elle peut s'ouvrir à d'autres, ou les aider à apercevoir des voies parallèles qui les conduiront plus loin.

et du second,

$$k' = \frac{s\sqrt{1+ms}}{\sqrt{A}} = \frac{s}{\sqrt{A}}\left(1+\frac{ms}{2}\right),$$

$$k'' = \frac{s\sqrt{1-ms}}{\sqrt{A}} = \frac{s}{\sqrt{A}}\left(1-\frac{ms}{2}\right).$$

On a donc, avec les équations (II),

$$\frac{k'-k''}{2} = \frac{ms^2}{2A\sqrt{A}};$$

avec les équations (III),

$$\frac{k'-k''}{2} = \frac{ms^2}{2\sqrt{A}},$$

et comme s est inversement proportionnel à la durée des vibrations, ou, ce qui revient au même, à la longueur d'ondulation, il résulte de l'une et de l'autre des deux formules que la rotation magnétique du plan de polarisation est en raison inverse du carré de la longueur d'ondulation. L'un ou l'autre système d'équations différentielles est donc également propre à fournir la représentation approchée des phénomènes, mais ni l'un ni l'autre n'est l'expression exacte de la vérité, car, si l'on y ajoute les termes d'ordre supérieur d'où dépend le phénomène de la dispersion, ils doivent conduire tous deux à une loi s'écartant d'autant plus de la loi approchée du carré des longueurs d'onde que la dispersion est plus énergique. Or on a vu que cette conséquence n'est pas conforme à l'observation.

Je présenterai sur ce point essentiel quelques développements analytiques que je m'efforcerai de rendre aussi indépendants que possible de toute théorie particulière de la dispersion.

Quelle que soit la constitution de l'éther libre ou engagé dans les corps transparents, les équations différentielles de ses mouvements vibratoires doivent être compatibles avec le principe expérimental des interférences, ou plus généralement de la superposition des petits mouvements, et donner en outre une même vitesse de propagation pour deux systèmes d'ondes se propageant en sens opposés, suivant une direction commune. Elles doivent donc être linéaires, à coefficients constants, et ne contenir que les dérivées d'ordre pair des déplacements (y compris peut-être la dérivée d'ordre zéro, c'est-à-dire le déplacement lui-même). En réalité, les coefficients de ces équations ne peuvent être rigoureusement constants; dans les corps cristallisés ce sont très-probablement des fonctions périodiques des coordonnées; dans les solides vitreux ou les liquides, ce sont des fonctions des coordonnées, qui dans un espace inappréciable prennent un nombre immense de valeurs oscillant autour de certaines valeurs moyennes, constantes dans toute l'étendue du corps. Mais on conçoit qu'on puisse faire abstraction de ces variations et substituer à l'éther et à la matière pondérable dont un corps transparent est réellement formé un éther *fictif*, homogène dans toute l'étendue du corps, où les coefficients des équations différentielles soient en conséquence constants [1]. Alors, si l'on se restreint au cas des corps isotropes, et qu'on considère, comme plus haut, un système d'ondes planes normales à l'axe des z, les équations différentielles du mouvement se réduiront à

$$\frac{d^2\xi}{dt^2} = \Phi_\xi,$$
$$\frac{d^2\eta}{dt^2} = \Phi_\eta,$$

Φ_ξ et Φ_η désignant respectivement les fonctions linéaires de même forme des dérivées paires de ξ et de η prises par rapport à z, ou, en faisant usage des notations symboliques de Cauchy, à

$$D_t^2\xi = \varphi(D_z)\,\xi,$$
$$D_t^2\eta = \varphi(D_z)\,\eta,$$

[1] Les travaux des géomètres sur la théorie de la lumière, sauf un petit nombre d'exceptions récentes, se rapportent tous à cet éther fictif, et il me semble que si on a égard à cette remarque on jugera que la seule voie rationnelle en cette matière est celle que Cauchy a ouverte dans ses mémoires sur l'équilibre et le mouvement intérieurs des corps homogènes considérés comme des masses continues (voyez les anciens *Exercices de Mathématiques*, passim), et que Green a suivie dans son mémoire sur la propagation de la lumière dans les milieux cristallisés (*Transactions philosophiques de Cambridge*, t. VII, p. 121). Vouloir, comme l'a fait Cauchy lui-même en d'autres travaux, que cet éther fictif ait les propriétés d'un milieu formé de points matériels disjoints et ordonnés comme les sommets des mailles d'un réseau prismatique, c'est faire une hypothèse gratuite et se créer de nouvelles difficultés, peut-être insolubles, telles, par exemple, que l'existence du troisième rayon.

φ étant le signe d'une fonction entière et paire. Elles seront satisfaites par des solutions simples de la forme

$$\xi = a\cos(kz - st + \theta),$$
$$\eta = b\cos(kz - st + \chi),$$

pourvu que

$$s^2 = \varphi(k^2).$$

Si l'on suppose ensuite le corps soumis à l'action d'une force magnétique constante en grandeur et en direction, il s'introduira, d'après les remarques de M. Airy, dans l'équation relative à ξ, une fonction linéaire des dérivées de η qui sont d'ordre pair par rapport à z et impair par rapport à t, et, dans l'équation relative à η, une fonction linéaire des dérivées correspondantes de ξ, ayant ses coefficients égaux et de signes contraires à ceux de la fonction précédente. On pourra donc, en conservant les notations symboliques et ayant égard aux lois établies dans mes trois premiers mémoires, écrire ces équations sous la forme

$$D_t^2\xi = \varphi(D_z)\xi + m\psi(D_t, D_z)\eta,$$
$$D_t^2\eta = \varphi(D_z)\eta - m\psi(D_t, D_z)\xi,$$

m désignant un coefficient caractéristique de la substance considérée et proportionnel à la composante de l'action magnétique parallèle aux z; ψ étant le signe d'une fonction entière, paire par rapport à D_z et impaire par rapport à D_t. Les solutions simples de ce système seront les deux ondes planes à vibrations circulaires représentées par les formules

$$\xi = a\cos(k'z - st + \theta),$$
$$\eta = a\sin(k'z - st + \theta),$$

et

$$\xi = a\cos(k''z - st + \theta),$$
$$\eta = -a\sin(k''z - st + \theta),$$

pourvu qu'on ait

$$s^2 = \varphi(k'^2) - m\psi(s, k'^2) \quad \text{et} \quad s^2 = \varphi(k''^2) + m\psi(s, k''^2).$$

En raison de la petitesse du coefficient m, on peut poser $k' = k + \varepsilon$, et négliger les puissances de ε supérieures à la première, ainsi que les produits de m par ε. On obtient ainsi, en ayant égard à la relation $s^2=\varphi(k^2)$,

$$\varepsilon=\frac{m\psi(s,k^2)}{2k\varphi'(k^2)}.$$

On trouve de même que $k''=k-\varepsilon$, ε conservant la valeur qu'on vient de lui donner. Il en résulte pour le pouvoir rotatoire magnétique, égal, comme on l'a vu, à $\frac{k'-k''}{2}$, précisément cette valeur elle-même de ε.

Le dénominateur de cette expression est facile à calculer si l'on a mesuré un nombre d'indices de réfraction, de la substance considérée, suffisant pour déterminer la relation qui existe entre l'indice et la longueur d'onde. Si, en effet, on appelle V la vitesse de propagation de la lumière dans le vide, T la durée des vibrations lumineuses, λ la longueur d'ondulation dans le vide, l la longueur d'ondulation dans la substance transparente, n l'indice de réfraction $\frac{\lambda}{l}$, on a évidemment

$$s=\frac{2\pi}{T}=\frac{2\pi V}{\lambda},$$
$$k=\frac{2\pi}{l}=\frac{2\pi n}{\lambda}.$$

La substitution de ces valeurs dans la relation $s^2=\varphi(k^2)$ donne

$$\frac{4\pi^2V^2}{\lambda^2}=\varphi\left(\frac{4\pi^2n^2}{\lambda^2}\right),$$

d'où l'on conclut, en différentiant,

$$-\frac{8\pi^2V^2d\lambda}{\lambda^3}=8\pi^2\varphi'(k^2)\left(\frac{ndn}{\lambda^2}-\frac{n^2d\lambda}{\lambda^3}\right),$$

et, par suite,

$$\frac{1}{\varphi'(k^2)}=\frac{1}{V^2}\left(n^2-\lambda n\frac{dn}{d\lambda}\right).$$

En ayant égard à la valeur de k, l'expression précédente du pouvoir rotatoire devient

$$m\frac{\lambda}{2\pi V^2}\left(n-\lambda\frac{dn}{d\lambda}\right)\psi(s,k^2),$$

et l'on voit que, si la relation entre l'indice et la longueur d'onde est connue au moins d'une manière empirique, il sera possible de comparer les résultats de l'observation avec ceux d'une hypothèse quelconque sur la forme de la fonction ψ.

Si, par exemple, les équations différentielles (I) étaient vraies, la fonction ψ se réduirait simplement à s et le pouvoir rotatoire magnétique ρ serait donné par la formule

$$\text{(IV)} \qquad \rho = \frac{m}{V}\left(n - \lambda\frac{dn}{d\lambda}\right).$$

Les équations (II) ou (III) impliqueraient que la fonction ψ fût de la forme sk^2 ou s^3 et conduiraient à la formule

$$\text{(V)} \qquad \rho = \frac{4\pi^2 m}{V}\frac{n^2}{\lambda^2}\left(n - \lambda\frac{dn}{d\lambda}\right)$$

ou à la formule

$$\text{(VI)} \qquad \rho = \frac{4\pi^2 mV}{\lambda^2}\left(n - \lambda\frac{dn}{d\lambda}\right).$$

Toute expression propre à représenter la loi de la dispersion peut servir au calcul de $\frac{dn}{d\lambda}$; mais, parmi les expressions diverses qui ont été proposées, soit par les observateurs, soit par les géomètres, la plus simple et la plus commode dans les calculs est la formule de Cauchy,

$$n = A + \frac{B}{\lambda^2} + \frac{C}{\lambda^4} + \cdots,$$

qu'on peut, indépendamment de toute théorie, regarder comme un simple développement empirique se prêtant avec avantage à l'emploi des méthodes ordinaires d'interpolation. Elle se rapproche d'ailleurs plus de la vérité qu'on ne l'a dit quelquefois [1]. Il m'a suffi, en effet, d'en prendre trois termes pour représenter les indices que M. Gernez et moi nous avons observés, avec un degré d'approximation égal à la précision des expériences. Les tableaux suivants en donnent la preuve.

[1] Voyez la note D à la fin du mémoire.

SULFURE DE CARBONE.

Formule : $$n = 1,5818 + \frac{122,83}{\lambda^2} + \frac{81454}{\lambda^4}.$$ [1]

	B	C	D	E	F	G	H
Indices observés.	1,6114	1,6147	1,6240	1,6368	1,6487	1,6728	1,6956
Indices calculés.	1,6114	1,6147	1,6240	1,6368	1,6490	1,6725	1,6956
Excès du calcul sur l'observation.	0	0	0	0	+3	−3	0

CRÉOSOTE.

Formule : $$n = 1,5174 + \frac{76,918}{\lambda^2} + \frac{28683}{\lambda^4}.$$

	B	C	D	E	F	G	H
Indices observés.	"	1,5369	1,5420	1,5488	1,5553	1,5678	1,5792
Indices calculés.	1,5349	1,5368	1,5420	1,5489	1,5554	1,5676	1,5793
Excès du calcul sur l'observation.	0	−1	0	+1	+1	−2	+1

En introduisant dans les formules (IV), (V) et (VI) les indices observés et les valeurs de $\frac{dn}{d\lambda}$ données par les formules empiriques que je viens de rapporter, j'ai obtenu trois séries de nombres auxquels les pouvoirs rotatoires magnétiques auraient dû être proportionnels, si les équations différentielles du phénomène avaient été les équations (I), (II) ou (III), complétées des termes nécessaires à la dispersion. Je réunis dans le tableau suivant les résultats de ces calculs et les résultats de l'observation ; le pouvoir rotatoire correspondant à la raie E y est, comme précédemment, pris pour unité.

SULFURE DE CARBONE.

		C	D	E	F	G
Pouvoirs rotatoires observés		0,592	0,768	1,000	1,234	1,704
Pouvoirs rotatoires calculés	par la formule (IV)	0,943	0,967	1,000	1,034	1,091
	par la formule (V)	0,589	0,760	1,000	1,234	1,713
	par la formule (VI)	0,606	0,772	1,000	1,216	1,640

[1] Les longueurs d'ondulation sont censées exprimées, comme plus haut, en cent-millièmes de millimètre.

CREOSOTE.

		C	D	E	F	G
Pouvoirs rotatoires observés		0,573	0,758	1,000	1,241	1,723
Pouvoirs rotatoires calculés	par la formule (IV)	0,976	0,993	1,000	1,017	1,041
	par la formule (V)	0,617	0,780	1,000	1,210	1,603
	par la formule (VI)	0,627	0,789	1,000	1,200	1,565

D'après ces nombres, il est évident que la formule (IV) est le contraire de la vérité ; la formule (VI), quoique s'en rapprochant davantage, ne saurait être prise dans aucun cas pour la représentation exacte des phénomènes ; enfin la formule (V) elle-même, qui dans le cas du sulfure de carbone conduit à des résultats sensiblement identiques avec ceux de l'observation, n'a pas non plus le caractère d'une loi générale. Il est facile de voir, en effet, que, dans le cas de la créosote, elle s'écarte des nombres observés de quantités très-supérieures aux erreurs d'observation. Elle assigne, par exemple, au rapport des rotations correspondantes aux raies G et E la valeur 1,603, tandis que l'observation indique 1,723. Or, si l'on se reporte aux tableaux des pages 238 à 242, on verra que, dans les deux expériences d'où ce dernier nombre est déduit, l'erreur absolue dans la mesure du double de la rotation est, pour la raie G comme pour la raie E, certainement inférieure à 10 minutes. Quant à l'évaluation de l'intensité, elle résulte de la moyenne de deux mesures dont chacune est exacte à un millième près, mais qui diffèrent l'une de l'autre d'un centième à un trente-sixième de leurs valeurs moyennes. Elle peut donc être affectée d'une erreur supérieure à l'erreur de lecture de l'appareil galvanométrique, mais il est clair que cette erreur ne peut dépasser la différence entre la valeur moyenne et l'une des valeurs extrêmes. Admettons que toutes les erreurs aient agi dans le même sens et aient contribué à augmenter la valeur du rapport de la plus grande à la plus petite rotation, il en résultera simplement qu'au lieu des nombres inscrits dans les tableaux, des observations d'une précision absolue auraient pu donner ceux qui suivent :

PREMIÈRE EXPÉRIENCE.

	E	G
Rotation............................	21° 2′	37° 54′
Intensité............................	184° 3	199°

DEUXIÈME EXPÉRIENCE.

Rotation............................	23° 13′	40° 43′
Intensité............................	210° 6	219° 1

Le premier système conduit au rapport 1,669, le second au rapport 1,686; et, pour trouver le rapport 1,603, il faudrait supposer des erreurs concordantes de plus de 40 minutes sur les mesures des rotations. La discussion des autres observations conduirait à supposer des erreurs du même ordre, et même à supposer, dans les mesures sur la raie E, des erreurs de sens contraire, suivant qu'on chercherait à expliquer les résultats relatifs aux raies C et D ou les résultats relatifs aux raies F et G.

Il n'est donc pas possible d'attribuer à la formule (V) la valeur d'une loi générale; en d'autres termes, les perturbations de la loi approximative du carré des longueurs d'onde n'ont pas pour cause, ou du moins pour cause unique, l'existence de la dispersion.

Il suit de là que la fonction désignée plus haut par ψ n'est pas la même dans tous les corps; mais, quelle qu'en puisse être la forme, l'expression générale du pouvoir rotatoire, donnée plus haut, fait ressortir deux points avec évidence : d'abord, que l'existence d'un grand indice de réfraction est favorable à l'existence d'un grand pouvoir rotatoire magnétique; ensuite que ce pouvoir rotatoire magnétique est, *pour une forme donnée de la fonction* ψ, d'autant plus variable avec la longueur d'onde que l'indice de réfraction varie lui-même davantage, c'est-à-dire que l'existence d'une grande dispersion est favorable à une variation rapide du pouvoir rotatoire magnétique. L'influence des propriétés optiques des corps sur le pouvoir rotatoire magnétique est donc réelle sans être unique. L'influence de la réfraction avait été signalée par M. de la Rive, qui lui avait attribué un caractère absolu qu'elle n'a pas; j'aurais pu tomber dans la même erreur au sujet de l'influence de la dispersion, si j'avais voulu tirer des conséquences définitives de mes trois premières séries d'expériences.

Ces remarques complètent d'une manière essentielle les conclusions qu'il est permis de tirer de mes expériences et de leur discussion théorique. Je résumerai l'ensemble des faits observés et les résultats de la discussion dans la série de propositions suivantes :

1° *Les rotations magnétiques du plan de polarisation des rayons de diverses couleurs suivent* approximativement *la loi de la raison réciproque du carré des longueurs d'onde.*

2° *Les variations du produit de la rotation par le carré de la longueur d'onde sont toujours telles, que ce produit aille en croissant, à mesure que la longueur d'onde diminue.*

3° *Les substances douées d'une forte réfraction possèdent généralement un grand pouvoir rotatoire magnétique, sans qu'il y ait de rapport constant entre les deux ordres de propriétés.* (Cette proposition est une restriction d'une règle trop générale, donnée par M. de la Rive.)

4° *Les substances douées d'une forte dispersion s'écartent en général très-notablement de la loi exacte du carré des longueurs d'onde, sans qu'il y ait de rapport constant entre cet écart et la dispersion.*

5° *Les équations différentielles du mouvement de l'éther renfermé dans un corps isotrope, soumis à l'action des forces magnétiques, contiennent des dérivées partielles d'ordre impair des déplacements, qui sont d'ordre pair par rapport aux coordonnées, et d'ordre impair par rapport au temps* (remarque énoncée par M. Airy, dès 1846).

6° *Le système des coefficients dont sont affectées ces diverses dérivées est spécial à chaque corps isotrope; dans certains corps* (sulfure de carbone) *il suffit de tenir compte des dérivées qui sont à la fois du premier ordre par rapport au temps, et du second ordre par rapport aux coordonnées; dans les autres corps, la loi approchée du carré des longueurs d'onde indique que ces dérivées sont probablement affectées du plus fort coefficient, mais l'inexactitude de la formule* (V) *indique que les coefficients des autres dérivées ne sont pas négligeables.*

Il est à peine besoin de faire remarquer que, si ce qu'on a dit plus haut au sujet de la théorie de M. Charles Neumann ou des théories analogues avait pu laisser quelques doutes, ces doutes devraient disparaître devant la comparaison des résultats de l'observation avec ceux de la formule (IV). L'insuffisance de la formule (V) a également pour corollaire l'insuffisance d'une des théories par lesquelles on a tenté d'expliquer l'action du magnétisme sur la lumière polarisée.

M. Maxwell a, en effet, publié récemment dans le *Philosophical Magazine* (cahiers de mars, avril et mai 1861, et de janvier et février 1862) un mémoire sur les lignes de force (*On physical lines of force*), où, en partant d'une hypothèse générale, destinée à expliquer l'ensemble des phénomènes électriques et magnétiques, il est arrivé à introduire des termes proportionnels à $\frac{d^3\xi}{dz^2dt}$ et à $\frac{d^3\eta}{dz^2dt}$ dans les équations différentielles du mouvement de l'éther contenu dans un milieu soumis à l'influence du magnétisme. Son hypothèse consiste à admettre qu'il existe, dans tout espace placé sous l'action des forces magnétiques, un nombre immense de petits *tourbillons moléculaires*, dont les axes coïncident partout avec la direction des forces magnétiques, et qui développent par leur action centrifuge des pressions propres à rendre compte des phénomènes magnétiques et électro-magnétiques. Ces tourbillons sont renfermés dans des espèces de cellules dont les parois sont composées de molécules très-petites par rapport aux molécules des tourbillons; c'est par l'intermédiaire de ces molécules que le mouvement se communique d'un tourbillon à un autre. Les molécules intermédiaires ne sont autre chose que le fluide électrique, leur mouvement constitue les courants; l'impulsion tangentielle qu'elles reçoivent des tourbillons voisins est la force électro-motrice. Enfin, la matière même des tourbillons est l'éther lumineux, et les équations (II) s'obtiennent en considérant des ondes planes qui se propagent dans un milieu divisé en tourbillons moléculaires, sous l'influence d'aimants ou de courants électriques.

Mes premières recherches pouvaient sembler une confirmation de l'hypothèse de M. Maxwell, et j'en avais fait moi-même la remarque dans la note sommaire insérée aux *Comptes rendus de l'Académie* (séance du 6 avril 1863). Toutefois, j'avais ajouté qu'au degré de précision où elles avaient pu être portées les expériences ne permettaient pas de faire un choix entre les équations de M. Maxwell et les équations de forme différente qui conduisent aux formules (VI).

Les expériences nouvelles sur le sulfure de carbone et la créosote montrent qu'on ne peut regarder aucun des deux systèmes comme suffisant.

§ V.

EXPÉRIENCES SUR L'ACIDE TARTRIQUE.

La loi de la raison réciproque des carrés des longueurs d'ondulation convenant avec la même approximation aux rotations magnétiques de la généralité des substances transparentes et aux rotations propres des substances *actives*, il n'est pas étonnant que M. Wiedemann ait observé, dans le cas de l'essence de citron, une proportionnalité à peu près exacte entre les deux ordres de phénomènes. Cette proportionnalité se retrouvera sans doute d'une manière approchée dans tous les cas analogues, c'est-à-dire toutes les fois qu'on étudiera les rotations magnétiques d'une substance qui, par elle-même, imprime au plan de polarisation des rayons lumineux une déviation sensiblement réciproque au carré de la longueur d'onde. Mais faut-il conclure de là qu'un rapport étroit et constant existe entre deux ordres de faits dont l'un reconnaît pour cause la structure la plus intime des corps, et l'autre l'action d'une force magnétique extérieure? J'ai cherché la solution de ce problème dans l'étude de ce groupe curieux de substances *actives* que M. Biot a si patiemment étudiées, et qui, bien loin de se conformer à peu près à la loi du carré des longueurs d'onde, n'exercent pas même sur la lumière polarisée une action croissant avec la réfrangibilité. Il m'a paru évident que, s'il existait quelque connexion secrète mais réelle entre les pouvoirs rotatoires naturels et les pouvoirs rotatoires magnétiques, elle devrait se manifester, lorsqu'on étudierait les rotations magnétiques des dissolutions d'acide tartrique, par une altération sensible de la loi générale de ces phénomènes. Si l'observation montrait, au contraire, qu'en soumettant ces dissolutions à l'influence des forces magnétiques on augmente ou l'on diminue, suivant les cas, l'action propre de la dissolution d'une quantité qui varie à peu près en raison inverse du carré de la longueur d'onde, il devait être tenu pour certain que les deux ordres de phénomènes n'ont pas de rapport l'un avec l'autre.

Parmi d'assez nombreuses expériences qui m'ont donné la même conclusion générale, j'en citerai avec détail une seule. J'ai étudié avec soin, en faisant usage des procédés de ma troisième série d'expériences, une dissolution formée de poids égaux d'eau distillée et d'acide tartrique cristallisé. La rotation due à l'énergie propre de cette substance allait en croissant depuis l'extrémité la moins réfrangible du spectre jusqu'à un point voisin de la raie E, puis devenait décroissante, de façon que la rotation correspondant à la raie G n'était pas de $\frac{1}{10}$ supérieure à la rotation correspondant à la raie C. Il suit de là qu'on apercevait en général dans le spectre deux bandes noires mobiles qui tendaient à se confondre à mesure que la section principale du prisme de Nicol analyseur approchait d'être parallèle au plan de polarisation des rayons dont la rotation était maxima, et, pour des raisons faciles à comprendre, toute observation précise était impossible au voisinage de ce maximum. Il m'a donc fallu renoncer à mesurer la rotation correspondant à la raie E et prendre pour terme constant de comparaison la rotation correspondant à la raie D. La série des rotations magnétiques obtenues a été

C	D	F	G
0,79	1,00	1,52	2,01.

La loi de la raison inverse du carré des longueurs d'onde eût exigé

C	D	F	G
0,80	1,00	1,48	1,88.

Les différences étant du même ordre de grandeur que dans le cas des dissolutions salines, on voit que la relation qu'on aurait pu soupçonner d'après les expériences de M. Wiedemann n'existe pas.

NOTES[1].

NOTE A.

COMPARAISON DE L'ACTION EXERCÉE PAR LA COLONNE LIQUIDE DES EXPÉRIENCES ET DE L'ACTION DES PLAQUES DE VERRE TERMINALES.

J'ai supposé, dans toutes les expériences exécutées avec la grande bobine électro-magnétique décrite page 225, que l'action optique des plaques de verre terminales était négligeable par rapport à l'action totale de la colonne liquide mise en expérience. Le calcul suivant montre qu'il en est réellement ainsi.

L'action optique et l'action magnétique étant proportionnelles entre elles, si l'on désigne par $\varphi(x)$ l'action qu'exercerait la bobine sur une molécule de fluide magnétique placée en un point de son axe, à la distance x de son milieu, l'action optique de la colonne liquide peut s'exprimer par

$$h\int_{-a}^{+a} \varphi(x)\,dx,$$

$2a$ étant la longueur entière de la colonne, qu'on suppose placée de façon que son milieu coïncide avec le milieu de l'axe de la bobine, et h un coefficient dépendant de la nature du liquide. Si, comme cela est permis sans erreur sensible, on remplace chacune des couches de fil dont la bobine est composée par un système de courants circulaires en nombre égal à celui des spires et de même diamètre, la valeur de $\varphi(x)$ devient aisément calculable. Soit, en effet, NPQM un de ces courants circulaires ayant son centre au point C, à la distance ξ du point milieu O de l'axe de la bobine : l'action qu'il exerce sur le point H, situé à la distance x du point O, pourra s'exprimer par

$$\frac{2\pi\mu\rho^2}{[\rho^2+(x-\xi)^2]^{\frac{3}{2}}},$$

[1] Je réunis sous ce titre un certain nombre de développements qu'il n'eût pas été possible d'insérer dans le corps du mémoire sans interrompre, par de trop longues digressions, la suite des expériences et des raisonnements.

si ρ est le rayon du cercle NPQM, et μ un coefficient proportionnel à l'intensité

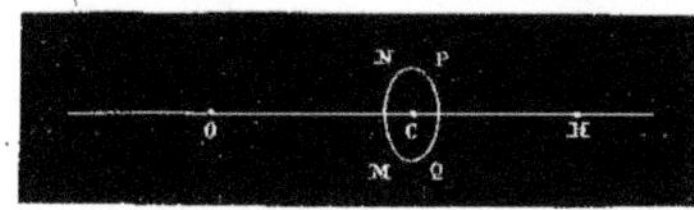

Fig. 25.

du courant, et la valeur de $\varphi(x)$ se composera d'un nombre fini de termes de ce genre. Comme on a, d'ailleurs,

$$\int_{-a}^{+a} \frac{2\pi\mu\rho^2\,dx}{[\rho^2+(x-\xi)^2]^{\frac{3}{2}}} = 2\pi\mu\left[\frac{a-\xi}{\sqrt{\rho^2+(a-\xi)^2}} + \frac{a+\xi}{\sqrt{\rho^2+(a+\xi)^2}}\right],$$

on pourra toujours exactement calculer la valeur de $\int_{-a}^{+a} \varphi(x)\,dx$. Mais pour la commodité de la discussion il convient de substituer à cette valeur exacte une valeur approchée, dont l'approximation est d'autant plus grande que l'épaisseur du fil employé est plus petite. Soient, en effet, $2l$ la longueur totale de la bobine, m le nombre de courants circulaires de même diamètre qui équivaut à une couche de spires : si le nombre m est suffisamment grand, on peut regarder la somme des actions exercées sur la longueur totale de la colonne liquide par les m courants circulaires comme ne différant pas sensiblement de l'intégrale

$$\int_{-l}^{+l} 2\pi\mu\left[\frac{a-\xi}{\sqrt{\rho^2+(a-\xi)^2}} + \frac{a+\xi}{\sqrt{\rho^2+(a+\xi)^2}}\right]\frac{m\,d\xi}{2l},$$

c'est-à-dire de

$$\frac{2\pi\mu m}{l}\left[\sqrt{\rho^2+(a+l)^2} - \sqrt{\rho^2+(a-l)^2}\right].$$

De même, si l'on appelle r le rayon intérieur de la bobine, R son rayon extérieur, n le nombre des couches de fil dont la bobine est formée, la somme des n expressions de ce genre correspondant aux diverses couches ne différera pas sensiblement de l'intégrale

$$\int_{r}^{\mathrm{R}} \frac{2\pi\mu m}{l}\left[\sqrt{\rho^2+(a+l)^2} - \sqrt{\rho^2+(a-l)^2}\right]\frac{n\,d\rho}{\mathrm{R}-r},$$

c'est-à-dire de

$$\frac{\pi mn}{l(\mathrm{R}-r)}\left\{\begin{array}{l} \mathrm{R}\left[\sqrt{\mathrm{R}^2+(a+l)^2} - \sqrt{\mathrm{R}^2+(a-l)^2}\right] \\ -r\left[\sqrt{r^2+(a+l)^2} - \sqrt{r^2+(a-l)^2}\right] \\ +(a+l)^2\,\mathrm{l.}\,\dfrac{\mathrm{R}+\sqrt{\mathrm{R}^2+(a+l)^2}}{r+\sqrt{r^2+(a+l)^2}} \\ -(a-l)^2\,\mathrm{l.}\,\dfrac{\mathrm{R}+\sqrt{\mathrm{R}^2+(a-l)^2}}{r+\sqrt{r^2+(a-l)^2}} \end{array}\right\}.$$

En multipliant cette expression par le coefficient h, spécial au liquide considéré, on obtiendra une représentation suffisamment exacte de l'action optique totale de la colonne liquide.

L'action optique des plaques de verre par lesquelles le tube est fermé peut se calculer d'une manière analogue. Si l'on suppose leur épaisseur ε très-petite par rapport à la distance qui les sépare d'un des courants circulaires de la bobine, on peut regarder l'action optique que l'une d'elles exercerait sous l'influence d'un seul de ces courants circulaires comme sensiblement égale à

$$\frac{2k\pi\mu\rho^2\varepsilon}{[\rho^2+(a-\xi)^2]^{\frac{3}{2}}},$$

k étant pour le verre le coefficient de proportionnalité entre l'action optique et l'action magnétique. Sous l'influence de la bobine entière, l'action optique d'une seule plaque est donc exprimée, au même degré d'approximation que ci-dessus, par

$$\frac{k\pi\mu mn\varepsilon}{l(\mathrm{R}-r)}\int_r^{\mathrm{R}}\rho^2 d\rho\int_{-l}^{+l}\frac{d\xi}{[\rho^2+(a-\xi)^2]^{\frac{3}{2}}}$$

$$=\frac{k\pi\mu mn\varepsilon}{l(\mathrm{R}-r)}\left\{\begin{array}{l}(a+l)\,\mathrm{l.}\dfrac{\mathrm{R}+\sqrt{\mathrm{R}^2+(a+l)^2}}{r+\sqrt{r^2+(a+l)^2}}\\ -(a-l)\,\mathrm{l.}\dfrac{\mathrm{R}+\sqrt{\mathrm{R}^2+(a-l)^2}}{r+\sqrt{r^2+(a-l)^2}}\end{array}\right\}.$$

Il suffit de doubler cette expression pour avoir l'action du système des deux plaques.

Pour la bobine dont j'ai fait usage, on avait

$$2l=390^{\mathrm{mm}},\quad \mathrm{R}=160^{\mathrm{mm}},\quad r=79^{\mathrm{mm}}.$$

Le diamètre du fil, recouvert de soie, étant de 3 millimètres, la bobine comprenait 27 couches de 117 spires chacune. Enfin la longueur $2a$ de la colonne liquide était de 600 millimètres et l'épaisseur ε des plaques était de $4^{\mathrm{mm}},8$. En mettant ces valeurs dans les expressions ci-dessus, on trouve que l'action optique de la colonne liquide devait être proportionnelle à

$$h\times 96135$$

et celle des plaques à

$$k\times 1523.$$

La deuxième valeur peut ne pas sembler absolument négligeable devant la première. Elle ne le serait point en effet si l'on voulait comparer les pouvoirs rotatoires magnétiques de deux liquides différents. Mais si, comme je l'ai fait, on cherche pour un même liquide les rapports des rotations correspondantes à diverses couleurs, il est facile de voir qu'il ne peut résulter d'erreur sensible de l'influence des plaques. k et h sont tous les deux variables avec la longueur d'onde suivant des lois un peu plus rapides que la loi du carré des longueurs d'onde. Admettons pour un instant que k varie exactement suivant la loi de la raison réciproque du carré des longueurs d'onde et cherchons l'erreur qui, dans les expériences de la quatrième série, relatives à la créosote, est résultée de la présence des plaques de verre, en supposant, ce qui n'est pas vrai, que des épaisseurs égales de créosote et de verre à glace impriment des rotations égales au plan de polarisation des rayons définis par la raie E. La rotation observée correspondante à ces rayons, qui est prise pour unité, sera la somme des rotations du liquide et des plaques de verre, et le rapport de la deuxième rotation à la première étant celui de 1523 à 96135, la rotation propre au liquide devra être exprimée par

$$1 - \frac{1523}{96135} = 0{,}984.$$

De l'hypothèse qu'on vient de faire il résulte que les rotations produites par les plaques de verre sont représentées par la série des nombres

C	D	E	F	G
0,010	0,013	0,016	0,019	0,024.

D'un autre côté, les rotations observées ont été

C	D	E	F	G
0,573	0,758	1,000	1,241	1,723.

Les rotations propres au liquide seul sont donc

C	D	E	F	G
0,563	0,745	0,984	1,222	1,699

ou, en prenant pour unité le nombre relatif à la raie E,

C	D	E	F	G
0,572	0,757	1,000	1,242	1,727,

et cette série ne diffère de la série donnée par l'observation immédiate que de quantités inférieures aux erreurs d'observation. Mais, en supposant le pouvoir rotatoire moyen du verre égal à celui de la créosote, on lui a attribué une valeur trop forte, et on a exagéré l'influence perturbatrice des plaques terminales; on a également exagéré cette influence en supposant que k varie en raison inverse du carré de la longueur d'onde, tandis qu'il varie en réalité suivant une loi plus rapide, plus voisine par conséquent de la loi spéciale à la créosote [1]. Donc, *a fortiori*, l'influence réelle des plaques de verre a été négligeable.

[1] Cela résulte des mesures que j'ai prises pour déterminer la correction due à la présence des plaques de verre dans ma première série d'expériences. (Voir plus haut, p. 223.)

Les mêmes raisonnements s'appliquant avec plus de force au sulfure de carbone, dont le pouvoir rotatoire magnétique dépasse celui de la créosote, les conclusions tirées de la quatrième série d'expériences se trouvent justifiées.

On peut les appliquer également à tous les liquides de la deuxième et de la troisième série d'observations, dont le pouvoir rotatoire magnétique est en moyenne égal ou supérieur à celui du verre. Pour les autres liquides, l'erreur résultant de la présence des plaques de verre est un peu plus grande; mais comme l'erreur relative des observations immédiates est plus grande aussi, il n'y a pas lieu encore de se préoccuper de cette influence perturbatrice.

NOTE B.

SUR LA MESURE DE L'INTENSITÉ DES COURANTS.

Soit un système quelconque de courants électriques agissant sur un barreau aimanté mobile et horizontal, assez éloigné pour que l'action exercée sur chaque pôle puisse être regardée comme ayant la même grandeur et la même intensité, lorsque l'axe du barreau est dans le méridien magnétique et lorsqu'il est dévié d'un angle quelconque. Soient f la composante horizontale de cette action, ω l'angle de cette composante avec le méridien magnétique, t la composante horizontale de l'action terrestre : le barreau se placera en équilibre dans une position faisant avec le méridien magnétique un angle α déterminé par l'équation

$$t \sin \alpha = f \sin (\omega - \alpha).$$

Si l'on change la direction des courants sans changer leur intensité, on observera une nouvelle position d'équilibre α' définie par l'équation

$$t \sin \alpha' = f \sin (\omega + \alpha').$$

On conclut aisément de ces deux équations

$$2t = f \sin \omega (\cot \alpha + \cot \alpha')$$

ou

$$f = \frac{2t}{\sin \omega} \frac{\tang \alpha \tang \alpha'}{\tang \alpha + \tang \alpha'}.$$

L'observation de α et de α' permet donc de calculer une valeur proportionnelle à f, c'est-à-dire de mesurer l'intensité du courant qui traverse un système de conducteurs donné, dans les conditions qu'on vient de définir.

Si la déviation du barreau est observée à l'aide d'une règle divisée et d'un miroir, on a, en appelant x et x' les déplacements de l'image réfléchie de la règle correspondant aux deux directions opposées du courant, R la distance de la règle au miroir,

$$\tang 2\alpha = \frac{x}{R}, \quad \tang 2\alpha' = \frac{x'}{R},$$

et, si les angles α et α' sont peu considérables, ces formules se réduisent par approximation à

$$\operatorname{tang}\alpha=\frac{x}{2R}\left(1-\frac{x^2}{4R^2}\right),\quad \operatorname{tang}\alpha'=\frac{x'}{2R}\left(1-\frac{x'^2}{4R^2}\right);$$

ce qui donne, pour exprimer l'intensité du courant, au même degré d'approximation,

$$f=\frac{t}{R\sin\omega}\frac{xx'}{x+x'}\left(1-\frac{xx'}{4R^2}\right)$$

Pour une intensité différente f_1 on aura de même

$$f_1=\frac{t}{R\sin\omega}\frac{x_1x_1'}{x_1+x_1'}\left(1-\frac{x_1x_1'}{4R^2}\right),$$

et par suite

$$\frac{f}{f_1}=\frac{xx'}{x_1x_1'}\frac{x_1+x_1'}{x+x'}\frac{1-\frac{xx'}{4R^2}}{1-\frac{x_1x_1'}{4R^2}}.$$

Dans mes expériences R était d'environ 2 mètres; x et x' n'ont jamais atteint 120 millimètres, de façon que le facteur $1-\frac{xx'}{4R^2}$ a toujours été supérieur à 0,9991, et a pu, sans erreur sensible, être toujours censé égal à l'unité. En outre, le système des plus fortes valeurs observées de x et de x' a été

$$x=106,4,\quad x'=112,7;$$

le plus faible a été

$$x_1=77,5,\quad x_1'=80,2.$$

Si l'on admet que ces deux systèmes correspondent à une même valeur de R, on aura, pour le rapport des intensités correspondantes,

$$\frac{f}{f_1}=\frac{xx'}{x_1x_1'}\frac{x_1+x_1'}{x+x'}=1,3886;$$

d'un autre côté,

$$\frac{x+x'}{x_1+x_1'}=1,3894.$$

La faible différence de ces deux rapports montre qu'il a été permis de supposer, comme on l'a fait dans ce mémoire, l'intensité du courant simplement proportionnelle à la somme $x+x'$. On s'est même dispensé d'observer dans chaque cas particulier la position d'équilibre du barreau, ce qui eût été nécessaire pour l'évaluation séparée de x et de x'.

NOTE C.

SUR LA MESURE DES INDICES DE RÉFRACTION.

On rencontre dans la mesure des indices de réfraction une difficulté que je ne me souviens d'avoir vue signalée nulle part, et qui peut, si on la néglige, être la source d'erreurs bien plus considérables que les erreurs qui tiennent à l'observation optique elle-même. Je dois à M. Gernez de m'en avoir fait connaître l'importance. Dans une série de mesures d'indices, que je l'avais prié de prendre pour moi au mois d'août 1862, il a observé que deux mesures de la déviation d'une même raie du spectre, prises successivement le même jour, ne s'accordent jamais; que la différence a le même sens pour toutes les raies du spectre; qu'elle est d'autant plus sensible que l'intervalle a été plus grand entre les deux observations, et qu'elle est souvent sensible lorsque cet intervalle n'a été que de quelques minutes. Il a d'ailleurs reconnu que la cause de ces perturbations devait être cherchée dans les variations de la température atmosphérique, car elles disparaissent presque entièrement aux heures du jour où ces variations deviennent très-lentes (dans le laboratoire où l'on observe), et elles s'exagèrent au contraire singulièrement si l'on approche du prisme une source de chaleur. Cette cause est d'ailleurs bien suffisante pour rendre compte des effets observés. Il résulte des expériences de MM. Gladstone et Dale [1] que les indices de réfraction du sulfure de carbone varient en moyenne de $\frac{1}{50}$ de leur valeur, par une élévation de température de 25 degrés; il suffit donc d'une variation de $\frac{1}{5}$ de degré pour altérer ces indices de $\frac{1}{10000}$, c'est-à-dire de plus d'une unité décimale du quatrième ordre [2].

La mesure de la déviation est facile à faire, de manière que le quatrième chiffre décimal de l'indice soit connu avec précision. Mais, si les indices des diverses raies ne sont pas mesurés exactement à la même température, cette précision est illusoire et les valeurs numériques obtenues ne peuvent être la base d'une étude sérieuse de la dispersion. Toutes les recherches sur les indices où il n'est pas fait mention de cette difficulté sont par là même suspectes d'inexactitude. Les mesures de Frauenhofer lui-même, qu'on a si souvent employées pour éprouver la solidité de telle ou telle théorie particulière de la dispersion, n'échappent peut-être pas à cette critique.

La méthode suivante m'a servi à déterminer les indices rapportés dans ce mémoire. Après avoir mesuré la déviation des sept raies principales du spectre,

(1) *Proceedings of the Royal Society*, t. XII, p. 448.

(2) Je sais que M. Fouqué, ancien élève de l'École Normale, a rencontré la même difficulté dans les recherches (encore inédites) qu'il exécute depuis quelques mois à l'Observatoire de Paris sur la réfraction de l'eau et des dissolutions salines, et qu'il a été obligé, pour l'écarter, d'installer ses appareils dans le sous-sol de l'Observatoire, où la variation diurne de la température est extrêmement réduite. On peut d'ailleurs reconnaître l'existence de cette cause d'erreurs sans prendre de mesures. Il suffit de pointer exactement la lunette d'un appareil tant soit peu sensible sur une raie déterminée du spectre, et d'at-

en allant par exemple de la raie B à la raie H, j'ai repris la même série de mesures en rétrogradant de la raie H vers la raie B, et j'ai répété cette double alternative un certain nombre de fois. Parmi les diverses séries successivement ainsi obtenues, il s'est toujours trouvé un ou plusieurs groupes de deux séries consécutives où les nombre relatifs à une même raie n'ont différé que très-peu. Les moyennes de ces couples de nombres pouvaient évidemment être considérées comme ne différant pas sensiblement des nombres qu'on aurait observés, s'il avait été possible de maintenir le liquide à une température rigoureusement constante, égale à la moyenne des températures très-peu différentes observées au commencement d'une des séries et à la fin de la suivante. Comme exemple de ce mode de correction, je rapporterai la série entière des déviations que j'ai observées avec le sulfure de carbone, le 5 juillet 1863.

HEURE DE L'OBSERVATION.	TEMPÉRATURE ACCUSÉE par un thermomètre ayant son réservoir dans le sulfure de carbone.	DÉVIATION DES RAIES.						
		B	C	D	E	F	G	H
h m	°							
11 50	23,7	36°10'00"						
			36°22'45					
				37°00'00"				
					37°51'40"			
						38°40'20"		
							40°19'32"	
12 45	24,1	....	....	....	....	....	....	41°55'00"
							40 19 20	
						38 39 40		
					37 51 10			
				36 59 18				
			36 21 30					
1 25	24,3	36 8 14						
			36 21 25					
				36 58 50				
					37 50 35			
						38 39 00		
							40 18 30	
1 55	24,3	....	....	....	....	....	....	41 63 55
							40 18 26	
						38 38 50		
					37 50 35			
				36 58 38				
			36 21 18					
2 25	24,4	36 8 0						
			36 20 56					
				36 58 25				
					37 50 5			
						38 38 40		
							40 18 15	
3 5	24,4	....	....	....	....	....	....	41 53 40

tendre quelque temps, pour observer que le pointé n'est plus exact. Le déplacement de la raie par rapport au fil vertical du réticule a lieu, à un moment donné du jour, dans le même sens pour toutes les raies et croît avec le temps écoulé depuis le pointé initial.

En combinant d'abord la troisième série avec la quatrième, puis la quatrième avec la cinquième, j'ai obtenu deux systèmes d'indices qui ne différaient l'un de l'autre que dans les unités décimales du cinquième ordre. J'ai conservé seulement les quatre décimales communes dans les indices rapportés p. 245; j'ai en outre indiqué la température 24°,35 comme la température des observations. Il serait peut-être plus exact de dire que les indices des diverses raies se rapportent à une même température, comprise entre 24°,3 et 24°,4.

NOTE D.

SUR LES FORMULES PROPRES À REPRÉSENTER LE PHÉNOMÈNE DE LA DISPERSION.

Il a été proposé bien des formules différentes de celle de Cauchy pour représenter la relation de l'indice de réfraction et de la longueur d'onde. Dans le nombre il en est de purement empiriques, telles que la formule de Rüdberg [1] ou la formule de Baden Powell [2]; d'autres, comme les formules que MM. Redtenbacher et Christoffel ont proposées plus récemment [3], ont été déduites de vues théoriques particulières. Je n'ai jugé utile de comparer mes observations qu'avec ces deux dernières formules, et il m'a semblé qu'elles étaient un peu moins propres à représenter les indices observés que la formule de Cauchy, si commode d'ailleurs pour l'exécution des calculs.

La formule de M. Redtenbacher est

$$\frac{1}{n^2} = a + b\lambda^2 + \frac{c}{\lambda^2}.$$

Si l'on détermine, pour le sulfure de carbone, les constantes a, b, c, au moyen des indices relatifs aux raies B, E, H, on trouve

$$a = 0,41143,$$
$$b = -0,00000132,$$
$$c = -95,012.$$

On déduit de ces valeurs, pour les indices correspondants aux raies C, D, F, G :

	C	D	F	G
Indices calculés	1,6144	1,6234	1,6488	1,6727
Indices observés	1,6147	1,6240	1,6487	1,6728
Différences	−0,0003	−0,0006	+0,0001	−0,0001

Dans le cas de la créosote, l'indice relatif à la raie B n'ayant pas été observé, j'ai déterminé les coefficients a, b, c à l'aide des indices relatifs aux raies C, E, G.

(1) *Annales de chimie et de physique*, 2e série, t. XXXVI, p. 439.

(2) *Transactions philosophiques* pour 1835 et 1836.

(3) Redtenbacher, *Das Dynamidensystem*; Mannheim, 1857. — Christoffel, *Annales de chimie et de physique*, 3e série, t. LXIV, p. 370.

J'ai ainsi obtenu

$$a = 0,44039,$$
$$b = -0,000000762,$$
$$c = -59,209,$$

et il est résulté de ces nombres les valeurs suivantes des indices calculés relatifs aux raies D, F, H :

	D	F	H
Indices calculés	1,5418	1,5554	1,5795
Indices observés	1,5420	1,5553	1,5792
Différences	− 0,0002	+ 0,0001	+ 0,0003

L'accord des nombres calculés et des nombres observés est sensiblement moindre que dans les tableaux de la page 262.

La formule de M. Christoffel est

$$n = \frac{n_0\sqrt{2}}{\sqrt{1+\frac{\lambda_0}{\lambda}}+\sqrt{1-\frac{\lambda_0}{\lambda}}},$$

n_0 et λ_0 étant deux constantes spéciales à chaque corps. En les déterminant au moyen des indices relatifs aux raies B et G, j'ai obtenu pour le sulfure de carbone

$$n_0 = 2,2338, \quad \lambda_0 = 26,685;$$

et, pour les cinq autres indices, la comparaison du calcul et de l'observation a donné les nombres suivants :

	C	D	E	F	H
Indices calculés	1,6149	1,6243	1,6372	1,6493	1,6965
Indices observés	1,6148	1,6243	1,6372	1,6495	1,6964
Différences	+ 0,0001	+ 0,0000	+ 0,0000	− 0,0002	+ 0,0001

Pour la créosote, en me servant des indices relatifs aux raies C et G, j'ai trouvé

$$n_0 = 2,1443, \quad \lambda_0 = 21,103;$$

pour les autres indices la comparaison du calcul et de l'observation a donné les résultats suivants :

	D	E	F	H
Indices calculés	1,5423	1,5492	1,5559	1,5794
Indices observés	1,5420	1,5488	1,5553	1,5792
Différences	+ 0,0003	+ 0,0004	+ 0,0006	+ 0,0002

Dans le cas de la créosote, l'accord du calcul et de l'expérience est un peu moins satisfaisant qu'avec la formule de Cauchy.

Je ne voudrais déduire aucune conclusion définitive de ces comparaisons, et je ne crois pas qu'on puisse résoudre la question sans reprendre à nouveau la mesure des longueurs d'onde et sans étendre les mesures d'indices au delà des limites du spectre visible. Il est possible que l'avantage de la formule de Cauchy tienne pour une grande part à ce que la méthode d'interpolation permet de faire concourir toutes les observations à la détermination des constantes A, B, C, tandis que les constantes n_0, λ_0 de la formule de M. Christoffel sont calculées à l'aide de deux observations seulement, et les constantes a, b, c de la formule de M. Redtenbacher à l'aide de trois observations. Mais, pour l'usage spécial que j'en ai fait, la formule de Cauchy me paraît préférable aux autres.

NOTE E.

SUR QUELQUES POINTS DE MES RECHERCHES PRÉCÉDENTES.

J'ai dit dans la troisième partie de mes *Recherches*, à l'occasion des expériences sur les dissolutions de perchlorure de fer dans l'eau, l'alcool, l'éther et l'esprit de bois, que ces diverses expériences n'avaient pas donné des valeurs concordantes du pouvoir rotatoire moléculaire magnétique de la substance dissoute, et j'ai considéré ce désaccord comme résultant de la formation de composés chimiques définis par la réaction du perchlorure de fer sur ses dissolvants. [Voyez *Annales de chimie et de physique*, 3e série, t. LII, p. 148, en note [1].] Depuis cette époque, M. Béchamp, en montrant qu'il existait plusieurs combinaisons solubles de sesquioxyde et de sesquichlorure de fer, est venu confirmer indirectement ma conjecture. (*Annales*, t. LVII, Mémoire sur quelques oxychlorures nouveaux.)

J'avais soumis, dans le cours de mes recherches, à l'action d'un fort électro-aimant quelques échantillons de platine, d'iridium, de palladium, de rhodium et d'osmium, qui m'avaient été remis par M. Deville. Surpris de trouver tous ces métaux assez fortement magnétiques, et n'ayant pas d'ailleurs à ma disposition les sels de la plupart d'entre eux en quantités suffisantes pour l'étude des pouvoirs rotatoires magnétiques, je n'avais rien dit de ces expériences. Je n'ai maintenant aucun doute sur leur vraie signification. Tous ces corps avaient été extraits de minerais contenant 4 à 12 pour 100 de fer métallique, et conservaient sans doute, malgré la purification la plus soignée, une proportion de fer suffisante pour rendre compte des effets observés. (Voir dans le mémoire de MM. Deville et Debray, *Sur le platine et les métaux qui l'accompagnent*, le tableau qui donne la composition des divers minerais étudiés au laboratoire de l'École Normale supérieure; *Annales de chimie et de physique*, 3e série, t. LVI p. 449.) Le diamagnétisme évident de tous les sels formés par ces métaux les doit faire classer parmi les corps diamagnétiques.

[1] Voir p. 192 du présent volume.

ÉTUDE

SUR

LA CONSTITUTION DE LA LUMIÈRE

NON POLARISÉE

ET DE LA LUMIERE PARTIELLEMENT POLARISÉE.

(*ANNALES SCIENTIFIQUES DE L'ÉCOLE NORMALE SUPÉRIEURE*, TOME II, PAGE 291; 1865.)

I.

«Si la polarisation d'un rayon lumineux,» dit Fresnel dans ses *Considérations mécaniques sur la polarisation de la lumière*[1], «consiste en ce que toutes ses vibrations s'exécutent suivant une même direction, il résulte de mon hypothèse sur la génération des ondes lumineuses qu'un rayon émanant d'un seul centre d'ébranlement se trouve toujours polarisé suivant un certain plan à un instant déterminé. Mais un instant après la direction du mouvement change, et avec elle le plan de polarisation, et ces variations se succèdent aussi rapidement que les perturbations des vibrations de la particule éclairante; en sorte que, lors même qu'on pourrait séparer la lumière qui en émane de celle des autres points lumineux, on n'y reconnaîtrait sans doute aucune apparence de polarisation. Si l'on considère maintenant l'effet produit par la réunion de toutes les ondes qui émanent des différents points d'un corps éclairant, on sentira qu'à chaque instant, et pour un point déterminé de l'éther, la résultante

[1] *Annales de chimie et de physique*, 2e série, t. XVII, p. 185.

générale de tous les mouvements qui s'y exercent aura une direction déterminée, mais que cette direction variera d'un instant à l'autre. Ainsi la lumière directe [1] peut être considérée comme la réunion, et, plus exactement, comme la succession rapide de systèmes d'ondes polarisés suivant toutes les directions. »

Le seul complément un peu essentiel qu'on puisse ajouter à ces paroles du créateur de la théorie des vibrations transversales consiste à dire qu'à un instant donné, et en un point donné de l'éther, les vibrations d'un rayon naturel doivent être considérées non comme rectilignes, mais comme elliptiques, puisque l'ellipse est la forme la plus générale que ces vibrations puissent affecter et comprend comme cas particulier la ligne droite et le cercle. En recherchant d'abord l'effet produit dans des circonstances données par une vibration elliptique, et ensuite l'effet moyen qui résulte des variations successives de cette vibration, on peut sans difficulté résoudre toutes les questions relatives aux propriétés de la lumière naturelle et aux modifications qui la transforment dans ce qu'on appelle lumière partiellement polarisée. Dans les cas complexes, il devient souvent nécessaire de recourir à la traduction analytique des raisonnements; on peut alors prendre exemple des méthodes de calcul développées par M. Stokes dans son *Mémoire sur la composition et la résolution des faisceaux polarisés émanés de sources différentes* [2]. Le sujet semble donc épuisé, et cependant il arrive fréquemment que pour échapper à de prétendues difficultés on a recours à de nouvelles hypothèses [3], et même que l'interprétation inexacte de certains faits conduit à de graves erreurs [4]. Je ne crois donc pas faire une chose inutile en

(1) On sait que Fresnel appelle *lumière directe* ou *lumière ordinaire* ce que tout le monde aujourd'hui appelle *lumière naturelle* ou *lumière non polarisée*.

(2) *On the composition and resolution of streams of polarized light from different sources* (imprimé en 1852 dans les *Transactions de la Société philosophique de Cambridge*, t. IX, p. 399). Ce mémoire a pour objet direct l'interférence des rayons que M. Stokes appelle *indépendants*, c'est-à-dire dont les phases changent à des époques tout à fait diverses et indépendantes dans les deux rayons; mais il renferme tout ce qu'il importe de connaître pour déterminer sûrement les propriétés d'une succession de vibrations dont la période est constante et dont les autres éléments varient suivant une loi quelconque.

(3) Voyez ce qui est dit plus loin d'un mémoire récent de M. Lippich (§ V).

(4) C'est ainsi que M. J. Stefan (de Vienne) a prétendu démontrer, par une expérience d'ailleurs curieuse et intéressante, que la lumière naturelle ne contenait que des vibrations

publiant un exposé de l'enseignement que j'ai plusieurs fois donné sur cette question aux élèves de l'École Normale supérieure.

Venant longtemps après celle de M. Stokes, cette étude ne peut prétendre à la nouveauté que pour quelques détails, et peut-être pour la méthode directement analytique qui y est suivie, et, bien plus encore que le savant professeur de Cambridge, je dois dire en commençant que la plupart des physiciens qui ont approfondi l'étude de l'optique ont dû probablement faire pour leur instruction personnelle des raisonnements et des calculs tout semblables à ceux que je vais développer. Mais, quand bien même on ne trouverait à ce travail qu'un intérêt purement didactique, il ne serait pas déplacé dans les *Annales* d'une École vouée avant tout aux progrès de l'enseignement.

II.

On sait que deux propriétés essentielles caractérisent la lumière naturelle : premièrement, lorsqu'elle rencontre sous l'incidence normale un cristal biréfringent, elle se divise en deux rayons dont les intensités sont indépendantes de l'orientation du cristal [1]; en second lieu, elle conserve cette propriété après s'être réfléchie totalement sous des angles quelconques autant de fois qu'on le voudra dans un corps uniréfringent, tandis que la lumière polarisée circulairement, qui se comporte comme la lumière naturelle lorsqu'elle rencontre un rhomboèdre de spath, par exemple, se transforme en lumière polarisée rectilignement par des réflexions totales opérées sous des incidences convenables [2]. Le système des vibrations diverses et di-

rectilignes, à l'exclusion de toute vibration elliptique ou circulaire. L'Académie des sciences de Vienne a même sanctionné cette conclusion de son autorité, en accordant à M. Stefan le prix triennal fondé par M. Lieben pour récompenser les travaux de physique et de chimie. (Voyez *les Mondes*, livraisons du 1er et du 15 juin 1865.)

[1] On dit le plus souvent que ces deux rayons sont égaux en intensité, mais cela n'est pas théoriquement exact, et, même dans les corps fortement biréfringents, la différence peut être rendue sensible à l'expérience. (Voyez les *Recherches photométriques* de M. Wild, *Annales de chimie et de physique*, 3e série, t. LXIX, p. 238.)

[2] La réflexion totale peut être remplacée par le passage de la lumière à travers une lame cristalline à faces parallèles, trop peu épaisse pour séparer l'un de l'autre les deux

versement orientées, dont la succession rapide constitue la lumière naturelle, doit donc satisfaire à deux conditions : il faut d'abord que, si l'on projette à chaque instant la molécule vibrante sur un plan mené par la direction du rayon, la composante du mouvement vibratoire ainsi obtenue, considérée pendant un temps très-court, mais suffisant pour contenir un nombre très-grand d'alternatives de vibrations, ait la même intensité moyenne, quelle que soit l'orientation du plan considéré; en outre, il est nécessaire que la même propriété subsiste après qu'on a soumis le rayon naturel à une action qui n'altère pas le rapport des intensités des composantes du mouvement estimées suivant deux directions rectangulaires, et qui ajoute une quantité constante quelconque à la différence de leurs phases. Trouver l'expression analytique de ces conditions, faire voir qu'il est possible d'y satisfaire et de quelle manière on y parvient le plus simplement, indiquer comment on peut déterminer les modifications éprouvées dans un phénomène optique quelconque par le système de vibrations ainsi défini, tels sont les problèmes qui vont nous occuper successivement.

Quelques remarques générales sont utiles avant d'entrer en matière.

Les changements qui, suivant Fresnel, surviennent à des époques très-rapprochées dans l'état vibratoire d'un rayon non polarisé, paraissent quelquefois difficiles à concevoir; mais il ne faut pas beaucoup d'attention pour faire évanouir la difficulté. D'abord, il est deux cas où des molécules rayonnantes diverses se succèdent incessamment les unes aux autres en un point donné, ce qui a pour conséquence nécessaire le changement de la forme, de l'orientation et de la phase des vibrations : il en est évidemment ainsi lorsque la faculté lumineuse résulte directement d'une action chimique, et lorsque, le corps lumineux étant fluide, les courants intérieurs renouvellent rapidement les molécules superficielles. Si la source lumineuse est un solide porté par l'élévation de température à un état d'incandescence uniforme et constant, l'uniformité et la constance ne sont jamais absolues et résultent en réalité d'un état variable qui oscille

rayons issus de la double réfraction, et assez faiblement biréfringente pour ne pas établir de différence sensible entre leurs intensités.

rapidement entre des limites très-resserrées, et il n'en faut pas davantage pour faire varier à des instants rapprochés l'état des vibrations émises par la source [1].

Un point important, auquel en général on ne donne aucune attention, c'est que les propriétés de la lumière naturelle s'expliquent aussi bien par la coexistence de vibrations diverses dans un espace très-resserré que par leur succession dans un temps très-court. Soit, par exemple, un gaz incandescent, qui, comme on sait, émet toujours et dans toutes les directions de la lumière non polarisée : à un instant donné, une des molécules du gaz émet des vibrations polarisées d'une manière déterminée; mais une molécule voisine émet des vibrations polarisées d'une autre manière, et à chaque instant il y a compensation exacte entre les polarisations diverses sur une très-petite étendue de la flamme; en sorte que, si l'on regarde cette flamme avec un analyseur biréfringent, l'intensité lumineuse est réellement variable d'un point à l'autre dans chaque image à l'instant considéré, mais ces variations, insensibles à cause de leur grand nombre, donnent l'apparence d'une intensité uniforme indépendante de l'orientation de l'analyseur. La durée de l'incandescence pourrait donc se réduire indéfiniment sans que la lumière émise offrît des traces sensibles de polarisation. Cette considération est peut-être nécessaire dans certains cas pour expliquer l'absence de polarisation de la lumière électrique [2].

(1) Ce qui a besoin réellement d'être expliqué, ce n'est pas que les vibrations émises par une source varient sans cesse, c'est qu'on trouve dans ces vibrations quelque chose de constant, l'intensité et la période. La constance de l'intensité résulte de la constance des causes par lesquelles le rayonnement est entretenu; la constance de la période tient à ce que la période des vibrations est comme l'expression de l'élasticité propre du système moléculaire vibrant, et à ce que ce système ne change pas de nature. C'est ainsi que si l'on avait diverses plaques vibrantes, de nature, de forme et de dimensions identiques, mais diversement orientées dans l'espace et ébranlées à des instants différents, il n'y aurait de commun que la période dans les mouvements vibratoires qu'au même instant elles enverraient en un même point.

(2) Dans les expériences classiques de M. Wheatstone la durée de l'étincelle directe d'une machine électrique a été reconnue inférieure à $\frac{1}{1\,152\,000}$ de seconde. D'un autre côté, M. Fizeau étant parvenu à produire des interférences avec des rayons dont la différence de marche atteignait 50 000 ondulations, on doit admettre que, dans certains cas au moins, les vibrations émises par une source lumineuse peuvent ne pas éprouver d'altération sen-

Les compensations entre les polarisations diverses des vibrations émises à un même instant par les divers points d'une même source peuvent avoir lieu d'une autre manière. Si, au moyen d'un diaphragme, on isole une portion du rayonnement d'une source lumineuse de diamètre apparent sensible, il est facile de voir qu'aux divers points d'une section transversale du faisceau ainsi obtenu l'état de polarisation ne saurait être le même. Supposons, pour plus de simplicité, une source sphérique σ, et concevons une sphère S de très-grand rayon, concentrique à la source : en un point de cette sphère S la vitesse de vibration est à chaque instant la résultante des vitesses envoyées par les divers points de la source; si tous les points de la source avaient des mouvements concordants, les mouvements de tous les points de la sphère S seraient aussi concordants, et on aurait une véritable onde sphérique polarisée de la même manière dans toute son étendue; mais comme les mouvements des divers points de la source diffèrent les uns des autres, la résultante des vitesses qu'ils envoient à un instant donné en un point de la sphère S dépend de la position particulière de ce point. Des calculs très-simples démontrent que l'étendue de la surface sphérique S, dans laquelle les mouvements vibratoires peuvent être regardés comme concordants à chaque instant, est inférieure à celle d'un cercle qui aurait pour diamètre le quotient de la demi-longueur d'onde par le demi-diamètre apparent de la source vue d'un point de la sphère S, et par conséquent devient très-petite dès que la source a un diamètre apparent sensible[1]. Dans le cas du soleil, le diamètre de ce cercle

sible pendant une durée très-supérieure à celle de 50 000 vibrations. Il n'y a donc rien d'impossible à ce que la durée de certaines étincelles descende à $\frac{1}{10\,000\,000}$ de seconde, et que le mouvement vibratoire d'un de leurs points ne subisse pas de perturbation pendant la durée d'un million de vibrations. Dans ces conditions, le nombre des alternatives de vibration que pourrait offrir la lumière serait au plus de 60 pour une longueur d'onde égale à $0^{mm},0005$, puisque pour cette longueur d'onde le nombre des vibrations est d'environ 600 trillions par seconde. Il serait bien difficile qu'un aussi petit nombre d'alternatives suffît à compenser les unes par les autres les diverses polarisations, et il semblerait que la lumière de l'étincelle dût offrir des traces sensibles de polarisation, si l'on n'avait égard aux considérations qu'on a indiquées dans le texte.

(1) Soient

$$\xi^2+\eta^2+\zeta^2=\rho^2, \qquad x^2+y^2+z^2=R^2$$

les équations de la sphère lumineuse σ et de la sphère S qui lui est concentrique; la distance

est d'environ $0^{mm},055$ pour une lumière de longueur d'onde égale à $0^{mm},0005$, et, comme son étendue superficielle n'est pas la quatre-centième partie d'un millimètre carré, on voit que sur chaque milli-

d'un point ϖ de la source à un point P de S est

$$\sqrt{(x-\xi)^2+(y-\eta)^2+(z-\zeta)^2}=\sqrt{R^2+\rho^2-2x\xi-2y\eta-2z\zeta}.$$

Si l'on considère sur S un point P' différent de P, dont les coordonnées soient $x+\Delta x$, $y+\Delta y$, $z+\Delta z$, la distance au point ϖ devient

$$\sqrt{R^2+\rho^2-2(x+\Delta x)\xi-2(y+\Delta y)\eta-2(z+\Delta z)\zeta}.$$

Si l'on suppose R très-grand par rapport à ρ, et conséquemment aussi par rapport à ξ, η, ζ, ces deux expressions se réduisent approximativement à

$$R+\frac{\rho^2}{2R}-\frac{\xi}{R}x-\frac{\eta}{R}y-\frac{\zeta}{R}z$$

et

$$R+\frac{\rho^2}{2R}-\frac{\xi}{R}(x+\Delta x)-\frac{\eta}{R}(y+\Delta y)-\frac{\zeta}{R}(z+\Delta z),$$

et leur différence à

$$\frac{\xi}{R}\Delta x+\frac{\eta}{R}\Delta y+\frac{\zeta}{R}\Delta z.$$

Si les points P et P' sont tellement rapprochés que, pour toutes les valeurs de ξ, η, ζ, cette expression soit en valeur absolue une très-petite fraction de longueur d'onde, les mouvements vibratoires élémentaires envoyés par tous les points de la source aux deux points P et P' sont sensiblement identiques, et par suite les mouvements résultants le sont aussi. Considérons pour le moment le point ϖ en particulier : l'ensemble des points de la sphère S auxquels ce point envoie un mouvement sensiblement identique à celui qu'il envoie en P forme une zone sphérique étroite, limitée par deux plans normaux au rayon de la sphère qui passe par le point ϖ, menés de part et d'autre de P à des distances exprimées par

$$\frac{h\lambda}{\sqrt{\frac{\xi^2}{R^2}+\frac{\eta^2}{R^2}+\frac{\zeta^2}{R^2}}}=\frac{R}{\rho}h\lambda,$$

h désignant une très-petite fraction. Les points auxquels *tous* les éléments de la source envoient des mouvements sensiblement identiques sont contenus dans la partie commune à ces diverses zones, c'est-à-dire dans une calotte sphérique ne différant pas sensiblement d'un cercle qui aurait pour centre le point P et pour rayon

$$\frac{R}{\rho}h\lambda.$$

C'est dans l'intérieur de ce cercle seulement que les mouvements vibratoires peuvent être considérés comme concordants sur la sphère S. La valeur de la fraction h n'est pas suscep-

mètre carré de la section transversale d'un faisceau solaire il y a, à un instant donné, au moins 400 modes de vibration différents, ce qui peut suffire pour établir la compensation entre les polarisations diverses [1].

Ainsi la succession et la coexistence des vibrations diversement polarisées doivent être prises également en considération pour rendre compte des propriétés de la lumière naturelle, mais il n'est pas nécessaire de traiter à part des effets de ces deux causes, car tout ce qu'on peut dire de l'une peut se répéter de l'autre. On se bornera donc dans cette étude à considérer les effets d'une succession rapide de vibrations diversement polarisées, conformément à l'usage suivi en général, et on sous-entendra toujours l'effet identique de leur juxtaposition dans un espace très-resserré.

III.

Soient, dans un plan perpendiculaire à la direction d'un rayon lumineux non polarisé, deux axes rectangulaires. L'une quelconque des vibrations qui se succèdent en un point du rayon à de très-courts intervalles pourra être représentée par deux équations de la forme

$$x = a \sin 2\pi\left(\frac{t}{T} + \alpha\right), \qquad y = b \sin 2\pi\left(\frac{t}{T} + \beta\right),$$

tible d'être exactement déterminée, mais elle est certainement moindre que $\frac{1}{4}$, et par conséquent le cercle de diamètre égal à

$$\frac{R}{\rho}\frac{\lambda}{2}$$

est une limite supérieure de l'étendue sur laquelle on peut regarder les mouvements vibratoires comme concordants. $\frac{\rho}{R}$ étant le demi-diamètre apparent de la source vue de la distance R, la proposition contenue dans le texte se trouve démontrée. Ce cercle contient tous les points tels, que la différence des distances de deux d'entre eux à un point quelconque de la source soit moindre qu'une demi-ondulation.

(1) Le défaut de concordance entre les deux vibrations de deux points très-voisins sur la sphère S se constate d'ailleurs par l'impossibilité d'obtenir des franges d'interférence en faisant tomber la lumière d'une source de grand diamètre apparent sur deux fentes étroites, qui donnent des franges très-visibles lorsque la lumière vient d'une source de très-petit diamètre apparent.

ou, en faisant $2\pi\left(\frac{t}{T}+\alpha\right)=\varphi$, $2\pi(\beta-\alpha)=\delta$,

$$x=a\sin\varphi, \qquad y=b\sin(\varphi+\delta).$$

On n'ôtera rien à la généralité de ces équations, et on rendra la discussion plus facile, en supposant que a et b sont toujours positifs, pourvu qu'on regarde δ comme susceptible de recevoir toutes les valeurs comprises entre o et 2π : les valeurs comprises entre o et π répondront dans cette hypothèse à des vibrations polarisées elliptiquement de gauche à droite, et les vibrations comprises entre π et 2π à des vibrations polarisées elliptiquement de droite à gauche.

Suivant deux autres axes rectangulaires menés dans le même plan, la même vibration elliptique aura pour composantes

$$x'=x\cos\omega+y\sin\omega,$$
$$y'=-x\sin\omega+y\cos\omega;$$

si ω désigne l'angle de l'axe des x' avec l'axe des x, c'est-à-dire en développant les valeurs de x et de y,

$$x'=(a\cos\omega+b\cos\delta\sin\omega)\sin\varphi+b\sin\delta\sin\omega\cos\varphi,$$
$$y'=(-a\sin\omega+b\cos\delta\cos\omega)\sin\varphi+b\sin\delta\cos\omega\cos\varphi.$$

Si l'on reçoit le rayon normalement sur un cristal biréfringent orienté de telle façon que les plans de vibration des deux rayons auxquels il donne naissance soient parallèles aux axes des x' et des y', ces deux rayons seront proportionnels aux intensités des deux composantes représentées par les deux dernières équations, et par conséquent égaux à

$$m^2(a^2\cos^2\omega+b^2\sin^2\omega+2ab\cos\delta\sin\omega\cos\omega)$$

et

$$n^2(a^2\sin^2\omega+b^2\cos^2\omega-2ab\cos\delta\sin\omega\cos\omega),$$

m et n étant deux coefficients très-voisins de l'égalité, mais non exactement égaux [1]. Ces expressions dépendent de l'angle ω, mais

[1] L'égalité absolue n'aurait lieu que si les deux ondes planes engendrées par la double réfraction se propageaient avec la même vitesse, c'est-à-dire si en réalité il n'y avait pas double réfraction.

elles varient d'un instant à l'autre avec les paramètres a, b et δ, et, pour que le rayon jouisse de la première propriété de la lumière naturelle, il faut et il suffit que les valeurs moyennes, prises pendant un temps très-court, mais assez long pour contenir un nombre très-grand d'alternatives, soient indépendantes de ω. Donc, en désignant généralement par $M(z)$ la valeur moyenne ainsi définie d'une quantité quelconque z, il faut et il suffit que les expressions

$$M(a^2)\cos^2\omega + M(b^2)\sin^2\omega + 2M(ab\cos\delta)\sin\omega\cos\omega$$

et

$$M(a^2)\sin^2\omega + M(b^2)\cos^2\omega - 2M(ab\cos\delta)\sin\omega\cos\omega$$

gardent les mêmes valeurs, quel que soit ω, et par suite qu'on ait

$$M(a^2) = M(b^2), \qquad M(ab\cos\delta) = 0.$$

La même propriété devant subsister encore après une réflexion totale dans l'intérieur d'un milieu uniréfringent, et en particulier lorsque le plan de réflexion est parallèle ou perpendiculaire à l'axe des x, il faut et il suffit qu'en appelant ε la différence de phase qui s'ajoute dans ce cas particulier à la différence δ on ait, quel que soit ε,

$$M[ab\cos(\delta + \varepsilon)] = 0,$$

c'est-à-dire à la fois

$$M(ab\cos\delta) = 0, \qquad M(ab\sin\delta) = 0.$$

Ainsi les trois conditions suivantes caractérisent toute succession rapide de vibrations jouissant des propriétés par lesquelles on définit la lumière naturelle :

$$M(a^2) = M(b^2),$$
$$M(ab\cos\delta) = 0,$$
$$M(ab\sin\delta) = 0.$$

Il n'est pas difficile de prouver que, si ces conditions sont satisfaites relativement à deux axes rectangulaires OX et OY, elles le seront par rapport à deux autres axes rectangulaires quelconques OX' et OY'. Si en effet on représente le mouvement vibratoire décomposé suivant ces nouveaux axes par les équations

$$x' = a' \sin\varphi', \qquad y' = b' \sin(\varphi' + \delta'),$$

on doit avoir, d'après ce qui précède,

$$a' \sin\varphi' = (a\cos\omega + b\cos\delta \sin\omega)\sin\varphi + b\sin\delta \sin\omega \cos\varphi,$$
$$b' \sin(\varphi' + \delta') = (-a\sin\omega + b\cos\delta \cos\omega)\sin\varphi + b\sin\delta \cos\omega \cos\varphi,$$

et par suite, en vertu des règles connues du calcul des interférences

$$a'^2 = a^2\cos^2\omega + b^2\sin^2\omega + 2ab\cos\delta \sin\omega \cos\omega,$$
$$b'^2 = a^2\sin^2\omega + b^2\cos^2\omega - 2ab\cos\delta \sin\omega \cos\omega,$$
$$\operatorname{tang}(\varphi' - \varphi) = \frac{b\sin\delta \sin\omega}{a\cos\omega + b\cos\delta \sin\omega},$$
$$\operatorname{tang}(\varphi' + \delta' - \varphi) = \frac{b\sin\delta \cos\omega}{-a\sin\omega + b\cos\delta \sin\omega}.$$

On déduit de là par un calcul facile

$$a'b'\cos\delta' = ab\cos\delta(\cos^2\omega - \sin^2\omega) - (a^2 - b^2)\sin\omega \cos\omega$$
$$a'b'\sin\delta' = ab\sin\delta,$$

et il est évident, à l'inspection de ces formules, que

$$M(a'^2) = M(b'^2),$$
$$M(a'b'\cos\delta') = 0,$$
$$M(a'b'\sin\delta') = 0.$$

Un autre mode de représentation des vibrations elliptiques conduit à une autre expression analytique des mêmes conditions, qui peut être quelquefois utile. On considère à un instant donné les axes de l'ellipse décrite par les molécules d'éther, et on prend pour équations des vibrations relativement à ces axes

$$\xi = c\sin\gamma \sin\psi,$$
$$\eta = c\cos\gamma \cos\psi,$$

ψ désignant un arc qui varie proportionnellement à $2\pi\frac{t}{T}$, c un coefficient positif, et $\operatorname{tang}\gamma$ le rapport des axes de l'ellipse; ce rapport est positif ou négatif suivant que la lumière est polarisée elliptiquement de gauche à droite ou de droite à gauche. Si θ est l'angle que fait l'axe des ξ avec l'axe des x, on a

$$x = \xi\cos\theta - y\sin\theta,$$
$$y = \xi\sin\theta + y\cos\theta,$$

et si l'on pose de nouveau

$$x = a\sin\varphi, \qquad y = b\sin(\varphi + \delta),$$

règles connues donnent

$$a = c\sqrt{\sin^2\gamma\cos^2\theta + \cos^2\gamma\sin^2\theta},$$
$$b = c\sqrt{\sin^2\gamma\sin^2\theta + \cos^2\gamma\cos^2\theta},$$
$$\operatorname{tang}(\varphi - \psi) = -\cot\gamma\operatorname{tang}\theta,$$
$$\operatorname{tang}(\varphi + \delta - \psi) = \cot\gamma\cot\theta,$$

et par suite

$$ab\cos\delta = -c^2\cos 2\gamma\sin\theta\cos\theta,$$
$$ab\sin\delta = c^2\cos\gamma\sin\gamma.$$

Les conditions précédentes deviennent donc

$$M(c^2\sin^2\gamma\cos^2\theta + c^2\cos^2\gamma\sin^2\theta) = M(c^2\sin^2\gamma\sin^2\theta + c^2\cos^2\gamma\cos^2\theta),$$
$$M(c^2\cos 2\gamma\sin\theta\cos\theta) = 0,$$
$$M(c^2\cos\gamma\sin\gamma) = 0,$$

ou, par des transformations évidentes,

$$M(c^2\cos 2\gamma\cos 2\theta) = 0,$$
$$M(c^2\cos 2\gamma\sin 2\theta) = 0,$$
$$M(c^2\sin 2\gamma) = 0.$$

C'est sous cette dernière forme que M. Stokes les a présentées.

IV.

Ces conditions peuvent être satisfaites d'une infinité de manières qu'il est inutile de spécifier, mais il est intéressant de rechercher quelle est la combinaison de vibrations la plus simple qui les satisfasse. Une vibration à polarisation constante ayant des propriétés parfaitement distinctes de celles de la lumière naturelle, il faut au moins deux espèces de vibrations diverses alternant l'une avec l'autre. Soient a_1, b_1, δ_1, et a_2, b_2, δ_2 les paramètres caractéristiques des deux vibrations; τ la durée pour laquelle on prend la moyenne des expressions a^2, b^2, $ab\cos\delta$, $ab\sin\delta$; m_1 et m_2 les fractions de cette durée qui appartiennent aux deux modes de vibration, on aura

$$\begin{aligned}
\mathrm{M}(a^2) &= m_1 a_1^2 + m_2 a_2^2,\\
\mathrm{M}(b^2) &= m_1 b_1^2 + m_2 b_2^2,\\
\mathrm{M}(ab\cos\delta) &= m_1 a_1 b_1 \cos\delta_1 + m_2 a_2 b_2 \cos\delta_2,\\
\mathrm{M}(ab\sin\delta) &= m_1 a_1 b_1 \sin\delta_1 + m_2 a_2 b_2 \sin\delta_2;
\end{aligned}$$

et par suite, si la succession alternante de ces deux rayons possède les propriétés de la lumière naturelle,

$$\begin{aligned}
m_1 a_1^2 + m_2 a_2^2 &= m_1 b_1^2 + m_2 b_2^2,\\
m_1 a_1 b_1 \cos\delta_1 + m_2 a_2 b_2 \cos\delta_2 &= 0,\\
m_1 a_1 b_1 \sin\delta_1 + m_2 a_2 b_2 \sin\delta_2 &= 0.
\end{aligned}$$

On déduit immédiatement des deux dernières équations

$$\operatorname{tang}\delta_1 = \operatorname{tang}\delta_2,$$

c'est-à-dire $\delta_1 = \delta_2$ ou $\delta_1 = \pi + \delta_2$. La première hypothèse conduit immédiatement à $b_1 = 0$, $a_2 = 0$, ou à $b_2 = 0$, $a_1 = 0$, c'est-à-dire à deux rayons polarisés à angle droit l'un sur l'autre, dont les intensités a_1^2 et b_2^2 sont en raison inverse de leurs durées. La seconde hypothèse indique que les deux vibrations doivent être polarisées elliptiquement en sens contraires, et donne de plus la condition

$$m_1 a_1 b_1 = m_2 a_2 b_2;$$

en la combinant avec la première, on trouve aisément

$$m_1 m_2 a_1^2 a_2^2 + m_2^2 a_2^4 = m_1 m_2 a_2^2 b_1^2 + m_1^2 a_1^2 b_1^2,$$

$$(m_1 a_1^2 + m_2 a_2^2)(m_2 a_2^2 - m_1 b_1^2) = 0,$$

d'où

$$m_1 b_1^2 = m_2 a_2^2,$$

et par suite

$$m_1 a_1^2 = m_2 b_2^2.$$

Les équations des deux rayons dont l'alternance peut constituer de la lumière naturelle sont donc

$$x_1 = a_1 \sin\varphi, \qquad x_2 = b_1 \sqrt{\frac{m_1}{m_2}} \sin\varphi,$$

$$y_1 = b_1 \sin(\varphi + \delta_1), \qquad y_2 = -a_1 \sqrt{\frac{m_1}{m_2}} \sin(\varphi + \delta_1).$$

Il est évident que les deux vibrations ainsi définies sont polarisées elliptiquement en sens contraires, qu'elles s'exécutent suivant des ellipses semblables, mais tellement orientées, que le grand axe de l'une coïncide avec le petit axe de l'autre, et enfin que leurs intensités sont en raison inverse de leurs durées relatives. Cette solution comprend comme cas particulier la précédente, car deux vibrations rectilignes perpendiculaires l'une à l'autre peuvent être regardées comme deux ellipses semblables placées de manière que le grand axe de l'une coïncide avec le petit axe de l'autre; en outre, comme dans des vibrations rectilignes il n'y a rien d'analogue aux deux sens de la polarisation elliptique, on peut toujours les assimiler à deux vibrations elliptiques de polarisations opposées.

En ayant égard à cette remarque on peut énoncer comme il suit le résultat des calculs précédents :

La lumière naturelle peut résulter de l'alternance de deux espèces de vibrations elliptiques seulement,

1° Pourvu que les intensités de ces vibrations soient en raison inverse de leurs durées;

2° Que l'une des vibrations puisse être considérée comme dérivée de l'autre par une rotation de 90 degrés et par une réduction des axes dans un rapport déterminé;

3° Que les deux polarisations elliptiques soient d'espèces contraires.

M. Stokes a proposé d'appeler *rayons contrairement polarisés* deux rayons polarisés elliptiquement qui présentent l'un avec l'autre les relations (2°) et (3°). En adoptant cette définition, on peut dire que le moyen le plus simple d'obtenir de la lumière naturelle consiste à faire alterner l'un avec l'autre deux rayons contrairement polarisés, les durées de leurs alternatives étant inversement proportionnelles à leurs intensités. Un nombre quelconque de couples de rayons contrairement polarisés satisfaisant à ces conditions est encore une solution du problème [1].

V.

Le théorème qu'on vient de démontrer donne une infinité de manières de constituer de la lumière naturelle; mais il y en a encore une infinité d'autres, sur lesquelles on présentera quelques remarques générales.

Considérons d'abord un système de $p-1$ vibrations rectilignes, entièrement arbitraires. Le système satisfera toujours à l'une des conditions caractéristiques de la lumière naturelle, puisque, δ ne pouvant être égal qu'à 0 ou à π, on aura nécessairement

$$M(ab\sin\delta)=0.$$

Désignons maintenant par A, B, C les valeurs des trois expressions $M(a^2)$, $M(b^2)$, $M(ab\cos\delta)$; c'est-à-dire, faisons

$$\begin{aligned}m_1a_1^2+m_2a_2^2+\ldots+m_{p-1}a_{p-1}^2&=A,\\ m_1b_1^2+m_2b_2^2+\ldots+m_{p-1}b_{p-1}^2&=B,\\ \pm m_1a_1b_1\pm m_2a_2b_2\pm\ldots\pm m_{p-1}a_{p-1}b_{p-1}&=C;\end{aligned}$$

(1) La considération des rayons contrairement polarisés s'offre d'elle-même dans l'étude de la double réfraction du quartz. M. Stokes a fait remarquer que ces couples de rayons

pour que le système jouisse des propriétés de la lumière naturelle, il suffira d'ajouter à ce groupe une $p^{ième}$ vibration définie par les paramètres a_p, b_p, m_p, et satisfaisant aux conditions

$$m_p a_p^2 + A = m_p b_p^2 + B,$$
$$\pm m_p a_p b_p + C = 0,$$

ce qui a lieu si $m_p a_p^2$, $m_p b_p^2$ sont respectivement les racines positives des équations

$$z^2 + (A - B) z - C^2 = 0,$$
$$z^2 - (A - B) z - C^2 = 0,$$

et si l'on fait $\delta = 0$ ou $\delta = \pi$, suivant que C est négatif ou positif. Il y a donc une infinité de manières de constituer de la lumière naturelle avec des vibrations rectilignes, sans qu'il soit nécessaire que ces vibrations se répartissent en groupes de rayons contrairement polarisés.

Un calcul semblable montrerait qu'il y a aussi une infinité de manières de constituer de la lumière polarisée avec des vibrations elliptiques d'une forme déterminée, et *a fortiori* avec des vibrations elliptiques de formes diverses. Il est toujours nécessaire que dans ces divers systèmes les deux espèces opposées de vibrations elliptiques existent simultanément, car avec des vibrations elliptiques d'une seule espèce on pourra satisfaire aux conditions

$$M(a^2) = M(b^2), \qquad M(ab\cos\delta) = 0,$$

mais non à la condition

$$M(ab\sin\delta) = 0,$$

$ab\sin\delta$ étant toujours positif ou toujours négatif, suivant que, δ étant compris entre 0 et π, ou entre π et 2π, les vibrations sont polarisées de gauche à droite ou de droite à gauche.

M. Dove a effectivement observé que, si l'on fait tourner rapidement un prisme de Nicol sur lequel arrive de la lumière naturelle, le faisceau émergent a toutes les propriétés de la lumière naturelle;

jouissent exclusivement de la propriété curieuse de donner par leur superposition une intensité indépendante de la différence de marche.

mais si l'on fait tourner avec la même vitesse et dans le même sens que le prisme de Nicol une lame de mica, le faisceau émergent, formé de vibrations elliptiques identiques dirigées dans tous les azimuts, produit les mêmes phénomènes de polarisation chromatique qu'un faisceau polarisé circulairement [1]. Pour obtenir de la lumière naturelle il aurait fallu laisser le prisme de Nicol immobile et faire tourner la lame de mica, ce qui aurait changé le sens de la polarisation elliptique à chaque demi-révolution.

Au point de vue d'une théorie tout à fait rigoureuse, ces expériences de M. Dove sont plutôt une imitation des propriétés de la lumière naturelle qu'une reproduction exacte de sa constitution. Un rayon polarisé dont le plan de polarisation tourne avec une vitesse uniforme doit être, ainsi que l'a fait remarquer M. Airy [2], considéré comme étant réellement la superposition de deux rayons polarisés circulairement en sens contraires, dont les périodes de vibration ne sont pas les mêmes. Soient en effet

$$x = a\cos\omega\sin 2\pi\left(\frac{t}{T}+\alpha\right),$$
$$y = a\sin\omega\sin 2\pi\left(\frac{t}{T}+\alpha\right),$$

les équations d'une vibration rectiligne qui fait avec l'axe des x un angle ω; si l'on suppose que ω varie proportionnellement au temps, en sorte que $\omega = \mu + \nu t$, on aura

$$x = a\cos(\mu+\nu t)\sin 2\pi\left(\frac{t}{T}+\alpha\right),$$
$$y = a\sin(\mu+\nu t)\sin 2\pi\left(\frac{t}{T}+\alpha\right),$$

et, par une transformation connue,

$$x = \frac{a}{2}\sin\left[\left(\frac{2\pi}{T}+\nu\right)t + 2\pi\alpha + \mu\right] + \frac{a}{2}\sin\left[\left(\frac{2\pi}{T}-\nu\right)t + 2\pi\alpha - \mu\right],$$
$$y = -\frac{a}{2}\cos\left[\left(\frac{2\pi}{T}+\nu\right)t + 2\pi\alpha + \mu\right] + \frac{a}{2}\cos\left[\left(\frac{2\pi}{T}-\nu\right)t + 2\pi\alpha - \mu\right],$$

(1) *Poggendorff's Annalen*, t. LXXI, p. 97.
(2) *Undulatory theory of Light*, art. 185 (3e édition).

et ces équations représentent évidemment la combinaison de deux vibrations circulaires de périodes différentes définies par les deux groupes d'équations

$$x_1 = \frac{a}{2} \sin\left[\left(\frac{2\pi}{T} + \nu\right) t + 2\pi\alpha + \mu\right],$$

$$y_1 = -\frac{a}{2} \cos\left[\left(\frac{2\pi}{T} + \nu\right) t + 2\pi\alpha + \mu\right],$$

et

$$x_2 = \frac{a}{2} \sin\left[\left(\frac{2\pi}{T} - \nu\right) t + 2\pi\alpha - \mu\right],$$

$$y_2 = \frac{a}{2} \cos\left[\left(\frac{2\pi}{T} - \nu\right) t + 2\pi\alpha - \mu\right].$$

Les mêmes remarques s'appliquent aux deux composantes d'une vibration elliptique, et par conséquent à la vibration elliptique elle-même.

Mais dans toute expérience du genre de celle de M. Dove la décomposition d'un faisceau polarisé tournant en deux faisceaux de périodes diverses, et par conséquent différemment réfrangibles et différemment colorés, est absolument inappréciable. Les nombres de vibrations de ces deux faisceaux sont représentés par $\frac{1}{T} + \frac{\nu}{2\pi}$ et $\frac{1}{T} - \frac{\nu}{2\pi}$, c'est-à-dire, si l'on suppose que le prisme de Nicol fasse 1000 révolutions par seconde, sont entre eux comme 600 billions plus l'unité et 600 billions moins l'unité, pour une lumière de longueur d'onde égale à $0^{mm},0005$. Il n'y a aucun moyen d'établir entre de pareils rayons une séparation sensible. Une vitesse d'un million de tours par seconde serait encore très-éloignée d'être suffisante.

On reproduirait encore les propriétés de la lumière naturelle en faisant tourner un prisme de Nicol au devant d'un parallélipipède de Fresnel qui établit une différence de phase d'un quart de circonférence entre la composante du mouvement vibratoire parallèle au plan de réflexion, et la composante perpendiculaire. La vibration rectiligne issue du prisme de Nicol serait ainsi transformée en une vibration elliptique dont les axes auraient une situation fixe, mais où le rapport des axes prendrait successivement toutes les valeurs possibles et où la direction du mouvement changerait à chaque demi-révolution. Cette expérience donnerait lieu aux mêmes remarques que l'expérience de M. Dove. Si le prisme de Nicol accomplissait n révolutions par seconde, on aurait, pour représenter à chaque instant le mouvement vibratoire, les deux équations

$$x = a \cos 2\pi nt \sin 2\pi \frac{t}{T},$$

$$y = a \sin 2\pi nt \cos 2\pi \frac{t}{T},$$

et le même mode de transformation donnerait

$$x = \frac{a}{2} \sin 2\pi \left(\frac{1}{T} + n\right) t + \frac{a}{2} \sin 2\pi \left(\frac{1}{T} - n\right) t,$$

$$y = \frac{a}{2} \sin 2\pi \left(\frac{1}{T} + n\right) t - \frac{a}{2} \sin 2\pi \left(\frac{1}{T} - n\right) t,$$

ce qui permettrait de regarder le système comme résultant de la superposition de deux vibrations rectilignes de périodes différentes polarisées à angle droit, définies par les groupes d'équations

$$x_1 = \frac{a}{2} \sin 2\pi \left(\frac{1}{T} + n\right) t,$$

$$y_1 = \frac{a}{2} \sin 2\pi \left(\frac{1}{T} + n\right) t,$$

et

$$x_2 = \frac{a}{2} \sin 2\pi \left(\frac{1}{T} - n\right) t,$$

$$y_2 = -\frac{a}{2} \sin 2\pi \left(\frac{1}{T} - n\right) t.$$

Dans toute expérience réelle cette remarque serait d'ailleurs sans importance.

Ces développements conduisent à une conséquence curieuse que M. Airy a sommairement indiquée sans la démontrer en détail, c'est que les changements qu'éprouvent dans la lumière naturelle la forme et l'orientation des ellipses de vibration ne peuvent être supposés continus si la lumière est absolument homogène. Tout changement continu d'une vibration elliptique consiste en effet en une série de rotations infiniment petites des axes de l'ellipse, accompagnées d'altérations infiniment petites simultanées du rapport des grandeurs des axes, et chacune de ces altérations élémentaires elles-mêmes peut être censée résulter de la combinaison de mouvements vibratoires de longueurs d'ondulation différentes. L'homogénéité absolue de la lumière n'est donc compatible qu'avec des changements tout à fait brusques et discontinus; une homogénéité sensiblement équivalente à l'homogénéité absolue admet des changements continus très-lents par rapport aux vibrations de la lumière; mais des changements continus qui s'accompliraient avec une vitesse comparable à celle du mouvement vibratoire résulteraient en réalité de la superposition de rayons diversement réfrangibles en même temps que diversement polarisés.

A une époque récente, un physicien allemand, M. Lippich, a prétendu qu'il n'y avait d'autre lumière polarisée que la lumière hétérogène, et que les apparences de la lumière naturelle sont dues à la combinaison de deux ou plusieurs rayons de longueurs d'onde différentes. Les développements donnés dans ce mémoire me paraissent suffisants pour établir qu'il est inutile, pour rendre compte des faits observés, d'avoir recours à une théorie aussi paradoxale [1].

VI.

Un autre physicien allemand, M. Stefan, a cru démontrer par l'expérience que la lumière naturelle ne contenait que des vibrations rectilignes, à l'exclusion des vibrations circulaires ou elliptiques [2]. Sa démonstration n'est pas exacte, mais l'importance que l'Académie de Vienne a donnée au mémoire de M. Stefan en le couronnant ne permet pas d'en négliger l'examen.

On peut d'abord remarquer que l'assertion de M. Stefan ne saurait être prise pour absolue, et ne pourrait s'appliquer tout au plus qu'à des lumières d'origine déterminée, mais non à toute espèce de

[1] Le mémoire de M. Lippich a été publié dans les *Comptes rendus de l'Académie de Vienne* pour 1863.

[2] Voyez les *Comptes rendus de l'Académie de Vienne* pour 1863, les *Annales de Poggendorff*, 4e livraison de 1865, et *les Mondes*, livraison du 2 juin 1865.

lumière non polarisée. Quand bien même il serait vrai, par exemple, que la lumière solaire ne contient que des vibrations rectilignes, en la faisant réfléchir totalement dans un parallélipipède de Fresnel, on transformerait ces vibrations rectilignes en vibrations elliptiques, sans lui faire perdre les propriétés caractéristiques de la lumière naturelle. Au reste, M. Stefan paraît avoir lui-même senti cette difficulté, car il a soin de mentionner les sources de lumière qu'il a soumises à l'expérience (lumière solaire, lumière Drummond, lumière d'une lampe ordinaire, lumière dépolarisée par diffusion), et il annonce l'intention d'étendre ses recherches à d'autres sources.

Mais la conclusion que M. Stefan a prétendu tirer de ses expériences est fondée sur un raisonnement inexact, quoique peut-être spécieux. M. Stefan remarque d'abord, ce qui est parfaitement juste, que si l'on divise en deux parties un faisceau polarisé rectilignement, et qu'on fasse tourner de 90 degrés le plan de polarisation d'une des parties, il est impossible de produire des phénomènes d'interférence par la réunion ultérieure des deux faisceaux ainsi obtenus, tandis que, si l'on effectue une expérience analogue sur la lumière polarisée elliptiquement, la possibilité d'interférer subsiste, le résultat de la rotation de 90 degrés n'étant que d'amener le petit axe des ellipses de l'un des faisceaux sur le grand axe des ellipses de l'autre, et *vice versa;* sur la lumière polarisée circulairement, une rotation de 90 degrés est évidemment sans aucun effet. De là l'expérience suivante : Soit le système d'un collimateur, d'un prisme et d'une lunette donnant un spectre bien pur et bien net. Si l'on recouvre d'une plaque de verre la moitié de l'objectif du collimateur ou de la lunette qui est tournée du côté de l'arête réfringente du prisme, le spectre devient sillonné de bandes noires équidistantes, dont les lois ne peuvent s'établir rigoureusement que par une théorie assez compliquée [1], mais qui résultent en définitive de la différence de marche établie par la plaque entre les deux moitiés du faisceau lumineux. Si l'on substitue à la plaque de verre une plaque de quartz perpen-

[1] Voyez le mémoire de M. Stokes sur la théorie de certaines bandes vues dans le spectre, dans les *Transactions philosophiques* pour 1848.

diculaire à l'axe, qui fasse tourner de 90 degrés le plan de polarisation des rayons d'une longueur d'onde déterminée, les vibrations rectilignes qui peuvent entrer dans la composition de la lumière naturelle ne contribueront plus à la formation des bandes d'interférence dans la région correspondante du spectre; il semble au contraire que les vibrations elliptiques devront continuer d'interférer d'une manière plus ou moins sensible. M. Stefan ayant vu les franges disparaître dans cette région [1] et devenir d'autant plus intenses qu'on s'en écartait davantage jusqu'à la région où la rotation atteignait 180 degrés, il en a conclu qu'il n'y avait dans la lumière naturelle que des vibrations rectilignes.

L'erreur de ce raisonnement consiste dans la confusion des effets des vibrations elliptiques polarisées en sens opposés. Il est facile de voir en effet que si, dans la région du spectre correspondant à la rotation de 90 degrés, les vibrations elliptiques polarisées de droite à gauche doivent donner en un certain point un maximum d'intensité, les vibrations elliptiques polarisées de gauche à droite doivent donner au même point un minimum, et *vice versa;* de sorte que, s'il y a dans la lumière naturelle compensation exacte entre les deux espèces opposées de vibrations, aucune bande d'interférence ne doit être visible. Soient

$$\xi = a\sin\varphi, \qquad \eta = b\cos\varphi,$$

a et b étant supposés de même signe, les équations d'un rayon polarisé elliptiquement de gauche à droite. Si l'ellipse des vibrations tourne de 90 degrés vers la droite dans son plan, ces équations deviennent

$$\xi' = b\cos\varphi, \qquad \eta' = -a\sin\varphi;$$

enfin, si les rayons définis par ces deux systèmes d'équations viennent concourir au même point, après qu'il s'est établi entre eux une différence de phase δ, les équations du mouvement résultant sont

$$x = \xi + \xi' = a\sin\varphi + b\cos(\varphi - \delta),$$
$$y = \eta + \eta' = b\cos\varphi - a\sin(\varphi - \delta),$$

[1] Avec la plaque de quartz dont M. Stefan faisait usage, cette région était entre la raie C et la raie D, mais très-voisine de la raie C.

et les règles ordinaires de l'interférence donnent pour l'intensité correspondante

$$2(a^2+b^2+2ab\sin\delta).$$

Si l'on fait un calcul semblable sur la lumière polarisée elliptiquement de gauche à droite, on doit changer le signe d'un des coefficients a ou b, et l'expression à laquelle on parvient est

$$2(a^2+b^2-2ab\cos\delta),$$

et il est clair que la moyenne des deux intensités ainsi déterminées, savoir :

$$2(a^2+b^2),$$

est indépendante de la différence de phase δ. Par conséquent, toute lumière où il y aura compensation entre les deux espèces de polarisation elliptique ne donnera aucune frange d'interférence dans une expérience pareille à celle de M. Stefan. Il est donc inutile de rien changer à l'idée qu'on se fait généralement de la lumière naturelle.

VII.

Lorsqu'un faisceau de lumière naturelle est soumis à une action qui modifie dans des rapports différents les intensités des composantes du mouvement vibratoire parallèles à deux plans rectangulaires, on dit que le faisceau résultant est *partiellement polarisé* [1]. Le plan parallèle à la composante dont l'intensité est devenue la plus faible s'appelle le *plan de polarisation partielle.*

Or, si l'on représente par a' et b' dans le faisceau modifié les analogues de a et de b dans le faisceau naturel primitif, par p et q les rapports constants $\frac{a'}{a}$, $\frac{b'}{b}$, on aura

$$\mathrm{M}(a'^2)=p^2\mathrm{M}(a^2),\quad \mathrm{M}(b'^2)=q^2\mathrm{M}(b^2).$$

[1] Il est indifférent qu'en même temps que les intensités des composantes se modifient dans des rapports différents une quantité constante s'ajoute à leur différence de phase, car cette addition laisse à la lumière naturelle toutes ses propriétés.

et comme $M(a^2) = M(b^2)$, puisque le faisceau primitif n'est pas polarisé, $M(a'^2)$ et $M(b'^2)$ auront des valeurs différentes. D'ailleurs on aura évidemment

$$M(a'b'\cos\delta) = pqM(ab\cos\delta) = 0,$$
$$M(a'b'\sin\delta) = pqM(ab\sin\delta) = 0.$$

Donc les vibrations diverses qui par leur succession constituent un rayon partiellement polarisé doivent satisfaire aux équations suivantes, où A et B désignent deux nombres quelconques différents l'un de l'autre,

$$M(a^2) = A,$$
$$M(b^2) = B,$$
$$M(ab\cos\delta) = 0,$$
$$M(ab\sin\delta) = 0,$$

lorsque les axes coordonnés sont l'un parallèle et l'autre perpendiculaire au plan de polarisation partielle.

Lorsqu'on change la direction des axes coordonnés, on a, en vertu des calculs développés à l'article III, ω étant l'angle de l'axe des x' avec l'axe des x,

$$M(a'^2) = M(a^2)\cos^2\omega + M(b^2)\sin^2\omega,$$
$$M(b'^2) = M(a^2)\sin^2\omega + M(b^2)\cos^2\omega,$$
$$M(a'b'\cos\delta') = [M(b^2) - M(a^2)]\sin\omega\cos\omega.$$
$$M(a'b'\sin\delta') = 0.$$

Réciproquement, si une succession de vibrations est telle, qu'on ait

$$M(ab\sin\delta) = 0,$$

cette succession constitue un faisceau partiellement polarisé. Soient en effet A, B, C les valeurs des trois expressions $M(a^2)$, $M(b^2)$, $M(ab\cos\delta)$; A', B', C' ce que deviennent ces expressions lorsqu'on passe du système donné d'axes rectangulaires à un autre système défini par l'angle ω compris entre l'axe des x' et l'axe des x, on aura

$$A' = A\cos^2\omega + B\sin^2\omega + 2C\sin\omega\cos\omega,$$
$$B' = A\sin^2\omega + B\cos^2\omega - 2C\sin\omega\cos\omega,$$
$$C' = C(\cos^2\omega - \sin^2\omega) - (A - B)\sin\omega\cos\omega.$$

et on trouvera toujours deux valeurs de ω différant entre elles de 90 degrés, telles que $C' = 0$, en résolvant l'équation

$$\tang^2 \omega + \frac{A - B}{C} \tang \omega - 1 = 0.$$

L'une de ces directions sera parallèle et l'autre perpendiculaire au plan de polarisation partielle. On donnera plus loin les conditions auxquelles doivent satisfaire les coefficients A, B, C pour convenir à un système réel de vibrations.

Les axes coordonnés étant l'un parallèle et l'autre perpendiculaire au plan de polarisation partielle, le faisceau polarisé partiellement est entièrement défini par les coefficients $A = M(a^2)$, $B = M(b^2)$. En posant $A = B + A - B$, si A est plus grand que B, on peut considérer le faisceau polarisé partiellement comme constitué par un groupe de vibrations d'où résulterait un faisceau naturel d'intensité égale à 2B, et un groupe de vibrations rectilignes d'intensité égale à $A - B$, polarisées dans le plan de polarisation partielle. L'expression de faisceau partiellement polarisé se trouve ainsi justifiée.

VIII.

Les calculs développés dans l'article III de ce mémoire conduisent encore aux deux conséquences suivantes :

Premièrement, les valeurs moyennes des composantes parallèles à deux axes rectangulaires d'un système quelconque de vibrations dépendent des valeurs moyennes A et B relatives à deux axes donnés, et d'un troisième coefficient $C = M(ab \cos \delta)$. L'action d'un analyseur biréfringent sur le système des vibrations est donc entièrement déterminée par ces trois coefficients.

En second lieu, si l'on ajoute à chaque instant une quantité arbitraire constante à la différence des phases de ces deux composantes au moyen de la réflexion totale ou du passage à travers une lame cristalline, le coefficient C change de valeur et sa variation dépend d'un quatrième coefficient $D = M(ab \sin \delta)$.

Par conséquent, si les valeurs de ces quatre coefficients sont connues, toutes les modifications que pourra éprouver le système par réflexion, réfraction, double réfraction, sont entièrement déterminées, et deux systèmes pour lesquels ces coefficients ont les mêmes valeurs jouissent de propriétés tellement identiques, qu'aucun des phénomènes qu'on vient d'énumérer ne permet de les distinguer l'un de l'autre.

Il existe encore un mode particulier d'analyse de la lumière, très-peu usité pratiquement, mais d'une grande importance théorique, consistant à recevoir la lumière sur un cristal doué de pouvoir rotatoire qui la décompose généralement en deux rayons à vibrations elliptiques contrairement polarisées. Le calcul suivant fait voir que, soumis à ce mode d'analyse, deux systèmes de vibrations diversement polarisées, pour lesquels les quatre coefficients A, B, C, D ont les mêmes valeurs, produisent encore les mêmes effets. Soient toujours, à un instant donné,

$$x = a \sin \varphi,$$
$$y = b \sin(\varphi + \delta)$$

les équations d'une vibration particulière. Décomposons cette vibration en deux vibrations elliptiques contrairement polarisées et telles, que le grand axe de l'une fasse un angle ω avec l'axe des x. Rapportées à leurs axes, les équations de ces vibrations elliptiques seront de la forme

$$\xi = c \sin\gamma \sin(\varphi + \theta),$$
$$\eta = c \cos\gamma \cos(\varphi + \theta).$$

et

$$\xi' = c' \cos\gamma \sin(\varphi + \theta'),$$
$$\eta' = - c' \sin\gamma \cos(\varphi + \theta'),$$

et, pour qu'elles reproduisent par leur superposition la vibration donnée, il faudra que

$$x \cos\omega + y \sin\omega = \xi + \xi',$$
$$- x \sin\omega + y \cos\omega = \eta + \eta',$$

c'est-à-dire, en développant chaque équation et égalant les coefficients de $\sin\varphi$ et de $\cos\varphi$ dans les deux membres de chacune d'elles,

$$\begin{aligned}
a\cos\omega + b\cos\delta\sin\omega &= c\cos\theta\sin\gamma + c'\cos\theta'\cos\gamma,\\
b\sin\delta\sin\omega &= c\sin\theta\sin\gamma + c'\sin\theta'\cos\gamma,\\
-a\sin\omega + b\cos\delta\cos\omega &= -c\sin\theta\cos\gamma + c'\sin\theta'\sin\gamma,\\
b\sin\delta\cos\omega &= c\cos\theta\cos\gamma - c'\cos\theta'\sin\gamma.
\end{aligned}$$

On déduit de là, par des calculs faciles,

$$\begin{aligned}
c\cos\theta &= a\sin\gamma\cos\omega + b\cos\delta\sin\gamma\sin\omega + b\sin\delta\cos\gamma\cos\omega,\\
c\sin\theta &= b\sin\delta\sin\gamma\sin\omega + a\cos\gamma\sin\omega - b\cos\delta\cos\gamma\cos\omega,\\
c^2 &= \cos^2\gamma\,(a^2\sin^2\omega + b^2\cos^2\omega - 2ab\cos\delta\sin\omega\cos\omega)\\
&\quad + \sin^2\gamma\,(a^2\cos^2\omega + b^2\sin^2\omega + 2ab\cos\delta\sin\omega\cos\omega)\\
&\quad + 2\sin\gamma\cos\gamma\,ab\sin\delta(\cos^2\omega - \sin^2\omega);
\end{aligned}$$

$$\begin{aligned}
c'\cos\theta' &= a\cos\gamma\cos\omega + b\cos\delta\cos\gamma\sin\omega - b\sin\delta\sin\gamma\cos\omega,\\
c'\sin\theta' &= b\sin\delta\cos\gamma\sin\omega - a\sin\gamma\sin\omega + b\cos\delta\sin\gamma\cos\omega,\\
c'^2 &= \cos^2\gamma\,(a^2\cos^2\omega + b^2\sin^2\omega + 2ab\cos\delta\sin\omega\cos\omega)\\
&\quad + \sin^2\gamma\,(a^2\sin^2\omega + b^2\cos^2\omega - 2ab\cos\delta\sin\omega\cos\omega)\\
&\quad - 2\sin\gamma\cos\gamma\,ab\sin\delta(\cos^2\omega - \sin^2\omega).
\end{aligned}$$

Si l'on reçoit le rayon lumineux considéré sur un cristal à double réfraction elliptique tellement choisi que, dans les vibrations elliptiques des deux rayons auxquels il donne naissance, le rapport des axes soit égal à $\operatorname{tang}\gamma$, les intensités de ces rayons seront respectivement égales aux produits de c^2 et de c'^2 par des coefficients très-voisins de l'égalité, et leurs intensités moyennes seront proportionnelles à $M(c^2)$ et $M(c'^2)$, c'est-à-dire à

$$\begin{aligned}
&\cos^2\gamma\,(A\sin^2\omega + B\cos^2\omega - 2C\sin\omega\cos\omega)\\
&\quad + \sin^2\gamma\,(A\cos^2\omega + B\sin^2\omega + 2C\sin\omega\cos\omega)\\
&\quad + 2\sin\gamma\cos\gamma\,D(\cos^2\omega - \sin^2\omega),
\end{aligned}$$

et

$$\begin{aligned}
&\cos^2\gamma\,(A\cos^2\omega + B\sin^2\omega + 2C\sin\omega\cos\omega)\\
&\quad + \sin^2\gamma\,(A\sin^2\omega + B\cos^2\omega - 2C\sin\omega\cos\omega)\\
&\quad - 2\sin\gamma\cos\gamma\,D(\cos^2\omega - \sin^2\omega).
\end{aligned}$$

Elles ne dépendront donc que de A, B, C, D.

Ainsi tous les systèmes de vibrations où les quatre coefficients A,

B, C, D ont les mêmes valeurs ont exactement les mêmes propriétés et ne peuvent être distingués les uns des autres par aucun moyen. On peut donc, avec M. Stokes, les appeler *systèmes équivalents.*

IX.

Une seule question reste encore à examiner, celle de savoir si les divers systèmes de vibrations caractérisés par des valeurs diverses des coefficients A, B, C, D peuvent se répartir en un petit nombre de groupes, présentant chacun un ensemble de propriétés communes, ou s'il faut se borner dans chaque cas particulier à déterminer, par une application des méthodes précédentes, les propriétés des divers systèmes qu'on rencontrera.

Il faut remarquer d'abord qu'à tout système de valeurs numériques des coefficients A, B, C, D ne répond pas nécessairement un système possible de vibrations diversement polarisées. Il est bien évident, par exemple, que les coefficients C et D ne sauraient être tous deux très-grands par rapport aux coefficients A et B. Il est même facile de démontrer qu'on a nécessairement, dans tout système réel de vibrations,

$$AB-(C^2+D^2)>0.$$

En effet, si l'on reprend les notations de l'article IV, on a

$$\begin{aligned} AB &= (m_1a_1^2+m_2a_2^2+\dots)(m_1b_1^2+m_2b_2^2+\dots),\\ C^2+D^2 &= (m_1a_1b_1\cos\delta_1+m_2a_2b_2\cos\delta_2+\dots)^2\\ &\quad+(m_1a_1b_1\sin\delta_1+m_2a_2b_2\sin\delta_2+\dots)^2, \end{aligned}$$

et on groupe aisément les termes de ces deux expressions de manière à leur donner la forme suivante :

$$\begin{aligned} AB &= m_1^2a_1^2b_1^2+m_2^2a_2^2b_2^2+\dots+m_1m_2(a_1^2b_2^2+a_2^2b_1^2)+\dots\\ &\quad+m_pm_q(a_p^2b_q^2+a_q^2b_p^2)+\dots,\\ C^2+D^2 &= m_1^2a_1^2b_1^2+m_2^2a_2^2b_2^2+\dots+2m_1m_2a_1b_2a_2b_1\cos(\delta_1-\delta_2)+\dots\\ &\quad+2m_pm_qa_pb_qa_qb_p\cos(\delta_p-\delta_q)+\dots. \end{aligned}$$

Il en résulte que $AB - (C^2 + D^2)$ se réduit à une somme de termes de la forme

$$m_p m_q [a_p^2 b_q^2 + a_q^2 b_p^2 - 2 a_p a_q b_p b_q \cos(\delta_p - \delta_q)];$$

or chacun de ces termes est évidemment plus grand que

$$m_p m_q (a_p b_q - a_q b_p)^2,$$

c'est-à-dire qu'une quantité qui est toujours nulle ou positive. $AB - (C^2 + D^2)$ est donc nécessairement nul ou positif.

Si d'abord on suppose $AB - (C^2 + D^2)$ égal à zéro, le système est équivalent à une vibration unique, invariable de forme, de grandeur et de position, car en faisant

$$a^2 = A, \quad b^2 = B, \quad \tang \delta = \frac{D}{C},$$

on a

$$ab \cos \delta = \sqrt{AB} \frac{C}{\sqrt{C^2 + D^2}} = C,$$

$$ab \sin \delta = \sqrt{AB} \frac{D}{\sqrt{C^2 + D^2}} = D.$$

Si AB est plus grand que $C^2 + D^2$, il y a une infinité de systèmes satisfaisant aux conditions

$$M(a^2) = A, \quad M(b^2) = B, \quad M(ab \cos \delta) = C, \quad M(ab \sin \delta) = D.$$

En effet, AB étant plus grand que $C^2 + D^2$, on peut trouver une infinité de groupes de nombres A′ et B′ tels, que l'on ait

$$A' < A, \quad B' < B, \quad A'B' = C^2 + D^2.$$

Les nombres A′, B′, C, D peuvent être considérés comme caractéristiques d'une vibration elliptique déterminée, et si l'on suppose que cette vibration alterne avec des vibrations constituant un faisceau partiellement polarisé suivant l'axe des x ou l'axe des y, dont les composantes parallèles à ces axes soient $A - A'$ et $B - B'$, on aura obtenu un des systèmes caractérisés par les valeurs données de A, B, C, D.

Parmi les systèmes en nombre infini qui jouissent tous des mêmes propriétés, il en est un qui par sa simplicité offre un intérêt particulier : c'est le système pour lequel $A - A' = B - B'$, et qui en conséquence peut être représenté par un faisceau de lumière naturelle et par un faisceau de lumière elliptique. Ces deux faisceaux sont l'un et l'autre entièrement déterminés. En appelant H la valeur commune de $A - A'$ et $B - B'$, on aura en effet

$$(A - H)(B - H) = C^2 + D^2,$$

d'où

$$H = \frac{A + B}{2} \pm \frac{1}{2}\sqrt{(A - B)^2 + 4(C^2 + D^2)}.$$

Ces deux valeurs sont réelles et positives, mais la plus grande étant supérieure à A et à B, la plus petite répond seule à la question, de sorte que

$$H = \frac{A + B}{2} - \frac{1}{2}\sqrt{(A - B)^2 + 4(C^2 + D^2)}.$$

Le double de cette expression est l'intensité du faisceau de lumière naturelle qui peut être censé entrer dans la constitution du faisceau que l'on considère. Les éléments du faisceau elliptique qu'il y faut joindre sont d'ailleurs

$$a^2 = A - H = \frac{A - B}{2} + \frac{1}{2}\sqrt{(A - B)^2 + 4(C^2 + D^2)},$$

$$b^2 = B - H = -\frac{A - B}{2} + \frac{1}{2}\sqrt{(A - B)^2 + 4(C^2 + D^2)},$$

$$\cos\delta = \frac{C}{\sqrt{C^2 + D^2}}, \qquad \sin\delta = \frac{D}{\sqrt{C^2 + D^2}}.$$

Ainsi tout faisceau lumineux homogène peut être constitué par des proportions déterminées de lumière naturelle et de lumière polarisée à vibrations rectilignes, circulaires ou elliptiques. On peut dire, en généralisant des expressions usitées, que tout faisceau lumineux est polarisé, naturel ou *partiellement polarisé*. Les caractères de la polarisation complète et de l'absence de toute polarisation sont connus; ceux des divers genres de polarisation partielle sont maintenant faciles à apercevoir.

1° Si un faisceau lumineux peut être censé formé d'un faisceau naturel et d'un faisceau polarisé rectilignement, les deux faisceaux en lesquels il se partage lorsqu'il rencontre sous l'incidence normale un cristal biréfringent ont des intensités variables avec l'orientation du cristal; l'intensité de chaque faisceau réfracté est maxima lorsque son plan de vibration est parallèle au plan de vibration de la lumière polarisée qui dans le faisceau incident se superpose à la lumière naturelle, et minima lorsqu'il lui est perpendiculaire. Le plan perpendiculaire à ce plan de vibration est, dans l'hypothèse de Fresnel, le plan de polarisation partielle. Une réflexion totale opérée dans le plan de polarisation partielle ou dans le plan perpendiculaire ne modifie pas les propriétés du faisceau; une réflexion totale opérée dans un autre plan transforme la lumière polarisée rectilignement en lumière elliptique, sans produire d'effet sur la lumière naturelle, et par conséquent modifie les propriétés du faisceau. C'est à un pareil faisceau qu'on applique ordinairement d'une manière exclusive l'expression de *faisceau partiellement polarisé*. On pourrait lui substituer celle de *faisceau en partie polarisé rectilignement*.

2° Si le faisceau lumineux peut être censé formé de lumière polarisée circulairement et de lumière naturelle, les intensités des deux faisceaux dans lesquels il est divisé par un analyseur biréfringent sont indépendantes de l'orientation, comme dans le cas de la lumière naturelle, mais ses propriétés sont modifiées par la réflexion totale qui transforme les vibrations circulaires en vibrations elliptiques ou rectilignes. La rotation uniforme d'une vibration elliptique de sens, de forme et de grandeur invariables est un moyen d'obtenir un pareil faisceau. On pourrait, pour le désigner, employer l'expression de *faisceau en partie polarisé circulairement*.

3° Si le faisceau peut être censé formé de lumière polarisée elliptiquement et de lumière naturelle, les intensités des faisceaux dans lesquels il est divisé par un analyseur biréfringent dépendent de l'orientation, comme dans le cas de la polarisation rectiligne partielle; mais la réflexion totale modifie toujours les propriétés du faisceau, dans quelque plan qu'elle s'opère. On pourrait désigner un pareil faisceau en disant qu'il est *en partie polarisé elliptiquement*.

X.

Dans d'assez nombreuses recherches, particulièrement dans les expériences polarimétriques, on a considéré comme lumière partiellement polarisée la lumière qu'on obtenait en superposant deux faisceaux inégaux, polarisés à angle droit, issus d'un même faisceau primitivement polarisé et présentant l'un par rapport à l'autre une très-grande différence de marche. Si les deux faisceaux superposés étaient égaux, on considérait la lumière comme naturelle. En réalité, dans ces expériences, chaque lumière homogène avait un état de polarisation déterminé; mais, cet état variant très-rapidement avec la longueur d'onde, à cause de la grande différence de marche, les polarisations les plus diverses appartenaient à des rayons que l'œil est incapable de distinguer, et, tant qu'on laissait le faisceau indécomposé, les propriétés de la lumière naturelle ou de la lumière partiellement polarisée étaient très-suffisamment imitées. Mais les expériences de MM. Fizeau et Foucault ont fait voir depuis longtemps quelle est la constitution réelle d'un pareil faisceau.

INTRODUCTION

AUX

ŒUVRES D'AUGUSTIN FRESNEL[a].

(*ŒUVRES COMPLÈTES D'AUGUSTIN FRESNEL*; PARIS, 1866.)

I.

La présente édition n'a pas seulement pour objet de réunir les écrits de Fresnel dispersés dans divers recueils [1], dont quelques-uns sont devenus aujourd'hui d'un accès difficile; à ces œuvres déjà publiées et connues de tous ceux qui ont fait de la théorie de la lumière une étude tant soit peu approfondie, elle ajoute une série considérable de pièces inédites, que la mort prématurée de l'auteur ne lui a pas permis de faire imprimer lui-même, et que la piété d'un frère a scrupuleusement recueillies et conservées, jusqu'au jour où le Gouvernement impérial a décidé que les œuvres de Fresnel seraient comprises dans la grande collection d'histoire scientifique nationale qui s'est ouverte par les œuvres de Laplace et continuée par celles de Lavoisier[2].

On peut être surpris de l'étendue de ces œuvres inédites, qui forment plus de la moitié de la présente édition; mais si l'on réflé-

[1] Les *Mémoires de l'Académie des sciences*, les *Annales de chimie et de physique*, la *Bibliothèque universelle de Genève*, le *Bulletin de la Société philomathique* et le *Bulletin de Férussac*.

[2] Voyez l'Avertissement des *Œuvres de Fresnel*.

[a] Publication posthume d'après un manuscrit que l'auteur n'a pas pu revoir. — On a distingué par des crochets les mots suppléés ou douteux.

chit aux principales circonstances de la vie de Fresnel, à la prodigieuse activité scientifique qu'il a déployée de 1815 à 1823, aux travaux d'ingénieur et aux maladies qui ont rempli les quatre années suivantes, les dernières de sa vie, on comprendra que le temps lui ait manqué pour s'occuper de la publication de ses écrits, et qu'en dehors du mémoire couronné en 1819 par l'Académie des sciences, et de l'article Lumière du *Supplément à la Chimie de Thomson*, il n'ait jamais fait imprimer lui-même que de courts extraits des mémoires qu'il présentait à l'Académie des sciences, ou des éclaircissements, sur certains points de ces mémoires, rendus nécessaires par les objections des partisans de l'ancienne doctrine. Quant aux mémoires eux-mêmes qui contenaient l'exposé détaillé de ses découvertes, un très-petit nombre seulement a été mis au jour depuis sa mort, principalement par les soins d'Arago et de Biot : ce sont le mémoire sur la double réfraction, inséré au tome VII des *Mémoires de l'Académie des sciences;* le mémoire sur les modifications que la réflexion imprime à la lumière polarisée, retrouvé en 1830 dans les papiers de Fourier, et publié à la fois dans les *Mémoires de l'Académie* et dans les *Annales de chimie et de physique;* le mémoire sur la réflexion de la lumière et le mémoire sur la coloration des fluides homogènes, publiés en 1846 dans les mêmes recueils par les soins de Biot, qui en avait emprunté les manuscrits à M. Léonor Fresnel[1].

Ce sont là, à vrai dire, les plus importantes des œuvres de Fresnel, et quiconque les a sérieusement étudiées ne trouvera aucune

[1] Le passage suivant de la note que Biot lut à cette occasion devant l'Académie des sciences, dans la séance du 9 mars 1846, fait connaître suffisamment l'histoire de ces manuscrits et en général de tous ceux qui sont aujourd'hui publiés pour la première fois : « Fresnel, dit Biot, était un inventeur infatigable. Dans la voie qu'il s'était ouverte, un mémoire terminé devenait pour lui l'instrument indispensable de nouvelles recherches et de travaux ultérieurs. Il est naturel qu'il sentît le besoin de s'en conserver longtemps la possession, se bornant à prendre date par des extraits publiés. Lorsque la mort vint le saisir dans sa trop courte carrière, son frère, alors absorbé dans le service des phares, auquel il venait d'être attaché, confia tous ses papiers scientifiques, et jusqu'à ses moindres notes, à Savary, leur ami commun, qui conserva ce précieux dépôt avec toute la fidélité de l'affection. Après le décès de Savary, ils furent recueillis encore, avec des soins non moins scrupuleux, et remis aux mains de M. Léonor Fresnel, désormais fixé dans la capitale. C'est ainsi qu'ils se sont conservés complets, intacts, sans que la science ait rien à en regretter. »

nouveauté essentielle dans les nombreux écrits qui paraissent ici pour la première fois. C'est au contraire dans ces pièces inédites seulement qu'on rencontre l'indication exacte du développement progressif des conceptions théoriques et des découvertes expérimentales « qui forment aujourd'hui les bases fondamentales de l'optique[1]. » Elles rectifient en bien des points les opinions qu'on s'était formées sur la marche des travaux de Fresnel; elles éclaircissent tout ce qui a rapport à l'influence directe et indirecte des travaux de Young et à la collaboration d'Arago; quelquefois même elles modifient la signification qu'on doit attacher à certaines recherches théoriques et en font mieux comprendre la véritable portée et le degré de certitude[2]. Aussi croit-on ne pas faire une chose inutile en essayant de raconter, d'après ces précieux documents, l'histoire d'un des progrès les plus mémorables que la philosophie naturelle ait accomplis.

II.

On établit facilement dans l'œuvre scientifique de Fresnel trois divisions principales, liées ensemble par une évidente dépendance logique, et correspondant assez exactement à l'ordre chronologique de ses divers travaux.

Dans une première série de recherches, Fresnel suppose simplement que la lumière est produite par des vibrations périodiques de durée très-courte, se propageant avec une vitesse immense qui varie d'un milieu à l'autre, et *capables d'interférer,* c'est-à-dire décomposables d'une infinité de manières en demi-vibrations exactement contraires l'une à l'autre : sans rien spécifier sur la forme et l'orientation de ces vibrations, il épuise la suite des conséquences qui peuvent se déduire de ce *postulatum* fondamental, et c'est ainsi qu'il rend compte des lois de la diffraction et de la formation des ombres, de celles de la réflexion et de la réfraction, les ramenant toutes à dé-

(1) Voyez la lettre de M. de Senarmont insérée dans l'Avertissement.

(2) Voyez en particulier ce qui est dit ci-après à l'article X de la théorie de la double réfraction.

pendre du fécond principe des interférences. Ses raisonnements, en apparence restreints aux milieux uniréfringents, ont, pour qui sait les comprendre, une portée plus générale et sont applicables, sauf d'évidentes modifications dans les calculs, aux milieux où la vitesse de propagation n'est pas la même en tous sens, pourvu que la loi de cette vitesse soit connue. Ils ne sont pas moins indépendants d'une hypothèse sur la nature des vibrations lumineuses, dont Fresnel adopte le langage dans ses premiers écrits; comme tous ses devanciers et tous ses contemporains[1], il admet qu'il n'y a dans ces milieux élastiques d'autres vibrations que des vibrations normales à la surface des ondes, accompagnées de dilatations et de condensations alternatives; mais le fond de sa théorie est si peu lié avec cette manière de s'exprimer, qu'il n'a pas eu dans la suite un seul détail à y changer, lorsqu'il les a reproduits dans l'article LUMIÈRE du *Supplément à la Chimie de Thomson,* après avoir reconnu la différence essentielle qui existe entre les vibrations du son et celles de la lumière.

L'établissement de cette différence, la démonstration du principe des vibrations transversales, l'étude des phénomènes qu'il suffit à expliquer, [forment la deuxième partie de ses recherches.] Les conditions de l'interférence des rayons polarisés sont d'abord déterminées par des expériences aussi variées que rigoureuses; de ces conditions Fresnel déduit que, dans la lumière polarisée, les vibrations sont parallèles à la surface des ondes, rectilignes et parallèles ou perpendiculaires au plan de polarisation. Comme toute espèce de lumière peut être obtenue par la combinaison de lumières polarisées dans divers plans, la généralité du principe des vibrations transversales est complète, et, par une conséquence facile à apercevoir, tous les phénomènes qui dépendent du partage de la lumière entre les rayons réfléchis et les rayons réfractés et entre deux rayons réfractés différemment, et de la réunion ultérieure de ces rayons, sont ramenés aux lois mécaniques de la décomposition et de la composition des mouvements. La simplicité de cette théorie nouvelle contraste étrangement avec la complexité

(1) On verra plus loin jusqu'à quel point il y aurait lieu d'excepter Young de cette assertion générale.

des hypothèses où les partisans du système de l'émission avaient à peine trouvé un semblant d'explication des phénomènes; la confirmation expérimentale de l'infinie variété de ses conséquences est une seconde démonstration du principe de la transversalité des vibrations.

Enfin, après avoir ainsi défini la nature des vibrations lumineuses, Fresnel cherche à pénétrer le secret de leur origine, et tente de découvrir comment est constitué le milieu qui les propage, non-seulement en lui-même, mais en tant qu'il est modifié par les corps pondérables à l'intérieur desquels il est engagé. Les mémoires sur la double réfraction, dont la série complète paraît ici pour la première fois, sont l'œuvre principale de cette nouvelle tendance; mais on y doit aussi rattacher les dernières recherches sur la loi des modifications que la réflexion (ou la réfraction) imprime à la lumière polarisée, les travaux relatifs à la double réfraction particulière du cristal de roche et de certains fluides homogènes, l'explication de l'influence du mouvement de la terre sur les phénomènes d'optique, et enfin quelques indications sommaires sur la théorie de la dispersion et de l'absorption, jetées comme en passant dans plusieurs de ces mémoires[1].

On étudiera séparément ces trois groupes de recherches, en faisant précéder chaque étude d'une esquisse rapide des progrès que la science avait pu accomplir avant Fresnel.

(1) Ces divisions correspondent à peu près, mais non tout à fait exactement, à la première, la seconde et la quatrième section de cette édition. Pour la commodité du lecteur, on a placé dans la deuxième section tous les mémoires relatifs à la polarisation chromatique et à la réflexion de la lumière, soit que Fresnel y développe simplement les conséquences du principe des vibrations transversales, soit qu'il essaye d'y remonter jusqu'aux causes mécaniques des phénomènes. L'article LUMIÈRE du *Supplément à la Chimie de Thomson*, qui est comme un résumé des deux premières sections, joint à quelques pièces de controverse, a formé une troisième section; dans une cinquième et dernière section on a réuni des écrits d'importance très-inégale, où Fresnel a traité des sujets qui ne paraissent l'avoir occupé que d'une manière incidente.

III.

Les devanciers de Fresnel n'ont guère dépassé ce premier point de vue, où l'on considère la lumière comme un système d'ondes à vibrations indéterminées, ou plutôt ils ont admis comme évident que ces ondes ne différaient des ondes sonores que par la période des vibrations et la vitesse de propagation. L'idée même d'ondulations et de vibrations périodiques ne s'est formée que par degrés. Le fondateur de la théorie, Huygens[1], n'a jamais égard dans ses rai-

[1] Ni Huygens, ni aucun des auteurs qui, au XVIIe siècle, ont considéré la lumière comme un mouvement, ne présentent cette idée comme une invention personnelle; ils la traitent comme une de ces hypothèses courantes qui n'appartiennent à personne, mais que chacun est tenu de discuter. Il serait bien difficile d'ailleurs d'assigner le moment où cette hypothèse a été énoncée pour la première fois : on la trouve, à ce qu'il paraît, dans les manuscrits de Léonard de Vinci (voyez Libri, *Histoire des mathématiques en Italie*, t. III, p. 43 en note), et il est à croire qu'elle est beaucoup plus ancienne; si, dès l'origine de la philosophie grecque, le feu a été considéré tantôt comme une matière, tantôt comme un mouvement, ces deux explications ne pouvaient manquer d'être étendues jusqu'à la lumière, qui est un des effets sensibles du feu. Mais le véritable fondateur de la théorie des ondes n'est pas l'alchimiste ou le scolastique chez qui l'on parviendra à en découvrir le premier aperçu plus ou moins explicite; ce titre devra toujours appartenir à celui qui, le premier, a su tirer un corps de doctrine scientifique de ce qui n'était avant lui qu'une vague hypothèse, et personne, à notre avis, ne pourra le disputer à Huygens.

Descartes, qu'on a l'habitude de citer comme le premier inventeur avant Huygens, ne considère pas la lumière comme un mouvement propagé par ondes successives, mais comme une pression transmise *instantanément* par l'intermédiaire du second élément; il ne peut d'ailleurs de cette étrange notion déduire l'explication d'aucun phénomène : il ne sait que comparer la réflexion et la réfraction à la réflexion d'une bille qui rencontre un plan solide et à la déviation d'un projectile qui, traversant une surface résistante, comme celle d'une toile bien tendue, conserve la même vitesse de propagation parallèlement à cette surface, tandis que la composante normale de la vitesse est modifiée. Il est difficile de concevoir comment Euler a pu trouver dans cette vaine doctrine une première esquisse de la théorie des ondes, et comment l'assertion d'Euler a pu être répétée par tout le monde; Huygens, qui probablement avait lu Descartes avec plus d'attention que ses successeurs, présente lui-même son propre système comme entièrement opposé au système cartésien. (Voyez le *Traité de la Lumière*, ch. Ier.)

Young et Arago ont souvent cité Hooke à côté de Huygens, comme un des fondateurs de la théorie des ondes, et lui ont même attribué la découverte du principe des interférences. Il est bien vrai que Hooke définit la lumière comme «un mouvement rapide de vibrations de très-petite amplitude,» *a movement quick, vibratile, of extreme shortness.* (*Micrographia*, p. 55.) Mais ce mouvement aurait, suivant lui, l'inconcevable pro-

sonnements qu'à l'onde produite par une impulsion unique des molécules du centre lumineux; il la conçoit bien précédée et suivie d'ondes pareilles se propageant avec la même vitesse et douées des mêmes propriétés: mais comme il ne suppose pas qu'il y ait aucune relation générale entre les mouvements de ces ondes successives[1], il n'en combine jamais les effets, et en particulier la notion de l'interférence constante de deux ondulations qui apporteraient sans cesse en un même point des mouvements opposés l'un à l'autre lui est absolument étrangère. De là une grande lacune dans sa théorie. Lorsque, considérant deux positions successives d'une même onde, il cherche à faire voir que la deuxième onde résulte de la combinaison de toutes les ondes élémentaires qui ont pour centres les divers points de la première, il n'a pas de peine à établir que ces ondes élémentaires ont une enveloppe commune, qui est l'onde dont il s'agit, et qu'au delà de cette enveloppe il ne saurait y avoir de mouvement; mais il ne prouve pas d'une manière suffisante qu'à l'intérieur de cette enveloppe le mouvement soit insensible. Le lecteur admet volontiers que les ondes élémentaires doivent être constituées de manière que cette condition soit satisfaite, parce qu'il est impos-

priété de se propager instantanément à toute distance et ne différerait guère par conséquent de la pression de Descartes. Hooke revient sans cesse sur cette notion d'une propagation instantanée; il essaye même, dans ses *Lectures on Light* (page 76 des œuvres posthumes), de réfuter, par des objections aussi vagues que peu concluantes, les conséquences que Rœmer a tirées de l'observation des satellites de Jupiter. Il est bien évident que l'idée d'une propagation instantanée est incompatible avec celle des interférences; et en effet, si on lit avec attention l'explication des anneaux colorés, où l'on a voulu trouver le germe de la grande découverte de Young (*Micrographia*, p. 64), on n'y reconnaît que le développement d'une théorie des couleurs assez analogue à celle que plus tard Gœthe a vainement tenté de substituer à la théorie de Newton.

Le seul auteur qu'on puisse raisonnablement mentionner comme un devancier d'Huygens est le jésuite Pardies, connu dans l'histoire de la philosophie par son *Discours de la connaissance des bêtes*, où il réfute l'opinion cartésienne. Le P. Pardies n'a rien publié lui-même sur la théorie de la lumière; mais Huygens a vu ses manuscrits, et le jugement qu'il en porte dans son *Traité de la lumière* (p. 18) autorise à penser que les idées du P. Pardies ont été exactement reproduites par le P. Ango, dans son *Optique*, imprimée en 1682. Dans cet ouvrage, comme dans le *Traité de la Lumière*, il n'est jamais question que d'ondes indépendantes, et les difficultés résultant de cette manière d'envisager les choses, que Huygens n'a pas su résoudre entièrement, ne paraissent pas même être soupçonnées.

[1] Il dit même précisément le contraire à la page 15 du *Traité de la Lumière*.

sible que deux modes de raisonnement également légitimes conduisent à des conséquences contradictoires; mais cette justification indirecte lui fait défaut lorsque Huygens traite de la même manière la réflexion et la réfraction, prenant, sans autre démonstration, pour surface de l'onde réfléchie ou réfractée l'enveloppe des ondes élémentaires qui ont pour centres les divers points de la surface réfléchissante ou réfringente[1]. La formation des ombres n'est pas expliquée d'une manière plus satisfaisante. Néanmoins, malgré toutes ces difficultés non résolues, en substituant une onde au point lumineux qui en est le centre et décomposant cette onde elle-même en une infinité d'éléments dont chacun agit à son tour comme un point lumineux, Huygens a donné à ses successeurs la méthode féconde qui devait les conduire aux plus importantes découvertes, lorsque la notion de la périodicité des vibrations lumineuses leur serait devenue familière.

C'est comme une conséquence nécessaire des découvertes de Newton que cette idée s'est introduite dans la science[2]. La démonstration de l'hétérogénéité de l'agent lumineux conduisait en effet à distinguer divers modes d'ondulation caractéristiques des diverses couleurs, et le phénomène des anneaux colorés impliquait si évidemment le retour périodique de quelques affections des rayons lumineux, que Newton lui-même a dû admettre quelque chose de semblable[3]. Le premier qui, moins sensible à l'autorité de Newton

[1] Huygens se contente de dire que le mouvement qui peut exister sur chacune des ondes élémentaires ne peut être qu'infiniment faible par rapport à celui qui existe sur l'onde enveloppe «à la composition de laquelle toutes les autres contribuent par la partie de leur surface qui est la plus éloignée du centre.» (*Traité de la Lumière*, p. 18.) A l'inspection de la figure jointe à ce passage et des figures relatives à la réflexion et à la réfraction, l'assertion peut sembler évidente; mais en réalité ces figures ne représentent que la combinaison d'ondes circulaires situées dans un même plan, et si à ces ondes circulaires on substitue par la pensée les ondes *sphériques* par lesquelles la lumière est propagée, on voit, en approfondissant le sujet, qu'à une distance finie de l'onde enveloppe l'intensité des mouvements est moindre que sur l'enveloppe, mais non pas infiniment moindre. Les expériences sur la combinaison des ondes liquides décrites dans la *Wellenlehre* des frères Weber, qu'on a quelquefois citées à l'appui du raisonnement incomplet de Huygens, se rapportent à des ondes qu'on peut regarder comme circulaires, car elles n'ébranlent le liquide que jusqu'à une bien petite profondeur.

[2] On en trouverait cependant quelques traces dans l'*Optique* d'Ango, mais sans aucune des conséquences qu'on en a déduites plus tard.

[3] On sait même que Newton avait cherché à rendre compte du phénomène par des

qu'aux difficultés de son système, oserait revenir à la théorie des ondulations, ne pouvait manquer de considérer les ondes lumineuses comme se succédant périodiquement à des intervalles réguliers, dépendant de la couleur, ou, ce qui revient au même, de la réfrangibilité de la lumière. Euler l'a fait, et, bien qu'il ait considéré la durée des vibrations tantôt comme croissant et décroissant avec la réfrangibilité, tantôt comme variable en sens inverse[1], bien qu'il ait donné de la plupart des phénomènes connus de son temps les explications les plus inexactes[2], il ne mérite pas moins de conserver dans l'histoire de l'optique une place éminente pour avoir dit d'une manière expresse que les ondulations lumineuses sont périodiques comme les vibrations sonores, et que la cause des différences de coloration est au fond la même que la cause des différences de tonalité.

IV.

Toutes les vibrations sonores qui résultent du libre jeu des forces élastiques d'un corps primitivement ébranlé sont décomposables d'une infinité de manières en deux demi-vibrations exactement contraires l'une à l'autre, de sorte qu'à deux époques séparées par une

vibrations propagées dans un milieu spécial appelé *éther*, qui contrariaient ou favorisaient la réflexion des molécules lumineuses sur la deuxième surface de la lame mince, suivant qu'elles tendaient à les pousser vers cette surface ou à les en écarter. (Voyez l'*Optique* de Newton, livre II, 3ᵉ partie, proposition XII, et les questions XVII, XXI et XXIX à la suite de l'*Optique*.)

[1] La première opinion est adoptée par Euler en suite d'une théorie tout à fait inexacte de la dispersion, dans la *Nova theoria lucis et colorum* imprimée à Berlin en 1744; la seconde se trouve dans la *Nouvelle explication physique des couleurs engendrées par des surfaces extrêmement minces* (*Mémoires de l'Académie de Berlin* pour 1752); mais elle n'est appuyée que sur une explication très-imparfaite des anneaux colorés.

[2] On sait, par exemple, qu'Euler expliquait la coloration des corps par des vibrations de leur matière qui seraient entretenues par l'excitation continuelle des vibrations lumineuses incidentes. Une autre erreur, qui n'est guère moins surprenante, est d'avoir supposé qu'un rayon de lumière consistait en des impulsions périodiques extrêmement courtes, séparées par des intervalles de repos relativement très-longs. C'était suivant lui le seul moyen de concevoir comment une infinité de rayons de directions différentes peuvent traverser, sans se troubler, un trou de petit diamètre. Huygens avait cependant donné du phénomène l'explication mécanique la plus claire et la plus exacte. (Voyez le *Traité de la lumière*, page 16.)

demi-vibration, et plus généralement par un nombre impair de demi-vibrations, les vitesses des molécules sont égales et opposées. Si deux vibrations de ce genre, parties d'une même origine, viennent, après avoir parcouru des chemins inégaux, se réunir en un même point sous des directions sensiblement parallèles, elles devront se renforcer ou s'affaiblir réciproquement, suivant que la différence de leurs durées de propagation à partir de l'origine sera d'un nombre pair ou impair de demi-vibrations; et si la différence des chemins parcourus n'est qu'une petite fraction de ces chemins eux-mêmes, l'intensité des deux vibrations étant à peu près égale, il y aura repos presque absolu au point où elles seront en discordance complète. Si les vibrations lumineuses sont constituées d'une manière analogue, il sera possible, en ajoutant de la lumière à de la lumière dans des conditions convenables, de produire de l'obscurité.

Telle est la substance des raisonnements qui ont conduit Thomas Young à l'expérience mémorable par laquelle le système de l'émission a été définitivement réfuté, et l'existence des ondes lumineuses rendue, pour ainsi dire, aussi palpable que celle des ondes sonores[1]. Sur deux trous étroits et voisins, percés dans un écran opaque, Young a fait arriver le faisceau des rayons solaires transmis par un autre trou étroit pratiqué dans le volet de la chambre obscure; les deux cônes lumineux qui se sont propagés au delà de l'écran opaque ont été dilatés par la diffraction, de manière à empiéter l'un sur l'autre, et dans la partie commune il s'est produit, au lieu d'un

[1] C'est le phénomène des battements qui paraît avoir suggéré à Young la première idée de l'interférence des vibrations. Les ondulations d'où résultent les battements ne sont ni de même origine ni de même période; mais si les périodes sont peu différentes, ces vibrations se trouvent alternativement dans les conditions favorables à leur renforcement et à leur affaiblissement réciproques, et ces effets contraires sont sensibles à l'oreille.

Un principe de Newton a été souvent mentionné par Young comme renfermant une première application du principe des interférences : c'est l'explication de certaines marées anormales, observées par Halley dans la mer de Chine, qui se trouve au troisième livre des *Principes* (prop. XXIV). Suivant Newton, les ondes de la marée océanique pénétreraient dans cette mer par les deux détroits situés au nord et au sud de l'archipel des Philippines, et, dans les ports où ces deux ondes arriveraient avec un retard de six heures l'une sur l'autre, elles se détruiraient réciproquement, au moins lorsque, la lune étant dans le plan de l'équateur, il y a égalité entre les deux marées consécutives d'un même jour.

accroissement général de l'intensité lumineuse, une série de bandes alternativement obscures et brillantes, occupant exactement les positions où, d'après la théorie, les mouvements vibratoires devaient réciproquement se renforcer et s'affaiblir. Les bandes ont disparu lorsqu'on a fermé l'un des deux trous. Elles ont disparu également lorsqu'au faisceau unique originaire d'un trou étroit on a substitué la lumière solaire directe ou celle d'une flamme artificielle : il est facile de comprendre cet effet, vu que dans ce cas les conditions de maximum et de minimum d'intensité lumineuse ne sont pas satisfaites aux mêmes points par les divers groupes de rayons qu'on peut concevoir émanés des divers points de la source [1].

Rien de plus varié que la série des conséquences que Young a su déduire de sa découverte. Elle lui a d'abord expliqué, jusque dans leurs plus minutieux détails, ces couleurs des lames minces dont Newton avait déterminé les lois avec tant de soin et d'exactitude : les rayons réfléchis aux deux surfaces de la lame parviennent évidemment à l'œil en des temps inégaux, puisque les uns traversent deux fois la lame et que les autres n'y pénètrent pas. Suivant les valeurs diverses de cette inégalité des durées de propagation, c'est-à-dire suivant l'épaisseur et la nature de la lame, suivant l'inclinaison de la lumière incidente, ces deux groupes de rayons doivent alternativement se renforcer et s'affaiblir; et comme les conditions de ces effets opposés, liées avec la durée des vibrations, ne sont pas les mêmes pour tous les éléments de la lumière blanche, l'inégale modification d'intensité de ces divers éléments en un point donné de la lame a pour conséquence l'apparition des couleurs; et si, pour rendre un compte tout à fait exact des particularités du phé-

[1] Grimaldi, à qui l'on a souvent attribué la première observation des interférences, recevait la lumière solaire directe sur deux trous très-étroits, percés dans le volet même de sa chambre obscure. Les deux cônes transmis étaient légèrement colorés sur leurs bords par la diffraction, et, lorsque ces bords venaient à empiéter l'un sur l'autre, il en résultait des effets qui ont paru indiquer à Grimaldi que, dans certains cas, la lumière en s'ajoutant à de la lumière produisait de l'obscurité. *Lumen aliquando per sui communicationem reddit obscuriorem superficiem corporis aliounde ac prius illustratam.* (*Physico-mathesis de lumine*, prop. XXII.) Mais il n'a rien décrit et n'a rien pu observer de semblable aux bandes *alternées* que Young a obtenues un siècle et demi plus tard et qu'obtiennent sans difficulté tous ceux qui répètent son expérience. (Voyez la traduction de la XXIIe proposition de Grimaldi dans les *Annales de chimie et de physique*, 2e série, t. X, p. 306.)

nomène, il faut admettre une nouvelle propriété de la réflexion, l'expérience directe confirme l'existence de cette propriété. Les couleurs semblables à celles des lames minces, que Newton a obtenues avec des plaques épaisses, et qui lui ont semblé un corollaire de la théorie des accès, s'expliquent par les mêmes principes. Tandis que Newton était obligé de supposer, *ce qui est contraire à l'expérience*, que la deuxième surface de ces plaques possédait, à un degré très-sensible, la faculté de diffuser la lumière en tous sens, la théorie nouvelle attribue cette propriété *à la première surface* rencontrée par les rayons lumineux, et l'expérience confirme encore cette conclusion. Les phénomènes de diffraction, ces franges intérieures et extérieures à l'ombre des corps opaques, qui se montrent toutes les fois qu'on réduit suffisamment le diamètre de la source lumineuse, et qui, dans les conditions les plus habituelles des expériences, se cachent dans la confusion de la pénombre, résultent aussi de mouvements vibratoires qui, venant de divers côtés, et en suivant des chemins inégaux, concourir en un même point, tantôt se renforcent, tantôt s'affaiblissent. Un grand nombre de phénomènes naturels doivent être rapportés aux mêmes principes, entre autres les arcs colorés qui s'observent souvent au delà du violet de l'arc-en-ciel ordinaire, et dont les théories de Descartes et de Newton sont incapables de rendre compte ; les couronnes qui, dans une atmosphère chargée de gouttelettes d'eau en suspension, apparaissent autour du soleil et de la lune ; l'irisation superficielle des minéraux, le reflet chatoyant des plumes des oiseaux et, en particulier, de toute surface présentant de fines inégalités régulièrement espacées. Partout où l'on peut distinguer deux groupes de rayons dont les durées de propagation sont inégales, soit parce qu'ils ont pénétré à des hauteurs inégales dans la goutte de pluie productrice de l'arc-en-ciel, soit parce que les uns ont cheminé dans l'air, les autres dans des gouttelettes aqueuses, soit parce que les uns se sont réfléchis sur le sommet, les autres sur le point le plus bas des stries d'une surface, partout l'observateur reconnaît les alternatives de lumière et d'obscurité et les colorations variables caractéristiques de l'interférence. Enfin ces divers phénomènes déterminent les éléments numériques fondamentaux des vibrations lumineuses, et substituent des données précises aux vaines conjectures d'Euler. Ils s'accordent tous à démontrer que les ondulations les plus réfrangibles sont aussi les plus rapides; d'ailleurs, même dans les ondulations les plus lentes, cette rapidité est de nature à confondre l'imagination : en une seconde il ne s'accomplit pas moins de quatre à cinq cents trillions de vibrations sur un rayon de lumière rouge, et de sept à huit cents trillions sur un rayon de lumière violette.

L'admiration qu'inspireront toujours les écrits où sont exposées ces immortelles découvertes (1) n'en doit pas dissimuler les imperfections et les lacunes. Comme il arrive souvent aux génies qui se sont formés eux-mêmes sans recevoir et sans se donner la forte discipline d'une étude régulière de la tradition scientifique (2), Young n'a ja-

(1) Ce sont les trois mémoires lus à la Société royale de Londres le 12 novembre 1801, le 1er juillet 1802 et le 24 novembre 1803, qui ont respectivement pour titres : *On the theory of Light and Colours*; — *An account of some cases of the production of Colours not hitherto described*; — *Experiments and Calculations relative to physical Optics*. Le mémoire plus ancien, qui a pour titre : *Experiments and Inquiries respecting Sound and Light*, ne contient guère qu'un examen comparatif des mérites du système de l'émission et du système des ondulations, où il n'y a rien de très-nouveau. Seulement un passage sur l'analogie qui existe entre les lois des anneaux colorés et celles des tuyaux fermés, rapproché de l'explication qui est donnée de ces dernières lois, montre que Young était déjà en possession du principe des interférences et qu'il en connaissait toute la portée. Les *Lectures on natural Philosophy*, publiées en 1807, résument d'une manière systématique les idées de Young sur la nature de la lumière, sans beaucoup ajouter à ce qu'on trouve dans les mémoires déjà cités. Depuis cette époque jusqu'au moment où les travaux de Fresnel sont venus réveiller l'activité de Young, il a peu écrit et n'a rien publié sous son nom sur des matières scientifiques; il s'est contenté de défendre ses anciennes idées et d'y ajouter un petit nombre de développements nouveaux (dont il sera question plus loin), dans quelques articles anonymes de la *Quarterly Review*, où il faisait la critique des travaux inspirés aux savants contemporains par le système de l'émission.

(2) Dès son enfance, Young avait montré les facultés les plus rares et surtout une souplesse d'esprit qui lui permettait de les appliquer, au même moment et avec un égal succès, aux études les plus diverses. A treize ans, au sortir d'une école privée où on lui avait enseigné les langues anciennes et les premiers éléments des mathématiques, seul et sans maître, dans la maison paternelle, il tentait d'apprendre à la fois l'hébreu, la botanique et l'optique; à seize ans il étudiait en même temps Hésiode et Aristophane, Simpson et Newton, Linné et Boërhave, Lavoisier et Black, et lorsqu'à l'entrée de la jeunesse il sortait du cercle étroit où l'avaient d'abord confiné les opinions religieuses de sa famille (a); il attirait tout de suite sur lui l'attention des esprits les plus éminents et des plus grands personnages de l'Angleterre. Porson l'admettait à discuter avec lui les points controversés d'archéologie et de philologie grecques; le duc de Richmond lui proposait d'en-

(a) Il était quaker de naissance.

mais bien compris la différence qu'il y a entre un *aperçu* et une véritable démonstration, ainsi que Laplace le lui reprochait dans une lettre que l'éditeur des œuvres de Young a publiée (t. Ier, p. 374). Il ne faut pas entendre par là seulement que Young a ignoré ou négligé l'art de présenter ses découvertes sous cette forme classique qui les aurait fait accueillir plus promptement par les interprètes autorisés de la science contemporaine; il faut reconnaître que, dans bien des cas, il a passé à côté de difficultés déjà signalées, sans paraître les apercevoir, et que, d'autres fois, il s'est contenté d'expliquer en gros les phénomènes sans instituer entre l'expérience et la théorie cette comparaison minutieuse qui garantit seule la possession de la vérité [1]. Ainsi il n'a fait faire aucun progrès à la théorie de la réflexion et de la réfraction, acceptant comme entièrement satisfaisant tout ce que Huygens en avait dit [2]. Il n'a pas peut-être

trer dans la carrière politique en devenant son secrétaire; Burke et Windham lui conseillaient le barreau et lui offraient leur direction pour l'étude des lois. Mais personne ne paraissait soupçonner que les sciences physico-mathématiques, la philosophie naturelle, comme on disait alors, fussent la vocation propre de ce brillant et universel génie, et lui-même l'ignorait probablement. Des considérations de famille, le désir de s'assurer la bienveillance d'un oncle riche lui firent embrasser la profession médicale; la nécessité d'un apprentissage régulier le conduisit successivement à Londres, à Édimbourg, à Gœttingue et à Cambridge, et c'est durant son séjour à Gœttingue que sa pensée commença à se fixer sur les objets qui ne devaient plus cesser de l'occuper. Pour le sujet de la thèse qu'il était tenu de composer, il choisit la théorie de la voix humaine; l'étude de la production et de la propagation du son le conduisit bientôt à la théorie générale des ondes et à l'optique.

Bien des gens penseront que cette éducation tout individuelle et spontanée était la meilleure que pût recevoir une pareille nature. Peut-être Young en jugeait-il autrement, lorsqu'il prononçait cette parole mélancolique, conservée par la tradition de ses amis :

« Quand j'étais un enfant, je me croyais un homme; maintenant que je suis homme, je vois que je ne suis qu'un enfant [a]. »

[1] Il a dit lui-même qu'il mettait sa gloire et son plaisir à se passer autant que possible de l'expérience.

« For my part, it is my pride and pleasure, as far as I am able, to supersede the necessity of experiments. » (Lettre à M. Gurney, citée par Peacock, *Life of Young*, p. 477.)

[2] Dans ses *Experiments and Inquiries respecting Sound and Light*, Young admet, à peu près sans démonstration, comme avant lui le P. Pardies, que l'onde réfractée est le lieu des points où le mouvement vibratoire arrive dans le même temps (§ 10); dans le mémoire *On the theory of Light and Colours*, il adopte sans restriction la théorie de la

[a] « When I was a boy, I thought myself a man; now that I am a man, I find myself a boy. » (Peacock, *Life of Young*, p. 117.)

été assez difficile pour la démonstration expérimentale de son principe fondamental : les deux rayons qu'il faisait interférer lui étaient fournis par un phénomène aussi mystérieux pour lui que pour ses prédécesseurs, *l'inflexion* de la lumière dans l'ombre des corps opaques, et les partisans de l'ancien système pouvaient soutenir, avec quelque apparence de raison, que les interférences n'étaient qu'une particularité spéciale aux phénomènes de diffraction[1]. Ce qu'il a dit de la diffraction est à peu près entièrement inexact. Suivant lui ce phénomène résulterait, dans certains cas, de l'interférence des rayons directs avec les rayons réfléchis sur les bords des corps, et, dans d'autres, de l'interférence des rayons infléchis de côtés opposés par une atmosphère condensée au voisinage de ces bords. Fresnel a montré depuis que les circonstances les plus propres à modifier la proportion de la lumière réfléchie sur les bords, et l'état de l'atmosphère condensée dans leur voisinage, n'exerçaient pas la moindre influence sur les phénomènes de diffraction.

V.

Si, en tenant compte de ces remarques critiques, on rapproche l'œuvre de Young de celles de Huygens et d'Euler, on reconnaîtra qu'au commencement de ce siècle trois points fondamentaux étaient acquis à la science : la notion de la périodicité des vibrations lumineuses, le principe des interférences, et la méthode de raisonnement où l'on considère, à l'exemple de Huygens, chaque élément d'une onde comme un centre lumineux particulier. Mais on recon-

propagation rectiligne donnée par Huygens, qui est au fond la même que la théorie de la réflexion et de la réfraction.

(1) L'obscurité, le manque de rigueur et tous les défauts de forme qu'il est si facile de relever dans les écrits de Young ne leur ont pas seulement attiré le jugement défavorable de Laplace et de Poisson, elles ont été l'occasion d'attaques insultantes que la *Revue d'Édimbourg* a publiées à diverses reprises, et qui par leur succès immérité ont découragé Young et l'ont éloigné de la science pour plusieurs années. L'illustration que s'est acquise au barreau et en politique l'auteur de ces attaques (M. Henri Brougham, depuis lord Brougham) leur a conservé une sorte de célébrité ; pour les réduire à leur juste valeur, il suffira de dire que l'auteur, ne pouvant s'expliquer l'expérience fondamentale des interférences, prend le parti de la nier, sans songer un moment à la répéter lui-même.

naîtra aussi qu'il existait de graves difficultés dans presque toutes les applications qu'on avait faites de ces principes, et que les géomètres illustres, dont l'opinion gouvernait alors le monde scientifique, ne manquaient pas de bonnes raisons pour justifier leur opposition persistante à la nouvelle doctrine. Personne ne soupçonnait qu'une combinaison du principe des interférences avec le principe de Huygens donnerait la solution de la plupart de ces difficultés.

Cette découverte était réservée à un jeune ingénieur des ponts et chaussées, qui, peu d'années après sa sortie de l'École polytechnique, dans les circonstances les moins favorables à l'étude, fut amené, par ses réflexions sur les propriétés de la lumière, à sentir l'insuffisance du système newtonien. Augustin-Jean Fresnel (né à Broglie, département de l'Eure, le 10 mai 1788), malgré une santé délicate qui l'avait d'abord retardé dans ses études, était entré à l'École polytechnique à l'âge de seize ans. Admis, à sa sortie de l'École, dans le corps des ponts et chaussées, il avait passé près de trois années à l'École d'application, et, devenu ingénieur, avait d'abord été attaché aux travaux des routes que le gouvernement impérial faisait construire autour de Napoléon-Vendée, puis, vers la fin de l'année 1812, chargé de prolonger au delà de Nyons [1] la route qui, en rejoignant par la vallée d'Eygues le passage du mont Genèvre, devait établir la communication la plus directe entre l'Espagne et l'Italie. Dans l'isolement à peu près complet où il dut ainsi passer plusieurs années, il chercha à se distraire, par des études personnelles, des soucis et des dégoûts de la vie pratique, auxquels il resta toujours très-sensible [2]. Ce n'est pas du côté de l'optique que se tournèrent d'abord ses pensées. Sous l'influence des souvenirs d'une éducation de famille où la religion avait tenu la première

(1) Chef-lieu d'arrondissement du département de la Drôme.

(2) «Ce genre de vie, quoique un peu pénible, écrivait-il quelques années plus tard à Arago, en lui racontant ses travaux d'ingénieur, me conviendrait assez si je ne fatiguais que mon corps, et si je n'avais l'esprit tourmenté par les inquiétudes de la surveillance et par la nécessité de gronder et de faire le méchant.» (Lettre à Arago du 14 décembre 1816, N° LVII.) — «Je ne trouve rien de si pénible que d'avoir à mener des hommes, et j'avoue que je n'y entends rien du tout.» (Lettre du 29 décembre 1816 à M. Léonor Mérimée, son oncle, N° LIX.)

place, il commença à méditer sur les questions philosophiques et s'efforça de trouver une démonstration scientifique et rigoureuse de la vérité de quelques-unes des croyances qui avaient été jadis pour lui l'objet de la foi la plus ardente; mais il ne communiqua jamais ses pensées qu'aux membres de sa famille et à ses plus intimes amis. Quelques études d'hydraulique et de chimie industrielle l'occupèrent dans le même temps et le firent entrer en relations avec plusieurs membres de l'Académie des sciences, notamment avec Darcet, Thenard et Gay-Lussac. Enfin, probablement dans les premiers mois de 1814, son attention fut attirée de nouveau sur les difficultés que lui avait présentées, à l'École polytechnique, la doctrine acceptée de la matérialité du calorique et de la lumière, et la recherche d'une théorie plus satisfaisante devint bientôt le but de ses efforts [1].

Il n'était point préparé à cette recherche par les études de l'École polytechnique. L'enseignement de la physique, confié depuis l'origine à l'ancien membre de la Commune de Paris, Hassenfratz, était bien loin d'avoir dans cette grande École l'importance que Petit lui donna quelques années après [2]. Fresnel n'avait pu y trouver aucune notion tant soit peu exacte des travaux de ses devanciers sur la théorie des ondes, et, dans l'isolement où il avait toujours vécu, il n'avait pu suppléer à l'imperfection de ses connaissances par la lecture de bons traités généraux de physique, qui faisaient défaut à cette époque [3]. Cette situation, qui l'exposait à se consumer en efforts

[1] La première indication de la direction nouvelle des pensées de Fresnel se trouve dans la lettre à Léonor Fresnel du 15 mai 1814. «Je voudrais bien,» lui disait-il après avoir demandé l'envoi d'un exemplaire de la *Physique* de Haüy, «avoir aussi des mémoires qui me missent au fait des découvertes des physiciens français sur la polarisation de la lumière. J'ai vu dans le *Moniteur*, il y a quelques mois, que Biot avait lu à l'Institut un mémoire fort intéressant sur la *polarisation de la lumière*. J'ai beau me casser la tête, je ne devine pas ce que c'est.» (Voyez N° LIX.)

Le mémoire de Biot est probablement le *Mémoire sur une nouvelle application de la théorie des oscillations de la lumière*, qui a été lu à la première classe de l'Institut le 27 décembre 1813. Cette date fixerait à peu près l'époque des premières réflexions de Fresnel sur la lumière.

[2] Voyez, sur Hassenfratz et son enseignement, l'*Histoire de ma jeunesse*, d'Arago, t. Ier, p. 12.

[3] En dehors des anciens ouvrages des auteurs du XVIIIe siècle, on n'avait guère à

stériles sur des questions déjà résolues ou trop éloignées encore de leur solution [1], aurait pu se prolonger longtemps si les événements politiques de 1815, en arrêtant pendant quelques mois la carrière d'ingénieur de Fresnel, ne lui avaient donné des loisirs forcés, dont l'emploi fut décisif pour son avenir scientifique. Suspendu de ses fonctions d'ingénieur et mis en surveillance à Nyons, au début des Cent-jours, pour s'être joint comme volontaire à la petite armée qui, sous les ordres du duc d'Angoulême, avait tenté un moment de résister dans le Midi à Napoléon revenu de l'île d'Elbe, il ne fut réintégré dans le cadre des ponts et chaussées qu'au mois de juillet par la seconde Restauration, et rappelé au service actif qu'à la fin de 1815. L'intervention bienveillante du préfet de police des Cent-jours, M. le comte Réal, en obtenant pour lui l'autorisation de se rendre de Nyons au village de Mathieu, près de Caen, où s'était retirée sa mère, le ramena à Paris pour quelques jours et lui permit de solliciter les conseils de quelques-uns des maîtres de la science et particulièrement d'Arago. Ce qu'on connaît de ces conseils[2] n'est pas de nature à faire penser qu'ils aient été d'une grande utilité directe pour le jeune physicien; mais l'accueil bienveillant d'Arago lui fut sans doute un encouragement puissant à poursuivre ses recherches.

C'est à l'étude de la diffraction qu'il consacra son séjour au village de Mathieu. Comme Young, il avait promptement reconnu que le phénomène des ombres, qui passait pour la difficulté la plus

cette époque que le *Traité de physique* de Haüy et celui de Libes, tous deux bien incomplets sur l'optique.

(1) On ne peut guère juger d'une autre manière l'explication prétendue nouvelle de l'aberration, et l'essai d'une théorie de la dilatation des corps, dont il est question dans les lettres à Léonor Fresnel en date de 1814. (Voyez le N° LIX.) L'explication de l'aberration est l'objet principal d'un écrit étendu, que Fresnel appelait lui-même ses *Rêveries*, et qu'il a plus tard condamné à un oubli d'où il paru inutile de le tirer. La correspondance qu'on vient de citer en donne suffisamment l'idée.

(2) Voyez le billet d'Arago mentionné dans la note de M. de Senarmont sur la lettre de Fresnel à Arago en date du 23 septembre 1815. (N° I de cette édition.) Arago se borne à indiquer à Fresnel des écrits sur la diffraction qu'il lui était impossible de consulter hors de Paris, et dont la plupart, rédigés en langue anglaise, n'auraient pu lui être utiles qu'avec le concours d'un interprète suffisamment versé dans la science pour en comprendre le sens véritable.

grave du système des ondulations, offrait dans le phénomène accessoire de la diffraction des particularités inexplicables pour le système de l'émission, et il avait compris l'importance d'une connaissance exacte de ces particularités. Il n'avait dans son isolement ni micromètre pour mesurer la largeur des franges qu'il s'agissait d'observer, ni héliostat pour donner aux rayons solaires une direction constante; il se fit lui-même un micromètre avec des fils et des morceaux de carton; il atténua par l'emploi d'une lentille à court foyer les inconvénients du mouvement apparent du soleil; le serrurier du village lui construisit quelques supports, et avec ces appareils grossiers il sut, à force de soins et de patience, obtenir des résultats suffisamment précis pour établir quelques-unes des lois les plus remarquables des phénomènes. Deux mémoires étendus, présentés à l'Académie des sciences à quelques semaines d'intervalle [1], furent le fruit de ces premières recherches. Arago, qui fut chargé de les examiner de concert avec Poinsot, obtint du directeur général des ponts et chaussées, par l'entremise de Prony, que Fresnel fût autorisé à venir passer quelques mois à Paris, au commencement de 1816, pour répéter ses expériences dans de meilleures conditions, et dans ce séjour Fresnel refondit ses deux premiers écrits pour en composer le *Mémoire sur la diffraction* qui est inséré au tome Ier de la 2e série des *Annales de chimie et de physique* [2]. Ces rédactions successives ne diffèrent en rien d'essentiel, mais les premières contiennent des développements, supprimés dans la dernière, qui donnent une idée plus complète de la marche progressive des recherches de l'auteur, surtout quand on les rapproche de quelques lettres adressées à Arago dans les derniers mois de 1815 [3].

C'est, comme on l'a dit tout à l'heure, par l'étude des ombres que Fresnel a commencé ses recherches; c'est par l'observation de l'ombre d'un fil étroit qu'il a été conduit au principe des interférences.

«J'avais déjà collé plusieurs fois, dit-il dans son premier mé-

[1] Ce sont les numéros II et IV de la présente édition.

[2] N° VIII de cette édition.

[3] N^os I, III et V de cette édition.

moire[1], un petit carré de papier noir sur un côté du fil de fer dont je me servais dans mes expériences, et j'avais toujours vu les franges de l'intérieur de l'ombre disparaître du côté du papier, *mais je ne cherchais que son influence sur les franges extérieures* et je me refusais en quelque sorte à la conséquence remarquable où me conduisait ce phénomène. Elle m'a frappé dès que je me suis occupé des franges intérieures, et j'ai fait sur-le-champ cette réflexion : puisque en interceptant la lumière d'un côté du fil on fait disparaître les franges intérieures, le concours des rayons qui arrivent des deux côtés est donc nécessaire à leur production.

« Elles ne peuvent pas provenir du simple mélange de ces rayons, puisque chaque côté du fil séparément ne jette dans l'ombre qu'une lumière continue : c'est donc la rencontre, le croisement même de ces rayons qui produit les franges. Cette conséquence, qui n'est pour ainsi dire que la traduction du phénomène, est tout à fait opposée à l'hypothèse de Newton et confirme la théorie des vibrations. *On conçoit aisément que les vibrations de deux rayons qui se croisent sous un très-petit angle peuvent se contrarier, lorsque les nœuds des unes correspondent aux ventres des autres.* »

Ce passage est tout à fait caractéristique : l'aveu sincère de la préoccupation qui lui a d'abord caché l'importance de son expérience est un exemple de la scrupuleuse fidélité que Fresnel a toujours apportée à l'exposition de ses recherches ; la singulière erreur théorique contenue dans les dernières lignes fait voir combien ses premières études scientifiques étaient demeurées incomplètes : mais l'ensemble témoigne la faculté précieuse, qu'il posséda tout de suite, d'apercevoir le germe des plus importantes découvertes dans un détail expérimental. La suite du travail montre de quelle manière il savait faire porter toutes ses conséquences à un principe solidement établi.

On y voit d'abord Fresnel, après avoir retrouvé le principe des interférences, retrouver encore les autres idées fondamentales de Young, entre autres l'explication des couleurs des lames minces et la théorie des franges extérieures aux ombres, fondée sur l'hypo-

[1] N° II, §§ 15 et 16. — Le passage est reproduit N° VIII, § 6 ; voyez sur l'assertion erronée qui le termine les notes de l'éditeur.

thèse inexacte de l'interférence des rayons transmis directement avec les rayons réfléchis sur les bords des corps. Mais la vraie théorie de la diffraction se trouve implicitement contenue dans la partie de la première communication académique de Fresnel, où il donne de la réflexion et de la réfraction une théorie exempte des difficultés attachées à la théorie de Huygens : il prouve en effet qu'il résulte de l'interférence des vibrations envoyées par les divers éléments de la surface réfléchissante ou réfringente qu'il n'y a pas de lumière sensible en dehors de la direction des rayons réfléchis ou réfractés, toutes les fois que l'étendue de la surface est un peu considérable, c'est-à-dire dans les seules conditions où les lois de la réflexion et de la réfraction soient réellement vérifiées; il ne lui restait qu'à appliquer le même principe à la recherche des effets produits par la combinaison des mouvements vibratoires émanés des divers éléments d'une onde lumineuse, et la formation des ombres serait expliquée. Dans la seconde communication, qui est datée du 10 novembre 1815, Fresnel approche encore de cette découverte, en déduisant du même principe l'explication des couleurs des surfaces striées.

Il ne lui fallut pas bien longtemps pour apercevoir cette conséquence de ses principes, et pour reconnaître, dans une étude expérimentale plus complète, à quel point la théorie de Young, qui était un moment devenue la sienne, était contredite par les faits. Dès le 15 juillet 1816, il présentait à l'Académie un supplément à ses premières communications [1], où la diffraction est pour la première fois rapportée aux effets de l'interférence des vibrations envoyées par les divers points d'une onde que limitent des écrans opaques. Dans les cas relativement simples d'un fil de petit diamètre et d'un diaphragme étroit, en supposant l'observateur placé à une grande distance du fil ou du diaphragme, il fait voir sans calcul que ces effets doivent être précisément des franges comme celles dont l'observation atteste l'existence, et, à défaut d'une comparaison numérique entre la théorie et l'expérience, il établit par une discussion minutieuse que sa théorie rend compte d'un grand nombre de particularités qui sont tout à fait incompatibles avec la théorie de

[1] N° X de la présente édition.

Young; dans le cas d'un corps ayant de grandes dimensions, les mêmes raisonnements démontrent qu'en raison de la petitesse des longueurs d'onde la lumière doit décroître très-rapidement dans l'intérieur du cône géométrique, de manière à devenir totalement insensible à une faible distance; mais ils démontrent aussi que ce décroissement doit se faire d'une manière continue. La formation de l'ombre et l'inflexion de la lumière dans cette ombre se trouvent ainsi simultanément expliquées.

Ce fécond aperçu, qui est devenu plus tard une théorie complète, n'est pas la seule découverte qui ait signalé le séjour de Fresnel à Paris pendant une partie de l'année 1816. Le même supplément aux mémoires sur la diffraction contient la description des expériences célèbres qui ont établi d'une manière définitive que la propriété d'interférence n'appartenait pas seulement aux rayons que la diffraction a détournés de leur direction initiale, et qu'elle peut être manifestée par les rayons réfléchis et réfractés dans les conditions les plus diverses. La détermination des conditions particulières de l'interférence des rayons polarisés, qui a été l'origine du principe des vibrations transversales, remonte à la même époque : il ne pourra en être question que plus loin.

Les nécessités de sa carrière, en rappelant Fresnel à Rennes, où l'attendait un service des plus pénibles [1], ralentirent pendant près d'une année son activité scientifique. C'est vers l'automne de 1817 qu'il fut autorisé à revenir en congé à Paris, et c'est seulement au printemps de 1818 qu'une nomination à un emploi dans le service du canal de l'Ourcq lui permit de considérer ce retour comme définitif. La science devra toujours un souvenir reconnaissant à l'auteur de ces deux mesures, l'honorable M. Becquey, qui, dans les derniers mois de 1817, avait succédé à M. le comte Molé comme directeur général des ponts et chaussées.

C'est précisément vers cette époque qu'une décision de l'Académie des sciences vint engager Fresnel à donner une forme précise et des développements étendus à ce qui n'avait été d'abord qu'un aperçu rapide et un peu vague des véritables causes de la diffraction.

[1] La surveillance des ateliers de charité que l'administration des travaux publics avait établis à la suite de la disette de 1816.

Parmi les membres les plus influents de l'Académie se trouvaient des hommes tels que Laplace et Biot, qui avaient longtemps regardé le système de l'émission comme l'expression de la réalité, et qui croyaient même avoir fait dépendre de ce système des phénomènes qu'avant eux on n'avait pas su y rattacher. Les découvertes de Young et de Fresnel ne les avaient point ébranlés [1]; et, persuadés qu'une étude plus approfondie de ces phénomènes de diffraction et d'interférence, qu'on opposait à leur doctrine chérie, fournirait à cette doctrine l'occasion d'un nouveau triomphe, ils firent mettre au concours par l'Académie, pour le grand prix des sciences mathématiques de l'année 1819, la question de la diffraction dans les termes suivants :

« Les phénomènes de la diffraction, découverts par Grimaldi, ensuite étudiés par Hooke et Newton, ont été, dans ces derniers temps, l'objet des recherches de plusieurs physiciens, notamment de MM. Young, Fresnel, Arago, Pouillet, Biot, etc. On a observé les bandes diffractées qui se forment et se propagent hors de l'ombre des corps, celles qui paraissent dans cette ombre même, lorsque les rayons passent simultanément des deux côtés d'un corps très-étroit, et celles qui se forment par réflexion sur les surfaces d'une étendue limitée, lorsque la lumière incidente et réfléchie passe très-près de leurs bords. Mais on n'a pas encore suffisamment déterminé les mouvements des rayons près des corps mêmes où leur inflexion s'opère. La nature de ces mouvements offre donc aujourd'hui le point de la diffraction qu'il importe le plus d'approfondir, parce qu'il renferme le secret du mode physique par lequel les rayons sont infléchis et séparés en diverses bandes de directions et d'intensités iné-

(1) Voici, à la fin de 1816, tout ce que Biot jugeait à propos de dire des interférences dans son grand *Traité de physique expérimentale et mathématique*.

« En analysant cette idée (l'idée d'une atmosphère moins réfringente que l'air, voisine de la surface des corps), on pourrait peut-être, on devrait du moins, y trouver la cause du phénomène suivant, qui a été observé pour la première fois par M. Young. C'est que, lorsqu'une lame étroite et opaque forme derrière elle des franges intérieures à son ombre, on peut faire disparaître ces franges en plaçant un écran opaque en contact avec la lame, ou en plongeant cet écran à une certaine profondeur dans le faisceau des rayons, soit avant la lame étroite, soit après. M. Arago a trouvé que la disparition a lieu également quand on emploie un écran diaphane d'une épaisseur suffisante. » (T. IV, p. 775.)

gales. C'est ce qui détermine l'Académie à proposer cette recherche pour sujet d'un prix, en l'énonçant de la manière suivante :

« 1° *Déterminer par des expériences précises tous les effets de la diffraction des rayons lumineux directs et réfléchis, lorsqu'ils passent séparément ou simultanément près des extrémités d'un ou de plusieurs corps d'une étendue, soit limitée, soit indéfinie, en ayant égard aux intervalles de ces corps, ainsi qu'à la distance du foyer lumineux d'où les rayons émanent.*

« 2° *Conclure de ces expériences, par des inductions mathématiques, les mouvements des rayons dans leur passage près des corps.*

« Le prix sera décerné dans la séance publique de 1819, mais le concours sera fermé le 1er août 1818; et ainsi les mémoires devront être remis avant cette époque, pour que les expériences qu'ils contiendront puissent être vérifiées [1]. »

Ce programme singulier, qui trahit les préoccupations systématiques de ses auteurs, et où le véritable état de la question ne semble pas même soupçonné, n'était pas fait pour engager Fresnel à concourir. Il s'y décida cependant, sur les instances pressantes d'Arago et d'Ampère, et avant le terme fixé il présenta dans les formes voulues [2] le *Mémoire sur la diffraction*, que l'Académie couronna l'année suivante, et qu'elle fit insérer dans le tome V de ses *Mémoires*, après qu'elle eut appelé Fresnel à prendre place dans son sein.

Les questions formellement posées par l'Académie ne tiennent dans ce mémoire qu'une place très-secondaire. L'auteur prend de plus haut le problème de la diffraction, et ne se propose rien moins que de soumettre le système de l'émission et le système des ondes à l'épreuve d'une comparaison avec l'ensemble des phénomènes que présente la lumière lorsqu'elle se propage dans un milieu homo-

(1) Extrait du procès-verbal de la séance publique du 17 mars 1817, inséré dans le tome IV des *Annales de chimie et de physique*, p. 303.

(2) Une vieille tradition académique exige que, dans la plupart des concours, les noms des auteurs soient tenus secrets jusqu'au moment où le jugement de l'Académie est prononcé. Cet usage est sans inconvénient dans les concours d'éloquence et de poésie; mais dans un concours scientifique il peut arriver que l'auteur d'une découverte importante s'en voie frustré par une publication survenue dans l'intervalle, quelquefois assez long, qui s'écoule entre la clôture et le jugement du concours. Afin de parer autant que possible à cette éventualité, Fresnel déposa, le 20 avril 1818, sous pli cacheté, au secrétariat de l'Académie, une Note sur la théorie de la diffraction, laquelle contenait les principaux résultats développés dans son mémoire. — C'est le N° XI de la présente édition.

gène, uniréfringent, et qu'elle y rencontre des corps opaques. Des expériences nombreuses lui démontrent clairement que le système de l'émission ne peut rendre raison du moindre fait exactement et complétement observé; le système des ondes, tel qu'on le trouve dans les écrits de Young, n'a pas beaucoup plus de puissance; mais une conception plus forte du système fait évanouir les difficultés, et la simplicité des explications devient telle, qu'il n'est pas besoin d'une analyse bien savante pour les traduire en calcul et en comparer les résultats numériques avec ceux de l'observation.

«Nous n'envisageons pas, dit Fresnel, le problème des vibrations d'un fluide élastique sous le même point de vue que les géomètres l'ont fait ordinairement, c'est-à-dire en ne considérant qu'un seul ébranlement. Dans la nature les vibrations ne sont jamais isolées; elles se répètent toujours un grand nombre de fois, comme on peut le remarquer dans les oscillations d'un pendule ou les vibrations des corps sonores. Nous supposerons que les vibrations des particules lumineuses s'exécutent de la même manière, en se succédant régulièrement par séries nombreuses; hypothèse où nous conduit l'analogie, et qui d'ailleurs paraît une conséquence des forces qui tiennent les molécules des corps en équilibre. Pour concevoir une succession nombreuse d'oscillations à peu près égales de la particule éclairante, il suffit de supposer que sa densité est beaucoup plus grande que celle du fluide dans lequel elle oscille. C'est ce qu'on devait déjà conclure de la régularité des mouvements planétaires au travers de ce même fluide, qui remplit les espaces célestes. Il est très-probable aussi que le nerf optique n'est ébranlé de manière à produire la sensation de la vision qu'après un certain nombre de chocs successifs [1].»

Il résulte de là que, lorsqu'on décompose, à l'exemple de Huygens, une onde lumineuse en éléments infiniment petits, on doit avoir égard, non-seulement aux ondes qui peuvent simultanément, à un instant donné, résulter de ces divers éléments, mais aux ondes antécédentes et aux ondes consécutives, et combiner, d'après le principe des interférences, les mouvements différents, mais dépendant les uns des autres suivant une loi régulière, que des ondes d'origine

[1] Voyez N° XIV, § 34.

diverse apportent à un moment donné en un point donné de l'espace. Des considérations géométriques très-simples et faciles à généraliser font ressortir une conséquence importante de cette combinaison : c'est que le mouvement transmis par une onde sphérique à un point extérieur se réduit au mouvement qui lui est envoyé par une très-petite partie de l'onde, dont le centre est en ligne droite avec la source lumineuse et le point éclairé. — Ainsi se trouve justifiée la notion habituelle d'une propagation rectiligne de la lumière, en même temps que disparaissent les difficultés inhérentes aux raisonnements incomplets de Huygens [1]. Chaque point extérieur à l'onde ne reçoit de lumière que de la région de l'onde très-voisine du point dont il est le plus rapproché, et tout se passe comme si la lumière se propageait en ligne droite de la source éclairée, parce que cette ligne droite est le chemin le plus court. Tous les points qui se trouvent à la même distance de l'onde considérée recevant de cette onde au même instant des mouvements identiques, on doit les regarder comme formant une nouvelle onde, qui est l'enveloppe de toutes les ondes élémentaires, ainsi que Huygens l'avait pressenti. Comme au fond toutes ces conclusions ne reposent que sur les propriétés générales des maxima et des minima, et ne dépendent en rien de la forme sphérique des ondes, elles s'étendent immédiatement à tous les milieux, quelle qu'y puisse être la forme des ondes élémentaires, et quelle que soit la surface que les conditions particulières d'une expérience doivent faire regarder comme l'onde primitive. Enfin la solution des problèmes de la réflexion et de la réfraction est implicitement contenue dans celle du problème de la propagation rectiligne : ce qu'on appelle la direction du rayon réfléchi et du rayon réfracté n'est autre chose que la direction de plus prompte arrivée du mouvement vibratoire, et l'onde réfléchie et réfractée dérive de l'onde incidente, absolument comme dans un milieu illimité une onde quelconque dérive d'une onde antécédente.

(1) Ce n'est pas que pour donner une rigueur complète aux raisonnements de Fresnel il ne soit nécessaire d'y ajouter un commentaire assez étendu; mais ce commentaire n'est qu'un développement de l'idée fondamentale de l'auteur, tout comme le commentaire qu'il a été indispensable d'ajouter aux écrits de Newton et de Leibnitz sur les principes de l'analyse infinitésimale.

Fresnel indique à peine ces conséquences de ses principes. Dans les notes annexées au mémoire où il traite de la réflexion et de la réfraction, il se restreint même au cas simple d'une surface plane et d'une onde incidente également plane. Un lecteur attentif ne saurait douter qu'il n'ait aperçu toutes les généralisations que comportait sa pensée : peut-être les a-t-il jugées trop évidentes pour les exposer formellement; peut-être a-t-il cru qu'il n'était pas opportun de le faire dans un mémoire dont l'objet essentiel devait être la théorie de la diffraction.

C'est en effet à fonder définitivement cette théorie sur ses véritables bases que la plus grande partie du mémoire est consacrée. Les traits généraux des phénomènes, la formation des ombres, l'apparition constante de franges colorées à l'extérieur des ombres, la présence d'un autre système de franges dans leur intérieur, qui se manifeste toutes les fois qu'on réduit suffisamment les dimensions des corps opaques, trouvent aisément leur explication. Si au moyen d'un corps opaque on arrête une partie de l'onde émanée d'un point lumineux, le mouvement vibratoire ne se propage pas seulement suivant le prolongement des rayons qui ne sont pas rencontrés par le corps opaque; il pénètre dans le cône que circonscrivent les rayons tangents à ce corps, mais en s'affaiblissant rapidement, de manière à être insensible lorsque la distance des limites de ce cône est considérable par rapport à la longueur d'ondulation; en dehors de l'ombre ainsi formée et à une grande distance, la lumière transmise est sensiblement la même que si ce corps opaque n'existait pas, car il ne supprime que des éléments de l'onde dont l'influence sur le mouvement propagé en ces points est négligeable, mais il en est autrement au voisinage de l'ombre : les éléments supprimés de l'onde lumineuse ont une influence sensible, et, suivant le signe de la vitesse des vibrations qu'ils enverraient au point considéré et le signe de la vitesse qu'envoient les éléments conservés, l'effet de cette suppression est tantôt un accroissement, tantôt un affaiblissement de la lumière; de là les franges extérieures. Enfin, lorsque l'ombre est de faible étendue, les mouvements vibratoires qui pénètrent de divers côtés dans son intérieur ont une intensité sensible dans toute cette étendue, et comme évidemment ils n'ont pas tous parcouru des chemins identiques, leurs interférences doivent produire des franges.

A cette confirmation générale de la théorie s'ajoute la confirmation bien plus puissante d'un accord numérique minutieux entre le calcul et l'observation, dans le cas où l'application du calcul est possible. Lorsque les corps opaques sont limités par des bords rectilignes indéfinis, parallèles entre eux et équidistants de la source de lumière, la solution numérique du problème dépend seulement de deux intégrales qui ne peuvent s'exprimer en termes finis, mais que Fresnel a évaluées par approximation et ensuite discutées dans un certain nombre de cas particuliers. L'accord du calcul et de l'expérience se maintient toujours jusque dans les détails les plus minutieux.

Tel est le mémoire dont l'Académie confia le jugement à une commission où trois partisans avoués de la doctrine de l'émission, Laplace, Biot et Poisson, se trouvaient réunis à Arago et à Gay-Lussac, le premier tout dévoué aux idées nouvelles, le second peu familiarisé par ses études avec la question agitée, mais disposé par caractère à une sage impartialité. Un seul concurrent entra en lice avec Fresnel; c'était, à ce qu'il paraît, un physicien exercé, mais peu au courant des progrès récents de la science, et disposé à se contenter de moyens d'observation médiocrement précis (1), et son travail ne fut pas mis un instant en balance avec celui de Fresnel. Un incident remarquable fit une grande impression sur l'esprit des juges, et, sans changer le fond de leurs convictions, détermina probablement l'unanimité de la sentence académique. Poisson remarqua que les intégrales d'où l'auteur faisait dépendre le calcul des intensités de la lumière diffractée pouvaient s'évaluer exactement pour le centre de l'ombre d'un petit écran circulaire opaque et pour le centre de la projection conique d'une petite ouverture circulaire. Dans le premier cas, elles donnaient la même intensité que si l'écran circulaire n'existait pas; dans le second cas, elles donnaient une intensité variable avec la distance et sensiblement égale à zéro pour un certain nombre de distances déterminées par une loi très-simple. Fresnel fut

(1) Voyez le rapport d'Arago, N° XIII de la présente édition, vers la fin.

invité à soumettre à l'épreuve de l'expérience ces deux cas, épreuves imprévues et paradoxales de sa théorie, et l'expérience les confirma victorieusement [1].

La postérité a ratifié le jugement de l'Académie, et aujourd'hui, près d'un demi-siècle après le concours de 1818, le mémoire de Fresnel est considéré par tous comme une de ces œuvres impérissables dont l'étude est encore fructueuse longtemps après que la science les a dépassées. Il n'a pas même été dépassé de bien loin. La question que Fresnel avait expressément laissée de côté, celle du mécanisme par lequel naissent les ondes élémentaires issues des divers points d'une onde primitive, et des lois que suivent à la surface de ces ondes la direction et l'intensité des vibrations, n'est pas résolue d'une manière satisfaisante, malgré les efforts de quelques-uns des physiciens les plus distingués de notre temps [2]. Ce qu'on a ajouté de tout à fait solide et d'universellement accepté à l'œuvre de Fresnel se réduit à un développement de ses idées et même à un perfectionnement de ses méthodes de calcul. D'habiles géomètres ont su ramener à une analyse simple et élégante des problèmes beaucoup plus complexes que ceux que Fresnel avait abordés. Dans tous les cas, l'accord de l'expérience et de la théorie s'est maintenu, et l'on a pu dire sans exagération que « la théorie des ondulations prédit les phénomènes de diffraction aussi exactement que la théorie de la gravitation prédit les mouvements des corps célestes [3]. »

VI.

Vers l'époque où il commençait d'apercevoir le principe de la vraie théorie des phénomènes de diffraction, Fresnel entreprenait ces

(1) Voyez le rapport d'Arago (N° XIII de cette édition) et la première des notes ajoutées par Fresnel à son Mémoire.

(2) Voyez, dans les *Annales de chimie et de physique*, 3e série, *passim*, les travaux de MM. Stokes, Holtzmann, Eisenlohr, Lorenz, sur les changements de polarisation produits par la diffraction.

(3) Schwerd, *Die Beugungserscheinungen*, p. x (vers la fin de la préface).

études sur l'interférence réciproque des rayons polarisés[1], qui devaient, en le conduisant au principe des vibrations transversales, devenir le fondement de recherches ultérieures. L'histoire de cette seconde série de travaux est rendue particulièrement intéressante par l'intervention de Young rappelé à ses études chéries par les succès de son jeune rival; on ne peut d'ailleurs l'exposer clairement sans remonter aux origines.

C'est à Huygens qu'appartient la première observation des phénomènes de polarisation. Vers la fin du chapitre v du *Traité de la Lumière* se trouvent rapportées des observations qui établissent qu'un rayon transmis par un premier cristal biréfringent, qui en rencontre un deuxième, donne généralement naissance à deux rayons d'intensités inégales, variables avec l'orientation de ce deuxième cristal. *Mais*, ajoute l'auteur en terminant, *pour dire comme cela se fait, je n'ai rien trouvé jusqu'ici qui puisse me satisfaire*[2]. Il était en effet assez difficile de concevoir comment des vibrations parallèles à la direction du rayon lumineux pouvaient agir de manières différentes dans des plans différents menés par le rayon.

Newton a beaucoup insisté sur cette difficulté et l'a opposée comme une objection irréfutable à la doctrine des ondes. Peut-être, s'il avait ignoré l'observation de Huygens, aurait-il fini par se ranger à cette doctrine : comment n'aurait-il pas senti que, contrairement à une des maximes de la philosophie, il *multipliait les êtres sans nécessité* en admettant à la fois des molécules d'une nature particulière pour constituer les rayons lumineux, et les vibrations d'un éther pour déterminer ces molécules à la production de certains effets ? Mais supposer qu'un système de vibrations, telles qu'on les concevait de son temps, présentât des côtés différents, lui parut toujours entièrement inadmissible : il lui sembla au contraire que des molécules douées d'une polarité analogue à celle des aimants devaient donner lieu à des effets variables avec l'orientation de leurs axes, lorsqu'elles rencontreraient un milieu constitué par des molécules également polaires, comme paraissent devoir l'être les molécules qui, pour for-

[1] Le premier mémoire de Fresnel sur ce sujet (N° XV) a été présenté à l'Académie des sciences le 7 octobre 1816.

[2] Voyez pages 89-91 du *Traité de la Lumière*.

mer un cristal, se groupent suivant un arrangement toujours le même [1].

Cette idée de Newton reçut de nouveaux développements lorsque, dans les premières années de ce siècle, Malus eut confirmé et généralisé d'une manière inattendue les observations de Huygens, et il sembla un moment que l'existence des molécules lumineuses et les mouvements de leurs *axes de polarisation* eussent le droit d'être considérés comme des faits d'expérience. On ne s'arrêta pas devant la complexité croissante des hypothèses qu'il fallut imaginer pour faire concorder cette hypothèse avec les phénomènes nouveaux dont la science s'enrichit si rapidement vers cette époque, particulièrement avec ceux de la polarisation chromatique. On sait que, dans l'été de l'année 1811, Arago fut conduit, par l'étude suivie d'une première observation fortuite, à découvrir dans la lumière polarisée la faculté de se diviser en deux rayons teints de couleurs complémentaires, lorsque, après l'avoir transmise par une lame mince douée de la double réfraction, on la reçoit sur un analyseur biréfringent. Arago considéra tout de suite le développement des couleurs comme dû à la diversité des modifications apportées par la lame mince à l'état de polarisation des divers éléments simples de la lumière blanche; mais c'est Biot qui s'attacha spécialement à l'étude du détail de ces modifications. Frappé d'une circonstance remarquable, le retour périodique de deux polarisations différentes, séparées par des états intermédiaires où la lumière offrait les apparences d'un mélange de lumière naturelle et de lumière polarisée, Biot crut avoir découvert une oscillation périodique des axes de polarisation, précédant le moment où ils se répartissent d'une manière définitive entre la section principale du cristal et le plan perpendiculaire. Si l'on rapproche cette notion d'un mouvement oscillatoire des autres hypothèses qu'avaient déjà exigées les autres phénomènes de l'optique, on verra qu'il fallait concevoir dans les molécules lumineuses le système suivant de propriétés :

1° Les molécules lumineuses sont des polyèdres où l'on doit remarquer à la fois l'axe de polarisation, qui est un axe de symétrie,

(1) Voyez l'*Optique* de Newton, questions XXVIII et XXIX.

et un autre axe perpendiculaire sur le précédent, dont une extrémité est attirée et l'autre repoussée par les corps réfringents.

2° Dans un rayon de lumière naturelle les axes de polarisation des molécules successives sont orientés de toutes les manières possibles, mais toujours perpendiculaires à la direction du rayon.

3° Les molécules tournent sans cesse autour de leur axe de polarisation avec une vitesse uniforme dépendant de la couleur, de manière que l'extrémité attractive et l'extrémité répulsive se présentent tour à tour à l'action des milieux réfringents qu'elles peuvent rencontrer; de là dépendent les accès de facile transmission et de facile réflexion.

4° La réflexion n'exerce aucune influence sur la rotation de chaque molécule autour de son axe de polarisation; mais elle tend à amener les axes de toutes les molécules à être parallèles au plan de réflexion, et c'est dans cet arrangement régulier que l'état de polarisation consiste.

5° La réfraction altère la vitesse de rotation des molécules dans un rapport qui dépend de la nature du milieu réfringent et de l'angle d'incidence; en outre elle tend à amener les axes de polarisation à être perpendiculaires au plan de réfraction.

6° Lorsqu'il y a double réfraction, les axes de polarisation commencent par affecter un mouvement oscillatoire entre leur position initiale et une position symétrique par rapport à la section principale; les durées de ces oscillations sont, pour les molécules de couleurs diverses, proportionnelles aux durées des rotations autour des axes de polarisation.

7° A une certaine profondeur ces oscillations sont terminées et font place à une répartition des axes de polarisation entre deux plans perpendiculaires l'un sur l'autre; on a toujours négligé de dire comment la transition devait être conçue.

Pour renverser ce pénible échafaudage d'hypothèses indépendantes les unes des autres, il suffit presque de le regarder en face et de chercher à le comprendre. Que peuvent être ces faces réfléchissantes et réfringentes qui, en même temps qu'elles repoussent, attirent les molécules lumineuses, tantôt donnent à leurs axes de polarisation une direction fixe et commune, tantôt commencent par les faire osciller entre de certaines limites, tantôt modifient la vitesse de rotation des molécules autour de ces axes, etc., etc.? Quelles sont les véritables forces élémentaires, simplement attractives ou répulsives et fonctions des seules distances, d'où résultent ces opérations diverses? On n'a pas même essayé de le rechercher, et cependant on a longtemps présenté ce chaos d'hypothèses comme une vraie théorie *mécanique* des phénomènes, et, dans les diverses éditions de son *Précis de Physique*, Biot n'a cessé de l'opposer aux idées si claires et si simples de Fresnel.

Le seul Young s'était montré rebelle à l'opinion commune, et n'avait cessé de protester contre les prétendus triomphes du système de l'émission. Dans les articles de la *Quarterly Review* où il a résumé, de 1809 à 1814, les travaux de quelques-uns des principaux physiciens ses contemporains, tout en avouant qu'il n'avait pas la solution des difficultés reconnues par Huygens et Newton, il a maintenu qu'à tout prendre le système des ondes avait encore l'avantage sur le système de l'émission, et que, s'il ne permettait pas de concevoir la nature de la lumière polarisée, il suggérait au moins, entre les propriétés les plus remarquables de ce genre de lumière et le principe des interférences, un rapprochement important, où devait se trouver le germe d'une vraie théorie. La loi à laquelle Biot a ramené tous les phénomènes de la polarisation chromatique est simplement, suivant lui [1] :

« Une expression des phénomènes considérés à part de tous les phénomènes optiques; ce n'est pas une explication qui les ramène à être les analogues d'une classe de phénomènes plus étendue... Ces phénomènes, comme tous les autres cas des couleurs *récurrentes*, sont parfaitement réductibles aux lois générales de l'interférence... Toutes leurs complications apparentes, tout le caprice de leurs variétés ne sont que des conséquences nécessaires de la plus simple application de ces lois. Ce sont en réalité de simples variétés des couleurs des *plaques mixtes* (*mixed plates*), dont les apparences reproduisent les couleurs de simples lames minces, si l'on suppose les densités de celles-ci augmentées dans le rapport de la différence des

[1] Voyez les *Œuvres de Young*, éd. de Peacocke, t. I, p. 269.

densités réfractives au double de la densité réfractive totale... Les mesures que M. Biot a prises diffèrent beaucoup moins des résultats d'un calcul fondé sur ces seuls principes qu'elles ne diffèrent entre elles. »

A la suite de ce passage, où les prétendues explications de Biot sont si bien réduites à leur juste valeur, Young présente, sous la forme brève et parfois obscure qui lui est propre, une remarque capitale : c'est que l'épaisseur d'une lame de quartz et l'épaisseur d'une lame d'air, qui transmettent la même couleur dans l'expérience d'Arago et dans l'expérience des anneaux de Newton, sont précisément telles, que la différence des durées de propagation du rayon ordinaire et du rayon extraordinaire, dans la lame cristallisée, soit égale à la différence des durées de propagation du rayon transmis directement par la lame d'air et du rayon transmis après deux réflexions intérieures. Si l'un des phénomènes est un effet d'interférence, il est difficile de croire que l'autre ne le soit pas.

Il manquait bien des choses, et Young le reconnaît lui-même, à cette généralisation, pour devenir une théorie. Pourquoi était-il nécessaire au développement des couleurs, dans ce mode particulier d'interférence, que les deux rayons fussent issus d'un rayon déjà polarisé et non d'un rayon naturel? Pourquoi les couleurs n'apparaissaient-elles qu'à la condition d'une seconde action polarisante, consécutive au passage de la lumière de la lame? Et lorsque cette action polarisante était le résultat d'une double réfraction, pourquoi apparaissait-il dans les deux faisceaux ainsi engendrés des couleurs complémentaires? A ces diverses questions le principe des interférences, tel que Young l'avait conçu et démontré, n'apportait aucune réponse. Ce puissant esprit, qui sentait clairement qu'il était près d'atteindre la vérité, devait cependant reconnaître qu'un dernier obstacle, dont il ne soupçonnait même pas la nature, l'en tenait encore écarté. Vers la fin de 1815, il exprimait à Brewster le découragement dont il ne pouvait plus se défendre après d'infructueux efforts.

« Quant à mes hypothèses fondamentales sur la nature de la lumière, je suis, disait-il, tous les jours moins disposé à en occuper ma pensée, à mesure qu'un plus grand nombre de faits, du genre de ceux que M. Malus a découverts, viennent à ma connaissance; car si ces hypothèses ne sont pas incompatibles avec ces faits, assurément elles ne nous sont d'aucun secours pour en trouver l'explication [1]. »

VII.

Comme Young, Fresnel reconnut à la fois qu'une analogie remarquable existait entre les lois des couleurs produites par l'interférence et les lois de la coloration des lames cristallisées dans la lumière polarisée, et que cette analogie n'était pas une explication suffisante du second de ces phénomènes [2]. Mais il chercha tout de suite à déterminer la raison de cette insuffisance, en examinant si la polarisation de la lumière ne modifiait pas profondément les lois ordinaires de l'interférence.

Ses premières recherches sur ce sujet remontent à cet été de 1816 que la bienveillance de ses chefs l'autorisa à passer à Paris, et qu'il sut rendre si fructueux en découvertes; le 7 octobre de cette année il en communiqua les résultats à l'Académie [3]. Après avoir rappelé son expérience de l'interférence des rayons réfléchis sur deux miroirs, il ajoutait :

« Cette expérience, dont j'ai donné les détails dans le dernier mémoire que j'ai eu l'honneur de présenter à l'Académie, m'a conduit, par analogie, à essayer si les deux images que l'on obtient en plaçant un rhomboïde de spath calcaire devant un point lumineux produiraient le même effet que celles qui sont réfléchies par deux miroirs. Le rhomboïde dont je me suis servi n'ayant pas une grande épaisseur, les deux images se trouvaient assez rapprochées pour que les franges eussent une largeur suffisante. Ainsi il ne restait plus à

(1) *Miscellaneous Works*, t. I, p. 361.

(2) Fresnel eut connaissance, par l'intermédiaire d'Arago, de l'article de la *Quarterly Review* auquel on a emprunté la citation précédente, mais seulement après que ses propres réflexions l'eurent conduit aux mêmes conclusions.

(3) Voyez le mémoire sur l'influence de la polarisation dans l'action que les rayons lumineux exercent les uns sur les autres, qui paraît pour la première fois dans cette édition. [N° XV (B).]

remplir que la condition d'égalité entre les chemins parcourus au même instant par les deux systèmes d'ondulations lumineuses. Pour cela j'ai fait traverser au faisceau extraordinaire une plaque de verre dont l'épaisseur avait été déterminée de manière à lui faire perdre à très-peu près, sous l'incidence perpendiculaire, toute l'avance qu'il avait prise dans le cristal sur le faisceau ordinaire; en sorte qu'en inclinant légèrement cette plaque on pouvait établir à cet égard une compensation exacte. Cependant je n'ai jamais aperçu de franges, quoique j'aie répété cette expérience un grand nombre de fois.

« A la vérité l'espace dans lequel j'espérais les découvrir était peu étendu, et occupé d'ailleurs en partie par les bandes que projetait le bord de la plaque de verre. Mais en la plaçant de manière qu'elles fussent dirigées dans un autre sens que les franges qui devaient résulter de deux points lumineux, elles ne pouvaient plus se confondre tellement avec celles-ci qu'elles empêchassent entièrement de les distinguer. Néanmoins, pour éviter tout à fait cet inconvénient, j'ai enlevé la plaque de verre, et j'ai reçu les rayons, qui avaient traversé le cristal, sur une petite glace non étamée, dont l'épaisseur avait été calculée de manière que la différence entre les chemins parcourus par les rayons réfléchis à la première et à la seconde surface, sous l'incidence perpendiculaire, fût un peu plus grande que celle qui résultait de la double réfraction, en sorte que, par un tâtonnement facile, on pouvait trouver une inclinaison telle que ces différences fussent égales. Les rayons ordinaires réfléchis à la première surface et les rayons extraordinaires réfléchis à la seconde se trouvaient alors dans les circonstances propres à la formation des franges. Cependant je n'en ai jamais pu découvrir aucune, avec quelque lenteur que je fisse varier l'inclinaison de la glace.

« J'ai essayé encore un autre procédé, qui conservait à la lumière incidente toute sa vivacité, et resserrait tellement les limites du tâtonnement, que j'étais sûr d'apercevoir les franges qui résulteraient de l'action réciproque des deux faisceaux lumineux, si toutefois ils pouvaient en produire. J'ai fait scier en deux le rhomboïde de spath calcaire dont je m'étais déjà servi, et, ayant obtenu ainsi deux rhomboïdes d'une épaisseur égale, je les ai placés l'un devant l'autre, en croisant leurs axes, de manière que les deux sections principales fussent perpendiculaires entre elles. Dans cette situation des cristaux, je ne voyais au travers que deux images du point lumineux, et les deux faisceaux ayant subi successivement des réfractions différentes devaient sortir au même instant du second rhomboïde, puisque son épaisseur était égale à celle du premier. Je faisais d'ailleurs varier légèrement et très-lentement l'inclinaison du second relativement au rayon incident, pour compenser par là la différence d'épaisseur, s'il y en avait une, tandis que je cherchais les franges à l'aide de la loupe. Malgré toutes ces précautions je n'en ai jamais aperçu, et ce troisième essai n'a pas eu plus de succès que les précédents.

« J'en ai conclu que les deux systèmes d'ondes dans lesquels se divise la lumière en traversant les cristaux n'avaient aucune action l'un sur l'autre, ou du moins que leur influence mutuelle ne pouvait pas produire de résultat apparent. »

Fresnel se hâta de communiquer cette conclusion à Arago, qui était devenu bien vite le confident de toutes ses pensées scientifiques et le défenseur le plus actif de ses découvertes. Arago en sentit toute l'importance, et par cette raison même jugea qu'il était nécessaire d'en chercher une démonstration tout à fait directe, « en s'assurant si, dans les circonstances ordinaires où se forment les franges, elles disparaîtraient par la polarisation en sens contraire des deux faisceaux lumineux qui concourent à leur production. » Ainsi se forma entre les deux amis une association qui doit rester à jamais mémorable, tant par l'importance des résultats que par le soin scrupuleux qu'ils ont pris, en les exposant, de distinguer ce qui, dans ce travail commun, appartient plus particulièrement à chacun d'eux. On ne saurait mieux faire que de leur emprunter l'expression définitive des conséquences de leurs expériences.

« 1° Dans les mêmes circonstances, disent-ils, où deux rayons de lumière paraissent mutuellement se détruire, deux rayons *polarisés en sens contraires* n'exercent l'un sur l'autre aucune action appréciable.

« 2° Les rayons de lumière polarisés dans un seul sens agissent l'un sur l'autre comme les rayons naturels : en sorte que, dans ces deux espèces de lumière, les phénomènes d'interférence sont absolument les mêmes.

« 3° Deux rayons *primitivement polarisés en sens contraires* peuvent ensuite être ramenés à un même plan de polarisation, *sans néanmoins acquérir par là la faculté de s'influencer.*

« 4° *Deux rayons polarisés en sens contraires, et ramenés ensuite à des polarisations analogues*, s'influencent comme les rayons naturels, *s'ils proviennent d'un faisceau primitivement polarisé dans un seul sens.*

« 5° Dans les phénomènes d'interférence produits par les rayons qui ont éprouvé la double réfraction, la place des franges n'est pas déterminée uniquement par la différence des chemins et par celle des vitesses; et dans quelques circonstances il faut tenir compte, de plus, d'une différence égale à une demi-ondulation [1]. »

Ces lois étaient le complément nécessaire qui manquait à l'explication de Young.

VIII.

Mais Fresnel ne pouvait se contenter d'avoir ramené à des lois générales les conditions particulières du développement des couleurs dans l'expérience des lames cristallisées. Le principe des interférences n'était pas pour lui ce qu'il était pour Biot, une propriété curieuse de la lumière, explicable peut-être par les lois de notre organisation : c'était à la fois la conséquence la plus évidente de l'hypothèse des ondes, et le fondement de la plupart de ses théories. Comment la destruction réciproque de deux rayons lumineux pouvait-elle exiger d'autres conditions qu'une valeur particulière de la différence de marche, si cette valeur particulière était toujours accompagnée de l'opposition de signe des vitesses de vibration? Comment d'ailleurs, ainsi que se l'était demandé Newton, un système de vibrations pouvait-il offrir quelque chose d'analogue à la diversité des propriétés des faces d'une molécule polaire? Fresnel comprit bien vite qu'il n'y

(1) Le mémoire d'Arago et de Fresnel n'a été inséré dans les *Annales de chimie et de physique* qu'au printemps de 1819, mais les expériences qui y sont décrites remontent à l'été de 1816. Le mémoire présenté à l'Académie des sciences en octobre 1816 contient de ces expériences un récit plus détaillé, où l'on voit mieux encore comment sont nées successivement les pensées des deux auteurs. (Voyez le N° XV de cette édition.)

aurait jamais de réponse à ces questions tant qu'on n'abandonnerait pas la notion des vibrations purement longitudinales. Il supposa d'abord que la lumière polarisée pouvait consister dans des vibrations transversales présentant à la fois des nœuds condensés et dilatés sur une même surface sphérique, de sorte que, dans certains cas d'interférence, les points d'accord et de discordance fussent rapprochés les uns des autres au point de donner à l'œil une sensation de lumière continue. Ampère lui suggéra que deux systèmes d'ondulations où le mouvement progressif des molécules du fluide serait modifié par un mouvement transversal de va-et-vient, qui lui serait perpendiculaire et égal en intensité, pourraient n'exercer aucune action l'un sur l'autre, lorsqu'à l'accord du mouvement progressif répondrait la discordance des mouvements transversaux, ou réciproquement [1]. Mais l'idée d'un système d'ondes qui propageraient des vibrations transversales parut une absurdité mécanique à tous les savants contemporains, spécialement à Arago, qui ne put, à aucun moment de sa vie, se décider à l'admettre [2], et l'influence de ce puissant collaborateur détermina Fresnel à abandonner pour un temps toute explication fondée sur cette hypothèse. Il s'attacha même à conserver dans plusieurs de ses écrits, notamment dans son mémoire définitif sur la diffraction, le langage implicite de l'hypothèse des vibrations longitudinales.

Des idées semblables se présentèrent à l'esprit de Young aussitôt qu'il eut connaissance des expériences de Fresnel et d'Arago. Mais, pas plus que Fresnel, il n'osa franchement adopter l'hypothèse des vibrations transversales; tout en reconnaissant que deux mouvements transversaux perpendiculaires l'un sur l'autre étaient incapables d'interférer, et que tout autre genre de mouvement devait toujours donner lieu à des interférences, il ne donna pas cette remarque pour une explication physique des faits; il y vit seulement

(1) Voyez dans le N° XV (A), § 14, variante.

(2) Lorsqu'en 1851 l'auteur de cette Introduction pria Arago de présenter à l'Académie des sciences une Note sur les interférences de la lumière polarisée, Arago, tout en accueillant ce vœu avec une extrême bienveillance, lui dit formellement qu'à partir du moment où Fresnel avait parlé de vibrations transversales il n'avait pu se décider à le suivre.

une analogie plausible, utile pour une représentation symbolique des phénomènes, et ne parla jamais du mouvement transversal de la lumière polarisée comme d'une réalité [1]. Tout ce qu'il put dire en faveur de la possibilité d'un tel mouvement se réduit aux considérations suivantes.

« Dans le cas d'une onde qui se propage à la surface d'un liquide, si nous considérons les particules en mouvement un peu au-dessous de la surface comme prenant part à la propagation de l'onde dans le sens horizontal, nous pourrons remarquer qu'il y a réellement dans le liquide un mouvement latéral contenu dans un plan dont la direction est déterminée par celle de la gravitation; mais il en est ainsi parce que le liquide est plus libre de s'étendre d'un côté que de l'autre, et que la force de gravitation tend à le ramener en arrière par une pression dont l'opération est analogue à celle de l'élasticité; et nous ne pouvons trouver l'analogue de cette force dans les mouvements d'un milieu élastique. A la vérité il est très-facile d'obtenir un mouvement transversal à la direction générale de propagation, par la combinaison de deux ondulations parties d'origines très-voisines, qui interfèrent l'une avec l'autre lorsque la différence des chemins parcourus est d'une [demi-] longueur d'onde; car le résultat de cette combinaison est une très-faible vibration transverse qui subsiste sur la ligne de propagation des vibrations combinées, mais qui certainement n'a pas la force nécessaire pour produire le moindre effet perceptible. Il doit aussi exister une différence, dans toute ondulation simplement divergente, entre les mouvements des divers éléments de la surface sphérique où s'étend cette ondulation; car, si l'on suppose que les vibrations à l'origine soient contenues dans un plan donné, la vitesse de vibration sur l'onde sphérique sera maximum dans le plan dont il s'agit, et nulle suivant la direction perpendiculaire, ou plutôt sera suivant cette direction transverse au rayon de l'onde sphérique : dans tous les autres points de l'onde il y aura une très-faible tendance à la production d'un mouvement transversal, par suite de la différence d'intensité des mouvements longitudinaux voisins, et de l'inégalité des condensations et des di-

[1] L'expression *imaginary transverse motion* revient à chaque instant dans l'article Chromatics du *Supplément à l'Encyclopédie britannique*, composé en 1817.

latations qu'ils occasionnent..... Il est vrai que ces divers mouvements seraient d'une faiblesse inimaginable, même par rapport à d'autres mouvements n'ayant eux-mêmes qu'une amplitude tout à fait imperceptible à nos sens, et cette remarque diminue peut-être la probabilité de la théorie en tant qu'explication physique des faits; mais elle n'en diminuerait pas l'utilité en tant que représentation mathématique de ces mêmes faits, pourvu qu'on pût rendre cette représentation générale et la soumettre au calcul; et même, au point de vue physique, s'il n'y avait pas d'autre alternative, il serait encore plus facile d'imaginer une sensibilité presque infinie de notre faculté de perception relativement à des phénomènes d'une extrême faiblesse, que d'admettre tous ces mécanismes si prodigieusement compliqués qu'il faut accumuler lorsqu'on veut résoudre les difficultés que présentent, dans la théorie de l'émission, tous les phénomènes de la polarisation et des couleurs [1]. »

Ainsi, aux yeux de Young, il ne pouvait exister dans la lumière polarisée qu'un très-faible mouvement transversal, le mouvement principal étant toujours conçu dirigé suivant la direction même de propagation, et c'est dans ce mouvement à peine sensible qu'il semblait que l'on dût chercher l'explication de tous les phénomènes de la polarisation; ou plutôt, l'extrême faiblesse du mouvement transversal s'opposant à ce qu'on en fît le principe d'une véritable théorie physique, on devait se borner à considérer les modifications du mouvement transversal et les propriétés de la lumière polarisée comme deux séries parallèles de termes corrélatifs, la première servant plutôt de symbole que d'explication à la seconde.

On laissera au lecteur le soin de juger si ces suggestions de Young ont pu être de quelque utilité à Fresnel [2]. Ce qui est cer-

[1] Article Chromatics du *Supplément à l'Encyclopédie britannique* (*Miscellaneous Works*, t. I, p. 333).

[2] Il ne paraît pas que Fresnel ait eu connaissance de l'article Chromatics ni de la lettre d'Young à Arago, en date du 12 janvier 1817, où les mêmes idées étaient exposées; mais il a parlé lui-même de cette lettre de Young à Arago, en date du 29 avril 1818, où les vibrations de la lumière polarisée étaient assimilées à celles d'une corde flexible tendue. Cette assimilation était-elle aux yeux de l'auteur un symbole utile à la représentation des faits ou un argument destiné à prouver la possibilité des vibrations transversales? C'est ce qu'il est impossible de savoir, la lettre du 29 avril 1818 n'ayant pas été conservée.

tain, c'est que, lorsqu'en 1821, après le rapport favorable d'Arago sur ses travaux relatifs à la polarisation chromatique, il s'est décidé à présenter au public son hypothèse des vibrations transversales, il l'a fait dans des termes dont la précision et la fermeté ne ressemblent guère au passage de Young qu'on vient de citer. Le calcul de l'intensité lumineuse produite par l'interférence de deux vibrations polarisées dans des plans rectangulaires lui montre que, si l'expérience atteste que cette intensité est indépendante de la différence des phases, ces deux vibrations sont *nécessairement* rectilignes, perpendiculaires au rayon et parallèles ou perpendiculaires au plan de polarisation. L'existence des vibrations transversales est donc, à vrai dire, un fait d'expérience, ou plutôt on ne peut le nier sans nier en même temps que la lumière consiste dans un mouvement ondulatoire. D'ailleurs, la propagation de ces vibrations n'est pas plus difficile à concevoir que celle des vibrations longitudinales : de même que toute variation locale de densité d'un milieu élastique fait naître des forces qui tendent à rétablir la densité primitive, tout glissement d'une couche de molécules, relativement aux couches voisines, doit faire naître des forces qui tendent à la ramener dans sa première position, et, si le glissement initial n'excède pas une certaine limite, le jeu de ces forces doit déterminer la naissance du nouveau système de vibrations par lequel on admet que la lumière polarisée est constituée..... Quant à la lumière naturelle, pour se rendre compte de ses propriétés, il suffit d'y voir une succession rapide d'ondes polarisées dans un grand nombre de plans différents : en particulier, toutes les lois de l'interférence des rayons polarisés sont des conséquences mécaniques de cette manière de voir [1]. Le phénomène de la polarisation lui-même consiste donc, non pas à créer, mais à séparer des mouvements transversaux de direction déterminée.

[1] Voyez les *Considérations mécaniques sur la polarisation de la lumière* (N° XXII de cette édition, §§ 10 à 13).

IX.

La confiance avec laquelle, en 1821, Fresnel présentait son hypothèse venait peut-être moins des conceptions mécaniques plus ou moins imparfaites par lesquelles il cherchait à la justifier, que de l'étude approfondie des propriétés de la lumière polarisée, qui lui avait sans cesse rendu plus évidente l'analogie de ces propriétés avec celles d'un mouvement perpendiculaire au rayon.

Une observation fortuite sur la réflexion avait été le point de départ de ces études. En recevant sur un cristal de spath un rayon lumineux, primitivement polarisé par double réfraction, et ensuite réfléchi, tantôt sur une glace non étamée, tantôt à la surface d'un liquide, il avait reconnu que ce rayon continuait à se partager en deux rayons d'intensités inégales, qui disparaissaient tour à tour dans des positions rectangulaires du cristal; il était donc polarisé comme avant sa réflexion, mais dans un plan qui différait en général du plan primitif de polarisation. Lorsque ce plan primitif était parallèle ou perpendiculaire au plan de réflexion, tout se bornait à un changement d'intensité du rayon réfléchi, sans que le plan de polarisation fût déplacé par la réflexion, et ce second fait devenait l'explication du premier, si l'on admettait, comme semblait l'indiquer la loi de Malus, qu'un rayon polarisé dans un plan donné fût l'équivalent de deux rayons de même phase, polarisés dans des plans rectangulaires, les vitesses de vibrations de ces trois rayons étant liées entre elles par les mêmes relations que l'intensité de deux forces rectangulaires et celle de leur résultante.

La simplicité de ces lois, qui paraissaient avoir échappé à Malus, et qu'en tout cas les physiciens contemporains ne connaissaient guère, conduisit Fresnel à étudier la réflexion de la lumière polarisée sur la deuxième surface des corps transparents et sur la surface des métaux. Jusqu'à la limite où elle commence d'être totale, la réflexion intérieure ne lui offrit rien qui la distinguât de la réflexion extérieure; mais au delà de cette limite des phénomènes imprévus se manifestèrent, et on ne saurait trop admirer la sagacité qui sut les ramener à des lois simples et précises, sans le secours des conceptions théoriques qui vinrent plus tard les éclaircir. Excepté aux deux limites où commence et où finit le phénomène, la lumière polarisée, en se réfléchissant totalement, se dépolarise plus ou moins suivant l'incidence; si, après la réflexion, on la reçoit sur un cristal biréfringent, elle se partage en deux faisceaux d'intensités inégales et variables, mais dont aucun ne peut se réduire à zéro pour aucune position de l'analyseur. Elle paraît donc analogue à la lumière partiellement polarisée qu'on obtient en faisant réfléchir de la lumière naturelle sur un corps transparent, sous un angle différent de l'angle de polarisation; mais, en réalité, elle en diffère profondément, car, si on la fait réfléchir totalement une deuxième fois sous le même angle, mais dans un plan rectangulaire, elle reprend l'état de lumière polarisée. Dans le cas du verre, sous aucune incidence une seule réflexion totale ne produit une dépolarisation complète; deux réflexions au moins sont nécessaires pour que la lumière prenne la propriété de se partager toujours en deux faisceaux égaux dans un analyseur biréfringent, quelle que soit l'orientation [de l'analyseur]. Mais cette dépolarisation complète n'est jamais un retour à l'état de lumière naturelle, car deux réflexions nouvelles, opérées dans les mêmes conditions, ramènent l'état de polarisation complète; seulement le nouveau plan de polarisation est perpendiculaire sur le plan primitif. En outre, la lumière, en apparence complétement dépolarisée par deux réflexions totales, conserve la propriété de faire naître deux images colorées de teintes complémentaires lorsqu'on la reçoit sur une lame mince, cristallisée, suivie d'un analyseur biréfringent.

L'étude de ces teintes montre qu'elles suivent de tout autres lois que les teintes ordinaires de la polarisation chromatique; mais on peut les représenter, et c'est là le résultat fondamental du travail de Fresnel, en supposant que la lumière est formée de deux rayons polarisés, l'un dans le plan d'incidence, l'autre dans le plan perpendiculaire, présentant l'un par rapport à l'autre une différence de marche d'un quart de longueur d'ondulation, et en appliquant au calcul de leurs effets les règles générales de l'interférence des rayons polarisés. Le même mode de représentation peut s'appliquer à celles de la lumière partiellement dépolarisée par la réflexion totale : ses propriétés sont celles de deux faisceaux polarisés dans des plans rectangulaires, en retard l'un sur l'autre et d'intensités différentes.

Les métaux aussi dépolarisent partiellement la lumière polarisée qu'ils réfléchissent, toutes les fois que le plan de polarisation n'est ni parallèle ni perpendiculaire au plan d'incidence, et cette lumière dépolarisée est encore constituée comme celle que peut donner la réflexion totale. Dans le langage que Fresnel employait à cette époque, tout se passe comme si le rayon polarisé dans le plan d'incidence et le rayon polarisé dans le plan perpendiculaire, qu'on peut substituer au rayon incident, éprouvaient des modifications inégales d'intensité *et se réfléchissaient à des profondeurs inégales au-dessous de la surface du métal* [1].

Enfin, suivant la diversité des conditions expérimentales, on peut obtenir deux espèces différentes de lumière complétement dépolarisée, qui ne donnent pas les mêmes teintes en traversant une lame cristallisée suivie d'un analyseur biréfringent, mais qui présentent l'une avec l'autre la relation la plus remarquable : si l'on superpose l'un à l'autre deux de ces rayons d'espèce différente qui soient égaux en intensité, le résultat de la combinaison est un rayon polarisé, dont l'azimut de polarisation dépend de la différence de marche des rayons superposés. Il en résulte qu'on peut, au moyen d'un système convenable de réflexions totales et de doubles réfractions, transformer un rayon polarisé en un autre rayon polarisé dont le plan de polarisation fasse tel angle qu'on voudra avec le plan primitif, c'est-à-dire imiter jusqu'à un certain point les propriétés du cristal de roche et des liquides qui font tourner le plan de polarisation de la lumière qu'ils transmettent [2]. La propriété remarquable que désigne l'expression de pouvoir rotatoire est ainsi

(1) Cette interprétation des phénomènes de la réflexion métallique, qui ne diffère pas de celle que M. Neumann a donnée quinze ans plus tard, est très-clairement exposée dans le premier mémoire de Fresnel sur les modifications que la réflexion imprime à la lumière polarisée, présenté à l'Académie des sciences le 10 novembre 1817. (Voyez N° XVI, § 8.)

(2) Les propriétés dont il s'agit ne sont imitées de cette manière que relativement à une lumière homogène. Si la lumière est complexe, la rotation du plan de polarisation est,

ramenée à une espèce particulière de double réfraction; les couleurs que développent les corps qui la possèdent sont l'effet d'un mode particulier d'interférence, et disparaissent lorsque, l'un des rayons produits par cette double réfraction étant supprimé, il n'y a plus lieu à interférence; cela arrive quand la lumière incidente a été primitivement polarisée, puis complétement dépolarisée par leux réflexions totales.

Ces lois, dont la découverte aurait suffi pour assurer à l'inventeur une place éminente dans l'histoire de l'optique, ont été exposées par Fresnel, comme des déductions immédiates de l'expérience, dans trois mémoires sur les modifications que la réflexion imprime à la lumière polarisée et sur les couleurs développées dans les fluides homogènes par la lumière polarisée, présentés à l'Académie des sciences le 10 novembre 1817, le 19 janvier 1818 et le 30 mars de la même année[1]. La conception théorique des vibrations transversales leur a donné un caractère tout nouveau, en les réduisant, comme on l'a indiqué plus haut, à n'être plus que des cas particuliers des lois générales de la composition et de la décomposition des vitesses, et cette belle simplification est devenue un des arguments les plus puissants en faveur de la conception théorique elle-même. Si l'on admet en effet que les vibrations de la lumière polarisée soient transversales, rectilignes et parallèles ou perpendiculaires au plan de polarisation, il est clair qu'on peut les remplacer par leurs projections sur deux plans rectangulaires menés par la direction du rayon, c'est-à-dire remplacer un rayon polarisé par deux rayons de même phase polarisés dans des plans rectangulaires, et les intensités de ces deux rayons composants sont telles que la loi de Malus sur le partage de la lumière polarisée entre le faisceau ordinaire et le faisceau extraordinaire trouve son explication immédiate. Si les deux vibrations dans lesquelles on décompose la vibration donnée éprouvent des modifications inégales d'intensité, comme cela a lieu pour

pour ses divers éléments, sensiblement réciproque à la longueur d'onde, tandis qu'elle devrait être sensiblement réciproque au carré de la longueur d'onde, si l'imitation était complète.

[1] Ce sont les numéros XVI, XVII et XXIII de cette édition. Les deux premiers voient le jour pour la première fois.

les vibrations parallèles et perpendiculaires au plan d'incidence, dans la réflexion partielle à la surface des corps transparents, et dans la réfraction simple, il en résulte un changement dans la position de la vibration résultante, c'est-à-dire un déplacement du plan de polarisation; si à l'inégale modification des intensités s'ajoute l'inégalité des chemins parcourus, ou quelque phénomène équivalent donnant lieu à une inégalité de phases des vibrations, le mouvement cesse en général d'être rectiligne pour devenir elliptique et, dans certains cas, circulaire. Lorsque le mouvement est circulaire, il paraît assez évident que le rayon ne peut plus rien offrir qui rappelle la diversité des propriétés d'un rayon polarisé relativement à divers azimuts; un calcul facile démontre d'ailleurs que, comme un rayon naturel, il doit toujours se partager également entre le rayon ordinaire et le rayon extraordinaire d'un analyseur biréfringent. Comme la différence de marche correspondant aux vibrations circulaires est d'un quart d'ondulation, en répétant une seconde fois l'opération qui a transformé les vibrations rectilignes en vibrations circulaires, on élève la différence à une demi-ondulation et on en conclut aisément que les vibrations redeviennent rectilignes, mais perpendiculaires à leur direction initiale. Ainsi se conçoivent les remarquables propriétés des rayons obtenus par Fresnel au moyen de deux réflexions totales, et qui peuvent aussi s'obtenir par l'action d'une lame mince cristallisée d'épaisseur convenable. La répartition de ce groupe remarquable de rayons en deux groupes secondaires, opposés par certaines de leurs propriétés, résulte de ce qu'une molécule vibrante peut parcourir en deux sens différents le cercle qu'elle décrit; la reproduction d'une vibration rectiligne par la superposition de deux vibrations circulaires d'espèces opposées est un fait géométrique évident, et l'explication des propriétés du quartz et des liquides *actifs* (1) prend le caractère, non d'une représentation symbolique, mais d'une véritable théorie physique.

Fresnel s'est contenté d'indiquer très-sommairement ces conséquences de son principe (2), laissant à ses successeurs le soin de les

(1) On sait que Biot a employé cette expression pour désigner les liquides qui ont la propriété de faire tourner le plan de polarisation de la lumière qu'ils transmettent.

(2) Voyez en particulier les *Considérations mécaniques sur la polarisation de la lumière*.

développer. Ce n'est point ici le lieu de dire comment ils se sont acquittés de cette tâche; mais il suffira de citer les noms de MM. Airy, John Herschel [Neumann, Mac Cullagh], pour rappeler aux physiciens de quelle variété de phénomènes le principe des vibrations transversales a donné l'explication.

X.

La conception des vibrations transversales fut le point de départ de recherches qui constituent la troisième et peut-être la plus importante partie de l'œuvre de Fresnel.

La propriété de diviser la lumière en deux rayons doués de propriétés distinctes, qu'on avait d'abord regardée comme une faculté tout exceptionnelle du spath d'Islande, avait été peu à peu reconnue dans un nombre de corps de plus en plus grand, à mesure que s'étaient perfectionnés les moyens d'observation. Huygens l'avait reconnue dans le cristal de roche [1]; Malus l'y avait mesurée, et l'avait reconnue et mesurée, incomplétement il est vrai, dans l'aragonite et le sulfate de baryte, et, lorsque la découverte de la polarisation chromatique était venue donner une méthode incomparablement plus propre que l'observation directe à manifester la plus faible double réfraction dans les cristaux les plus petits, les observations de Biot, de Brewster et des minéralogistes avaient bientôt rendu la liste des substances biréfringentes pour le moins aussi nombreuse que celle des cristaux à réfraction simple. Biot avait distingué deux espèces diverses de double réfraction, suivant que les phénomènes étaient symétriques tout autour d'un axe qui n'avait pas lui-même la faculté biréfringente, ou qu'ils semblaient se coordonner par rapport à deux axes de ce genre, inclinés l'un sur l'autre d'un angle variable, et chacune de ces espèces à son tour s'était subdivisée en deux variétés selon le signe de l'action attractive ou

jointes aux notes sur le calcul des teintes des lames cristallisées, le *Mémoire sur la double réfraction particulière du cristal de roche*, et le *Second mémoire sur la double réfraction*. (N°s XXII, XXVIII et XLVII de cette édition.)

[1] Voyez le *Traité de la Lumière*, chap. v, § 20.

répulsive que l'axe unique et les deux axes *semblaient* exercer sur le rayon qui obéissait à la loi de Descartes, ou qui du moins paraissait s'en rapprocher le plus.

Mais, en se généralisant ainsi, le phénomène de la double réfraction n'avait pas paru devenir plus facile à comprendre. On sait que Huygens avait admis dans le spath d'Islande l'existence de deux systèmes d'ondes, des ondes sphériques transmises par l'éther contenu dans le cristal, et des ondes ellipsoïdales transmises à la fois par l'éther et par la matière pondérable; mais il n'avait pas même essayé d'expliquer comment ces ondes se produisaient, ni pourquoi elles présentaient l'une avec l'autre les relations impliquées dans les lois que l'expérience lui avait fait connaître[1]. Dans le système de l'émission, Laplace se borna à déduire *des lois* de Huygens que l'action du milieu biréfringent sur les molécules du rayon ordinaire est constante, et que son action sur les molécules du rayon extraordinaire en diffère par un terme proportionnel au carré du cosinus de l'angle que le rayon fait avec l'axe, sans donner d'ailleurs aucune raison de cette inégalité[2]. Dans le système des ondes, Young indiqua l'inégalité d'élasticité des *milieux* comme pouvant donner nais-

(1) Voyez le *Traité de la Lumière*, chap. v, §§ 18 et 19.

(2) Voyez *Mémoires d'Arcueil*, t. II, p. 3, *Sur le mouvement de la lumière dans les cristaux diaphanes.* Laplace attachait beaucoup de prix à ce mémoire ; son analyse était fondée sur le principe de la moindre action, qui a généralement lieu dans le mouvement d'un point soumis à des forces attractives et répulsives ; il a cru avoir démontré que les phénomènes de la double réfraction étaient explicables par des forces de ce genre. Young a fait remarquer qu'on aurait le même droit de dire que la réfraction régulière d'un son produit dans l'eau et transmis à l'air prouve que le son est attiré par l'air ou repoussé par l'eau. La critique est juste, mais, après tout, la théorie de Laplace n'est pas physiquement inconcevable, et ne doit pas être confondue avec l'exposé très-inexact que Biot en a donné dans le chapitre de la double réfraction de son *Traité de physique expérimentale et mathématique* et que bien des auteurs ont ensuite reproduit de confiance. Laplace n'a jamais dit que les molécules des rayons extraordinaires fussent sollicitées par une force *émanée de l'axe du cristal*, c'est-à-dire d'une abstraction géométrique qui est indispensable à considérer pour la coordination des propriétés du cristal, mais qui ne saurait être prise pour un système de centres attractifs et répulsifs. Il a simplement supposé que l'action exercée sur les molécules dépendait de la direction du rayon lumineux, c'est-à-dire, au fond, de la situation de l'axe des molécules par rapport à l'axe du cristal, et cela n'aurait rien d'impossible si, comme on doit le supposer, les forces attractives et répulsives des molécules cristallines n'étaient pas les mêmes dans tous les sens aux petites distances où la forme des molécules peut influer.

sance à des ondes ellipsoïdales, mais il resta bien loin encore d'une véritable explication.

«M. de Laplace, dit-il dans un article de la *Quarterly Review* principalement consacré à la critique de l'aperçu théorique qu'on vient de rappeler, remarque très-justement que dans les phénomènes de la double réfraction, comme dans ceux de l'astronomie, la nature a *pris* la forme de l'ellipse après celle du cercle. Mais en astronomie nous savons *pourquoi* la nature a pris la forme de l'ellipse, puisque cette forme elliptique est une conséquence nécessaire de la loi de variation de la force de gravitation : dans la théorie de la double réfraction, au contraire, on n'a rien tenté de satisfaisant pour obtenir une simplification de ce genre. Les principes de Huygens donneraient cependant une solution de la difficulté, si l'on admettait, ce qui est la plus simple supposition possible, que le milieu qui transmet les ondes est plus compressible suivant une direction déterminée que suivant toute direction perpendiculaire, comme s'il était formé d'une infinité de plaques parallèles, réunies par une substance un peu moins élastique. On peut se figurer un pareil arrangement des atomes élémentaires d'un cristal, en le comparant à un morceau de bois ou de mica. M. Chladni a trouvé que l'obliquité des fibres ligneuses dans une barre de sapin d'Écosse diminuait la vitesse du son dans le rapport de 5 à 4. Il est par conséquent évident qu'un morceau de ce bois transmettrait un ébranlement par des ondes sphéroïdales, c'est-à-dire ovales : or on peut démontrer que ces ondes seront vraiment elliptiques si le corps est formé de couches planes et parallèles, et de fibres équidistantes réunies par une substance moins élastique, les couches ou les fibres étant supposées extrêmement minces : dans le cas des couches l'ellipsoïde serait allongé; il serait aplati dans le cas des fibres. On peut aussi prouver que, tandis qu'une ondulation sphéroïdale complète se propage en tous sens, perpendiculairement à sa surface, une portion isolée, comparable à un rayon lumineux ou sonore, s'avance obliquement suivant la direction du diamètre[1]. »

[1] *Quarterly Review* for november 1809, et *Miscellaneous Works*, t. I, p. 228, article ayant pour titre : *Review of Laplace's Memoir* «sur la loi de la réfraction extraordinaire «dans les cristaux diaphanes.». — Young a cru un moment que l'obliquité des rayons sur

Ni dans ce passage, ni dans un mémoire mathématique qui y est ajouté sous forme de note, ni dans l'article CHROMATICS, publié par Young quelques années après[1], la vraie difficulté de la question ne se trouve abordée ni même soupçonnée. Une inégalité d'élasticité a sans doute pour conséquence nécessaire une inégalité des vitesses de propagation des mouvements vibratoires, et si des ébranlements partis au même instant d'une même origine se propagent avec des vitesses inégales, il est bien évident qu'ils ne peuvent constituer une onde sphérique; il ne faut pas non plus beaucoup de sagacité pour apercevoir que, dans un milieu constitué symétriquement autour d'un axe, cette onde sera une surface de révolution, qu'elle différera peu d'une sphère si les inégalités de vitesse sont peu sensibles, et qu'en conséquence on pourra, au moins à titre de première approximation, l'assimiler à un ellipsoïde de révolution. Le point important est d'expliquer comment de cette inégalité d'élasticité résulte la formation de deux rayons, doués de propriétés distinctes qu'ils transportent partout avec eux, et cette explication ne peut être donnée tant que les vibrations sont regardées comme longitudinales.

L'hypothèse des vibrations transversales, au contraire, conduit naturellement sur la voie d'une solution de la difficulté. Un rayon de lumière tombant sur la surface d'un cristal, les réactions élastiques que ses vibrations mettent en jeu, et d'où résulte la propagation ultérieure du mouvement, dépendent non-seulement des vibrations du rayon, mais de la situation du plan dans lequel s'exécutent ses vibrations transversales. Si la réaction est dirigée dans le plan même de vibration, ce plan doit demeurer invariable, et le rayon lumineux doit se propager dans le cristal en conservant sa polarisation initiale, avec une vitesse déterminée par les conditions

la surface des ondes était une explication suffisante de la polarisation; à son avis, de tels rayons ne doivent pas être regardés comme identiques dans tous les sens. Mais il n'a pas persisté dans cette explication lorsque Malus a eu découvert, dans la réflexion de la lumière, un moyen de la polariser indépendant de la double réfraction.

[1] Young est encore revenu une fois sur la théorie de la double réfraction dans un article du Supplément à l'Encyclopédie britannique, intitulé : *Theoretical investigations intended to illustrate the phenomena of polarisation*, mais il connaissait alors l'ensemble des travaux de Fresnel.

mêmes de l'expérience. Mais on conçoit qu'en général la réaction élastique ne satisfera pas à cette condition, et la symétrie d'un cristal à un axe autour de son axe optique paraît indiquer qu'il est nécessaire que les vibrations soient contenues dans sa section principale ou lui soient perpendiculaires. Toute autre vibration, en vertu du principe de la superposition des petits mouvements, donnera naissance aux mêmes effets que le système des deux vibrations, l'une parallèle, l'autre perpendiculaire à la section principale dont elle peut être censée la résultante, et, si chacune de ces vibrations élémentaires a une vitesse particulière de propagation, l'existence de deux rayons inégalement réfractés se trouve expliquée.

Telle est la substance des idées que Fresnel a sommairement exposées dans ses *Considérations mécaniques sur la polarisation de la lumière*[1] et dont le développement l'a conduit à la plus grande de ses découvertes.

XI.

Dans le passage auquel il vient d'être fait allusion, Fresnel donne des raisons plausibles (mais non des preuves rigoureuses) pour admettre que, dans les cristaux symétriques par rapport à un axe, des vibrations perpendiculaires à l'axe se propagent avec la même vitesse dans tous les sens. L'existence d'un rayon ordinaire et la relation remarquable qu'il présente avec le rayon extraordinaire se trouvent ainsi justifiées, pourvu qu'on admette que dans la lumière polarisée les vibrations sont perpendiculaires au plan de polarisation; toute lumière incidente polarisée dans la section principale d'un cristal donne alors naissance à des vibrations qui se propagent toujours avec la même vitesse, et par conséquent se réfractent suivant la loi de Descartes; les vibrations polarisées perpendiculairement à la sec-

[1] N° XXII, § 14. — Dans la note mathématique qui suit le passage cité plus haut, Young fait bien remarquer que, dans un milieu cristallisé, la réaction élastique mise en jeu par une vibration donnée fait généralement un angle avec la direction du déplacement, mais, supposant toujours les vibrations longitudinales, il ne peut avoir la pensée de les résoudre en deux vibrations élémentaires qui, donnant naissance à des forces élastiques dirigées en sens inverse du déplacement, se propagent dans le milieu sans s'altérer et avec des vitesses différentes.

tion principale se propagent au contraire avec une vitesse variable; mais à mesure que la direction du rayon se rapproche de l'axe, par cela seul que ces vibrations sont transversales, elles tendent à devenir perpendiculaires à l'axe, et par suite leur vitesse de propagation se rapproche de celle des vibrations ordinaires, de façon que les directions du rayon ordinaire et du rayon extraordinaire doivent finir par se confondre. Mais ces considérations font entièrement défaut pour les cristaux à deux axes; l'existence même de deux axes optiques, si nettement accusée dans les phénomènes de polarisation chromatique, montre que le milieu qui transmet les vibrations lumineuses n'est pas constitué symétriquement autour d'une droite; la forme et l'ensemble des propriétés physiques des cristaux de ce genre permettraient moins encore une telle hypothèse [1]. On conçoit bien encore que l'inégalité de l'élasticité engendre la double réfraction, mais on ne voit plus de raison pour admettre l'existence d'un rayon ordinaire.

Cette remarque profonde, qui avait échappé à tous les contemporains de Fresnel, puisqu'aucun d'eux n'avait cessé de parler du rayon ordinaire des cristaux à deux axes, fut immédiatement soumise par lui à l'épreuve de l'expérience. En accolant l'un à l'autre deux

[1] A mesure que la liste des corps biréfringents avait été en s'étendant, d'importantes relations avaient été établies entre la forme cristalline et la propriété biréfringente. Haüy le premier avait fait remarquer que la réfraction simple n'appartenait qu'aux substances non cristallisées et aux substances cristallisées dans le système cubique : toutes les substances biréfringentes se trouvant appartenir aux systèmes à axes inégaux, la corrélation de la double réfraction et de l'inégalité d'élasticité, ou plutôt de la diversité des propriétés physiques suivant diverses directions, devenait évidente. Un peu plus tard, à la suite d'une étude des propriétés optiques de plus de cent cinquante matières cristallisées, M. Brewster, et c'est peut-être la plus belle de ses découvertes, a montré que l'existence d'un axe optique caractérisait les cristaux du système hexagonal et du système du prisme droit *à base carrée*, qu'on peut regarder comme symétriques autour d'un axe principal, tandis que, dans les cristaux des autres systèmes, où aucun axe ne jouit de cette propriété, il existe toujours deux axes optiques. (*Transactions philosophiques* pour 1818 : *On the laws of polarisation and double refraction in crystallized bodies.*)

Fresnel a eu connaissance du travail de Brewster par l'extrait qui en est donné dans le mémoire de Biot sur la double réfraction, inséré dans les *Mémoires de l'Académie des sciences* pour l'année 1818, page 177. (N° XXXVIII, § 13 [*].)

[*] Ici se trouvent en marge du manuscrit autographe ces mots au crayon : «Note à transférer après le compte rendu des travaux de Fresnel.»

prismes de topaze blanche, d'angles réfringents exactement égaux, mais taillés suivant des directions différentes dans un même cristal, et observant au travers de ce système une mire éloignée parallèle à l'arête commune des deux prismes, il a facilement constaté que les deux images de la mire formées par les rayons que tous les physiciens appelaient *ordinaires* étaient en général réfractées de quantités tout à fait différentes: dans certains cas particuliers leurs réfractions pouvaient être égales, mais dans d'autres cas les réfractions des deux images dites *extraordinaires* pouvaient l'être aussi, et ni l'un ni l'autre des deux groupes de rayons désignés par ces expressions ne présentait le caractère essentiel des rayons ordinaires d'un cristal uniaxe, celui d'être soumis à la loi de Descartes [1].

Ce résultat mettait à néant la généralisation hypothétique de la construction de Huygens, par laquelle Young avait tenté de représenter le loi de la double réfraction des cristaux à deux axes, en joignant à l'onde sphérique des rayons ordinaires une onde extraordinaire en forme d'ellipsoïde à trois axes inégaux [2]. Mais la forme que prenait en même temps le problème laissait bien peu d'espoir de le résoudre par la simple induction et sans le secours d'une théorie mécanique complète et rigoureuse. Il s'agissait en effet de trouver une surface de l'onde, symétrique par rapport à trois axes rectangulaires, qui, dans l'hypothèse où deux de ces axes deviendraient identiques, se réduirait au système formé par la sphère et l'ellipsoïde de révolution de Huygens; cette surface devait être à deux nappes, puisqu'elle devait rendre compte de la formation des deux rayons réfractés, et aucun des deux rayons ne se distinguant par un

(1) Pour rendre l'expérience plus facile, Fresnel avait soin d'achromatiser ses deux prismes par un prisme de crown d'angle convenable; l'achromatisme ne pouvait d'ailleurs être complet que pour un seul prisme. Il est encore arrivé aux mêmes conclusions en mesurant le déplacement des franges d'interférence qui s'observait lorsque les deux faisceaux interférents étaient transmis par deux plaques de topaze de même épaisseur taillées dans un même cristal suivant des directions différentes.

(2) L'hypothèse d'une onde extraordinaire *amygdaloïde* a été très-brièvement indiquée par Young dans deux passages de l'article CHROMATICS du *Supplément à l'Encyclopédie britannique* publié en 1817, où il a traité d'une manière générale de tous les modes de production des couleurs. Il n'est d'ailleurs entré dans aucun détail sur son hypothèse, et en particulier il a négligé de définir la situation exacte de l'onde extraordinaire par rapport à l'onde sphérique des rayons ordinaires. (Voyez *Miscellaneous Works*, t. I, p. 317 et 322.)

caractère spécial, comme celui du rayon ordinaire des cristaux à un axe, il était probable que les deux nappes devaient être contenues dans une seule équation : la surface cherchée était donc au moins du quatrième degré, et cette remarque fait sentir quelle était l'indétermination du problème.

Une heureuse conception de Fresnel, qui n'est autre que la conception fondamentale de la méthode infinitésimale, a fait disparaître l'indétermination. Ce qui semblait impossible est devenu simple et évident dès qu'à la considération de l'onde entière on a substitué celle de ses plans tangents, c'est-à-dire dès qu'on a passé de la propagation des rayons divergents à partir d'un centre à la propagation des ondes planes. Dans un cristal à un axe les ondes planes polarisées dans la section principale se propagent toutes avec la même vitesse, et cette vitesse peut être représentée par le rayon de la sphère des rayons ordinaires, qui est en même temps le demi-axe polaire de l'ellipsoïde des rayons extraordinaires; les ondes planes polarisées perpendiculairement à la section principale se propagent au contraire avec une vitesse variable, qui, pour chacune d'elles, peut être représentée par la perpendiculaire abaissée du centre de l'ellipsoïde de Huygens sur le plan tangent parallèle à l'un des plans [d'onde]. Or, si l'on compare les vitesses de propagation des deux ondes d'espèce opposée qui sont normales à une même droite, et qui par conséquent se propagent suivant la même direction, on reconnaît aisément que ces vitesses sont liées entre elles par une remarquable relation géométrique : elles sont réciproques des longueurs des axes de la section elliptique faite par le plan des ondes dans un ellipsoïde de révolution autour de l'axe optique, ayant pour demi-axe polaire l'inverse du demi-axe équatorial de l'ellipsoïde de Huygens, et *vice versa;* en outre, le plan de polarisation de chaque onde est perpendiculaire à l'axe de la section elliptique qui est réciproque de sa vitesse de propagation. Toutes les propriétés des cristaux à un axe, qu'on a l'habitude d'exprimer par la construction de Huygens et par les lois de polarisation du rayon ordinaire et du rayon extraordinaire, peuvent donc se représenter au moyen d'une surface unique, et comme cette surface est un ellipsoïde de révolution autour de l'axe optique, il est bien naturel de supposer qu'en lui substituant un ellipsoïde à trois axes inégaux on obtiendra la représentation de toutes les propriétés optiques des cristaux à deux axes. Les axes de la section elliptique faite dans cet ellipsoïde par un plan quelconque seront encore réciproques des vitesses de propagation des deux systèmes d'ondes planes auxquels on peut concevoir que ce plan soit parallèle, et respectivement perpendiculaires aux plans de polarisation de ces ondes. D'ailleurs, les ondes planes étant tangentes à la surface de l'onde, cette surface elle-même peut être prise pour l'enveloppe commune de toutes les ondes planes de directions diverses qu'on peut concevoir comme ayant passé à un instant donné par un même point et s'étant ensuite propagées avec leurs vitesses et leurs polarisations respectives pendant une même durée, l'unité de temps, par exemple. La recherche de cette surface sera ainsi réduite à un simple problème d'algèbre, n'offrant d'autres difficultés que celles qu'on pourra trouver dans le calcul d'élimination qu'implique toujours la recherche d'une surface enveloppe (1). Si l'expérience vérifie les résultats de ces inductions, on aura le droit de se considérer comme en présence de la loi véritable des phénomènes, et cette loi sera la condition à laquelle devra satisfaire toute théorie de la constitution mécanique des milieux biréfringents.

XII.

Cette belle méthode, qui a conduit Fresnel à la découverte de la loi la plus générale de l'optique, n'a été exposée par lui que dans son premier mémoire sur la double réfraction, et dans l'extrait qu'il en a lu devant l'Académie des sciences le 26 novembre 1821 (2).

(1) Fresnel n'a pu lui-même venir à bout de ces difficultés et n'a su obtenir l'équation de la surface de l'onde qu'en la supposant *a priori* du quatrième degré, et calculant la valeur de ses coefficients de manière qu'ils satisfissent à certaines conditions faciles à déduire de la considération des ondes planes normales aux trois plans de symétrie du milieu. Ampère est le premier qui ait effectué le calcul d'une manière rigoureuse.

(2) Ce sont les numéros XXXVIII et XXXIX de cette édition. Le premier mémoire sur la double réfraction (N° XXXVIII) a été déposé le 19 novembre 1821 au secrétariat de l'Académie, ainsi qu'il résulte d'une apostille de Delambre au manuscrit original. Les raisonnements qui y sont développés diffèrent un peu de ceux qu'on vient de présenter et ne conduisent pas à la loi exacte de la double réfraction; mais l'extrait du mémoire N° XXXIX,

Tous ses mémoires subséquents sur le même sujet sont uniquement consacrés à la comparaison de cette loi générale avec l'expérience et au développement de la théorie mécanique par laquelle Fresnel a essayé de retrouver ce qu'une profonde intuition lui avait réellement fait découvrir. Le seul de ces écrits qui ait été imprimé, le *Mémoire sur la double réfraction*, qui fait partie du tome VII des *Mémoires de l'Académie des sciences* [1], ne contient pas autre chose, et ne laisse en aucune manière soupçonner la voie si originale qu'avait suivie l'inventeur. Il serait sans doute inutile de faire ressortir l'intérêt qui s'attache à la publication des précieux documents où la pensée première de Fresnel se révèle tout entière.

Les mêmes expériences qui avaient montré à Fresnel qu'aucun rayon dans les cristaux à deux axes n'avait réellement droit à la qualification de rayon *ordinaire* lui fournirent d'importantes vérifications de ses lois générales. Les conditions particulières où il était arrivé que deux prismes d'angles égaux, mais de directions différentes, avaient réfracté un même rayon de la même quantité, se trouvèrent en effet les conséquences de ces lois; il en fut de même des conditions où deux plaques de même épaisseur et de directions différentes avaient transmis ces mêmes rayons avec la même vitesse. Les règles données par Biot pour définir la position des plans de polarisation des deux rayons réfractés et pour évaluer la différence de leurs vitesses de propagation y trouvèrent également leur explication [2]. De nouvelles expériences sur la topaze, plus variées et aussi précises que les premières, vinrent apporter à la loi générale de nouvelles confirmations. Enfin il ne fut pas difficile de démontrer l'existence nécessaire de deux axes optiques et de déterminer les propriétés de ces deux directions d'une manière plus précise que n'avait pu le faire la seule expérience. Les axes ne sont autre chose que les normales aux deux systèmes de sections circulaires que présente l'ellipsoïde à

rédigé quelques jours après et lu à la séance suivante de l'Académie, contient ou du moins indique toutes les rectifications nécessaires. (Voyez N° XXXIX, note finale de l'éditeur.)

[1] N° XLVII de cette édition.

[2] Il fallut seulement prendre pour vitesses de propagation les inverses des valeurs adoptées par Biot, ainsi qu'on doit toujours le faire quand on passe du système de l'émission au système des ondes.

trois axes inégaux dont il a été question tout à l'heure : comme tout diamètre de ces sections circulaires a les propriétés d'un axe d'une section elliptique, on voit que, sur une onde plane perpendiculaire à un axe optique, la direction des vibrations peut être quelconque, et que la vitesse de propagation en est indépendante. Ainsi, suivant un axe optique il n'y a ni polarisation déterminée, ni double réfraction, ni par conséquent modification de la lumière par interférence dans les expériences de polarisation chromatique. Ces propriétés sont précisément celles qui caractérisent l'axe unique des cristaux à un axe; mais tandis que cet axe unique est, relativement au milieu cristallin, un axe de symétrie et occupe en conséquence la même position pour toutes les couleurs, les axes optiques des cristaux à deux axes sont simplement des directions suivant lesquelles il y a compensation entre les causes tendant à produire la double réfraction, et, toutes les fois que la dispersion est sensible, leurs situations sont très-différentes pour les diverses couleurs [1].

Entièrement persuadé par ces expériences de la vérité de sa loi, Fresnel en rechercha l'explication mécanique, et, bien qu'on doive reconnaître que le succès n'a pas couronné ses efforts, cette dernière recherche n'en a pas moins exercé sur la science une influence considérable, qui s'est étendue bien au delà des limites de la théorie de la lumière.

On y doit distinguer deux parties.

La première dans l'ordre logique (mais non dans l'ordre historique) est l'étude des forces que développent dans un milieu élastique les petits déplacements moléculaires. Sans faire aucune hypothèse sur l'arrangement des molécules ni sur la loi de leurs actions mutuelles, Fresnel démontre par des raisonnements synthétiques, faciles à traduire par l'analyse :

1° Que si une molécule du milieu éprouve un petit déplacement, toutes les autres demeurant immobiles, la force qui la sollicite est la résultante des trois forces qui la solliciteraient si elle éprouvait tour à tour trois déplacements parallèles à trois axes rectangulaires

[1] On sait que la confirmation la plus éclatante de la loi de Fresnel a été donnée plus de dix ans après sa mort par les travaux de MM. Hamilton et Lloyd sur les propriétés des axes optiques et sur celles des points singuliers de la surface de l'onde.

quelconques et égaux aux projections du déplacement réel sur ces trois axes;

2° Qu'en général cette force accélératrice est inclinée sur la direction du déplacement, mais qu'il existe toujours trois axes rectangulaires tels qu'un déplacement parallèle à l'un d'eux donne naissance à une force accélératrice qui lui est parallèle;

3° Que si des déplacements égaux parallèles à ces trois axes donnent lieu à des forces accélératrices égales, une direction quelconque jouit des mêmes propriétés;

4° Que si des déplacements égaux parallèles à deux axes donnent lieu à des forces accélératrices égales, toute direction contenue dans le plan des axes jouit des mêmes propriétés [a].

Si le milieu est homogène dans toute son étendue, les axes dont il s'agit ont partout la même direction et peuvent recevoir le nom d'*axes d'élasticité*.

Ces théorèmes, d'une si remarquable simplicité, doivent être regardés comme le point de départ d'une science nouvelle, qui est devenue aujourd'hui l'une des branches les plus importantes de l'étude de la nature : *la théorie générale de l'élasticité*. Sans doute on avait déjà traité bien des questions relatives à l'équilibre et au mouvement intérieur des corps, mais, excepté dans le cas des fluides, et surtout des fluides élastiques, les solutions avaient été toujours empruntées à des considérations en partie théoriques, en partie empiriques et spéciales à cha ue question, et même à des hypothèses inadmissibles. Fresnel fut le premier à introduire dans ces études les méthodes exactes et générales de la mécanique rationnelle, et, si simple que fût le problème qu'il s'était posé, relativement aux problèmes qu'on a abordés plus tard, en le résolvant d'une manière rigoureuse, il fit ce qu'il y a à la fois de plus important et de plus rare, il ouvrit à la science une voie nouvelle. Les noms de Cauchy, de Green, de Poisson, de M. Lamé disent assez si cette voie a été féconde [1].

[a] Ici se lit en marge, sur le manuscrit autographe, cette apostille tracée au crayon : *Théorie de l'ellipsoïde à intercaler*....

[1] Ce n'est pas arbitrairement, ni pour les besoins d'un vain panégyrique, qu'on rat-

On ne saurait donc estimer trop haut la valeur des premières recherches de Fresnel sur la constitution des milieux élastiques, mais on doit reconnaître aussi que ces recherches n'ont pas été poussées assez loin pour conduire au but qu'il avait en vue, la démonstration *a priori* de sa loi générale de la double réfraction. Tout lecteur attentif du mémoire célèbre où cette démonstration est essayée doit en effet s'étonner qu'une série de raisonnements, tantôt incomplets, tantôt entièrement inexacts, ait conduit leur auteur à l'établissement d'une des plus grandes lois de la nature, et, s'il s'agissait d'un autre que de Fresnel, on pourrait même être tenté de dire qu'il a dû au plus singulier des hasards la plus belle de ses découvertes. Le premier mémoire sur la double réfraction, demeuré inédit jusqu'à ce jour, nous a montré par quelle admirable généralisation de faits connus il a été réellement conduit à cette découverte; les deux suppléments à ce mémoire, qui l'ont suivi à quelques mois de distance, et qui paraissent aussi pour la première fois dans cette

tache l'œuvre de ces savants illustres à l'œuvre de Fresnel, comme à son point de départ. Les travaux de Cauchy qui sont les plus beaux titres de ce grand géomètre dans le domaine de la physique mathématique, les mémoires sur l'équilibre et le mouvement intérieur des corps, considérés tantôt comme des masses continues, tantôt comme des assemblages de points matériels disjoints, qu'on trouve dans les premiers *Exercices de mathématiques*, sont postérieurs de quelques années aux recherches de Fresnel sur la double réfraction; l'application que l'auteur s'est hâté de faire des conséquences de son analyse aux théories de la double réfraction et de la dispersion fait bien voir que l'optique n'a jamais été étrangère à ses préoccupations. La polémique même que Poisson a soutenue contre Fresnel sur le principe de la théorie des ondes [a] est une preuve de l'influence que les découvertes du physicien ont exercée sur l'esprit du géomètre. Enfin l'admirable mémoire où Green a établi, de la manière la plus simple et la plus solide, les bases définitives de la théorie de l'élasticité, a pour titre : *Sur la propagation de la lumière dans les milieux cristallisés* [b]. Les premiers travaux de M. Lamé ont eu seuls leur origine plutôt dans la mécanique pratique que dans l'optique; mais on sait quelle place M. Lamé a donnée plus tard à cette science dans ses leçons sur l'élasticité.

Les seuls écrits antérieurs à Fresnel où l'on trouve des notions justes sur les inégalités d'élasticité qui peuvent exister dans les corps et sur leur répartition régulière par rapport à certains axes ou plans de symétrie sont, à ma connaissance, ceux du grand minéralogiste allemand Samuel-Christian Weiss [c].

[a] Voyez plus loin un résumé de cette controverse.

[b] *Cambridge Transactions*, t. VII.

[c] Voyez en particulier son mémoire sur les divisions naturelles des systèmes cristallins, publié dans les *Mémoires de l'Académie de Berlin* pour 1815.

édition [1], vont nous révéler en détail la marche successive de ses pensées, et comment il en est venu à se persuader qu'une suite d'hypothèses plausibles, mais nullement évidentes, était une véritable démonstration. On sait d'ailleurs que bien des physiciens éminents les ont reçues pour telles.

Dans les cristaux à un axe, il est évident, par raison de symétrie, que tout déplacement, perpendiculaire à l'axe, *d'une seule molécule* doit donner naissance à une force élastique, dirigée en sens contraire du déplacement et indépendante de la direction particulière du déplacement dans un plan perpendiculaire à l'axe. Un déplacement parallèle à l'axe doit aussi donner naissance à une force élastique dirigée en sens contraire du déplacement, mais d'une intensité différente de la précédente. On sait d'autre part que toutes les ondes planes polarisées dans la section principale se propagent dans le cristal avec une vitesse constante, la vitesse des rayons ordinaires, et que toutes les ondes planes dont le plan contient l'axe, et qui sont polarisées perpendiculairement à la section principale, se propagent avec une autre vitesse constante qui est la vitesse des rayons extraordinaires perpendiculaires à l'axe. Ces propriétés remarquables deviennent des conséquences d'un même principe, si l'on admet :

1° Que les vibrations de la lumière polarisée sont perpendiculaires au plan de polarisation;

2° Que lorsque, dans le plan d'une onde plane, les vibrations ont lieu parallèlement ou perpendiculairement à l'axe optique, les forces élastiques qu'elles développent ne diffèrent des forces élastiques développées par le déplacement parallèle d'une seule molécule que par un facteur constant, indépendant de la direction particulière du plan de l'onde.

La supposition est d'ailleurs tout à fait plausible, car elle conduit à regarder les vibrations de toutes les ondes ordinaires comme s'exécutant perpendiculairement à l'axe optique, et la simplicité de ce caractère commun paraît l'explication de l'identité de leurs propriétés. Si l'on remarque que dans un cristal à un axe toute droite perpendiculaire à l'axe est l'intersection de deux plans par rapport

[1] Ce sont les numéros XLII et XLIII. Le premier supplément a été présenté à l'Académie des sciences le 22 janvier 1822, et le deuxième le 1er avril de la même année.

auxquels le cristal est symétrique, on est porté à admettre que, dans les cristaux à deux axes, lorsque les vibrations d'une onde plane sont parallèles à l'un des trois axes d'élasticité, c'est-à-dire à l'une des trois intersections des trois plans rectangulaires de symétrie, elles développent aussi des forces élastiques proportionnelles à celles qui résulteraient du déplacement d'une molécule unique, quelle que soit la direction particulière du plan de l'onde; et [cette hypothèse explique] l'existence de trois groupes de rayons qui, dans chacun des trois plans de symétrie du cristal, se réfractent conformément à la loi de Descartes, mais avec des indices différents. Quoi de plus naturel que d'étendre ensuite à tous les cas une hypothèse qui rend un compte si satisfaisant de tant de particularités du phénomène?

C'est ainsi que Fresnel s'est trouvé conduit à admettre comme un principe de sa théorie que, dans tous les cas, les forces élastiques mises en jeu par la propagation d'un système d'ondes planes, à vibrations rectilignes et transversales, ne dépendent que de la direction des vibrations et sont dans un rapport constant avec les forces élastiques mises en jeu par le déplacement parallèle d'une molécule unique. Mais, pour rendre compte des phénomènes au moyen de cette hypothèse, il est nécessaire d'y en ajouter une seconde, qui a paru à Fresnel n'être que l'expression pure et simple du principe fondamental de la transversalité des vibrations. Si les vibrations sont perpendiculaires au plan de polarisation, les vibrations d'une onde plane extraordinaire dans un cristal à un axe doivent être parallèles à la section principale, c'est-à-dire contenues dans le plan qui passe par l'axe et par la normale à l'onde; s'il est en outre nécessaire qu'elles soient absolument transversales, elles doivent être précisément dirigées suivant l'intersection du plan de l'onde et de la section principale. Mais la force élastique développée par un déplacement parallèle à cette direction n'est pas dirigée en sens inverse du déplacement, car cette propriété n'appartient qu'aux forces élastiques développées par des déplacements parallèles ou perpendiculaires à l'axe; seulement, par raison de symétrie, la force élastique dont il s'agit est, comme le déplacement d'où elle résulte, contenue dans la section principale, et par conséquent sa composante parallèle au plan de l'onde est parallèle au déplacement. Donc, si cette composante était seule efficace, la propagation des vibrations extraordinaires serait expliquée, et si, en prenant pour mesure de la vitesse de propagation la racine carrée de cette composante, on retrouvait les lois connues de la propagation des ondes extraordinaires, on pourrait se croire autorisé à prendre cette nouvelle hypothèse pour l'expression de la vérité.

Or c'est précisément ce qui arrive. Dans un cristal quelconque à un ou à deux axes, il résulte de la loi de Fresnel que les deux vibrations rectangulaires qui peuvent se propager par des ondes planes normales à une même droite sont telles que les déplacements parallèles d'une molécule unique développent des élasticités dont les projections sur le plan des ondes sont parallèles au déplacement, et que les deux vitesses de propagation sont proportionnelles aux racines carrées de ces projections. D'ailleurs, l'absence de toute vibration [longitudinale] dans les ondes lumineuses semble prouver que l'éther est incompressible, et s'il en est ainsi on comprend que toute force qui tendrait à rapprocher ou à éloigner l'une de l'autre deux couches de molécules soit sans effet et doive être négligée.

C'est ainsi que Fresnel a été conduit à se croire en possession d'une véritable théorie mécanique de la double réfraction. Sa confiance a même été telle que, dans l'exposé définitif de sa théorie, qu'il a rédigé pour les *Mémoires de l'Académie*, il a supprimé toute indication du développement successif de ses pensées pour n'en conserver que la démonstration synthétique fondée sur les deux hypothèses qu'on vient de présenter. Mais ces hypothèses, dont il avait fait ses principes, ne résistent pas à un examen approfondi. Sans rechercher s'il est vrai que l'absence des vibrations [longitudinales] prouve l'incompressibilité de l'éther, on doit rejeter immédiatement la seconde hypothèse comme incompatible avec le point de vue où Fresnel s'était placé. Lorsqu'on se propose d'expliquer les phénomènes lumineux par la considération d'un éther formé de molécules séparées par des intervalles assez grands pour que lesdites molécules soient assimilées dans leurs réactions mutuelles à des points mathématiques, on ne doit avoir recours à aucune hypothèse accessoire : les actions réciproques des molécules doivent rendre compte de tout, de l'incompressibilité de l'éther, si elle est réelle, comme des lois de propagation des ondes; les seules ondes dont on puisse admettre qu'elles se propagent sans altération sont celles qui développent des forces élastiques parallèles aux vibrations, et le problème est de trouver l'arrangement moléculaire et la loi d'action réciproque qui conduisent à déterminer la vitesse et la polarisation de ces ondes en conformité des lois de Fresnel. Il ne comporte pas (Cauchy l'a démontré plus tard) de solution rigoureuse : il n'est possible, avec un milieu ainsi constitué, de satisfaire aux lois de Fresnel que d'une manière approchée, et seulement dans l'hypothèse d'une double réfraction peu énergique.

Quant à la première hypothèse, elle est de tout point erronée : il n'est pas vrai, en général, que l'élasticité mise en jeu par la propagation d'un système d'ondes planes à vibrations rectilignes soit dans un rapport constant avec l'élasticité mise en jeu par le déplacement parallèle d'une seule molécule, quelle que soit la position du plan de l'onde. Il n'est donc pas évident que dans les cristaux à un axe les vibrations des ondes ordinaires soient perpendiculaires à l'axe, et les phénomènes de la double réfraction ne décident rien entre les deux hypothèses qu'on peut faire sur la direction des vibrations dans la lumière polarisée. L'une et l'autre sont également légitimes : seulement elles exigent que, pour la représentation approximative des lois de Fresnel, on admette des relations différentes entre les coefficients d'où dépendent les grandeurs et les directions des forces élastiques mises en jeu dans les vibrations de l'éther.

Ainsi la théorie proprement dite de la double réfraction, à laquelle Fresnel s'est définitivement arrêté, et qui passe pour l'origine de sa plus grande découverte, ne repose sur aucun fondement solide. Il serait puéril de chercher à le dissimuler; mais il le serait tout autant de croire que la gloire du fondateur de la théorie des ondes souffre quelque chose de cet aveu. On croit plutôt l'avoir mise dans son véritable jour par l'exposé qu'on vient de faire de l'ordre qu'ont réellement suivi ses pensées dans la poursuite de l'immortelle découverte dont on a dit qu'elle était *second to Newton's alone*.

XIII.

Le *Mémoire sur la double réfraction,* présenté à l'Académie des sciences en novembre 1821, ses deux suppléments et une note accessoire [1], furent renvoyés par l'Académie à l'examen d'une commission composée d'Ampère, d'Arago, de Fourier et de Poisson. Le dernier paraît n'avoir pris aucune part aux travaux de la commission; du moins le rapport d'Arago, lu à l'Académie dans la séance du 19 août 1822 [2], n'est-il signé que du rapporteur, d'Ampère et de Fourier. Malgré la retraite du seul ennemi déclaré des idées nouvelles qui fît partie de la commission, Arago, voulant sans doute éviter des discussions aussi irritantes qu'inutiles, s'abstint de se prononcer sur la partie théorique du mémoire et se contenta de dire que le temps n'avait pas permis aux commissaires de l'examiner avec toute l'attention nécessaire. Il fit au contraire un grand éloge de la partie expérimentale, s'étendit sur l'accord constant de l'observation avec la loi générale énoncée par l'auteur, et conclut à l'insertion du mémoire dans le recueil des *Savants étrangers.*

Un vote unanime de l'Académie ratifia ces conclusions, mais il fut précédé d'un incident remarquable, dont le souvenir mérite d'être conservé à l'honneur du grand géomètre qui avait cru longtemps que son analyse avait ramené les phénomènes de la double réfraction à dépendre du système de l'émission [3]. Immédiatement après la lecture du rapport, Laplace prit la parole, et, avec cette générosité d'un grand esprit qui, dans l'adversaire de la veille, se plaît à reconnaître et à saluer un égal, proclama l'importance exceptionnelle du travail dont on venait de rendre compte : il félicita l'auteur de sa constance et de sa sagacité qui l'avaient conduit à découvrir une loi qui avait échappé aux plus habiles, et, devançant en quelque sorte le jugement de la postérité, déclara qu'il mettait ces

[1] Note sur l'accord des expériences de MM. Biot et Brewster avec la loi donnée par l'ellipsoïde. (N° XLIV de cette édition.)

[2] N° XLV de cette édition.

[3] On emprunte le récit de cet incident à une lettre, en date du 22 août 1822, de M. Léonor Mérimée à son neveu M. Léonor Fresnel.

recherches au-dessus de tout ce qu'on avait depuis longtemps communiqué à l'Académie.

Cette puissante protection, qui ne se démentit jamais, jointe à l'ardente et fidèle amitié d'Arago, obtint bientôt pour Fresnel la plus haute consécration de ses succès en lui ouvrant les portes de l'Académie. Au moment même où Arago lisait son rapport, une candidature se trouvait ouverte. Berthollet et Delambre venaient de mourir; il paraissait certain que Fourier serait le successeur de Delambre dans les fonctions de secrétaire perpétuel, et laisserait ainsi une vacance dans la section de physique, et, si l'Académie pensait à remplacer Berthollet par Dulong, que ses travaux pouvaient également désigner pour la section de chimie et pour celle de physique, Fresnel n'avait aucun compétiteur sérieux à redouter. Ni Dulong, ni les membres de la section de chimie n'ayant voulu se prêter à cet arrangement, la lutte s'engagea entre Dulong et Fresnel, et Dulong, présenté le premier par la section de physique, «qui avait pris en considération l'ancienneté de ses travaux [1],» fut élu dans la séance du 27 janvier 1823 par trente-six voix contre vingt données à Fresnel. Mais, trois mois après, la mort de Charles ayant laissé une autre place dans la section de physique, Fresnel y fut appelé par le suffrage unanime de l'Académie, dans la séance du 12 mai suivant.

L'importance des découvertes de Fresnel reçut ainsi le plus rare et le plus solennel des hommages, mais les vues théoriques qu'avaient suscitées quelques-unes de ces découvertes, et qui en avaient à leur tour suscité d'autres, demeurèrent l'objet des plus vives controverses. Une première polémique s'engagea avec Biot à la suite du rapport d'Arago sur le mémoire relatif aux couleurs des lames cristallisées [2]. Elle offrit [en somme] très-peu d'intérêt : Biot n'entra jamais dans le fond de la question et se borna à soutenir, contre toute évidence, que les formules théoriques de Fresnel n'ajoutent rien aux formules empiriques par lesquelles il avait représenté les phénomènes.

(1) Expressions du rapporteur Lefebvre-Gineau, conservées dans l'extrait de la séance (du 20 janvier 1823) inséré aux *Annales de chimie et de physique*, t. XXII, p. 104.

(2) Les pièces de cette polémique forment le N° XXI de cette édition.

Une discussion qui promettait d'être plus sérieuse s'établit entre Fresnel et Poisson dans les premiers mois de 1823, à l'époque même de la dernière candidature académique de Fresnel. Il s'agissait cette fois des principes mêmes de la théorie, et les deux adversaires étaient dignes l'un de l'autre; malheureusement leurs points de vue, leurs habitudes d'esprit différaient tellement qu'ils ne se sont pas compris réciproquement, et que toute leur controverse a été presque sans utilité pour la science. Poisson, peu familier avec l'expérience, voulait tout déduire de l'analyse, et souvent ne s'apercevait pas que le point de départ de son analyse était une impossibilité physique. Ainsi il traitait de la propagation des ondes dans les fluides *qui auraient, en des sens différents, des degrés différents d'élasticité*[1], comme si la notion de fluide n'impliquait pas l'égalité de pression en tous sens, et comme de cette hypothèse [inadmissible] il déduisait des ondes en forme d'ellipsoïde à trois axes inégaux, il croyait avoir réfuté la théorie de la double réfraction de Fresnel, qui exige que l'on considère des ondes dont la surface est définie par une équation du quatrième degré. Comme il ne donnait d'ailleurs dans cette discussion que les conclusions de son analyse sans l'analyse elle-même, il ne permettait pas toujours à son adversaire de le comprendre ni de juger s'il avait bien interprété les résultats du calcul[2]. D'un autre côté, Fresnel n'était peut-être pas toujours assez sensible au manque de rigueur d'un raisonnement,

[1] Voyez, N° XXXIV (D) et *Annales de chimie et de physique*, t. XXII, p. 210, l'extrait d'un *Mémoire sur la propagation du mouvement dans les fluides élastiques*, par M. Poisson.

[2] On ne sait, par exemple, ce que Poisson veut dire quand il parle d'un *filet de lumière*. Fresnel lui répond qu'il n'existe pas de filet de lumière, qu'à mesure qu'on rétrécit une ouverture exposée à la lumière le faisceau transmis se dilate de plus en plus, et en marge de cette objection sur l'exemplaire de la réponse de Fresnel, qu'il avait reçue de l'auteur, Poisson écrit ces mots au crayon :

« Je n'ai parlé nulle part de ce que l'auteur semble ici me reprocher, et qui n'a aucun « rapport avec la citation de la page 256. »

Une cause constante d'ambiguïté dans la discussion est l'usage du mot *fluide*. Fresnel, lorsqu'il appelle l'éther un fluide, entend par là simplement, comme les physiciens qui parlent de fluide élastique, que l'éther est un milieu très-rare et très-peu résistant; Poisson suppose toujours qu'il s'agit d'un fluide auquel les équations de l'hydrodynamique sont applicables, et toute la querelle sur la possibilité des vibrations transversales ne consiste guère que dans ce malentendu.

et comme Young, bien qu'à un moindre degré, était trop porté à voir une démonstration dans toute induction, toute analogie qui le conduisait à la découverte d'un phénomène nouveau. Le principal et, pour ainsi dire, le seul intérêt de la discussion est dans l'influence qu'a exercée sur les travaux ultérieurs de Poisson l'étude des écrits de Fresnel, influence profonde et que l'on ne saurait révoquer en doute, bien que Poisson ne l'ait jamais avouée[1].

XIV.

Quelque temps avant son élection (le 13 janvier 1823) Fresnel avait [soumis] à l'Académie un mémoire sur les modifications que la réflexion imprime à la lumière polarisée[2], qui, comme les recherches sur la double réfraction, était un effort pour pénétrer le mécanisme des phénomènes optiques et pour en déduire des lois que l'expérience seule pouvait difficilement faire découvrir. Admettant comme démontré par le principe de Huygens qu'à toute onde arrivant sur la surface de séparation de deux milieux correspondaient une onde réfléchie et une onde réfractée, il y cherchait les relations

(1) Poisson a complétement abandonné dans ses écrits subséquents la position qu'il avait prise en 1823 à l'égard de la théorie de la lumière. Lorsqu'il a fait imprimer, dans le tome X des *Mémoires de l'Académie*, son mémoire sur le mouvement de deux fluides élastiques superposés, il s'est restreint au cas des gaz et des liquides et n'en a tiré aucune conclusion relative à la réfraction et à la réflexion de la lumière; il a également cessé de mentionner ces fluides à élasticité variable en divers sens qui tiennent tant de place dans l'extrait inséré aux *Annales de chimie et de physique*. Dans son mémoire sur la propagation du mouvement dans les milieux élastiques, en date du 11 octobre 1830, il a accordé autant d'importance aux vibrations transversales qu'aux ondes longitudinales; dans son mémoire inachevé sur l'équilibre et le mouvement des corps cristallisés, il a donné des équations du mouvement vibratoire d'où résulteraient des surfaces d'onde qu'on pourrait dans certains cas réduire à la surface de Fresnel, et jamais à un ellipsoïde à trois axes inégaux, et cependant la seule allusion qu'il ait faite à ses devanciers se trouve dans les lignes suivantes :

« J'appliquerai ensuite les résultats de ce second mémoire à la théorie des ondes lumineuses... question d'une grande étendue, mais qui n'a été résolue jusqu'à présent, malgré toute son importance, en aucune de ses parties, ni par moi, dans les essais que j'ai tentés à ce sujet, ni, selon moi, par les autres géomètres qui s'en sont aussi occupés. » (*Mémoires de l'Académie des sciences*, t. XVIII, p. 6.)

(2) C'est le numéro XXX de cette édition.

qui devaient exister entre les vibrations de ces trois ondes. A proprement parler, il n'établissait pas une vraie théorie mécanique fondée sur la considération directe des actions réciproques des molécules d'éther et des molécules pondérables, mais il tentait de déterminer certaines conditions générales auxquelles toute théorie mécanique devait satisfaire et de faire sortir de ces conditions les lois générales des modifications que subissent les vibrations lumineuses en se réfléchissant et en se réfractant.

Cinq conditions principales lui parurent devoir être admises, savoir :

1° La direction transversale des vibrations;

2° La perpendicularité des vibrations au plan de polarisation;

3° La conservation des forces vives;

4° La continuité du mouvement dans les deux milieux, de part et d'autre de la surface de séparation;

5° La proportionnalité de l'indice de réfraction à la racine carrée de la densité de l'éther.

La première condition est un fait d'expérience. La seconde n'est qu'une hypothèse qui n'a ni plus ni moins de probabilité que l'hypothèse contraire; mais Fresnel croyait, par sa théorie de la double réfraction, en avoir fait une vérité démontrée. La troisième est une loi générale de la mécanique. La quatrième se justifie par une considération mécanique assez évidente : s'il y avait discontinuité à la surface de séparation, c'est-à-dire si le déplacement relatif des molécules infiniment voisines des deux côtés de cette surface avait une valeur finie, il en résulterait des forces élastiques infiniment grandes par rapport à celles qui déterminent la propagation du mouvement dans toute l'étendue des deux milieux, et la discontinuité ne subsisterait qu'un temps infiniment court. La cinquième condition n'était qu'une des deux hypothèses simples par lesquelles on représente la cause de la réfraction : on suppose que l'éther engagé dans les corps pondérables est plus dense que l'éther libre, mais que les forces élastiques qui agissent sur les molécules sont les mêmes dans les deux cas, et il en résulte que la densité de l'éther doit être en raison inverse du carré de la vitesse de propagation, c'est-à-dire en raison [directe] du carré de l'indice de réfraction. Mais on peut également supposer que la densité de l'éther est la même dans tous les corps, et que la présence de la matière pondérable a pour effet de diminuer les forces élastiques dans le rapport du carré de la vitesse de propagation, et chacune de ces deux hypothèses est corrélative à l'une des deux hypothèses qu'on peut faire sur la direction des vibrations dans la lumière polarisée.

L'application de ces principes à la lumière polarisée dans le plan d'incidence ne souffre aucune difficulté et conduit à des résultats entièrement conformes à l'expérience. Il n'en est pas de même quand on passe à la lumière polarisée perpendiculairement au plan d'incidence. Le principe de continuité donne alors une équation de plus qu'il n'est nécessaire, et, pour retrouver les propriétés connues de ce genre de lumière, on est obligé de restreindre la continuité aux composantes des vibrations parallèles à la surface. Mais, dès qu'on accepte cette restriction, toutes les propriétés de la lumière polarisée, la loi de Brewster, la loi d'Arago sur l'égalité des quantités de lumière polarisée contenue dans le rayon réfléchi et dans le rayon réfracté, les effets des piles de glaces, etc., se présentent comme des conséquences faciles à déduire des équations fondamentales. Les phénomènes de la réflexion totale [semblaient ne devoir pas être compris dans ces équations; mais,] guidé par l'étude expérimentale qu'il avait faite de ces phénomènes en 1816 [1], Fresnel a su trouver, dans la forme des expressions imaginaires par où se manifestait l'insuffisance de la théorie, l'indication complète des lois auxquelles les phénomènes sont soumis et dont toute théorie ultérieure devra rendre compte.

Le jugement définitif de la science sur ce dernier grand travail de Fresnel ressemble fort à celui qu'elle a porté sur la théorie de la double réfraction. Les lois nouvelles qui y sont établies ont conservé toute leur importance malgré les perturbations qu'ont fait reconnaître d'ingénieux procédés d'observation; mais la théorie elle-même n'est plus aujourd'hui considérée comme l'expression certaine de la vérité. Ce n'est pas que, comme la théorie de la double réfraction, elle contienne des erreurs positives; mais on a fait voir qu'on pouvait arriver aux mêmes résultats en partant de principes

[1] Voyez le paragraphe IX de cette Introduction.

très-différents, à certains égards, de ceux de Fresnel, et sujets en apparence à moins de difficultés. Si l'on admet en effet, avec M. Neumann, que les vibrations de la lumière polarisée soient parallèles au plan de polarisation, le principe des forces vives et le principe de la continuité du mouvement, appliqués sans aucune restriction, donnent justement autant d'équations qu'il en faut pour déterminer toutes les inconnues du problème. En outre, la théorie nouvelle s'étend facilement aux phénomènes des cristaux biréfringents et conduit à des lois que jusqu'ici l'expérience a paru confirmer [1].

Cependant des phénomènes d'un ordre bien différent, les phénomènes de l'aberration, et plus généralement les phénomènes qui résultent d'un déplacement rapide du milieu où la lumière se propage, donnent à la théorie de Fresnel un appui qui manque à celle de M. Neumann. Dans sa lettre sur l'influence du mouvement de la terre dans les phénomènes d'optique [2], Fresnel avait, dès 1817, proposé une hypothèse hardie pour expliquer à la fois le phénomène de l'aberration et quelques expériences paradoxales d'Arago. Suivant lui, les corps pondérables n'entraîneraient pas dans leur mouvement tout l'éther qu'ils contiennent, mais seulement l'excès de l'éther qu'ils renferment sur celui qui se trouverait dans un volume égal vide de toute matière pondérable; en admettant que la quantité totale de l'éther contenu dans l'unité de volume d'un corps soit proportionnelle au carré de l'indice de réfraction, c'est-à-dire [inversement proportionnelle] au carré de la vitesse, la quantité d'éther entraînée serait proportionnelle à ce qu'on appelle le pouvoir réfringent des corps, et tous les phénomènes résultant du mouvement rapide d'un milieu réfringent trouveraient leur explication. On sait que M. Fizeau a confirmé l'hypothèse de Fresnel par une expérience remarquable d'interférence, et qu'ainsi l'opinion qui considère les vibrations de la lumière polarisée comme perpendiculaires au plan de polarisation [paraît devoir être définitivement adoptée].

(1) La théorie de Fresnel n'est pas susceptible d'une généralisation aussi simple, rien n'indiquant ce que doit être, par rapport aux indices de réfraction, la densité de l'éther dans un corps biréfringent.

(2) *Annales de chimie et de physique*, t. IX, p. 57, et N° XLIX de cette édition.

Quoi qu'on puisse penser de la valeur de ces preuves, on ne saurait trop admirer avec quelle sagacité Fresnel a ramené à dépendre les uns des autres des phénomènes aussi profondément distincts.

XV.

La théorie de l'aberration et des phénomènes analogues n'est pas la seule occasion où Fresnel ait abordé la difficile question des rapports de l'éther et de la matière pondérable.

On peut d'abord conclure de quelques passages relatifs à l'absorption, épars en divers écrits [1], qu'il avait une idée parfaitement nette des véritables causes de ce phénomène, qui a inspiré à plusieurs physiciens de si étranges spéculations [2]. Il le considérait simplement comme une communication d'une partie de la force vive des ondes lumineuses aux molécules pondérables, et, dès 1815, il parlait à Arago de l'utilité qu'il y aurait à mesurer simultanément l'intensité des rayons réfléchis par un corps et la quantité de chaleur qu'il reçoit des rayons incidents, et qu'accuse son élévation de température.

La considération des molécules pondérables joue encore un rôle important dans la théorie de la dispersion qui est esquissée dans le second supplément au premier mémoire sur la double réfraction. Fresnel explique la dispersion en admettant que les forces élastiques mises en jeu par des vibrations lumineuses ont une sphère d'activité qui n'est pas très-petite par rapport à la longueur des ondulations [3], et, un peu plus loin, il ajoute ces paroles remarquables, qui contiennent en germe tout ce que Cauchy a développé plus tard :

[1] Voyez particulièrement le N° V (C) et le N° XIX (A).

[2] On y a vu, par exemple, un effet de l'interférence des rayons réfléchis entre les couches moléculaires successives des corps, comme si l'interférence diminuait jamais l'intensité des rayons qui suivent une direction donnée sans augmenter précisément de la même quantité l'intensité des rayons de même espèce suivant quelque autre direction. On y a vu encore l'effet d'une dispersion du mouvement vibratoire sur les molécules des corps combinée avec une interférence qui détruirait toute trace des mouvements dispersés lorsque le corps aurait des dimensions suffisantes.

[3] N° XLIII, § 32.

« La force élastique..... a sans doute une sphère d'activité très-bornée dans l'éther, dont les intervalles moléculaires sont probablement très-petits, puisqu'on suppose ce fluide assez subtil pour pénétrer entre les intervalles les plus étroits des molécules des autres corps. (*En note :* Il résulterait de cette hypothèse que la différence de vitesse des ondes de diverses longueurs devrait être très-petite dans l'éther seul.) Mais les groupes moléculaires et les particules de ces corps peuvent être séparés par des intervalles qui, quoique extrêmement petits, ne sont pas sans doute insensibles relativement à la longueur d'une ondulation, comme semblerait le prouver la transparence imparfaite des corps les plus diaphanes. Ainsi la distance où le point M est rendu indifférent au glissement des tranches de ces particules, contenant un grand nombre de ces intervalles, peut être une partie notable de la longueur d'une ondulation lumineuse, ainsi que je l'ai supposé pour expliquer le phénomène de la dispersion [1]. »

Il est probable que Fresnel avait su tirer de ces aperçus une théorie mathématique de la dispersion : on a trouvé du moins dans ses papiers de nombreux calculs, datés pour la plupart de 1824, qui ont pour objet la comparaison des indices mesurés par Fraunhofer avec une formule théorique dont la signification n'est pas entièrement expliquée.

XVI.

Ces calculs et d'autres calculs encore, plus ou moins compliqués, sur la réflexion de la lumière sont, avec des rapports académiques de peu d'importance et une réponse à diverses questions de M. John Herschel [2], les seuls documents conservés de l'activité scientifique de Fresnel dans les quatre dernières années de sa vie. L'affaiblissement progressif de sa santé est sans doute pour une part dans cet

[1] N° XLIII, § 43. — On a modifié un peu la rédaction de ce passage, afin qu'on pût le comprendre indépendamment de ce qui précède.

[2] Voyez le N° LI de la présente édition.

abandon presque complet des recherches où son génie avait rencontré tant de triomphes, mais la cause principale est ailleurs : elle est dans les travaux de plus en plus actifs que lui imposa la carrière d'ingénieur.

Appelé, comme on l'a dit, au printemps de 1818, aux travaux de la construction du canal de l'Ourcq, il n'était pas resté tout à fait un an attaché à ce service, et était passé, en mai 1819, à celui du cadastre du pavé de Paris. Mais l'administration des ponts et chaussées avait bien vite compris qu'elle avait un meilleur parti à tirer d'un ingénieur qui renouvelait entièrement la science de l'optique, et, dès le 21 juin 1819, il était adjoint à la commission des phares[1]. Ce fut là bientôt son occupation principale, et l'on ne saurait estimer trop haut les services que l'inventeur des phares lenticulaires rendit à son pays et, on peut le dire, à tout le monde civilisé. Cependant, à l'occasion de ces services, si grands qu'ils soient, on ne saurait [se défendre d'un regret]. D'autres ingénieurs auraient tôt ou tard imaginé les lentilles à échelons, les lampes à mèches concentriques, les phares à éclipses[2]; mais Fresnel pouvait seul continuer la révolution qu'il avait commencée dans la science. Qui peut dire ce qu'il aurait fait s'il lui avait été permis de poursuivre, sans interruption et libre de tout soin, le développement de ses fécondes pensées ?

Il essaya plusieurs fois de se faire une autre carrière, ou de trouver dans un travail plus conforme à ses goûts le supplément de ressources nécessaire à l'exécution d'expériences bien coûteuses pour le modeste traitement d'un ingénieur ordinaire des ponts et chaussées. Dans l'hiver de 1819 à 1820, il fit à l'Athénée un cours de physique, mais il ne se trouva pas des dispositions à l'enseignement suffisantes pour continuer. En 1821, il accepta les fonctions pénibles et assez mal rétribuées d'examinateur *temporaire* des élèves de l'École polytechnique, et, après avoir vainement tenté de les échanger contre les fonctions plus lucratives d'examinateur des élèves

(1) Cette adjonction, qui eut des résultats aussi importants qu'inattendus, avait été provoquée par Arago. (Voyez l'*Introduction à la section des phares*, t. III.) [L. F.]

(2) A. Fresnel n'a pas inventé les *phares à éclipses*; il en a seulement changé le système optique, en lui donnant une plus grande portée et des apparences plus variées. [L. F.]

de l'École de marine, les conserva jusqu'en 1824. Sa santé le contraignit alors d'y renoncer.

Depuis ce moment, il n'eut plus les forces suffisantes pour mener de front ses recherches scientifiques et ses travaux d'ingénieur. Dominé par le sentiment du devoir, par les habitudes d'abnégation dont il avait trouvé chez ses parents l'enseignement et l'exemple, il sacrifia ce qui pouvait n'intéresser que sa propre gloire, et donna au service des phares tous les moments de repos que lui laissaient ses maladies. Ce ne fut qu'au commencement de 1827 qu'il demanda et obtint de se faire soulager par son frère, qui fut depuis son successeur, et qui racontera lui-même toute cette partie de son œuvre. Mais il était trop tard. Quatre mois après, le 14 juillet 1827, il mourait à Ville-d'Avray entre les bras de sa mère[1].

Vingt-cinq ans auparavant, cette pieuse et noble femme, en faisant part à son mari des brillants succès de collége d'un frère aîné d'Augustin Fresnel (mort jeune au siége de Badajoz), ajoutait, au lieu des paroles de joie si naturelles à une mère :

« Je prie Dieu de faire à mon fils la grâce d'employer les grands « talents qu'il a reçus, pour son utilité et le bien général. — On « demandera beaucoup à celui à qui on aura beaucoup donné, et on « exigera plus de celui qui aura plus reçu.....[2]. »

Qui a mieux rempli qu'Augustin Fresnel ce vœu formé en faveur d'un autre?

[1] Le 13 février 1866, Émile Verdet, déjà très-affaibli par une affection organique dont les symptômes s'étaient rapidement aggravés, lisant à son collaborateur la présente introduction à peine achevée, insista sur ce passage pour s'assurer de son exactitude historique, et s'enquit de nouveau avec un douloureux intérêt, peut-être aussi avec le pressentiment d'une semblable destinée, des circonstances de la fin prématurée d'Augustin Fresnel..

Le 3 juin, trois mois après cette *dernière* conférence, Émile Verdet s'éteignait à Avignon, dans le sein de sa famille, à l'âge de quarante-deux ans!

Il n'avait pu revoir sa dernière et si remarquable production, avant son départ de Paris. Le manuscrit, tracé par une main défaillante, présente quelques lacunes et *lapsus calami* que l'on a essayé de faire disparaître, du moins en majeure partie. Le temps avait également manqué à l'auteur pour la rédaction d'un appendice, qui devait se composer d'une série de notes, la plupart biographiques, comme l'indiquent des renvois que l'on a dû supprimer. [L. F.]

[2] *Saint Luc*, ch. XII, v. 48.

TABLE DES MATIÈRES.

FIN DE LA TABLE.

CONDITIONS DE LA PUBLICATION

Les *Œuvres de Verdet* forment 8 volumes grand in-8, imprimés par l'Imprimerie nationale, et accompagnés de figures dans le texte toutes dessinées et gravées spécialement pour cette publication.

LES VOLUMES SONT AINSI COMPOSÉS :

Tome I. — INTRODUCTION par M. DE LA RIVE ; Notes et mémoires originaux.

Tomes II et III. — COURS DE PHYSIQUE, professé à l'École polytechnique, publié par M. É. FERNET, répétiteur à l'École polytechnique.

Tome IV. — CONFÉRENCES DE PHYSIQUE, faites à l'École normale, publiées par M. GERNEZ, ancien élève de l'École normale.

Tomes V et VI. — LEÇONS D'OPTIQUE PHYSIQUE, publiées par M. LEVISTAL, ancien élève de l'École normale.

Tomes VII et VIII. — THÉORIE MÉCANIQUE DE LA CHALEUR, cours professé à la Sorbonne, recueilli et publié par MM. PRUDHON et VIOLLE, anciens élèves de l'École normale.

Le prix des huit volumes pour les souscri[illegible] complètes est fixé à 75 francs.

Chaque partie est en outre vendue séparément [illegible] olume.

Le tome IV, qui est publié en deux parties, est vend[illegible] ent 18 francs.

PARIS. — IMP. SIMON RAÇON ET COMP., RUE D'ERFURTH, 1.

www.ingramcontent.com/pod-product-compliance
Ingram Content Group UK Ltd.
Pitfield, Milton Keynes, MK11 3LW, UK
UKHW020316200726
13857UKWH00001B/188